中国轻工业"十三五"规划教材

加工纸与特种纸

（第四版）

Converted paper and Specialty Paper (Fourth Edition)

张美云　主编

张美云　平清伟　胡　健　赵传山　林　涛　编著

中国轻工业出版社

图书在版编目（CIP）数据

加工纸与特种纸/张美云主编. —4 版. —北京：中国
轻工业出版社，2024.12
中国轻工业"十三五"规划教材
ISBN 978-7-5184-2567-9

Ⅰ.①加… Ⅱ.①张… Ⅲ.①加工纸-生产工艺-高等
学校-教材②特种纸-生产工艺-高等学校-教材 Ⅳ.①TS762
②TS761.2

中国版本图书馆 CIP 数据核字（2019）第 145501 号

责任编辑：林　嫒

策划编辑：林　嫒　　责任终审：滕炎福　　封面设计：锋尚设计
版式设计：霸　州　　责任校对：晋　洁　　责任监印：张　可

出版发行：中国轻工业出版社（北京鲁谷东街 5 号，邮编：100040）
印　　刷：河北鑫兆源印刷有限公司
经　　销：各地新华书店
版　　次：2024 年 12 月第 4 版第 4 次印刷
开　　本：787×1092　1/16　印张：20.5
字　　数：525 千字
书　　号：ISBN 978-7-5184-2567-9　定价：60.00 元
邮购电话：010-85119873
发行电话：010-85119832　010-85119912
网　　址：http://www.chlip.com.cn
Email：club@chlip.com.cn

第四版前言

随着科学技术的不断进步和人民物质文化生活水平的不断提高,造纸工业发展迅速,加工纸特种纸的技术进步更是日新月异,品种越来越多,技术要求越来越高。本教材适应了这种发展的需要,受到读者的欢迎,对于我国高等学校制浆造纸工程专业的人才培养和制浆造纸产业的发展起到了重要的保障和推动作用。本教材于 2001 年、2004 年和 2009 年分别出版了第一版、第二版和第三版。此次出版,根据形势发展和教学需要,对全书的结构和编写大纲做了比较大的调整,更加注重提高教材的教学属性,加强各章节之间的逻辑性,各位作者在总结教学经验,广泛听取各方面意见,大量查阅和收集新资料的基础上,针对我国加工纸和特种纸产业的发展及我国制浆造纸工程专业学生造纸专业课知识体系构建的需求,尽可能地补充更新了近几年加工纸特种纸领域的理论创新和技术进步,对内容做了比较大的调整和修改。

本教材实际上也是一本技术专著,既可供高校的本科生作为教材使用,也可以作为企业的工程技术人员的参考书。

本书第一、二章由陕西科技大学张美云教授编写,第三章由陕西科技大学林涛教授编写,第四章由大连工业大学平清伟教授编写,第五章由齐鲁工业大学赵传山教授编写(姜亦飞老师协助)、第六章由华南理工大学胡健教授编写(李海龙教授协助)。同时,陕西科技大学宋顺喜副教授、杨斌博士在全书的编辑过程中做了大量工作。全书由张美云教授主编。

由于我们的水平有限,书中难免存在缺点和错误,恳请专家和读者批评指正。

编者
2019 年 6 月

目　　录

第一章 绪 论

纸作为一种柔性片状材料，在国民经济的各个领域中，占有重要的地位。特别是在文化和包装领域中，起着支柱的作用。在不同的应用领域中，对片状材料特性的要求是千差万别的，而作为天然植物纤维纸，其自身虽然具有许多优良特性，但也有许多局限和不足。比如主要依靠氢键结合而产生的纸页强度不会太高；纤维交织形成的纸页，表面平滑度和光泽度不会很高；多孔性带来了优良的透气性、吸收性，但又失去了密封性；纤维的吸湿及润胀特性，使纸页缺乏尺寸稳定性。另外白度不稳定易回色、易老化和易燃等，都是明显的不足。随着科学的发展和人类物质文化生活水平的提高，以及纸张作为片状材料而不断扩展其应用领域，对纸张性能的要求越来越广，也越来越高。因此天然植物纤维纸就必须经过加工来改善其性能，甚至利用各种人造纤维来造纸，以获得各种特殊的性能。当今世界上已有的约5000多种纸中，直接由以水为介质的湿法抄造的天然植物纤维纸仅占少数。大多数是经过加工的纸，以及部分非植物纤维抄造的纸。

一、加工纸、特种纸及功能纸的概念

（一）加工纸

所谓加工纸，就是根据所要求的使用特性，以原纸为基材进行各种方式（化学或物理方法）的再加工，或者与其他材料复合所得到的纸种的总称。它是与直接由植物纤维抄造的纸张相区别的。由于加工的方法、复合的材料及用途的不同，加工纸的种类繁多。

（二）特种纸

特种纸是一个比较模糊的概念，一般意义上讲，就是指用途不同于一般的印刷、包装、生活用纸，需求量相对较少，针对某一特定性能，附加值比较高，用途相对特殊的一类纸张。特种纸的用途几乎涵盖了国民经济的各个行业，是工农业生产和第三产业不可或缺的功能材料。

换句话说，特种纸是与普通纸相区别的。这里的普通纸，是指用于印刷、书写、包装及卫生等一般用途的纸。除此之外，用于其他特殊用途的纸，都可以称为特种纸。但也有人认为，一些经过特殊加工的高级文化用纸和包装用纸，比如铜版纸、涂布印刷纸、高光泽玻璃卡等，也应属于特种纸。

特种纸实际上是具有某些特殊性能的多孔片状材料。纸张的多孔性结构决定了特种纸的许多性能，也决定了特种纸的市场和用途。

与普通纸相比，特种纸具有以下特征：

① 具有满足特殊用途的特定性能；

② 技术含量高，产品附加值比较高，技术门槛也高；

③ 品种多，用量、需求量一般较少，市场比较分散；

④ 可用小规模、低成本投入的设备来生产；

⑤ 应用面比较窄，特定的品种有特定的用途；

⑥ 具有新、高、难的特点。

特种纸产业具有六大特点：属于传统产业，具有持久性；长生命周期的核心产品集中在日常消费领域；工业及商业领域用纸，生命周期较短，是活跃的并购对象；产量小、品种多、产品价格高；企业拼的是技术，核心产品的持续盈利是发展的重要基石；收购兼并是常用的资本运作手段。

（三）功能纸

随着纸作为片状材料而日益拓宽其应用领域，就不断地有具有新的功能的纸被开发出来，并得以利用。因此近年来，人们从纸的功能性的角度出发，把所有赋予原纸以新功能的纸，统称为功能纸。它强调了纸的功能性，比如机械特性功能纸、热特性功能纸、电磁特性功能纸、光学特性功能纸等。

由上述可见，加工纸、特种纸及功能纸，可以认为是从不同的角度，对普通纸以外的各种纸所给予的称呼。它们的含义不尽一致，互相涵盖，又有所区别。比如加工纸多数属于特种纸和功能纸，但微量涂布的文化用纸，仍属于普通纸。经过机械起皱加工的卫生纸，也是普通纸。电容器纸、半透明纸自然属于特种纸，但可以采用特殊的工艺由植物纤维抄造而不一定需要加工。至于功能纸和特种纸，前者强调纸的特殊功能性，后者则强调纸的特殊用途。

由于特殊用途和特殊的性能要求，某些特种纸和功能纸，不一定由植物纤维抄造，可以根据需要选用不同的非植物纤维来抄造。把由各种非植物纤维抄造的纸，又称为非植物纤维纸。

还有一种被称为合成纸的产品，是用塑料薄膜经过"纸状化"加工，使之具有印刷适性和书写性，从而具有纸的功能，因此也被视为一种特种纸，但这种特种纸是由它的原料和结构的特殊性而得名的。

有人把纸箱、纸盒等纸容器、纸器皿，乃至其他各种纸制品也称为加工纸，并把它们归类为"成型加工纸"。本书所说的特种纸和加工纸，主要是指加工后仍作为片状材料的纸，而"成型加工纸"是片状材料加工的制品，为了系统本书对"成型加工纸"也做一定的介绍。

因此，特种纸的制造不仅涉及传统造纸的技术理论，还涉及应用相关的技术，而且它们之间是相互影响、相互渗透、相互制约的。特种纸的制造并不是从造纸中独立出来的一个系统、一项专门技术，而是与其应用技术共同发展起来的。它既是传统概念的造纸技术在特殊领域中的应用，又是传统技术的开拓和发展创新。

本书是以纸的加工为线索来展开讨论的，并对植物纤维基特种纸和非植物纤维基特种纸单独加以介绍。

二、加工纸和特种纸的分类

（一）加工纸的分类

加工纸一般可以按纸张性质、产品用途和加工方法的不同来分类，以加工方式分相对方便一些。按加工方式加工纸可以分为以下几类：

① 涂布加工纸：系指用涂料、树脂或其他流体材料，对纸基进行涂布加工所得到的纸类。在涂布加工纸中，根据其用途又可分为许多类，如表1-1所示。

② 变性加工纸：系指原纸经化学药剂处理而显著改变了物理化学性质的纸类。如表1-2所示。

表 1-1 涂布加工纸分类示例

类别	属性	品 种 例	用 途
印刷类	印刷涂料纸	美术铜版纸 杂志铜版纸 花纹铜版纸 涂布邮票纸 航空票证纸 彩色铜版纸 防霉涂布纸 高光泽铜版纸 合成纤维涂布纸	高级画册、画报、商品广告、商标、封面、请柬等 杂志、画报、书刊、广告、商标、烟盒等 同美术铜版纸。适用于胶版印刷 纪念邮票,供多网线,多色轮转凹版印刷用 飞机客票、航空运输票证和其他有价票证 杂志、画报书刊、广告、商标等 用于肥皂等含湿商品外包装印刷 广告、商标、精美印刷品、封面、纸盒等 图表、地图、封面等
防护类	防潮	沥青防潮纸 皱纹沥青防潮纸 涂塑防潮纸 涂蜡防潮纸 浸蜡纸板 蒸发涂布铝箔纸	商品包装 商品包装、衬垫等 卷烟包装
	防锈	气相防锈纸 接触型防锈纸 有色金属防锈纸 混合型防锈纸	黑色金属制品防锈用 同上 用于铜或铜合金制品等的包装 用于多种金属制品的防锈包装
	防光	胶卷防光纸 涂塑防光纸 涂料型防光纸	照相胶卷用纸 感光材料、化学药品、医药品包装 照相胶卷、感光材料防护包装
	防水	油毡纸 油纸 沥青纸板 树脂涂布纸	建筑材料及包装材料
	绝缘	皱纹电缆纸 涤纶膜青壳纸	变压器,电缆绝缘衬垫 电机、电器绝缘衬垫
	防腐 抗氧	尼泊金纸	食品包装
	防虫	米虫纸 捕虫纸	字画、易蛀文物包装 黏杀飞虫
	防黏	硅树脂防黏纸	脱模,离型、衬垫防黏包装
	防火	防火纸板 防火纸	包装、防火衬垫、特殊建筑用纸板 包装用
感应记测类	光感	示波仪记录纸 激光传真纸 紫外线荧光纸 热照相纸	波形记录 激光通讯记录、电传真 暗显示用纸,用于军事 复印、电子计算机记录、卫星通信、传真记录
	电感	鱼群探测纸 静电记录纸	渔业、仪表测试输出显示 电子计算机终端显示记录,电传译码机
	热感	心电图纸 单色热敏记录纸	心电图记录等 热工仪表、电子计算机传真
	力感	深井压力记录纸 打孔纸带 打击式记录纸	石油、地质勘探 电子计算机,通讯,程序控制 电报,探伤,同位素肿瘤检测记录

续表

类别	属性	品　种　例	用　途
感应记测类	磁感	磁性录音带	录音
		电视录音带	录像
		工业磁带	电子计算机,程序控制
	放射线感应	X光纸	医疗,工业探伤
		核子感光纸	科研
	普通记录纸	打孔记录纸	电报,程序控制
	化学感应	pH试纸	测酸碱度
		生化试纸	疾病快速诊断
净化类	过滤	柴油滤纸	内燃机用柴油、汽油净化过滤
		空气滤纸	净化室、工业用气体过滤净化
		茶叶浸泡纸	泡茶
复印类	力感复印	复写纸	文件、票据等复写用
		打字蜡纸	油印打字用
		无碳复写纸	文件、票据等用特种复写纸
	光感复印	晒图纸	设计图复印
		氧化锌静电复印纸	文件复印,记测
		感光膜	丝网印刷版(用于各种丝漆印)
		黑白一次成像纸	新闻、侦察、民用摄影
		黑白(或彩色)相纸	照相,文件复印
	热感复印	红外线复印纸	文件复印
	电感复印	电刻蜡纸	油印用电刻写版
	湿润复印	凝胶复印纸	文件复印版
		酒精复印纸	文件复印制版用纸
装饰类		蜡光纸	包装、美工、宣传
		电化铝箔(烫金纸)	印刷品、纸、木、塑料、皮革等制品表面文字图案烫金
		水松纸	香烟过滤嘴用纸
		静电植绒纸	衬垫装饰、美工、宣传
黏合类	压敏	纸基压敏胶带	封口包装,喷漆掩盖,美工宣传
		涤纶膜压敏胶带	电器绝缘,制图,商标,标志,封口修补
		玻璃纸胶带	封口包装,商品捆扎,制图,标志
		可剥离压敏胶带	保护商品面层
		卫生压敏胶带	医用,创伤包扎,注射定位
	热敏	纸基热敏胶带	商品封口黏合,胶合板拼接
	湿敏	牛皮胶带纸	商品包装封口,胶合板拼接
		树胶胶带纸	工业用接合
研磨类	磨具	木工砂纸	竹、木、塑料、橡胶片等打磨
		水磨砂纸	竹、木、塑料、皮革、金属、玻璃等制品打磨
		金相砂纸	金属制品等金相打磨
其他	转印	织物贴花纸	织物商标热转印纸
		机械贴花纸	自行车、缝纫机等商标装饰图案贴花
		瓷器贴花纸	瓷器贴花用
	感光用纸	涂塑相纸原纸	照相纸,放大纸用纸基
		钡地纸	照相纸,放大纸用纸基
	日用	香水纸	衣橱、制品包装熏香
		香粉纸	扑面用粉纸

表 1-2 变性加工纸分类示例

类 别	品 种 例	用 途
变性	钢纸	电器工业结构材料,防护材料
	羊皮纸	电报、计算、电讯、打孔纸带、渔业、食品等用纸

③ 浸渍加工纸:系指将原纸浸入树脂、油、蜡和沥青等物质中,使其充分吸收,然后经干燥或冷却而得到的一类纸。如表 1-3 所示。

表 1-3 浸渍加工纸分类示例

类 别	品 种 例	用 途
浸渍	油毡纸 漂白木浆浸渍纸 沥青防潮纸 证券纸	建筑用防水材料 印刷线路板等电气绝缘材料 防潮、防锈包装材料 证券印刷

④ 复合加工纸:系指经过层合和裱糊作业,将纸或纸板与其他薄膜材料贴合起来所制得的纸类。如表 1-4 所示。

表 1-4 复合加工纸分类示例

类别	属 性	品 种 例	用 途
平面复合	双层复合	纸+聚乙烯 玻璃纸+聚乙烯	商品防潮包装 仪器、糖果、饼干、药品等包装
	三层复合	纸+铝箔+聚乙烯	可热封,商品防潮(水)包装
	四层复合	布+纸+铝箔+聚乙烯纸+聚酸 +蒸涂铝+硅树脂	高强度防潮性商品包装 光反射用材料
	五层复合	布+氯乙烯+纸+铝箔+硅树脂	热辐射防护衣材料,消防、炉前作业用
	裱糊	纸+铝箔+纸 扑克牌纸 纸+铝箔 纸+铝箔+硝基漆	防伸缩纸,比例表用纸 多层纸裱糊,制作扑克牌 卷烟防潮包装 装饰用,美工布置,糖果包装
结构复合		单(双)层瓦楞纸 三层瓦楞纸 蜂房式结构纸板 钙塑瓦楞纸板 贴塑结构纸板	防压衬垫 纸盒、纸箱 纸盒、纸箱、建筑材料 纸盒、纸箱 木板代用品,可隔音、隔热
层压复合		酚醛树脂层压纸板 三聚氰胺树脂层压纸板 尿醛树脂层压纸板	电器构件,绝缘材料,装饰贴合 飞机、汽车、轮船、火车、工业制品、家具等 电器构件,绝缘材料等

⑤ 机械加工纸:系指将已经过上述加工或未曾加工的原纸,再经过轧花、特殊磨光和起皱等机械加工而得到的纸类。如表 1-5 所示。

表 1-5 机械加工纸分类示例

类 别	品 种 例	用 途
机械	蜡光纸 彩色皱纹纸 瓦楞纸板 压花印刷纸	美术、包装、宣传用纸 宣传、美术、装饰用纸 包装箱的瓦楞纸芯 高级印刷、软包装材料

⑥ 成型加工纸：系指将纸进行加工，使其改变原有形状和外观而得到的纸类。如表1-6所示。

表1-6 成型加工纸分类示例

类　别	属　性	品　种　例	用　途
成型	纸制商品	纸袋	商品包装
		纸管	饮料吸管，工业用纸管
		纸杯	冰淇淋纸杯等
		纸绳	商品捆扎
		纸制餐具	一次或多次性使用餐具
		纸草	手工艺品编织

虽然常见的加工纸大体上都可以被归在上述几大类中，但这种以加工方式来分类的方法并非很全面。因为它还不能概括发展中的加工纸工业所涌现出的多种多样的加工工艺和产品的全貌。况且，某一种加工纸往往不是通过一种加工方式就能完成的，有的要经过两种或多种方式加工，才能达到其特种用途的要求。因此，加工纸的分类就不是那么十分准确和绝对的事情了。

（二）特种纸的分类

特种纸可以按其用途分类，也可以按其功能分类。按其用途分类，则像普通纸一样，直接以其用途来划分。比如按大类可有印刷用纸、信息用纸、包装用纸、工业用纸、建筑用纸、生活用纸、医药用纸、军工用纸等，按细目可有打印纸、无碳复写纸、热敏记录纸、防锈纸、耐油纸、电气绝缘纸、过滤纸、耐温隔热纸、信息记录纸等，详见第四章。

近年来引用了功能纸的概念，又可以将某些特种纸按功能来分类，见表1-7。

表1-7 按功能性分类的功能纸

功能性类别	功能特性	功能纸种类
1. 机械特性	①高强度、高弹性模量 ②耐磨性	工程用纸 碳纤维纸
2. 热特性	①耐热性	玻璃纤维纸，氧化铝纤维纸，陶瓷纤维纸，无机纤维纸，碳纤维纸，无机填料纸，不燃纸，难燃纸，有机纤维纸，树脂添加纸
	②保温绝热性	绝热性功能纸，保冷功能纸
	③热辐射、发热、蓄热、吸热性	表面放热纸，远红外陶瓷纤维纸
	④感热性	热敏纸，热致变色纸，釉纸
	⑤热成形性	热封纸，立体画用纸，成形加工纸，模压成形纸
3. 电磁特性	①导电性 ②磁性	除静电用纸，导电纸，超导体纸，放电记录纸，金属蒸镀纸，磁记录纸
	③电绝缘性	线图绝缘纸，电缆绝缘纸，电池隔离纸板，电容器纸，变压器绝缘纸，印刷线路板原纸，无机绝缘纸，纤维素系绝缘纸，聚烯类绝缘纸，聚酯系绝缘纸，脲基树脂类绝缘纸
	④电磁波绝缘性	电磁波屏蔽纸，电磁波屏蔽性无纺布
4. 光学特性	①感光性 ②光透过、光反射性 ③发色性	遮光纸，印画纸，紫外线检测纸 信息纸，水印纸，透明纸，防复印纸 热致变色纸，光致变色纸，荧光纸

续表

功能性类别	功能 特 性	功能纸种类
5. 音响特性	声波传递性	隔音纸
6. 化学特性	①离子交换性 ②气体吸附、解吸性 ③透气性 ④液体选择透过性 ⑤黏合、黏结、剥离性 ⑥水溶解纸 ⑦吸水、保水性 ⑧防水、耐水、憎水性 ⑨耐油、吸油、憎油性 ⑩耐蚀、耐药品性	离子交换纸 消臭、除臭、防臭纸,抗菌纸,保鲜纸,活性炭纤维纸,空气过滤纸,窗户纸,调整环境功能纸,除菌纸,透气性调解纸,吸潮纸 液体过滤纸,离子交换吸附纸 黏结纸,热封纸,压封纸,万能黏结纸,剥离纸 卫生纸类,机密文件用纸 吸收性纸,保水性纸 耐水性印刷纸,耐水性包装纸,防水纸,憎水纸,耐水纸 耐油纸,吸油纸 耐药品性纸,防锈纸
7. 生化特性	①药理作用、生理活性 ②创伤封愈性 ③生理检查、遗传工程特性 ④微生物降解性 ⑤防虫性 ⑥仿生性	抗菌纸 壳糖纤维纸,藻朊酸纤维纸 遗传工程用纸 天然聚合物纸,育苗纸 防虫纸 生物感应纸
8. 感觉特性	①印刷功能性 ②包装功能性 ③天然品模拟性	印刷适性增强纸 暗纹纸,装饰板原纸 仿革纸
9. 复合化特性	①表面处理纸 ②兼容性	微粉体处理纸,聚合物处理纸 图纹用纸,壁纸原纸,印相纸,防伪纸,蜂窝过滤纸

三、加工纸和特种纸的整体水平

近年来,特种纸领域的技术创新和产品开发取得突破性进展,大部分特种纸在国内都能够生产,不但替代了进口,有些产品已经出口,产品的规模、质量都有了很大提高。各类纸种均有不同程度的创新产品投入市场,特别是一些技术含量高的产品填补了国内空白,如芳纶纸、空气换热器纸、咖啡滤纸、无纺壁纸、高透成型纸、热固性汽车滤纸、高性能密封材料、皮革离型纸、热转移印花纸等,这些产品的研制成功,提升了特种纸的技术水平,推动了特种纸市场的发展。我国正在由以模仿国外产品为主向自主创新、原始创新转型和发展。

纸基功能材料科学研究正向着学科交叉、高新技术方向发展,其制造技术正在由单一湿部化学、性能优化向表面化学、生物化学、材料结构设计等方向发展。纸基功能材料制备技术的快速发展依赖于造纸装备水平的提高和新型功能化学品的开发。

(一) 加工纸特种纸在生产发展中的作用

据中国造纸学会特种纸委员会的统计,2015 年我国特种纸产量达到 590 万 t,同比增长9.26%,远远超过我国造纸工业 2.29% 的增速。在过去的 9 年中,中国纸和纸板产量年平均增长率为 4.82%,全球纸和纸板产量年平均增长率只有 0.14%,特种纸产业作为造纸工业的一个分支,在全球范围内,其增长速度明显快于整个造纸工业,而中国的特种纸产业发展尤为迅速,特种纸产量以 19.36% 的平均年增长率在全球遥遥领先。2015 年,我国的年人均纸和纸板消费量是 75.3kg，是美国的 2/5；我国的年人均特种纸消费量是 4.34kg，是美国的 1/5。

① 在当今 5000 多个纸种中，大多数纸种属于加工纸和特种纸，它们各自具有独特的功能，使纸作为优良的片状材料而应用于各个领域，发挥着极为重要的作用。纸的加工可以改善纸的质量，提高印刷适性及耐水、耐磨等保护性能，改善纸的外观。所以一般用途的印刷纸乃至包装纸，也可以利用加工来提高其品级。国际市场上，70％以上的印刷纸都是涂布加工的。我国市场包装用的白纸板，有 60％以上是涂布白纸板。

② 加工纸和特种纸是具有高附加值的产品，因加工和独特的制造工艺，增加了新的功能，提高了产品的使用价值；新的原材料及新加工技术的保证，使加工纸和特种纸不断开发出新的功能，融入了现代的高科技成果。在市场经济中，由于激烈的竞争和追求高效益，各种材料生产厂家都向高附加值的产品转向，加工纸和特种纸的开发和生产，备受造纸工作者的重视。

③ 部分特种纸企业实现了跨越式发展，由小型企业发展成国家高新技术企业、上市公司，与国际接轨。造纸工业是与国民经济和社会发展关系密切的重要基础原材料产业，是产业关联度强、市场容量大、能拉动相关产业发展的成长性产业，也是具有循环经济特点的重要产业。作为造纸工业的重要组成部分，加工纸与特种纸也必然随之发展。尤其近年来，信息时代和工业化对各种功能纸的要求越来越广泛，比如常用的白纸板和包装纸板也出现了各种功能化的产品；采用特殊纤维原料抄造的合成纤维纸，还在寻求各种功能化的途径。由于全球环境意识的增强，纸的功能化及其加工技术也向着环保和生态方向发展，使纸的生产和加工业，成为利用可再生资源生产可循环再生产品的环境友善工业，也使加工纸和特种纸成为一个前途无量的高科技和高附加值的领域。目前，我国和世界上各发达国家都有相关的研究会和专业委员会等专门组织，并致力于加工纸和特种纸的开发与发展。由上述可见，加工纸和特种纸，无论作为高新技术产品，还是作为功能材料在整个国民经济当中，都占有重要的地位。

（二）加工纸特种纸科学技术的进步

近五年来，我国加工纸特种纸技术研发和产业发展取得了一些进步，体现在：

① 产业规模快速发展，特种纸产量 2015 年达到 590 万 t，占纸和纸板总产量的 5.2％，较好地满足了国内外市场的需求，成为造纸工业中最有活力的一个分支，在国际市场上占有一席之地。市场需求的牵引和技术推动以及印刷、包装用纸需求的增长放缓，导致关注造纸业的资金大量投资到特种纸行业，包括一些特种纸的上下游企业。

② 自主创新能力增强，技术进步步伐加快，多数特种纸产品都实现了国产化，国产特种纸的质量水平已经得到国际认可，出口量一直保持着较快的增长趋势。

③ 国产装备水平进一步提升。中国特种纸产业装备水平的提高推动了产品质量的提升。设计能力和加工水平在不断进步，长网、圆网及斜网特种纸机的加工精度越来越高，特种纸生产线配套的自动控制水平也越来越先进。机内涂布、机外多层复合、斜网抄纸及在线水刺无纺布的复合加工装备等得到应用，帘式及多层帘式涂布技术也越来越多地应用到特种纸生产。

④ 非植物纤维的高性能合成纤维湿法造纸技术实现了较大突破，以芳纶绝缘纸为代表的一些产品质量逐步得到市场的认可，使国家急需的一批重大工程基础材料实现了国产化，成为特种纸发展的一个重要方面。无纺布与造纸技术相结合制造的新功能材料，使纸基材料

的应用领域越来越大。

⑤ 纸基功能材料作为国家"十三五重点基础材料技术提升与产业化"重大专项中的国家重点研发计划拟立项，共设五个项目：基于造纸过程的纤维原料高效利用技术；过滤与分离用纸基材料制备技术；纸基轻质结构减重材料制备技术；电气及新能源用纸基复合材料制备技术；高性能纤维纸基复合材料共性关键技术研究及产业化。

虽然中国特种纸产业取得了很大进步，但也存在着知识产权意识比较淡薄、同水平重复较多，产品质量参差不齐，产能过剩、价格竞争激烈等问题。与国外先进技术水平相比，一些产品质量上还有一定差距，相比中国众多的特种纸企业，由于自主创新经费投入不足，受益于自主技术创新取得壮大发展的企业数量还很少，总体上特种纸产业研发经费的投入不超过 0.5%，与高新技术企业研发投入需达到 3% 的比例还相差甚远，一些技术含量高，开发难度大，高质量的特种纸还依赖进口。此外，特种纸的生产以小型企业居多，能源、水资源消耗相对较大；特种纸的发展还存在着地区发展不平衡的问题，目前主要集中在山东、浙江、广东、江苏、上海、河南、河北等地区，其他地区则较少，有些地区甚至是空白；特种纸生产配套的装备、纤维原料、化学品的质量水平与国外相比还有相当的差距。

四、加工纸和特种纸的历史

蔡伦发明纸的最初目的是用于书写。印刷术出现后，纸张就成了主要的印刷材料。人类的生活实践又证明，纸作为包装材料有着极优良的特性，因此文化和包装成为纸的两大主要应用领域。随着社会的发展，人类对纸的质量要求越来越高，纸作为片状材料的开发和应用也随之展开，从而加工纸和特种纸的发展，成为人类文明发展的缩影。

在我国，公元 4 世纪就发明了用黄檗、花椒、百部等具有杀虫、防蛀作用的植物煎汤后浸渍纸张，制成防虫纸。这是世界上最早的浸渍加工纸，也是最早的具有防虫功能的特种纸。公元 9 世纪，对纸可以进行印花和压光加工，并出现了最早的窗户纸。公元 10 世纪，可在纸面涂蜡进行光泽加工，10 世纪末在我国出现了最早的钞票纸。我国工业规模的纸加工业起步较晚，且发展缓慢。1922 年上海生产的风筝牌铁笔蜡纸，是我国现代加工纸生产的先驱，但原纸和化工原料都从日本进口。

在世界上，早在 16 世纪就出现了简单的涂布加工纸（比机制纸早 300 年）。如日本人在室町时代将桐油涂在和纸上制成油纸，做包装纸和纸雨衣；在和纸上涂以柿漆，提高纸的强度和耐水性，做成扇子和雨伞；用手工将涂料刷在纸上进行光泽加工。18 世纪中期已有少量手工刷涂的颜料涂布纸上市。还出现了表面涂蜡的蜡纸。19 世纪 50 年代，出现了最早的壁纸。

1875 年，第一份机制的涂布印刷纸问世，采用的是毛刷式涂布机。一直到 20 世纪 20 年代，涂布印刷纸不断地得以发展。

使涂布加工纸得以迅速发展并步入现代化的转机，是 20 世纪 30 年代辊式涂布、造纸机内涂布及气刀式涂布方式出现以后，到了 50 年代就奠定了现代颜料涂布加工纸的基础。以颜料涂布纸为龙头，相继出现了各种现代加工技术。尤其是"二战"之后的经济高速增长时期，由于包装革命的需求，科学和生产发展对片状材料的广泛需要，以及石油化工产品的发展和丰富，为加工纸工业提供了大量的化工材料和助剂，使各种涂布加工、复合加工、浸渍加工等加工技术和加工产品层出不穷。另一方面，造纸工业本身由于纸机抄宽抄速加大加快，原纸产量和质量提高，为加工纸工业提供了充足的原纸；同时作为造纸的纤维原料，从

40 年代后期就不局限于植物纤维原料，而可以采用各种合成纤维和无机纤维，而且这些纤维自身不断地向着功能化的方向发展。因此可以从本质上提供给纸张以某种功能性，这又为特种纸的发展提供了新的途径。全球文化事业的发展，商品市场的竞争，也给纸张加工带来了促进，从经济角度看，纸加工使纸张成本增加，但附加值提高更多，在目前资源紧张，节能减排的时代中，加工纸工业更显出强大的生命力。

纵观全球的产业发展情况，现代的造纸业当属技术密集、规模效益显著、连续高效生产的制造业，位居世界电信制造业和汽车工业之后，而居于钢铁工业和航空航天制造业之前。在发达国家是经济中十大支柱制造业之一。造纸行业又是拉动性行业，能带动林（农）业、信息、包装、机械、化工等行业的发展，其影响力系数为 1.215（运输设备制造业为 1.0724，金属制品业为 1.0839，电子及通信设备制造业为 1.0968，化工为 1.1519），高居首位。

我国改革开放以来，纸和纸板的总产量由 1978 年的 466.2 万 t，增长到 2017 年的 11130 万 t，翻了 23.87 番，比国民经济总产值的增长速度还快。"十五"期间，我国政府决定重点扶持的 9 个产业，其中就包括造纸。2007 年国家发改委颁布了《造纸产业发展政策》，它是新中国成立以来我国正式颁布的第一部系统的造纸产业发展政策，它的颁布实施，对保障我国造纸产业持续、稳定、健康发展将具有重要和深远的意义。《造纸产业发展政策》阐明了造纸工业在国民经济和社会发展中的重要地位，指出了造纸产业的 3 个定位：即造纸工业是与国民经济和社会事业发展关系密切的重要基础原材料产业；是产业关联度强、市场容量大、能拉动相关产业发展的成长性产业；是具有循环经济特点的重要产业。因此造纸工业有着美好的发展前景。作为造纸工业的重要组成部分，加工纸与特种纸也必然随之发展。尤其近年来，信息时代和工业化社会对各种功能纸的要求越来越广泛，比如常用的白纸板和包装纸板也出现了各种功能化的产品；采用特殊纤维原料抄造的合成纤维纸，还在寻求各种功能化的途径。由于全球环境意识的增强，纸的功能化及其加工技术也向着环保和生态方向发展，使纸的生产和加工业，成为利用可再生资源生产可循环再生产品的环境友善工业。也使加工纸和特种纸成为一个前途无量的高科技和高附加值的领域。目前，我国和世界上各发达国家，都有加工纸和特种纸或功能纸的研究会和专业委员会等专门组织，并致力于加工纸和特种纸的开发与发展。

五、加工纸和特种纸的发展趋势

（一）加工纸特种纸市场增长趋势

根据《轻工业发展规划（2016—2020 年）》，"十三五"期间，我国造纸工业的主要任务是结构调整、提质增效和节能减排。在产品结构调整中，加工纸特种纸是重点之一，要大力发展。国际两大研究机构 Smithers Pira 和 Marketsandmarkets 所统计的 2015 年全球特种纸产量分别是 2690 万 t 和 2492 万 t，Marketsandmarkets 认为，未来 5 年全球特种纸产量的复合增长率可达到 6.95%，亚洲将是特种纸市场增长最快的地区，是世界平均增长率的 1.5～2.0 倍。虽然全球特种纸产业的增速并不明显，但中国特种纸产业在过去 9 年以 19.36% 的年平均增长速度领先全球。近年来，受国内外经济环境影响，增速有所减慢。预计未来 5～10 年，受城镇化、消费升级及产能转移等因素推动，中国特种纸产业仍然能保持年 15% 左右的增长速度。

（二）加工纸特种纸产品的发展方向

1. 城镇化对特种纸需求的推动

改革开放以来，我国的城镇化进程加快，城镇化率从 2009 年的 22.9％上升到 2014 年的 54.8％，但发展至今仅与世界平均水平持平，中国的城镇化率要达到世界发达国家水平尚需 30～40 年。城镇化带来大规模的城市建设、房屋装修和家具需求，直接需求有钢铁、建筑、房屋、基础设施、装修和电器，涉及的特种纸有：离型纸、衬纸、工业用纸、描图纸、电气用纸、电缆用纸、壁纸原纸、装饰原纸、印花纸、石膏板纸、胶带纸、标签纸、绝缘纸等。

2. 消费升级对特种纸需求的推动

近 10 年来中国人均 GDP 得到长足发展，从 2000 年的人均 0.79 万元增长到 2015 年的 5.2 万元，由此消费升级现象不断涌现，国家也在政策层面不断推动消费升级，鼓励消费。消费升级对特种纸的需求涉及面非常大，几乎可以涵盖所有特种纸。比如：服装鞋帽个性化需要转移印花纸；食品/饮料/牛奶需要纸杯纸、牛皮离型纸、格拉辛纸、湿标签纸等纸包装材料；二孩政策和老龄化需要婴儿纸尿裤、老人纸尿裤、妇女卫生用品、湿纸巾等；旅行度假需要登机牌、行李标签、酒店信纸艺术纸等；家庭装修使壁纸用量大幅上升；网购和物流需要大量的无碳复写纸、热敏纸、包装纸、不干胶纸等；咖啡从速溶到现磨、袋装茶叶用量增长需要咖啡滤纸、茶叶袋纸；厨房用纸增加、吸尘器数量增加需要防油纸、烘焙纸、食品包装纸、吸尘袋纸等；汽车销量大增需要三滤纸、离型纸、胶带纸等；高铁需要结构减重的高强轻质蜂窝材料、高性能的绝缘材料等。

3. 个性化、定制化的功能纸产品将占据重要地位

在未来的互联网时代，由于信息的充分互动，造纸业的生产者和消费者将能够充分沟通并相互渗透，传统的封闭式生产模式将逐步被取代，消费者将可以全程参与到生产活动中，由消费者沟通决策来制造出他们想要的产品。可以预测，未来个性化、定制化的功能化产品将占据重要地位，造纸业或许想要与印刷业、材料加工业等进行整合以满足未来用户的需求。

4. 与人们生活密切相关的大健康概念功能材料将持续增长

随着人们生活方式的变化和生活质量的不断提高，与人们生活密切相关的特种纸需求将会持续增长。如食品包装用纸、医疗透析纸、艺术用纸等；很多冲破人们传统观念的特种纸制品正在不断加入人们的生活，如纸沙发、纸质红酒瓶、纸烤盘、纸房子、纸衣服等；针对印刷方式的推陈出新，满足新型特殊印刷方式的特种纸也会不断涌现；对包装材料功能和视觉享受的追求，将推动个性化包装纸的发展。

特种纸的发展受宏观经济走势和人们消费观念的影响，在发达国家和地区，主要得益于特种纸在包装、工业、医疗健康领域的应用。如空气污染导致人们对环保的担心，空气过滤器和口罩用纸的需求明显增长，医疗和食品用纸也随着人们生活水平和环保意识的提高在快速增长。

5. 国家重大工程建设配套的高性能纸基材料需求增长

随着我国"一带一路"战略的推进，国家在高速列车、国产飞机、空间实验室、新能源汽车等领域投入加大，高性能纤维纸基复合材料与轨道交通、航空航天等高端制造业的依存度越来越高。我国高速轨道交通、飞行器制造所需国产先进绝缘、结构减重等功能材料的需求会越来越大。如优异耐电晕性的芳纶云母纸基绝缘材料，高强轻质纸基结构减重材料，高

性能、长寿命纸基摩擦材料，具有优异耐温性的聚酰亚胺纤维纸基蜂窝材料等中高端产品。实现这些典型纸基复合材料产业化，加快替代进口并参与国际竞争，将推动相关行业的可持续发展，促进我国传统造纸行业的转型升级。

（三）加工纸特种纸生产装备研发的方向

国产特种纸装备基本可以满足企业的生产要求，但有些技术还不是很完善，规格和品种也不是很多，有一些技术装备有待开发，稳定性、操作方便性、性能优化等问题有待解决。例如斜网成形技术已经过一代二代三代，发展得很好，成形技术与国外的差距已经不大，但保持斜网稳定成形的细节设计，与之配套的长纤维/非植物纤维制浆系统、分散系统、流送系统的设计与装备急需完善；浆池在流程中主要是起缓冲作用，既耗能占地，又使流程很复杂，研究减少浆池最后去掉浆池的短流程，对节能有重大意义。随着产品质量的不断提高和新产品的出现，对装备的要求越来越高，装备技术的发展永远是与产品相联系的。特种纸装备的开发除了满足性能以外，还要注意节水节能、降低生产成本，这样的产品才是市场需要的好产品。

习题与思考题

1. 请解释下列名词：加工纸，特种纸，功能纸，成型加工纸，非植物纤维纸，合成纸。
2. 按照加工方法的不同，加工纸可以分为哪几类，并说明各类加工纸的定义？
3. 为什么说加工纸和特种纸在国民经济中具有重要地位？
4. 请论述加工纸和特种纸的发展前景。
5. 未经加工的植物纤维纸有哪些缺陷和不足？

参 考 文 献

[1] 张美云，等. 加工纸与特种纸 [M]. 北京：中国轻工业出版社，2010.

[2] 张美云，陈均志. 纸加工原理与技术 [M]. 北京：中国轻工业出版社，1998.

[3] 中国造纸学会，编. 中国造纸年鉴 [M]. 北京：中国轻工业出版社，2017.

[4] 中国造纸学会，编. 制浆造纸科学技术学科发展报告 [M]. 北京：中国科学技术出版社，2018.

[5] 中国造纸学会特种纸专业委员会. 特种纸产业发展概况 [J]. 造纸信息，2016，9：11-18.

[6] 刘文. 2015 年我国特种纸产业发展现状及分析 [A]. 2016 全国特种纸技术交流会暨特种纸委员会第十一届年会论文集 [C]. 池州：中国造纸学会特种纸专业委员会，2016：18.

第二章 涂布印刷纸原纸

涂布印刷纸基本上是由三种材料构成的：原纸、颜料、胶黏剂。按质量算，三者之比约为70：25：5；按体积算，三者之比约为90：9：1。事实上尽管涂布印刷纸的质量由许多种因素所制约和影响，但原纸的质量是其中的一个最重要的因素。涂布可以增加纸页的平滑度、适印性，使纸页变得更加美观适用，但涂布并不能弥补和掩盖原纸的本身缺陷。质量低劣的原纸，即使用好的涂料、高级涂布设备和高超的涂布技术也很难得到质量很高的产品。

第一节 原纸的基本要求

原纸是颜料涂布纸的基础材料（涂布基材），涂布加工可以改善原纸的某些性能，但决不意味着原纸质量无关紧要。相反，它对涂布纸的质量和生产有着极其重要的影响。施加涂料往往加重而不是涂掉原纸的任何缺陷。必须根据加工过程和涂布纸质量的要求，提出对原纸性能的要求。总的来说，有以下两个基本要求。

（一）加工适性的要求

这是指原纸在涂布、压光、整饰等加工过程中的加工适应性。即在涂布机上能满意地进行涂布；涂层均一，并且有良好的性能；用最少量的胶黏剂，能获得良好的纸页与涂层间的结合；用最少量的涂料，获得合乎要求的、最均匀的涂布纸。

（二）使用适性的要求

这是指原纸经涂布加工后，由于原纸本身质量关系所影响的使用要求。

可见，颜料涂布对原纸的要求是相当高的。要同时满足加工适性和使用适性的需要，原纸的以下几个重要性质必须满足要求。

1. 孔隙率、均一性及整饰性

原纸中的空隙容积约相当于原纸容积的50％。空隙尺寸的重要性在于它们决定原纸的孔隙率以及它接受颜料涂料的方式。在由离散的单个粒子形成的任何结构中，空隙的范围从结构材料尺寸的1/10到该尺寸的几倍，尤其是在纤维系统中。因此，在未经精浆的纤维制成的纸页中可以有从直径小于$1\mu m$到大于$100\mu m$的空隙。精磨纤维，可增加短纤维浆的百分数，加入机械浆可显著地收缩原纸的纤维状结构并降低空隙容积。

原纸的均一性是涂布表面均一的一个首要的必要条件。定量、紧度、厚度、平滑度、水分、整饰度及孔隙度在原纸的纵横向都应尽可能的均一。具有不均匀的云彩花的纸张往往不均匀地吸收涂料，导致斑点外观，造成光泽度和平滑度不均，印刷时各部分对油墨的吸收不同而致质量低劣。

原纸表面粗糙可通过涂布覆盖来克服，但在涂布时，涂料中水分使纸层膨润而使原纸表面潜在形态露出于涂布面，影响到纸的品质，特别是严重的毡、网痕及沟纹辊痕，虽经压光也无法消除。

原纸的纵横向定量、厚度、水分不同，在压光时纸张局部伸长就不均一，使张力集中于局部而造成断纸（涂布、干燥时也会发生）。

若在 2cm 间距之内，不透明度变化 2％也足以引起麻烦。

为了使颜料涂料在原纸上均匀地分布，原纸必须有适当的整饰度和高的平滑度，但不能对成形不良的纸幅借助于压光得到，因为这会导致涂料的不均匀吸收，并引起涂层厚度相应的变化。压光成形不良的纸张只不过把高点转变成硬点。原纸应具有一种适当的而不是高的整饰度以保证均匀的覆盖及足够的涂料转移。

2. 强度性质

原纸的强度决定着成品涂布纸的大多数强度。涂布原纸的抗张强度、撕裂度及耐折度表示出涂布纸在与印刷机有关的机械操作过程中能经受住的应力。随着涂布机的发展与印刷机多色高速化的实现以及高黏树脂光亮油墨的使用，要求原纸的机械强度和表面强度必须提高。把耐破度和旦尼逊蜡黏试验一并考虑是评价印刷过程中纸张发生撕裂倾向的一个可靠的指标。我国几家铜版纸厂的经验是：如果原纸的表面强度达不到旦尼逊蜡棒 8～9，所做出的铜版纸的涂层强度就不能承受现代高速印刷的要求，印刷时会产生纸与纸裂开分层和起泡分层。要提高蜡棒值，在制造原纸时，就应从配比、打浆工艺、抄造条件、内部及表面施胶诸方面控制。使用阳离子淀粉或湿强剂有助于改进涂布原纸的结合强度。

必须指出：在选择提高原纸强度的方法时，应注意到这种方法对原纸其他性能的影响。

涂布时的断纸，除纸张本身强度因素外，纸的其他缺点如撕边、抄造洞点、荷叶边、纸边小缺口、复卷小裂口、纤维束等亦造成断纸较多。

总的来说，增加纤维浆料的机械处理往往会增加原纸的总体强度，增加填料含量引起涂布原纸强度的降低，但它会增强颜料涂料往原纸上的转移。

3. 耐久性

涂布原纸需要有原始强度以经受住涂布、印刷操作，此外，还有一种在老化时保留涂布书籍纸的强度及完整性的要求。这个问题已经渐渐地被强调，因为全世界大多数图书馆都碰到藏书脆性增加的严重问题。在酸性条件下制造的原纸比中性或碱性的原纸对由于老化而产生的损坏敏感得多。为了中和造成纤维结构变脆的老化而产生的酸分解产物，让一种缓冲物质存在是重要的。用含碳酸钙那样的碱性填料的原纸制造的涂布纸几乎没有老化损坏，其寿命可能是酸性条件下生产的原纸制造的涂布纸的 3～4 倍。

4. 白度和不透明度

原纸的白度似乎并不重要，因为在涂布过程中原纸被涂布层覆盖。如果涂敷上大量的或很不透明的涂料时，白度不是很重要的。但是，对大多数涂布纸来说，涂层膜是比较薄的，因此涂布原纸的白度影响涂布纸的白度。即使是最厚的涂层，尘埃斑点和杂质通常也会透露。如果涂布量低时，原纸的白度应接近颜料涂层的亮度，否则成纸往往会有斑点外观。涂层和原纸白度之间的差别往往会加重涂层中任何的花涂、漏涂或其他的缺陷。有时由于经济情况或其他原因需要施涂涂料到一种低白度的原纸上，例如在制造纸盒或瓦楞纸箱时，其原纸是由相当大数量的半漂化学浆、磨木浆或甚至是未漂牛皮浆制造的。在这些情况下，涂料必须含有较大量的，例如 20％，像二氧化钛那样的高折射率颜料。

原纸的不透明度是重要的，特别是对轻量涂布纸类。在生产原纸的过程中使用的纤维类型影响不透明度，例如，磨石磨木浆的不透明度比化学浆的好。原纸中的填料有助于增加不透明度，但这是在牺牲一些强度的情况下得到的。不透明度是定量的直接函数，但在轻量涂布纸的情况下通过增加定量能获得的不透明度数量受到限制。胶黏剂从颜料涂料中过量地渗入原纸中能降低不透明度。原纸的孔隙度和不透明度直接相关，在一些情况下，它们可能需要折中对待。表 2-1 为国内涂布美术印刷纸原纸（铜版原纸）质量标准。

表 2-1　　涂布美术印刷纸原纸（铜版原纸）质量标准（GB/T 10335.1—2017）

技术指标		单位	规定						试验方法
			优等品		一等品		合格品		
			有光型	亚光型	有光型	亚光型	有光型	亚光型	
定量		g/m²	70.0　80.0　90.0　100　105　115 128　157　200　250　300　350						GB/T 451.2
定量偏差	≤157g/m²	%	±4.0				±5.0		GB/T 451.2
	>157g/m²	%	±3.5				±4.0		
厚度偏差		%	±3.0		±4.0		±5.0		GB/T 451.3
横幅厚度差	≤	%	3.0		4.0		4.0		GB/T 451.3
D65 亮度(涂布面)	≤	%	93.0						GB/T 7974
不透明度 ≥	≤90.0g/m² （双面涂布）	%	89.0		88.0		86.0		GB/T 1543
	>90.0g/m²~ 128g/m²		92.0		92.0		91.0		
	>128g/m²		95.0						
挺度（纵向/ 横向）　≥	128g/m²	mN	165/105	175/115	165/105	175/115	165/105	175/115	GB/T 22364
	157g/m²		260/160	320/200	260/160	320/200	260/160	320/200	
	≥200g/m²		500/320	560/350	500/320	560/350	500/320	560/350	
光泽度 （涂布面）	中量涂布	光泽度 单位	≥50	≤40	≥50	≤45	≥45	≤45	GB/T 8941
	重量涂布		≥60		≥55		≥50		
印刷光泽度 （涂布面）　≥	中量涂布	光泽度 单位	87	77	82	72	72	67	GB/T 12032
	重量涂布		95	82	92	77	85	72	
印刷表面粗 糙度(涂布 面)　≤	<200g/m²	μm	1.20	2.20	1.60	2.90	2.60	3.20	GB/T 22363
	≥200g/m²		1.80	2.60	2.20	3.20	2.60	3.80	
抗张指数 （纵向）	≤70g/m²	N·m²/g	53.0		45.0		39.0		GB/T 12914
	>70~110g/m²		50.0		40.0		36.0		
	>110g/m²		45.0		36.0		32.0		
撕裂指数（横向）　≥		mN· m²/g	5.50		4.90		4.00		GB/T 455
平滑度	正反面平均　≥	s	15						GB/T 456
	正反面差　≤	%	20		30		35		
吸水性(Cobb60s)		g/m²	30.0±10.0						本标准 4.1.1 GB/T 1540
油墨吸收性(涂布面)		%	3~14						GB/T 12911
印刷表面强度[a](涂布面)　≥		m/s	1.40		1.40		1.00		GB/T 22365
尘埃度 （涂布面） ≤	0.2~1.0mm²	个/m²	8(单面 4)		16(单面 8)		32(单面 16)		GB/T 1541
	>1.0~1.5mm²		不应有		不应有		2(单面 1)		
	>1.5mm²		不应有		不应有		不应有		
交货水分[b]	70~157g/m²	%	5.5±1.5						GB/T 462
	>157~230g/m²		6.0±1.0						
	>230g/m²		6.5±1.0						

注：a 用于凹版印刷的产品，可不考核印刷表面强度；用于轮转印刷的产品，印刷表面强度降低 0.2m/s。

b 因地区差异较大，可根据具体情况对水分作适当调整。

第二节　原纸生产的技术要点

涂布纸原纸的生产与胶版纸的生产流程相近。纸浆进入车间后，经过打浆、加填、施胶、增白、净化、筛选等工序后进入造纸机，脱水、压榨、干燥、表面施胶、干燥、压光、卷取（或直接在机上进行机内涂布）。

原纸的生产技术要点包括原料配比、打浆、加填、施胶和表面施胶等工序，简述如下。

一、原纸的配比

原纸的配比是原纸生产的第一步，也是最重要的一步。配比的目的是选用不同的浆料在尽可能低的生产成本下生产合乎质量要求的原纸。考虑到原纸高的质量要求和工厂的经济效益，选用的浆种通常为两种或两种以上，长短纤维混用。

国外认为，一般涂布纸（不包括LWC）的原纸全部使用木浆，由20%～50%的长纤维和40%～70%的短纤维或机械浆、10%～15%的填料所构成。

国内木材资源紧张，木浆供应严重不足，所以原纸中浆的配比很复杂。我国早期涂布印刷纸使用的原纸中也都全部使用木浆，近年来绝大多数原纸中已不同程度的配用部分草浆，同时减少了针叶木浆配比。草浆的使用给原纸的生产带来了许多技术性问题，必须采取有效的技术措施加以解决，这也给加工纸的科学研究提出了新的课题。

原纸使用的木浆通常有两类：漂白针叶木浆和漂白阔叶木浆，制浆方法有硫酸盐法，也有亚硫酸盐法。近年来有些厂家已使用漂白化学热磨机械木浆（BCTMP），效果也很好。因为预热木片磨木浆的纤维长，纤维间有着较好的结合力，成纸湿强度较高，不透明性和松厚性都较好。磨木浆在低定量涂布纸原纸中使用很多，有些使用100%的磨木浆也可满足使用要求。

阔叶木浆中的导管在抄造时容易上浮在纸页表面，并且不能与纤维很好的交织结合。因此在原纸中导管的部位涂布后易出现涂层脱落的质量问题，印刷时出现掉粉现象。

原纸生产中配用的草浆有龙须草浆、麦草浆、竹浆、芒秆浆、苇浆等多种。以麦草浆使用较多。使用草浆遇到的第一个问题是，原纸强度下降，包括抗张强度和撕裂度两个重要指标，并且问题随草浆配比的提高而更趋严重，主要是引起抄纸和涂布时的断头问题。配用草浆的第二个大问题是纸页的表面强度问题，这个问题以酸法苇浆为严重，在酸法亚硫酸盐制浆时，芦苇的苇膜和表皮细胞呈片状浮于纸面，与纤维几乎没有结合力，成纸部位也易发生掉粉问题。加强备料和洗选可使这个问题得到一定程度的缓解，碱法苇浆这个问题比较小，加强浆内或表面施胶对解决该问题并没有明显影响。浆内添加增强剂可以提高原纸的表面强度，但对该原因引起的掉粉问题并无有效的改善。配用草浆也带来尘埃度问题，如芦苇上伴生藤产生的尘埃；配用草浆还因杂细胞多而产生抄造性能不好等问题。

在原纸中，长纤维和短纤维各司其职，长纤维主要对原纸的机械性能和耐折度等指标有大的贡献；短纤维和细小纤维则使纸页的不透明度和松厚度增加，使表面更加均匀、平整，同时使原纸的弹性增大，并且短纤维多配用一些还有利于降低原纸的生产成本。

根据我国的原料构成，在充分研发全木浆生产技术的同时，重视开发新的原纸浆种，将是我们加工纸行业原纸生产和研究所面临的一个重要课题，下面列举某两个工厂的原纸配比：

例一：全木浆原纸的实用配比

针叶木浆	50％	硫酸铝	8％
阔叶木浆	50％	直接湖蓝	2g/池
滑石粉	18％	氧化淀粉	1.5％
松香胶	1.8％		

例二：配用部分苇浆的原纸实用配比

针叶木浆	30％	烷基烯酮二聚体（AKD）	0.15％
阔叶木浆	15％	阳离子聚丙烯酰胺（CPAM）	0.05％
苇浆	50％	荧光增白剂	100mg/kg
棉浆	5％	阳离子淀粉	1.5％
高岭土	15％		

二、原纸的打浆

如果使用浆板，则首先必须在水力碎浆机中将浆板打碎，然后送入未叩池。如果使用制浆车间的来浆，也必先送入未叩池。这两种浆料都首先必须进行打浆，目的是针对不同纤维特性进行或者切断或者细纤维化或者润胀、活化以满足成纸的质量要求。因此生产上必须根据浆种的类型和生产要求选用打浆设备。国内生产原纸常用的打浆设备有盘磨、圆柱磨浆机、打浆机，大锥度精浆机等几种，水力碎浆机是原纸车间必备的主要打浆辅助设备。

浆料的打浆程度不仅影响原纸的强度，而且影响原纸的紧度、孔隙率和吸收性。从质量的角度考虑，不同的浆种以分开打浆为宜。

长纤维的棉浆应以对纤维的切断作用为主，因此，打浆浓度可低一点，下刀可重一些。

针叶木打浆应在必要的切断的同时，注意适当的细纤维化，打浆度一般可控制在30～45°SR，湿重7～9g，与棉浆打浆相同，打浆机和盘磨都可以很好地满足使用要求。

阔叶木纤维短而粗，打浆时打浆度提高的较慢。打浆时应注意保持纤维长度，强调细纤维化程度，选用利于压溃和细纤维化的设备，如盘磨、圆柱打浆机等，打浆浓度应偏高一些，打浆压力宜先轻后重，时间稍长一点。打浆度可在30～40°SR之间，湿重以2g左右为宜。

草浆纤维较短，杂细胞较多，纤维细胞的S_1层与S_2层结合较紧，不易分开，很难细纤维化，因此打浆时不应强调细纤维化，轻打至纤维润胀活化即可，一定要防止对草浆的切断作用。草浆的打浆度和湿重依原浆不同而有较多差别，可灵活掌握。

从以上讨论中可见，原纸纸浆打浆总的要求是轻度打浆，要保证纤维既具有良好的结合力和原纸有良好的吸收性，同时保证一定松厚度，这是保证良好的涂布运行适性和良好的涂布纸印刷质量适性的第一关。如果打浆度太高，可能使纤维受切断太多，使原纸吸收性变差，增大原纸的变形性，原纸易卷曲、皱折。打浆度太低，纤维受打浆作用太小，难以保证纸页的结合强度，还会因原纸吸收性太大而造成涂布时断头、胶黏剂迁移等问题。

三、原纸的浆内施胶

涂布印刷纸原纸的生产中，浆内施胶是个很重要的工艺，浆内施胶的主要目的是赋予原纸以一定的憎液性能，调节原纸的吸收性。施胶度选择应根据涂布时涂料固含量，涂布方式而决定，通常是中度或轻度施胶，施胶度控制在0.50～1.00mm（画线法测定）。高浓涂料、刮刀高速涂布、涂料保水值高时，施胶度可略低一点，以节约施胶成本。

以前国内的原纸施胶度测定以画线法为标准。据工厂实践和理论研究表明，原纸的施胶度应以 Cobb 吸水法测定为宜，Cobb 吸水性与纸页的水吸收性相关性更好。

施胶工序可以在打浆之后，但必须保证纸浆与胶料的充分混合，混合均匀后再加矾土液。也可在打浆机内进行，打浆结束前 30min 加胶料，循环 10～20min 后再加矾土液。

胶料目前大多使用 AKD 或者 ASA 中性施胶剂。也有一些厂家还使用松香胶或强化松香胶，有时在松香胶中加入少量的石蜡乳液。松香胶浓度约 20g/L，用量 0.8%～2.0%，矾土液浓度为 6g（Al_2O_3）/L，用量可为松香胶量的 1.5～2.5 倍，生产中还有用至 4～5 倍的。

松香胶施胶生产的是酸性原纸，这种原纸一是耐久性差；二是不能使用碳酸钙填料；三是限制了涂料中价廉物美的碳酸钙颜料的大量使用。因此许多造纸工业发达国家如在北美、西欧、北欧和日本等国已越来越多地采用中性抄纸技术来生产涂布原纸。

目前采用中性抄原纸的技术已经成熟，但生产成本却略高于酸法抄纸。根据国外应用实践来看，中性抄纸胶料多使用合成胶料，以应用 AKD 较多，技术上也较成熟。但 AKD 有个老化时间问题，因此机内施胶时需要提高用量。现在有越来越多的厂家选用 ASA 中性施胶剂，有关 AKD 和 ASA 的施胶问题，详见有关专著，此处不再详述。

四、原纸的表面施胶

生产涂布印刷纸原纸，表面施胶是重要的，表面施胶的主要目的是提高原纸表面强度。原纸经表面施胶后，表面强度可大幅度提高，可使旦尼逊蜡棒值从 2～4 级提高至 10～12 级。

涂布原纸常用的表面施胶胶料有聚乙烯醇、羧甲基纤维素、聚丙烯酰胺、氧化淀粉、阳离子淀粉等多种，生产上为了增加使用效果还有将两种或两种以上胶料混合使用。

聚乙烯醇成膜性好，成膜强度高，但价格贵，易渗透。羧甲基纤维素成膜强度高，但黏度也大，不易配成较高浓度胶液。淀粉价格低廉，使用效果也较好，是最常用的表面施胶胶料。在各类淀粉改性产品中，以氧化淀粉使用最多。淀粉与聚乙烯醇合用，还可有效地防止聚乙烯醇向原纸内的渗透。

表面施胶通常在机内进行，放在干燥部的最后一组烘缸的前面。国内较多使用的表面施胶设备是水平辊式施胶装置。

国外多使用倾斜辊式施胶装置。一些高速机外施胶也有用门辊和比尔刮刀等先进的施胶方法的。

在水平辊式施胶时，进入施胶辊的原纸水分以 8%～12% 为宜，出施胶辊水分 30%～35%。原纸单面挂胶量根据原纸质量和涂布要求而定，一般为 0.5～2.0g/m²。胶液浓度为 2% 左右，温度 70～80℃，施胶辊间液面高度为 130～150mm，辊间压力 8～12N/cm，两辊间压力一致是保证纸张得到均匀的施胶表面的重要条件。

某厂氧化淀粉胶料配方如下：

| 玉米淀粉 | 25kg | 增白剂 | 100g |
| 氧化剂（有效氯对淀粉） | 0.3% | 聚乙烯醇（PVA） | 8kg |

五、原纸的加填

生产涂布纸原纸必须进行加填，加填的目的与普通文化用纸生产的加填目的相同，主要是提高原纸的白度、不透明度和平滑度，但原纸中加填的量必须控制在使原纸强度保持在不致影响涂布操作和涂布纸质量的范围内。如不采取补强措施，填料用量为 10%～15%，最多不超过 20%。

原纸对填料的要求主要是白度和遮盖力，粒度也很重要。常用的填料有滑石粉、高岭土、碳酸钙和二氧化钛等，白度要高，粒度要小。

从光学性能角度来说，粒度以 0.25μm 为最佳，工业生产中希望在 2～5μm 范围内，但不应有 10μm 以上组分。原纸的加填一般在加胶和加矾土之后，可在成浆池内加，亦可加于配浆箱后，为了减少在除砂工序的填料流失，也有将填料直接加在高位槽的。

使用碳酸钙作为填料，必须为中性抄纸系统，施胶时使用中性胶料，否则，碳酸钙在pH 低于 7 的系统中会发生反应，产生二氧化碳气体，使浆料中产生泡沫问题。

在酸性抄纸系统，回收的涂布损纸中碳酸钙颜料配比必须低于 30%，否则即会出现问题。

六、原纸浆内添加助剂

助剂的应用正越来越广泛。原纸生产中正开始重视助剂的应用，以解决生产中的问题或改善成纸的质量。

助留剂对于提高填料留着很有好处。有些厂家使用阳离子聚丙烯酰胺，阳离子淀粉等作为助留剂，收到了很好的效果。使用助留剂时要注意相对分子质量和电荷对纤维絮聚的影响，另外助留剂的添加部位、添加浓度和添加量对助留效果和纤维絮聚的影响也应引起足够的重视。

增强剂如阴离子聚丙烯酰胺、阴离子淀粉、阳离子淀粉等也正在原纸生产中得到应用。特别是原纸的高加填技术和高比例配用草浆等短纤维原料所带来的原纸强度下降，必须用补强剂加以弥补。

湿强剂如三聚氰胺甲醛树脂、脲醛树脂等，主要用于提高原纸的湿强度，对减少涂布时断头有一定的效果。

七、纸机抄造

正确选择纤维配比、打浆和施胶、加填、调色等条件，为纸机抄造提供了良好的前提。但要获得优质的原纸还必须在纸机抄造上作出努力。从纸机抄造条件正确、合理和完善的基础上得到质量保证。纸的任何一项质量指标都是部分地或全部地由纸机抄造条件所决定的，绝大多数质量指标均存在形状、方向和位置的要求，这些都充分表明质量与纸机抄造的关系密切和重要。关于纸机抄造，涉及的问题很多，诸如纸的定量误差，纸的组织匀度、纸的横向变形和纵向伸长率、纸的 Z 向结合强度、纸的平滑度等在纸机上的调整办法，每一项都可以成为一个专题，限于篇幅，这里不再讨论。

第三节　原纸主要质量指标及其生产控制

涂布纸由原纸和涂料等基本材料组成，原纸的质量和性质对涂布过程和成品质量有决定性影响，原纸的大部分性质在涂布成品中还得以留存。在很多场合，涂布成品的品质好坏原纸占一半以上的因素。想通过涂布过程或涂料来掩盖或改变原纸的缺陷是不现实的。由此可见，选择性能优良的原纸是涂布加工的第一步，是涂布生产的基础。

一、涂布原纸的机械强度

机械强度是纸张最基本的物理性质。原纸强度不仅要保证涂布顺利进行，同时还要满足后期的整饰和加工要求，确保原纸在加工时不会掉毛掉粉，且涂布成品使用时，涂层与基材保持牢固的结合。

1. 干强度和湿强度

干湿强度主要指能宏观检测的抗张强度、撕裂强度、耐折度等。低档涂布原纸一般要求抗张指数大于 $40N \cdot m/g$，撕裂指数大于 $4.5mN \cdot m^2/g$，耐折度 6～8 次就能满足要求，如某些涂布量低于 $10g/m^2$ 的低档铜版纸，某些印刷复合包装涂布纸等；但大多数涂布纸则必须满足抗张指数大于 $50N \cdot m/g$，撕裂指数大于 $6.0mN \cdot m^2/g$，耐折度 40～60 次以上才能满足要求，如高档铜版纸原纸、高档铸涂纸原纸、墙壁纸原纸、无碳原纸等；对少数高档涂布原纸有更高的要求。涂布机车速越快、门幅越宽、后续加工整饰环节越多，需要的强度指标要求越高；在水系涂料涂布过程中，当原纸湿润时必须剩余足够的强度，使纸幅不致在涂布过程中断裂，故水系涂料对原纸强度的要求高于非水系涂料。此外，有些涂布成品要在湿润的状态下使用，就要求必须有足够的抗水性，同时为防止在使用过程严重变形或破碎，必须在原纸生产中加入湿强剂等才能满足上述要求，如防水铜版纸原纸、防水墙壁纸原纸等；另外，还应注意有些涂布成品在加工过程要经过多次折叠，或再加工后的成品在使用时要经常折叠，这就需要赋予原纸足够的耐折度。所以在涂布原纸生产中应根据具体的涂布纸品种和加工方式确定适宜的原料配比和功能助剂。

2. 内结合强度和表面强度

为防止涂布原纸在加工过程中掉粉掉渣（如黏附的纸料、草节及其他颗粒状杂质）污染涂料或造成纸病，或为了避免涂布成品在高速印刷或使用过程中涂布层被局部撕裂或起泡，原纸必须有较高的内结合强度和表面强度。通常涂布原纸要求蜡棒强度不低于 12 级（或中黏油墨表面强度大于 1.5m/s），某些高档涂布原纸的蜡棒强度要大于 16 级，如高档无碳复写原纸。此外，少数涂布原纸还要有较高的内结合强度，以防止在使用过程中被胶黏剂等撕裂分层，如双面涂塑原纸。为此，应根据不同品种和加工工艺选择纤维配比，合理调整打浆工艺、重视加填技术、选择适宜的功能助剂和注重表面施胶工艺等，并加强纸幅在成形、脱水、干燥时有利于提高纤维间结合力和表面强度方面的控制，以满足涂布原纸对内结合强度和表面强度的要求。

3. 机械强度生产调整注意的原则

生产涂布原纸的针叶木浆一般要求纤维宽度大些，特别是不配加阔叶木浆而配用大部分草浆时，针叶木纤维本身的强度和性质对涂布原纸的强度和某些关键性指标起着决定性的影响，同时也是决定制造成本的关键原料。如果使用全木浆或大部分针叶木浆作为原料生产原纸时，针叶木纤维选择的局限性不大，阔叶木浆的性质和打浆特性则对涂布原纸的质量起决定性作用。用于涂布原纸生产的草浆（主要指麦草浆、稻草浆、苇浆）质量的优劣直接关系到涂布成品的质量和涂布加工生产能否顺利进行。

二、原纸对涂料的适应性

涂布原纸的紧度、吸收性（施胶度）、透气度、平滑度和平滑度两面差、白度、不透明度、水分、灰分等指标直接关系到涂料的吸收性、涂层强度及成纸质量，也就是说质量较高的原纸对涂料要有较好的适应性。

1. 紧度、透气度、吸收性（施胶度）和平滑度

紧度关系到纸张的空隙率，与纸张的透气度相关，透气度是纸张空隙率的直接反映，施胶度决定了纸张阻抗液相的能力，由此可见，紧度、透气度、施胶度三者（实际上空隙率与施胶度共同决定纸张的吸收性，因为实际生产中空隙率不易检测，这里用纸张的常规指标更易说明问题）与纸张的吸收能力直接相关，吸收性决定了水系涂布液相对原纸的渗透性以及原纸与涂层结合的牢固性。

① 紧度与纸的多孔性、刚性、硬度和强度有关系，事实上影响到除原纸的定量外几乎所有的物理性能和光学性能，紧度提高抗张强度升高，纸的空隙率减少，透气度下降、渗透吸收性降低。一般涂布原纸的紧度控制在 $0.75g/cm^3$ 左右，以便于涂料的渗透，并形成涂层与原纸间牢固地结合。

② 透气度是纸张多孔性的反映，影响到印刷纸的油墨吸收和涂布原纸对胶黏剂的吸收，对大部分水系涂布原纸，$60 \sim 80mL/min$ 的透气度就能满足涂布操作的要求，但对铸涂类加工纸，因在干燥时涂层蒸汽要透过纸幅散发出去，透气度的大小、铸涂的适应性与车速有密切关系，透气度一般控制在 $150 \sim 200mL/min$。又如原纸与塑料薄膜、铝箔等进行复合性加工时，原纸较好的透气性能有利于提高层合加工速度，并减少复合过程中的纸病，因此，层合用原纸、浸渍用原纸要求较高的透气度。

③ 涂布原纸吸收性（施胶度）的大小因不同的涂布品种（层合用原纸、浸渍用原纸、浸蜡用原纸要求吸收性要好）和生产车速而异，关系到涂层液相的渗透性和涂层与原纸的结合强度。涂层的液相由水和胶黏剂组成，通过毛细管迁移和浓度梯度力渗入原纸内部，施胶的作用使纸张获得了一定的液体阻抗性能，同时随着施胶度的增加大大降低了毛细管迁移程度；毛细管迁移时水比胶黏剂移动得快，浓度梯度力作用时水与胶黏剂几乎一块进入纸层内部，受时间影响较小。在疏松（紧度小）的原纸里以毛细管迁移为主，在致密（紧度大）的原纸里主要受浓度梯度力的影响，而施胶阻抗性能的大小取决于液体滞留时间、纸张性质与液体性质。需要说明的是，大多数涂布原纸都要求紧度较高，透气度相对较低，在涂层液相与原纸的作用过程中主要受浓度梯度力的影响，伴随着毛细管迁移，显然原纸通过涂布区形成涂层的时间长短（即涂布车速）决定了涂料液相迁移的性质。当涂布车速超过 $500m/min$，涂料在原纸上以液态停留的时间不足几秒，原纸的施胶对液相渗透的影响微乎其微，因此，高速刮刀涂布原纸可以不用施胶。不容置疑，如果原纸的吸收性能高，在一定的时间内迁移到原纸内的胶黏剂过多，而没有足够的胶黏剂促使涂层与原纸之间形成牢固地结合，就大大降低了涂层及涂布表面强度。

④ 涂布原纸平滑度可直接影响涂布纸（特别是 LWC）的平滑度，同时影响涂布量和涂布的均匀性，是原纸特别重要的指标。平滑度受纤维原料和填料种类的影响很大，所以又是选择纤维原料和填料的依据。对轻量涂布和气刀涂布来说，成品较高的平滑度往往是在原纸较高的平滑度基础上获得的，比如涂布量低于 $10g/m^2$，干燥后涂层厚度只有 $6\mu m$，经过整个涂布环节的摩擦和整饰将会使涂布成品显得更粗糙。对一些复合纸种，原纸平滑度高则有利于成品的层间结合力和外在质量的提高，此类原纸的涂布面平滑度一般要求大于 $60s$，有些稍低些也不要低于 $40s$，有些原纸平滑度达到 $100s$ 以上更有利于提高成品质量。经生产实践证明，对采用刮刀涂布的铜版纸要求原纸纸面细腻往往比纸面平滑度高更重要，因原纸涂

布后经超级压光可获得高光泽的纸面，故原纸涂布面平滑度 15～25s 就能满足涂布要求；对需经过 2 次或 2 次以上的涂布才能获得涂布成品的纸种，过高的平滑度易形成条纹纸病，所以平滑度的高低应根据不同的涂布品种和涂布方式具体控制。

2. 两面性

无论什么纸种，两面差越小说明原纸品质越好。对涂布纸来说，原纸两面差越小获得的涂布纸两面差越小。

① 对单面涂布或两面性质要求不同的涂布品种，其两面差要求往往不那么严格，其原纸两面差越大往往导致涂布成品两面差增大。

② 若通过调整涂布量及涂布工艺来补偿原纸的两面差，往往得不偿失或很难做到，这就要求原纸生产中尽可能减少两面差。

③ 原纸生产中平滑度、表面强度、吸收性和色相都易产生两面差。平滑度两面差往往需通过调整纸张成形、干燥和压光来减小；表面强度两面差主要靠打浆、脱水、干燥来减小；吸收性和色相的两面差受成形、脱水和功能助剂的影响较大。

3. 定量、厚度、水分的一致性

定量、厚度均匀是涂布原纸最基本的要求，此指标不仅影响抄造过程中诸如平滑度、透气度、吸收性、水分等指标的均匀分布，而且关系到涂布颜料分布的均一性。如果原纸均一性差，还易在涂布过程中形成皱折，严重时造成张力横向分布不均纸幅裂断，影响涂布效率。如果涂布成品用于印刷则可能导致印刷打折，图案字迹模糊偏斜等，用于复合则可能带来复合过程不一致。所以一般要求定量、厚度横幅偏差在 2.5%～5.0% 以内，不宜超过 5.0%，纸张定量、水分、厚度的 QCS 控制对增加纸张的适用性和提高加工后纸张性能的稳定很有好处，是均一性调整的主要手段。

4. 白度、不透明度与色相

① 原纸白度高有利于涂布成品白度的提高并减少涂布过程增白剂的用量，但涂布原纸的白度应视具体的涂布成品需要，并非原纸白度越高越好。

② 不透明度是涂布原纸重要的一项指标，特别是 LWC 纸对原纸不透明度的要求更加严格，对 $50g/m^2$ 以上的原纸，一般要求其不透明度大于 80%。

③ 原纸的色相决定了涂布成品的色相，色相的均一性是批量成品外在质量中最敏感最直接的一项指标。有时可通过涂料中加染色剂来改变。

5. 灰分

灰分不仅影响纸张的强度和光学性能，而且关系到抄造效率的提高和生产效益的最大化。灰分的高低受涂布纸品种和原纸制造工艺和设备制约，一般来讲相同条件和标准下中性抄纸灰分高于酸性抄造，应用适宜的造纸助剂可提高纸张灰分，降低生产成本，提高生产效率。对大部分涂布原纸，灰分一般控制在 8%～14%，有些特殊要求的低于 8%，轻涂类及少数低档涂布纸要求原纸灰分适当高些，但要考虑涂布纸加工工艺和具体的强度等方面的要求而定。

6. 水分

对大部分涂布纸来说，成纸水分为 3.0%～4.0%，根据 K. CUTSHALL 研究，过度干燥对涂布机涂料、施胶压榨胶料的吸收和渗透都很有帮助，较低的水分不仅有利于提高原纸的适涂性和形成均匀一致的涂层，而且利于原纸抄造过程中厚度、定量的均匀分布，特别是进施胶机前水分控制低于 2.0% 更有利于控制成纸厚度及定量。但应注意水分低易造成强度降低，所以控制时应权衡利弊因品种而异。

三、原纸的平整性及形变

原纸的平整性和形变决定着涂布纸尺寸的稳定性，并最终影响涂布加工过程和涂布成品质量。

① 原纸的平整度包括由定量、水分、压力等原因引起的厚度差，由干燥或原料而引起泡泡纱、卷曲/松边等，都可能导致涂布不均匀，甚至造成生产过程障碍及涂布过程难以弥补的质量缺陷，必须从原纸控制。纸面越平整越利于形成均匀的涂层，纸面越细腻形成的涂层越平整，涂层表面缺陷越少。

② 原纸在涂布过程或加工成涂布成品时横向尺寸往往出现伸长或缩短，如果形变过大，会严重影响印刷成品质量（如套印不准），故一般要求原纸横向伸缩率要小于 2.5%，原纸生产中必须通过改进浆料配比、打浆工艺、成形条件、抄造参数等加以控制。

四、涂布原纸的外观特性

涂布过程对原纸外观纸病要求非常严格，因为许多原纸外观纸病直接决定涂布成品的质量和生产损耗。

（1）匀度

纤维组织的均匀性是纸张最重要的外观性能之一，纤维组织及填料分布越均匀越有利于提高定量、厚度、吸收性、平滑度以及强度指标的均一性，同时有利于减少纸张横幅伸缩率。也只有纤维组织及填料分布均匀了，才有纸面的平整和纸面细腻性的提高。纤维组织均匀的前提是原纸抄造过程必须确保良好的成纸匀度，从原料配比、打浆工艺、系统参数调整来实现。表面细腻性主要由纤维性质、填料及功能助剂决定。

（2）原纸的尘埃度、条痕、半透明点等纸病

在涂布过程中这些纸病不仅难以被涂层遮住，经超压后还有加重的趋势，必须严格按标准控制。

（3）大多数外观纸病

大多外观纸病都影响涂布生产效率和成品率，如折子、孔洞等易造成断纸、粘连，使生产损耗增加，生产效率和成品率下降，因此，原纸生产中必须严格控制。

（4）复卷质量

机外涂布要求原纸复卷质量良好，原纸卷筒的松紧不一致易导致涂布过程两边张力不一致而裂断，损耗增加，同时易导致横幅涂布量的差异和涂布成品松紧不一致，以致印刷时图案字迹模糊，偏斜不一致等；原纸毛边、裂口易造成涂布过程断纸，生产损耗大；原纸复卷时的刀辊痕则易形成涂布暗痕纹；复卷过程接头多可能带来涂布过程更多的断纸次数，导致生产损耗增加；原纸卷筒纸芯松动则易造成涂布过程纸幅不稳定，涂布质量波动。

通过对涂布原纸质量指标和外观特性的分析，并结合具体的涂布纸品种合理地调控原纸质量指标，有利于提高原纸的"性价比"，实现生产效益最大化。

以上讨论了与涂布纸质量密切有关的涂布原纸的几个最重要的性质。为了便于说明问题，下面以铜版纸为例，列表（表 2-2）说明原纸的各项技术质量指标对涂布印刷纸质量的影响。此表内容是我国某铜版纸厂多年生产经验的总结。

表 2-2　　　　　　　　　　　　原纸对铜版纸质量的影响

序号	指标	单位	标准	基本要求	对铜版纸质量的影响举例
1	定量误差	%	±4～6	±3	1. 压光平滑度不均,影响印刷画面层次与光亮度不均一 2. 纸垛倾斜弯曲不能正常印刷 3. 画报书册厚薄不一装合困难 4. 涂布易产生横道,卷取易跑偏
2	紧度 (不大于)	g/cm³	0.82	0.65 0.75	1. 加工时易卷曲,挂样涂布弧形不好易损坏 2. 单面铜版纸易卷曲,印刷困难 3. 纸的松厚度差,手感差 4. 凸版印刷弹缩性差,印刷网点不结实,不完整
3	裂断长 (纵横平均)	m	2400～2800	3000	涂布易断纸,纸的涂料、煤、电消耗增加,产品质量下降操作困难
4	施胶度 (不小于)		0.5	0.7～0.8	1. 过低易掉粉,纸硬印刷无光泽,油墨粉化不牢 2. 过高涂布易卷曲,易产生气泡点
5	平滑度 (正反平均)	S	15～30	28～30	1. 纸面粗糙,影响铜版纸平滑度和印刷油墨的吸收一致性 2. 涂层无法填平纸面。造成麻坑,即使外观与印刷质量低劣
6	表面粗糙度	μm	—	25	同上。用此法检查,比平滑度更说明问题
7	白度	%	78～85	80～90	原纸白度应接近铜版纸标准白度,否则易产生白度不一
8	白度误差 (指正反面)	%	—	2	1. 白度误差大,在涂料白度及上粉量、水分不变的情况下,也会造成产品的白度不一 2. 白度不一,使杂志、画册质量低劣
9	尘埃度 (面积法) 0.2～1.5mm 大于1.5mm黑色 0.2～1.5mm	个/m²	48、96 不许有 不许有4	不许有	1. 原则上不允许有尘埃,否则影响印刷品画面 2. 由于涂料涂布到纸上的厚度只有10μm左右,涂料的遮盖力较差,因此原纸上的黑色、黄色尘埃,不可能被涂料遮盖
10	灰分 (不大于)	%	12	10～12	1. 在满足强度、表面强度和松厚度的条件下灰分略高也可 2. 往纸内加填,应防止未分散的填料团粒存在。否则涂料涂上后团粒处黏附不牢,印刷时易产生局部掉粉,这里包括浆中的薄壁细胞,也易产生局部掉粉
11	水分 (不大于)	%	8	6～7	1. 水分低,纸卷表层与空气接触易起拱,影响涂布加工,损纸率增加 2. 易产生涂布卷曲,加工困难,影响合格率
12	耐折度 60～80g/m² 110～210g/m²	次 次	6～10 8～15	30 50	耐折度差,印成画报,不耐翻,易断裂
13	撕裂度80g/m²	g	45～55	60	撕裂度差时,加工适性不好,涂布、压光易断纸,消耗上升,质量下降,操作困难
14	毛毯印和网印	—	—	基本看不出	经涂布后不能遮盖,严重影响外观与印刷质量
15	均匀度	—	—	纸张纤维组织细密均匀	影响外观与加工、印刷质量
16	伸缩(横向)	%	—	2.0	伸缩率大时印刷套色不准,造成次品

续表

序号	指标	单位	标准	基本要求	对铜版纸质量的影响举例
17	纸面立毛	—	—	不允许	纸面纤维起毛。严重影响涂布质量,立毛处涂料因毛细管作用,多量聚集在立毛周围,形成涂布细点,影响产品外观平滑度,使印刷质量低劣
18	复边起毛	—	光洁	光洁	涂布时纸边因毛细管作用,聚集过量的涂料造成卷取不齐,压光时纸边产生条印
19	复边裂口	—	—	不允许	造成涂布机断纸。压光机断纸严重,影响产量和质量,消耗增加
20	扭筋	—	不允许	不允许	1. 在纸边缘的扭筋,易产生涂布压光断纸,损坏压光纸辊,产品质量下降,消耗增加 2. 细小扭筋,到印刷成书后,经翻阅纸页裂开
21	纸浆块硬质块		不允许	不允许	1. 损坏压光机纸辊 2. 漏检后,损坏印刷板
22	不透明度	%	—	90	1. 影响双面铜版纸的透印 2. 外观差
23	表面强度 F/W	级	—	12/12	强度低时发生裂开分层和起泡分层,制品报废,或降级使用

习题与思考题

1. 涂布印刷纸对原纸有哪些质量要求?

2. 涂布印刷纸原纸质量指标主要有哪些?

3. 简述典型的涂布印刷纸原纸的生产流程。

4. 原纸的质量与颜料涂布加工纸的质量有何关系?为什么?原纸的生产在技术上要注意哪些问题?

5. 为什么原纸的质量和性质对涂布过程和成品质量有决定性影响?

6. 简述原纸干强度、湿强度、内结合强度和表面强度之间的关系?

7. 原纸的紧度、透气度、吸收性(施胶度)和平滑度是如何影响涂布及涂布纸质量的?

8. 为什么定量、厚度均匀是涂布原纸最基本的要求?

9. 原纸的平整性和形变是如何影响涂布加工过程和涂布成品质量的?

10. 植物纤维原纸有哪些固有的缺陷?颜料涂布加工为什么可以改善原纸的表面性能?

参 考 文 献

[1] 张美云,等. 加工纸与特种纸 [M]. 北京:中国轻工业出版社,2010.

[2] 张美云,陈均志. 纸加工原理与技术 [M]. 北京:中国轻工业出版社,1998.

[3] 何北海,主编. 造纸原理与工程 [M]. 北京:中国轻工业出版社,2010.

[4] 韩红生. 涂布原纸的质量控制 [J]. 中国造纸,2008,27(8):48-51.

[5] 上海华丽铜版纸厂. 铜版原纸的基本要求 [J]. 上海造纸,1993(3):113.

[6] 俞宗麟. 铜版原纸的质量及其抄造条件的探讨 [J]. 上海造纸,1983(4):27-35.

[7] 中国轻工业联合会综合业务部编. 中国轻工业标准汇编(造纸卷)[M]. 北京:中国标准出版社,2006.

第三章　颜料涂布加工纸

涂布加工纸的种类很多，按用途可分为印刷类、防护类、感应记测类、净化类、复印类、装饰类、黏合类、研磨类等，其中颜料涂布加工纸用量最大，在整个涂布加工纸中占重要地位。

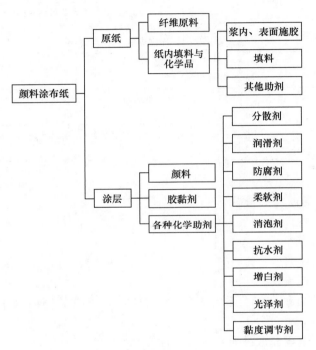

图 3-1　颜料涂布纸的组成

颜料涂布加工纸，是以原纸为基材，将以颜料、胶黏剂和各种化学辅助剂调成的涂料，用涂布机涂于纸面（单面或双面）上而制成的加工纸。颜料涂布纸的组成如图 3-1 所示。

广义的颜料涂布加工纸包括颜料涂布加工纸和颜料涂布加工纸板。颜料涂布加工纸以印刷涂布纸为主，如铜版纸；颜料涂布加工纸板包括涂布白卡纸、涂布白纸板和涂布箱纸板等。颜料涂布加工纸和纸板主要用作印刷及需要经过印刷加工的包装用纸和纸板等。铜版纸是颜料涂布纸中最典型的一种。铜版纸与胶版纸、凸版纸、凹版纸一样，也是从印刷方面而得名的。1852 年，国外发明了凸印网目版，印版是铜质的，原先作为壁纸用而纸面十分平滑的颜料涂布纸很适合于铜版印刷，颜料涂布纸遂被称作为"铜版纸"。1906 年发明了胶版印刷纸，铜版纸又被应用到胶版印刷中来了。以后，在实际使用中这种涂布纸已远远超出铜版印刷的实在意义了。1964 年，我国轻工业部将其改称为"印刷涂料纸"。不过，商业部门和印刷行业的大多数人仍习惯用"铜版纸"这个名称。

本章将以铜版纸为例，讨论颜料涂布纸生产的有关技术问题。

第一节　概　　述

一、生产工艺流程

颜料涂布加工纸的生产包括三部分：颜料的分散和涂料的制备，涂布和干燥，涂布纸的整饰完成。颜料涂布加工纸的基本工艺流程如图 3-2 所示。

颜料涂布加工纸的主要成分（原料）是原纸和涂料，其中涂料是由颜料、胶黏剂和其他添加剂（如分散剂、防腐剂、消泡剂等）组成的，因此，原纸的质量，化工原料的性质，均对涂布加工纸的质量有影响。

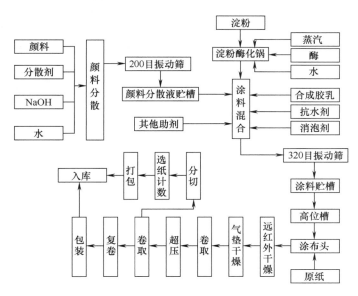

图 3-2　颜料涂布加工纸的基本生产工艺流程

颜料涂布加工纸的涂布加工是一个严格的工艺过程，涉及涂料组分和原纸的选用、涂料制备的设备和工艺、涂料性能、涂布方式的选择、干燥工艺的确定和纸张整饰技术等方面的内容，原纸与颜料种类的选择，胶黏剂和化学添加剂的选用以及涂布技术、干燥条件等因素的变化均会影响颜料涂布加工纸的质量。

以上诸方面既要逐个考虑，又要统筹安排。颜料涂布加工纸是门涉及矿物、高分子、化学、物理化学、机械、化工、电气和自动化等多学科的专门知识体系。

二、涂层的表面及结构

颜料涂布加工纸是由原纸及覆盖在原纸表面的颜料涂布层所组成，其结构及涂布前后纸的截面变化情况如图 3-3 所示。

涂布纸由原纸和涂料构成。涂布前，原纸的表面有很多微观不平滑和凹陷处，它们是由单根纤维之间及纤维絮聚体之间的结构不均衡产生的。涂布后，以颜料为主的涂料覆盖在纤维及纤维絮聚体表面，填平了原纸表面的凹陷和微观不平滑处，产生了一种具有较少凹凸外形的新表面。无论是原纸还是涂布层，都分布着大量的空隙。孔

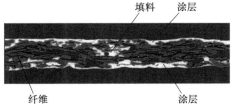

图 3-3　颜料涂布加工纸的结构

隙是由于纤维和颜料的不均匀分布造成的。不同的原纸和涂料生产出的涂布纸，其孔隙率可以在 30%～70% 的范围变化。孔隙其中一部分被胶黏剂填充，而大部分为空气所占据，因此颜料涂布加工纸是纤维-颜料-胶黏剂-空气的复合体。这些空隙决定了纸页的黏弹性并赋予纸页以良好的印刷性能。

涂料的主要成分是颜料，其次是胶黏剂和涂料助剂。胶黏剂的作用是将颜料颗粒黏合在一起并将颜料颗粒集合体黏合到涂布原纸上。胶黏剂的数量不大，但其性质直接影响到涂布后产品的各项质量指标，如产品的表面强度，产品的挺度等，也直接影响到产品的抗水性、

光泽度和油墨吸收性等。胶黏剂也同时会影响涂层的孔隙度和涂层的表面和界面性能。涂料中使用的涂布助剂是具有不同功能的化学添加剂。不同助剂有着不同的作用。有的助剂的功能是改善颜料的分散性能，有的是为了改善涂层的结构和印刷性能，有的则是为了改善涂布加工过程的作业性。施涂颜料涂料到纸和纸板上的一个主要原因是改进其适印性。有人认为颜料涂料本身控制着涂布纸的适印性，因为正是看得见的涂布表面同印刷油墨直接接触。事实上，适印性只是部分地受涂料配方所控制，许多其他因素对涂层表面的连续性及不均匀性有严重影响，从而影响适印性，其中最重要的可能是原纸（涂布基材）。原纸约占双面涂布纸质量的 70% 和体积的 90%。它是由不同尺寸及凝聚度的纤维形成的多孔物，因此它有一个由大约相同百分数的纤维及不规则的空隙面积组成的不连续的表面。幸而，大多数的空隙是微观尺寸的，通过施涂颜料涂料能较大地改进表面的均一性。然而，原纸的变化性会影响涂层的厚度及结构，经施涂涂料后仍然存在一些表面的不均匀性，原纸的缺陷，例如成形差和网印，往往被涂层所加重，尤其是在涂布量较低时。要生产一张高质量的涂布纸，必须从一张优质基纸开始。影响涂布纸性能及外观的因素除涂布原纸以外，还包括涂料配方的组成，涂布方法，在涂布机上的操作条件，以及整饰程度。

如上所述，在涂布前原纸在横切面中的外形显出许多凹陷处，它们是由单根纤维之间及纤维凝聚体之间的断开面积引起的。纤维之间的断开面积决定原纸的微观粗糙度，它们的最小尺寸约为 $5\mu m$；接近于纸张表面处的纤维絮聚体之间的断开面积决定原纸的宏观粗糙度，取决于纤维的种类及它们沉积和连接的状态，宏观粗糙度约在 $25\sim300\mu m$ 之间。除这些表面的凹陷区域外，在纤维网络内还有许多的空隙和孔隙，它们的直径为 $1\sim5\mu m$。因此，原纸的粗糙度或是决定于纤维絮聚物的宏观粗糙度，或是决定于单根纤维的尺寸及纤维的间隙的微观粗糙度。

颜料涂布的任务是用以颜料为主的涂料覆盖纤维及纤维絮聚体，从而产生一种具有较少凹凸外形的新表面。在纸张涂布中，常用颜料的平均粒度小于 $1\mu m$。以高岭土为例，它的理想的粒子形状呈薄层状，这些薄层在涂层中即使未经压光往往也会平卧。高岭土薄层的宽度对厚度的比约为 10:1，会造成约 $1\mu m$ 至 $0.1\mu m$ 大小的粗糙度。因此，高岭土表面的粗糙度只是原纸粗糙度的几百分之一。在颜料涂布中常用的另外两种颜料碳酸钙和二氧化钛都具有小于 $0.5\mu m$ 粒度的各向同性的粒子，用这些颜料制备的涂层与高岭土涂层显示同一数量级的粗糙度。应该指出的是，虽然在粒度方面颜料比造纸纤维小得多，但它们仍在会使光线有效折射的范围之内。因此，它们会影响纸张的光学性质，例如光泽度和不透明度。

所有颜料涂料都需要一种胶黏剂将颜料粒子黏合在一起并将粒子黏到涂布原纸上。这种胶黏剂会影响涂层的外形，但它主要影响涂层的孔隙度。如上所述，在不加胶黏剂的典型的高岭土涂层中，孔隙的尺度小于 $0.1\mu m$，或约是平均高岭土粒度的 1/10。把胶黏剂加入涂料中会膨胀涂层的体积并增加在涂层中孔隙的尺寸，但在颜料-胶黏剂涂料中的孔隙尺寸仍然只是 $0.1\sim0.2\mu m$。因此，在涂料中的孔隙度（约 $0.1\mu m$）只是原纸中孔隙度（约 $1\sim5\mu m$）的 1/10 或更小。像油墨之类的流体由于毛细管力产生的渗透率与孔隙的大小成正比。因此，涂布原纸通过颜料涂布后的孔隙度降低了 1/10，这是在印刷过程中油墨保留的一个重要因素。

根据经验，当覆盖等于 $306m^2$ 的面积时，0.45kg 的涂料会在平滑的表面上涂上厚度为 $1\mu m$ 的涂层，即涂布量 $1.47g/m^2$；如果涂料被施涂到一种所有的表面纤维均分散良好并且纤维彼此以等于纤维直径的间隔等距离地分布在原纸上，为填满纤维间的间隔但不覆盖纤维时所需的涂料数量在 $3.7\sim14.9\mathrm{g/m^2}$ 之间；如果在原纸的表面有纤维絮聚体并假定它们的厚度约为 $25\mu\mathrm{m}$，这就需要 $14.8\sim37.0\mathrm{g/m^2}$ 的涂料才恰好填满所有的凹陷处。这具体说明了要使涂布过程只是覆盖由于纤维造成的微观粗度而形成一平整的表面，就必须要求原纸含有尽可能少的纤维絮聚体的重要性。如果必须覆盖由纤维絮聚体所造成的宏观粗度的话，则需要过量的涂料。

倘若将颜料涂料施涂到一个像金属板那样的平滑无孔的基面上时，涂层在厚度方面即使是在高倍放大下观察也是平滑和均一的；倘若将涂料施涂到一个像细密的玻璃滤器那样的平滑有孔的基面上时，涂层的厚度会是比较均一的，但它的平滑度将决定于涂料的固含量和基面的孔隙度；倘若同样的涂料以工业上用的量施涂到一涂布原纸上时，产生的涂料厚度会是比较不均一的，涂料的厚度各处均不相同，有一些地方可能完全没有涂料，而在另一些地方可能有很厚的涂层。所以，工业生产上需要相当大量的涂料其中主要是为了填满原纸上粗糙不平处。

颜料涂布是在水性系统中进行的，涂料通常施涂到已经干燥的涂布原纸上。当水性涂料与干的原纸接触时，纤维膨胀，增加了纸面的粗糙度，这意味着要比由干的原纸的粗度所要求的更多的涂料。

三、颜料涂布加工纸的加工目的和成纸特性

（一）颜料涂布加工纸的加工目的

日益增长的消费需求导致人们对印刷品和印刷材料的质量要求越来越高。仅仅依靠纸张的生产技术来适应印刷需要或者生产成本太高，或者根本无法满足要求。为此，需要对纸张进行涂布加工以满足不断增长的高档文化用品的印刷和其他要求。纸张的颜料涂布加工主要是满足包括印刷性能在内的使用需求。

① 改善纸张的表面性能和光学性能，提高纸张的印刷适性。

② 着色和压花，提高纸张的装饰效果和使用价值。

③ 改善纸张的机械性质。

④ 作为特殊涂布纸的预涂层。

（二）颜料涂布加工纸的主要性能

颜料涂布加工的主要目的是改善成纸的印刷适性。纸张的印刷适性是指纸张能适应印刷操作的要求，保证印刷顺利进行，并使印刷品获得良好的质量。纸张的印刷适性包括印刷机的印刷运行适性和印刷质量适性。作为承印材料，颜料涂布加工纸最重要的性能是其表面性能、光学性质、油墨接受和吸收性及机械强度性能等。

1. 颜料涂布加工纸的外观性能

颜料涂布加工纸包括平滑度和空隙结构的外观性能对印刷效果非常重要。平滑的颜料涂层可使印版和纸面之间获得好的接触。粗糙的、不规则和不连续表面会导致图文失真和油墨转移不均匀。涂布纸的平滑度和粗糙度是一对矛盾的概念。涂布纸的粗糙度反映涂布纸，特别是涂层的表面粗糙程度，尤其是在印刷图像复制过程中表现出来的粗糙程度。涂布纸的平滑度以别克平滑度表征，粗糙度则以本特森粗糙度、PPS 印刷粗糙度表征。网版印刷中，粗糙的表面会造成网点丢失和不完整的图像复制。对于大多数颜料涂布加工纸，空隙结构和平滑度和原纸及涂布纸的压光工艺密切相关。平滑度和可压缩性是涂布纸的一对矛盾的质量参数。可以通过提高压光压力来提高平滑度，但会造成可压缩性降低。高的平滑度有利于提

高印刷质量，但通过提高压光压力获得的平滑度提高能否补偿由于可压缩性导致的印刷质量的降低需要统筹考虑。涂料配方中颜料及胶黏剂的种类和用量是都将直接影响到压光时涂层塑性形变性。因此，恰到好处的涂层覆盖、适宜的涂布量以及适当的压光条件可以获得较好的涂层外观性能，从而获得较好的印刷效果。

2. 颜料涂布加工纸的光学性质

颜料涂布加工纸的光学性质主要包括白（亮）度、不透明度和光泽度。颜料涂布加工纸所使用的颜料性质、胶黏剂种类和用量、压光条件等，对涂布纸的光学性能也有重要的影响。为了获得最好的光学效果，涂层中必须含有对光散射最佳的颜料及最佳尺寸及其分布的孔隙。对纸张而言，影响涂布纸亮度的主要组成是颜料，其次是胶黏剂和化学添加剂。颜料的粒度较细、晶型和颗粒形状是影响亮度的重要因素。高亮度高岭土，碳酸钙和二氧化钛可赋予颜料涂布加工纸不同的亮度和不透明度。合成胶黏剂比天然胶黏剂有更好的色泽，低的胶黏剂用量有利于提高亮度。

影响涂布纸不透明度的主要因素是颜料，其次是胶黏剂及其相互间的比例。原纸和涂层对原纸的覆盖率及整饰度也有影响。不透明度对颜料涂布加工纸特别重要。不管是书刊杂志，还是美术画册和画报，很多都需要双面印刷，颜料涂布加工纸的不透明度不高，印刷品就会产生"透印"现象，影响印刷效果。使用钛白粉等高散射的颜料，提高涂料固含量，使用剥离高岭土，进行两次涂布等方法皆有利于不透明度的提高。

光泽度是反映纸张表面镜面反射能力的一种性质，它能表现出印刷品光泽和光彩上的质量。彩色胶版印刷所用的颜料涂布加工纸应有较高的光泽度，这样才能印出色彩光亮的高质量印刷品。而对阅读用的颜料涂布加工纸，过高的光泽度并不利于阅读。

3. 颜料涂布加工纸的机械性质

颜料涂布加工纸的机械性质包括产品的力学性质、挺度、表面强度和可压缩性能等。产品的力学性质主要取决于原纸的力学性质。产品的挺度也主要与原纸的挺度有关，产品的挺度也同样受到涂料的性质影响。如涂料中使用较多的改性淀粉作胶黏剂则有利于产品挺度的提高。

表面强度通常用拉毛强度表示，指的是涂布纸在印刷过程在油墨黏度、印刷压力和印刷速度等条件的作用下，抵抗油墨层对印版与纸面间所产生的剥离力的能力。剥离力与印刷速度和油墨黏度成正比，而与纸面的粗糙度和油墨膜的厚度成反比。颜料涂布加工纸的涂层强度低，即涂层颜料粒子间的结合强度和涂层与纸面间的结合强度低时，在剥离力的作用下，颜料和细小纤维会从纸面上被拉起的现象，就是"掉毛掉粉"。掉粉和掉毛会使印刷品上留下斑点；印版会逐渐被掉下的颜料颗粒和细小纤维堵塞而无法正常印刷，产生"糊版"现象。

可压缩性指的是涂布纸承受压印时，其厚度的弹性变形程度。可压缩性决定着印版在压力下与纸面接触的均匀程度。可压缩性越高，印版与纸页的接触越均匀，印刷质量越好。

4. 颜料涂布加工纸的油墨接受性和油墨吸收性

广义上说，纸张的油墨吸收性包括印刷瞬间纸页对油墨的接受性和印刷过程中，纸页对油墨的吸收性。狭义上说，油墨吸收性仅仅指纸张在印刷过程中纸张对油墨的吸收能力，或者说是油墨对涂料层的渗透能力。颜料涂布所获得的最重要的优点是改进产品的油墨接受性和油墨吸收性。油墨对涂布纸的渗透是纸和油墨两个方面固有特性在印刷条件下的综合反应。因此，颜料涂布加工纸的油墨保留及吸收是印刷适性最重要的性质。许多因素影响涂层表面的油墨接受性和油墨吸收性，但最重要的是涂料中胶黏剂的种类和百分比用量。不同胶黏剂对涂层的油墨吸收性是不同的；而胶黏剂对颜料的比率越小，涂层的油墨接受性和油墨吸收性越高。如果涂料中胶黏剂分布均匀并且不发生迁移的话，则涂层的油墨保留或吸收性质只受涂层中的颜料体积浓度支配，也受颜料品种所影响。涂布表面要求适当的油墨接受性和油墨吸收性。如吸墨性太低，油墨干燥速度慢，会产生"粘脏"现象；而吸墨性太高，油墨大部分被吸入涂层，会使印刷光泽度降低，并且浪费油墨。

四、品种、规格和质量指标

颜料涂布纸的主要品种是印刷涂料纸。印刷涂料纸在各国的分类方法和质量标准有所不同。

（一）我国的分类和标准

颜料涂布纸可以根据原纸的特性、定量和涂布量来加以分类，亦可通俗地将颜料涂布纸常分为铜版纸（相当于国外的 Art Coated Paper）、低定量涂布纸和普通涂布纸等。铜版纸，单面涂布量约为 $20g/m^2$，一般用于高级的画刊、广告、产品说明书和美术工艺画页等高级美术印刷。普通涂布纸，涂布量比铜版纸低，单面涂布量约 $10g/m^2$ 左右，一般用于书籍、杂志、广告宣传画、一般商业性的印刷品等彩色印刷中。低定量涂布纸，单面涂布量约为 $5g/m^2$ 左右，用于印刷杂志、书籍的彩色插图、广告宣传等。低定量涂布纸是印刷涂料纸中发展较快的一种，但它对原纸及涂布等的要求也更高。颜料涂布纸板分为：涂布白板纸、黄板涂布纸、灰板涂布纸。铸涂纸从原纸定量和涂布量上介乎于涂布纸和涂布纸板之间，但由于其独特的生产工艺和产品性能，故把它单独分为一类。也可将涂布纸分为光泽涂布纸和无光泽涂布纸。

一般根据涂布量不同，将颜料涂布加工纸分为以下不同的规格和品种。

① 超低定量涂布纸（ULWC）：单面涂布量约 $2\sim6g/m^2$ 或更低。

② 低定量涂布纸（LWC）：单面涂布量约 $6\sim10g/m^2$。

③ 普通涂布纸：单面涂布量约在 $15\sim25g/m^2$ 左右，一般为 $20g/m^2$。

④ 重涂布纸：单面涂布量在 $25g/m^2$ 以上，甚至可达 $48g/m^2$（特种需要的涂布纸，如黄板涂布纸等）。

从产品的涂布情况来分，颜料涂布加工纸有单面和双面涂布之分。单面颜料涂布加工纸多用于商标纸、高级画刊、广告、宣传画、产品说明书和各类工艺画页；双面颜料涂布加工纸多用于期刊、书籍、画册和其他高档印刷品。定量（g/m^2）范围较广，国外的品种有：50、60、80、85、90、100、110、120、130、150、160、180、200、250、$260g/m^2$ 等。北美和欧洲对颜料涂布加工纸的分类也不相同。如北美主要考虑依据浆种和白度进行分类。有些国家还将印刷方式也考虑进去，如分类为轮转胶印涂布加工纸等。这些分类方法主要是从统计学或者销售的角度划分的。

我国现执行的铜版纸标准有以下品种：

单面/（g/m^2）：70、80、90、100、120、130、150、180、200、250

双面/（g/m^2）：70、80、90、100、120、130、150、180、200、250

这两类铜版纸又分为 A、B、C 三个等级，以区别各种用途。A 级为国际先进水平，B 级为国内先进水平，C 级为国内一般水平。此外，印刷涂料纸还细分为有光泽、高光泽和无光泽三种：有光泽即为普通常见的铜版纸；高光泽铜版纸供出口和高级美术印刷之用，镜面光泽，印刷品十分光洁精美；普通光泽颜料涂布加工纸不要求过高的光泽度；无光泽铜版纸则在生产中控制工艺以消除产品的光泽，国外用得比较多，这种纸印刷适应性好，立体感比较强。

铜版纸也有平板纸和卷筒纸之分，一般标准尺寸根据印刷机需要进行裁切，常见平板纸有 880mm×1230mm，787mm×1092mm 两种规格。

我国铜版纸的产品质量指标如表 3-1 所示。

表 3-1　　铜版纸国家标准（GB/T 10335.1—2017）技术指标

技术指标		单位	规定					
			优等品		一等品		合格品	
			有光型	亚光型	有光型	亚光型	有光型	亚光型
定量		g/m²	70.0　80.0　90　　100　105　115　128 157　200　250　300　350					
定量偏差	≤157g/m²	%	±4.0				±5.0	
	>157g/m²	%	±3.5				±4.0	
厚度偏差		%	±3.0		±4.0		±5.0	
横幅厚度差　≤			3.0		4.0		4.0	
D65 亮度（涂布面）≤		%	93.0					
不透明度　≥	≤90.0g/m²（双面涂布）	%	89.0		88.0		86.0	
	>90.0g/m²～128g/m²		92.0		92.0		91.0	
	>128g/m²		95.0					
挺度（纵向/横向） ≥	128g/m²	mN	165/105	175/115	165/105	175/115	165/105	175/115
	157g/m²		260/160	320/200	260/160	320/200	260/160	320/200
	≥200g/m²		500/320	560/350	500/320	560/350	500/320	560/350
光泽度（涂布面）	中量涂布	光泽度单位	≥50	≤40	≥50	≤45	≥45	≤45
	重量涂布		≥60		≥55		≥50	
印刷光泽度（涂布面）　≥	中量涂布	光泽度单位	87	77	82	72	72	67
	重量涂布		95	82	92	77	85	72
印刷表面粗糙度（涂布面）　≤	<200g/m²	μm	1.20	2.20	1.60	2.90	2.60	3.20
	≥200g/m²		1.80	2.60	2.20	3.20	2.60	3.80
油墨吸收性（涂布面）		%	3～14					
印刷表面强度[a]（涂布面）　≥		m/s	1.40		1.40		1.00	
尘埃度（涂布面） ≤	0.2mm²～1.0mm²	个/m²	8（单面 4）		16（单面 8）		32（单面 16）	
	>1.0mm²～≤1.5mm²		不应有		不应有		2（单面 1）	
	>1.5mm²		不应有		不应有		不应有	
交货水分[b]	70g/m²～157g/m²	%	5.5±1.5					
	>157g/m²～230g/m²		6.0±1.0					
	>230g/m²		6.5±1.0					

注：a 用于凹版印刷的产品，可不考核印刷表面强度；用于轮转印刷的产品，印刷表面强度分别降低 0.2m/s。
　　b 因地区差异较大，可根据具体情况对水分作适当调整。

从表 3-1 中可以看出，铜版纸这一类印刷涂料纸的优良性能在于良好的印刷适应性，高的白度、平滑度和光泽度，因而使印刷的文字、图像真实性高。

印刷涂料纸由于涂料层的关系，使它的体积质量要比胶版纸大 25～100 倍，它的柔软性、书写性也不及胶版纸，手感温度低（冷感），纸张的被压缩率也不及好些纸（印刷涂料纸 1.4%～4.2%，凸版纸 15%～16%，上等纸 4.3%～7.2%）。如果涂料层所用的胶黏剂属于动、植物的蛋白类时，则涂料层容易发霉发潮脱落，这些都是在应用时要加以注意的。

随着人民文化水平的提高和国民经济的繁荣，对印刷涂料纸的需求量和质量方面的要求将会越来越高，如何努力提高印刷涂料纸的产量、质量，增加产品品种，是我们造纸工作者的重要课题。

（二）日本的分类

日本将印刷涂料纸分为铜版纸、普通涂布纸、轻量涂布纸以及其他涂布印刷纸。上述四个等级的分类只是从统计处理的角度来划分的，但一般是以涂布量为基准进行等级分类、生产和销售的（如表 3-2）。为了区别轮转胶印用纸、轮转凹印用纸与其他用纸的不同要求，一般都有专门的名称，如"轮转胶印用涂布纸"等。在不同等级的印刷纸的表面性能方面又分为高光泽型、低光泽型和无光泽型。

表 3-2　　　　　　　　　　　　　　日本印刷用涂布纸的分类

等级分类		用途	原料	涂料	涂布量/g	定量/(g/m²)	白度(H)	光泽
上质系	铜版纸　A₁	高级商业出版物(高级商品目录)	化学浆 100%	高级品使用少量钛白粉；一般使用高岭土、黏土、碳酸钙等	（20 以上）	84.9～157	上限 82%～84%	强光泽
	涂布纸　A₂				（10～19.9）	73.3～157		
	轻量涂布纸　A₃				（9.9 以下）	72.3～78.9		
中质系	中质涂布纸 B₂-a	一般商业印刷；一般商品目录；传单；一般出版物；杂志	化学浆 60%±10% 机木浆 40%±10%		2	60.2～72.2	下限 70%左右	弱光泽
	中质涂布纸 B₂-b				2			
	中质涂布纸 B₃-c				2	60.2 以下		
	中质轻量涂布纸 B₃				3			

注：上质系指不配机木浆纸类；中质系指配有机木浆纸类。

（三）美国的分类

美国是以纸的白度为基础进行分类的，如表 3-3，可分为五个等级，轻量涂布纸一般为 No.4 和 No.5。

表 3-3　　　　　　　　　　　　　　美国印刷用涂布纸的分类

等级分类		用途	原料	涂料	涂布量及涂布次数	涂布定量/(g/m²)	白度/%	光泽
上质系	No.1	高级广告	100%化学木浆	以钛白粉为主	涂布量大　二次涂布	上限 103.6 以上	82～88	高光泽
	No.2	高级商业出版物		以钛白粉为主配黏土	涂布量大　二次涂布		78～82	一般光泽
	No.3	商业印刷	化学木浆中配有少量机木浆	以黏土为主配钛白粉	一次或二次涂布		76～82	
中质系	No.4	杂志	化学浆 40% 机木浆 60%	以黏土为主配钛白粉	一次涂布		72～78	
	No.5	杂志，商品目录	化学浆 30%以下 机木浆 70%以上	多种	涂布量小　一次涂布	下限 5.18	68～72	低光泽

（四）欧洲的分类

欧洲的分类不如美国那样明确，一般为：

① 铸涂纸（Hochglanzpapiere）。

② 铜版纸（Kunstdruckpapiere），涂布量每面 $20g/m^2$ 以上。

③ 单面铜版纸（Chromopapiere）。

④ 普通涂布纸（Mashinengestrichene papiere），涂布量每面 $15g/m^2$ 以下。

⑤ 轻量涂布纸（LWCpapiere），每面涂布量 $6\sim12g/m^2$ 以下。

⑥ 单面着色涂布纸（Bunt papiere），其光泽与铜版纸相同。

第二节　颜料涂布纸的原料

颜料涂布纸由原纸（或涂布基材）、颜料、胶黏剂及助剂组成。按质量计，有代表性的百分数是 70％涂布基材，25％颜料及 5％胶黏剂。估计的体积关系是 90％涂布基材，9％颜料及 1％胶黏剂。化学助剂的加入量很少，但种类繁多，如分散剂、润滑剂、防腐剂等，以保证颜料能够顺利涂覆于纸面并获得预想的使用效果。对一个涂布纸生产企业来说，颜料的选用往往直接决定着企业的产品质量和经济效益。要系统掌握涂布纸的生产技术，首先必须对颜料有深入的了解。

一、颜　料

涂布加工纸生产所用的颜料指的是不溶于水介质，分散良好的固体的有机或无机颗粒。颜料是构成涂布纸涂料的主要组分之一，在涂料配方中通常占总质量的 70％～90％。涂布纸之所以具有明显优于其原纸的高平滑、高光泽和好的适印性表面，主要应归功于涂布纸表面的颜料。涂布实际上就是把颜料颗粒涂在纸面，填平原纸表面凹陷之处，并提供好的亮度、不透明度、光泽度等。其质量的好坏直接决定着涂布纸生产及产品质量的优劣，也制约着设备的工作效率，决定着涂布设备能否在最佳工况下运行。

根据颜料来源，涂布纸常用的颜料可以分为 3 类：

① 矿物颜料。大自然中以矿藏的形式开采出来并加以加工制造的无机颜料。如高岭土、天然 $CaCO_3$、二氧化钛、滑石粉等。

② 人造颜料。使用一些无机化合物，经过一些化学反应而生产出的颜料。$Al(OH)_3$、$Mg(OH)_2$、$BaSO_4$、缎白、沉淀 $CaCO_3$、硅铝酸钠、硅酸铝等。

③ 合成树脂颜料。利用人工合成的方法生产出来的有机大分子颜料。如聚苯乙烯颜料、尿素树脂颜料等。

（一）颜料的作用和基本要求

颜料涂布纸的生产中，颜料具有重要的地位和作用。不同的颜料和不同的制备方法制得的颜料在性能上有很大的差距。选择原料首先需要知道颜料在涂布加工纸的生产中起着什么样的作用，涂布印刷纸的生产和质量对颜料有什么要求。

1. 颜料的作用

① 通过遮盖原纸表面以改善印刷涂料纸的外观等。

② 通过涂覆填平纸面以提高印刷涂料纸的平滑度。

③ 改善对油墨的吸收性，以适合高质量印刷的需要。

④ 提高印刷涂料纸的白度、不透明度及光泽度以改善印刷适性。

2. 涂布用颜料应具备的基本要求

① 颜料的白度和不透明度要高，即遮蔽能力强，以利于提高涂布纸的白度和不透明度。

② 颜料颗粒的粒径及分布要适当，粒子的形状要有利于涂布纸白度和不透明度的提高。

③ 颜料要易分散于水，其水分散液有低的黏度和好的流变性，以保证所制得的涂料既有较高的固体物含量，又有较好的流动性和稳定性。

④ 颜料的磨损性要低，以减少对涂布刮刀和印刷设备的磨损。

⑤ 颜料与涂料中的胶黏剂和其他助剂有良好的相容性。

⑥ 颜料有较低的胶黏剂需要量。

⑦ 良好的化学稳定性也十分重要，因为涂料组分十分复杂，其中不乏反应活性很强的物质，颜料应该比较惰性，不易于与其他组分发生化学作用。

⑧ 来源广泛、价格低廉。

（二）常见颜料所具有的通用特性

1. 遮盖力

所谓颜料的遮盖力或覆盖力就是指将它涂在表面上时遮盖底层的能力。这种性能是由颜料的折射能力和颜料的折射率与分散介质的折射率的差值决定的。颜料的折射和反射光越强，它就越不透明，自然也就具有更高的遮盖力。有时颜料的遮盖力是由它的吸收能力决定的，例：炭黑并不反射光，但由于它有高度的吸收能力，因此它是不透明的，并具有良好的遮盖力。

颜料涂布在纸的表面上，是以悬浮体状态存在于胶黏剂中，这种胶黏剂对颜料的遮盖力具有很大的影响。光线通过胶黏剂射到颜料上，这时光可能不改变运行速度，无阻碍地透过颜料（此时颜料是透明的）或者光线的运行速度变慢，从颜料上发生折射或反射（此时颜料是遮盖性的），颜料在相同胶黏剂中的遮盖力是由颜料和胶黏剂的折射指数的差决定的。这种差数越大，颜料也就具有越大的遮盖力。

从实验中得知，同一种颜料在一种胶黏剂中是透明的，而在另一种胶黏剂中是遮盖的。例：色淀茜红和白垩，它们在胶黏性涂料中是遮盖的，而在油漆中是透明的。颜料的粒子结构对其遮盖力有影响。结晶结构具有最好的反射光的条件，具有最明显的晶体结构的颜料其遮盖力较大。具有不太明显的结晶结构的颜料或明显的无定形颜料，其遮盖力较小。

颜料的遮盖力除决定于其结构外还决定于它的分散度。随着分散度的增加颜料的遮盖力也增加，这是由于在颜料内反射表面的数量增加的缘故，当颗粒的直径达到和光波的长度相同时，遮盖力的增加就会停止，如继续增加分散度，颜料即开始变透明，当分散到分子状态时就变成透明状态，因此这时颜料已不能成为光线通过的障碍了。

颜料的遮盖力或者覆盖力是用遮盖 $1m^2$ 表面所用最小数量来测定的。这个指标的单位是以在每平方米的遮盖面上所用的颜料的质量（g）来表示。

2. 着色力

颜料最重要的特性是着色力，也就是它和别的颜料进行混合时赋予其本身颜色的性能，着色力并不经常用颜料的遮盖力来确定。

从这个观点出发，颜料可分成两类：反射颜料和吸收颜料。对于有色的反射颜料来说，它的着色力和遮盖力成反比。对于有色和黑色的吸收颜料来说，它的着色力和光的吸收成正比，当然也就和遮盖力成正比。对于白的反射颜料来说，它的着色力和遮盖力成正比。着色力随颜料分散度的增加而增加。

3. 光泽

光泽是表面上某个方向的强而均匀的光，经过反射所引起的视神经的感觉。当强光反射在各个不同的方向上时，就会产生光泽暗淡的感觉。当照射在表面上的光线反射很弱时，就没有光泽感觉。薄膜在任何一种光滑表面上能够具有光泽的条件是：颜料的最大粒子的直径要小于薄膜的厚度，并且颜料的全部粒子应该是在薄膜的内部。这样在薄膜内随着胶黏剂相对含量的增加（到一定范围）它的光泽也就增加。

颜料的重要特性是被反射呈光泽的光与决定涂层颜色的反射和散射的光的一致性。当颜色由颜料很薄的表面层决定时，就具有这样的一致性。当颜料的颜色是由很厚的一层表面决定时，反射呈光泽的光就可能与物体颜色不一致，颜料就可能由观察它的方向不同而改变自己的颜色。在这种情况下，颜料呈青铜光泽。颜料呈青铜光泽的性质是一个缺点。

4. 耐光性

颜料的表面受到外界光的作用，大部分颜料都会变色，白色的会泛黄，有色的会褪色，因此它是颜料的一个很重要的特性。

有色颜料的耐光性差的原因是发色基团的光化学氧化或还原反应，或者是晶体结构的变化。染料的耐光性越强，它的活性基的饱和也越稳定。染料内含有的各种杂质和不纯物质对它的耐光性有很大影响。矿物颜料的耐光性一般比有机颜料高。

5. 相对密度

各种颜料的相对密度相差的范围很大，从 1（有机颜料）到 9（密陀僧粉）。用各种相对密度不同的颜料制成涂料后，在放置或贮存过程中都会发生分层现象。涂料的稳定性是由胶黏剂的黏度、颜料的相对密度和分散度来决定的。

6. 对胶黏剂的容量比

用于涂布加工纸表面时，一般是将各种白色颜料混合（很少单独使用），以它在胶黏剂中的细粒悬浮体的形式使用。先将白色颜料用球磨或砂磨机强力研磨，在研磨时颜料聚集的粒子被粉碎，然后过筛与胶黏剂混合并在搅拌器中调和，使白色粉粒为胶黏剂所饱和。此时颜料粒子吸收某种胶黏剂的数量是由它的颗粒（分散度）的表面所决定。因为胶黏剂与颜料界面之间的表面张力和颜料的吸收能力有一定关系。

对每一种颜料，同种胶黏剂都存在着调和均匀的颜料所需的一定数量，某些颜料需要较多的胶黏剂，而某些颜料则较少。

用于研合 100g 颜料所需的油量（以克为单位）叫作颜料的吸油率。吸油率是颜料的重要性质之一。颜料对于该胶黏剂的容量比越小，调和颜料的胶黏剂的需用量则越少，颜料吸油量的减少，或它对其他胶黏剂的容量比的降低，可以用在它们的界面间加入活化剂的方法来达到。

（三）涂布纸用颜料的性能要求

颜料的种类和性质对印刷涂料纸的物理性能及适印性等有很大的影响，涂料配方中选择的颜料要有良好的物理和化学性能，以满足印刷涂料纸的涂布要求。

1. 白度和亮度

颜料的白度指的是颜料在 400～700nm 波长的可见光照射下漫反射出来的光量百分比。不同于白度的概念，亮度是颜料对 457nm 波长的蓝光的反射率相对于标准氧化镁板对相同波长蓝光反射率的百分比，以百分率（％）表示。颜料的亮度对涂布纸的亮度有重大的影响，高亮度的颜料是生产高亮度印刷涂料纸的基础。各种常用颜料的白度值见表 3-4。

2. 折射率

颜料的折射率是指在一定温度、压力、光波下，光线在颜料中的传播速度与在空气中传播速度之比。

$$颜料折射率 = c_x / c_a \tag{3-1}$$

式中　　c_x——光线在颜料中的传播速度

　　　　c_a——光线在空气中的传播速度

颜料的折射率反映颜料的遮盖能力，并影响到印刷涂布纸的白度和不透明度等光学性质。遮盖能力由颜料的折射能力和颜料的折射率与分散介质折射率的差值决定。颜料的折射和反射光能力越强，遮盖能力越强，涂布纸就越不透明，涂布后涂层的白度也比较高。

折射率最高的颜料是二氧化钛（TiO_2），其值可达 2.5～2.7，但价格昂贵。其次是氧化锌、锌钡白和硫化锌等。最常用的白色颜料，如高岭土、碳酸钙、滑石粉等的折射率一般在 1.5～1.6 之间，考虑到价格和生产成本，除非特殊需要高的白度和不透明度，或者轻量涂布，一般不采用二氧化钛作为涂布颜料。各种常用颜料的折射率参见表 3-4。

表 3-4　　　　　　　　　　　　　　各种颜料的物理特性

颜料名称	近似组成	折射率	相对密度	白度/%	平均粒径/μm	结晶形状
高岭土	含结晶水的硅酸铝复合物 $2SiO_2 \cdot Al_2O \cdot 2H_2O$	1.55～1.56	2.58～2.60	70～90	80%～90% <2.0	片状菱形 六方晶系
沉淀碳酸钙	$CaCO_3$	1.49～1.66	2.7	90～97	0.5～1.0	菱形六方晶
研磨碳酸钙	$CaCO_3 + MgCO_3$, MgO	1.49～1.66	2.7	90～95	1～5	不定型
沉淀硫酸钡	$BaSO_4$（浆状）	1.65	4.25	98	0.5～2.0	菱形晶系
重晶石粉	$BaSO_4$	1.64	4.48	95	2.0～5.0	菱形晶系
缎白	$3CaO \cdot Al_2O \cdot 31H_2O$				0.2～3.0	针状
钛白粉（锐钛型）	TiO_2	2.55	3.9	98～99	0.2～0.5	正方晶型
钛白粉（金红石型）	TiO_2	2.70	4.2	97～98	0.2～0.5	正方晶型
氢氧化铝	60%～64% Al_2O_3	1.57	2.4	98～99	0.5～1.0	单斜晶系
沉淀硅酸钙	52% SiO_2,48% CaO	1.62	2.1	95	0.01～0.05	
研磨硫酸钙	$CaSO_4 \cdot 2H_2O$	1.53	2.32	70～80	1.0～5.0	单斜晶系
沉淀硫酸钙	$CaSO_4$	1.58	2.96	96	1.0～5.0	菱形晶系
亚硫酸钙	$CaSO_3 \cdot 1/2H_2O$	1.57	2.51	92～96	96% <5.0	针状或叶状
研磨二氧化硅	SiO_2（硅藻土）	1.40～1.49	2.0	65～70	90% <4.0	针状，无定型
合成二氧化硅（白炭黑）	95%～99% SiO_2	1.5	2.1	98～99	0.01～0.05	无定型
滑石粉（特细）	$3MgO \cdot 4SiO_2 \cdot H_2O$	1.57	2.7～2.75	70～85 90～97	80% <5 0.25～0.5	片状单斜晶单斜晶
锌钡白	28% ZnS,72% $BaSO_4$	1.84	4.3	97～98	0.3～0.5	六方晶
氧化锌	ZnO	3.01	5.6	97～98	0.3～0.5	无定型或六方晶型
硫化锌	ZnS	2.37	4.0	97～98	0.3～0.5	六方晶系

3. 相对密度

相对密度是颜料质量与同体积水的质量的比值，对涂料的混合或沉降稳定性、涂布量和胶黏剂用量有明显的影响。相对密度较大，则易沉淀，混合稳定性差，但胶黏剂的耗用量相对较少。用各种相对密度不同的颜料制成涂料，在放置或贮存过程中会发生分层现象。各种常用颜料的相对密度值见表3-4。

4. 晶体结构

常用颜料的晶体结构大致有五种基本晶系：正方晶系、六方晶系、菱形晶系、菱形六方晶系和单斜晶系。颜料粒子的外形结构可以是单一晶体或晶体集合体所组成，一般均为非理想球状体颗粒。不同晶形的颜料对涂料的白度、黏度、流动性、分散性、表面覆盖性和油墨吸收性等有不同的影响。对印刷涂料纸来说，片状或鳞片状结构的颜料有利于提高涂料的分散性和流动性，并有利于提高印刷涂料纸的白度、遮盖性和油墨接受性。

颜料的晶体结构和颜料颗粒的外形是两个概念，但无论颜料颗粒的晶型还是颜料的颗粒形状都对涂料的涂布运行适性和涂布纸质量有着很大的影响。各种常用颜料的晶体形状见表3-4。

5. 粒径及其分布

颜料粒径通常指的是颗粒的等效粒径。等效粒径指的是将聚集状态的颜料粒子分散成单个粒子或粒子群后相当于球状体的直径之平均值。粒径测定的原理是利用斯托克斯定律进行沉降分析，即假设颗粒是球形的。某一个高岭土颗粒与某一个直径为 D 的圆高岭土球下沉速率相同，则认为此高岭土颗粒的等效粒径为 D。

颜料颗粒大小分布是不均一的，其各种粒径所占比例构成了颜料颗粒的粒径分布。颜料的粒径及其分布决定着涂料的沉降稳定性、黏度与流变性、涂布机的运行适性和印刷涂料纸的外观平滑性及印刷适性。涂布用的颜料粒度不能太大，一般在 $0.5\sim5\mu m$ 左右，其中小于 $2\mu m$ 的粒径应占 85% 以上，且主要应集中在 $0.5\sim2.0\mu m$ 的范围内，不能有 $10\mu m$ 以上的组分。可以使用不同的粒径测试仪检测颜料颗粒的粒径，如沉降天平粒度测定仪、激光粒度测定仪等。图3-4为几种常见颜料（填料）的积分分布曲线。

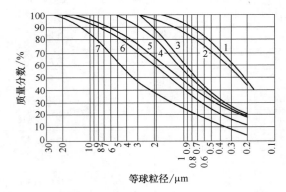

图 3-4　涂布用颜料（填料）的积分粒度分布曲线

1—用于高级纸和纸板的高级颜料　2—比1稍差的颜料
3—标准质量的颜料　4—一般颜料　5—气
浮填料　6—水洗填料　7—水洗填料
注：1～4符合涂料颜料的要求，5～7只仅可作填料。

6. 比表面积

比表面积也是颜料的一个重要性能指标。比表面积指的是单位质量颜料颗粒的总表面积之和。比表面积与颗粒粒径大小直接有关。粒径越小，比表面积越大。颜料粒子比表面积大小对涂料的黏度、流动性、保水性和胶黏剂用量以及对涂料纸的平滑度、光泽度、遮盖性和油墨吸收性等有明显影响。涂料颜料的比表面积 $9\sim22m^2/g$ 范围可满足使用要求，粒度更细，比表面积更大的颜料对涂层平滑度和产品的印刷适性更加有利。

7. 硬度

颜料颗粒的硬度对涂布刮刀及印刷辊和印版的磨损有直接影响，也会影响压光后涂层的平滑度和光泽度。一般来说，作为涂布颜料，我们希望颜料粒子有相对较低的硬度和磨损性。颜料颗粒的磨损性通常使用颜料磨耗仪来测定。对于刮刀颜料，一般认为磨损性（据

Valley abrasion tester 测量数据）在 5～20mg 时可以满足使用要求，20～50mg 尚可使用。50～200mg 则可降格勉强使用，大于 200mg，则不宜使用。

8. 沉降体积

颜料的沉降体积是颜料粒子相互堆积在一起所占的体积，与颜料本身及分散程度有关。颜料颗粒较大，粒子间有较大空隙，使单位质量的沉降体积增大；粒子分散得好，沉降时相互堆积密度也大，沉降体积下降。颜料沉降体积低，则涂料在较高固含量时有较低的黏度，可制得流动性好的高浓涂料。

（四）常用颜料及其特性

颜料分为白色颜料和有色颜料。造纸涂布使用的主要是白色颜料。涂布用的白色颜料也分为天然颜料和合成颜料两种。用于涂料的白色颜料包括高岭土、碳酸钙、硫酸钡、缎白、二氧化钛、氢氧化铝、滑石粉、氧化锌、锌钡白、硅藻土等，另外还有合成树脂颜料（如聚苯乙烯树脂等）和人造颜料（如硅铝酸钠、硅铝酸钙、硅酸钙等）。

颜料的种类很多，不同的颜料有不同的特性，生产过程中，一种颜料往往很难满足涂料的运行要求和涂布纸质量的要求，因此，需要将几种颜料混合使用，以有效地利用各种颜料的特性。以下介绍涂布纸生产常用的颜料。

1. 高岭土

高岭土是一种含结晶水的硅酸铝，最早用于瓷器制造业，称之为高岭土。又因最早产于我国著名陶瓷产地——江西景德镇东郊的高岭山上，故得名高岭土，是应用最广泛的涂布纸颜料。高岭土名称很多，如因性黏而又称黏土，因色白亦又称为白土。

根据形成过程，高岭土矿可分为一次残余矿和二次沉积矿。前者由花岗石等晶态岩石所形成，保留在原来地方，因此伴生有较多的砂石、云母等杂质，又分为两种类型：

① 中低湿热液蚀变残余型，如苏州高岭土矿、英国康沃尔高岭土矿；

② 风化残余型，如江西景德镇、湖南醴陵等地的高岭土矿；后者为高岭土风化形成后，经过水流搬运等作用而沉积在附近的湖泊河床的底部地方，由于水流的洗刷和搬运作用，其中的砂粒和云母等杂质较少，但 Fe_2O_3 含量可能略高，如美国的佐治亚州高岭土矿和南卡罗纳高岭土矿等。

这类矿也分为两类：a. 风化淋积型；b. 沉积型，如广东高要的高岭土矿。高岭土的物化性能因产地不同、成因不同有所区别（参见表 3-5）。制备涂料用的高岭土，一般相对密度为 2.57～2.67g/cm³，折光率为 1.55～1.56，白度为 80%～90%（ISO），呈纯白色。高质量的涂布高岭土要求白度高、光泽度高、易分散、黏度低、pH 适当，粒径分布适宜。粒径是评价高岭土的重要技术指标，通常用小于 $2\mu m$ 粒径所占百分比来评价。近年我国开发的茂名、湛江等地的高岭土，其质量完全基本满足我国各类涂布设备的生产要求。

表 3-5　　　　　　　　　　　　不同产地高岭土的物化性能

技术指标	苏州	美国	英国	法国	日本
Al_2O_3 含量/%	39.42	37.5～39.5	36～37	36.7～38.6	31.2～32.2
SiO_2 含量/%	44.32	44～46	47.8～48.7	46.4～48.4	45.3～53.6
Fe_2O_3 含量/%	0.67	0.25～0.9	0.58～0.82	0.7～0.9	0.16～0.43
TiO_2 含量/%	1.29	1～2	0.03～0.05	0.1	0.04
CaO 含量/%	0.80	0.05	0.04～0.06	0.1	0.42～0.44

续表

技术指标	苏州	美国	英国	法国	日本
MgO 含量/%	0.21	0.25	0.6～0.25	0.2	0.08～0.44
灼烧减量/%	13.95	13.8～14.2	11.9～13.1	1.25～13.3	10.32～14.70
折射率	1.56	1.57	1.57	1.57	—
相对密度	2.5～2.6	2.62	2.60	2.6	2.5
白度/%	80～90	84.5～91	85.5～87.5	80～88	85～90
pH	6.5～7.0	6.5～7.0	4.5～3.5	4.5～5.8	4.8～7.5

高岭土是涂布颜料中使用最多的白色颜料，广泛分布于世界各地，如中国、美国、英国、巴西、澳大利亚、法国等。美国、英国和巴西等国的高岭土质量较好，其颗粒呈似六角形的片状结晶。

我国高岭土储量丰富，类型齐全，质量优良，广泛分布在广东、江苏、河北、浙江、福建、内蒙古、广西、江西等地。2015 年国内造纸行业高岭土消耗量约 165 万 t，依据历史数据及未来造纸行业产量的发展趋势，预测到 2020 年，全国造纸行业高岭土需求量约为 255 万 t，其中国内产量约占 65% 左右。由于它的价格比较便宜，储量丰富，所以大量应用于涂布纸。常用的涂布高岭土有水洗高岭土和煅烧高岭土之分，我国水洗高岭土主要集中在广东、河北和江苏的苏州地区。煅烧高岭土主要集中在山西、内蒙古、山东、安徽、江苏等地。高岭土为天然矿物质，一般含砂粒、云母等杂质，需要在制备过程除去。

高岭土的晶体化学式为 $2SiO_2 \cdot Al_2O_3 \cdot 2H_2O$，理想化学成分为 SiO_2 46.5%、Al_2O_3 33.9%、H_2O 14%，一般混有少量的 Fe_2O_3、CaO、MgO、Na_2O、K_2O 等成分。我国苏州产的高岭土分为手选（分特级、一级、二级）和机选（分特级、一级、二级、三级）两种，各级的质量标准不同，其中手选特级品的质量标准是：$SiO_2 \not> 48\%$，$Al_2O_3 \not< 37\%$，$Fe_2O_3 \not> 0.5\%$，$TiO_2 \not> 0.1\%$，$CaO + MgO \not> 1.0\%$。高岭土是弱酸（硅酸）和弱碱（氢氧化铝）生成的盐。不同高岭土，两者的比例不同，因此其水悬浮液的 pH 也不同，一般在 5.0～9.0 之间。选用高岭土时，应考虑这个重要特性，因为酸度高会使蛋白质性的胶黏剂黏度增加，降低涂料的流动性。另外，高岭土表面还存在着游离的酸根和盐基，具有电化学性质，因此可吸附水分子而形成水化膜，这使高岭土容易在水中分散，并改善涂料的流动性和保水能力。一般来说，高岭土的 Al_2O_3 含量高比较有利，但以 39.3% 为限。含量高意味着杂质含量小，对涂布纸的光泽度和印刷适性有益。SiO_2 含量亦以和 Al_2O_3 的分子比为 2:1 为宜，SiO_2 含量高意味着风化不完全，高岭土中存在着游离 SiO_2 增加高岭土的磨损性。Fe_2O_3 含量高低对高岭土的亮度影响很大。Fe_2O_3 含量的高低，一方面和原矿成因和条件有关；另一方面和高岭土的生产控制工艺有关。其他杂质一般也要求越低越好。如 TiO_2 的存在可能使高岭土颜色灰暗。CaO 含量高意味着颜料分散液中反离子含量高，使分散困难，流动性变差，甚至造成絮聚。

高岭土晶体是由氧化铝正八面体和氧化硅正四面体混合晶结合成的单斜晶体系。其单位晶胞分子式是 $[Al_2(OH)_4(Si_2O_5)]_2$，相对分子质量为 516，表面积为 0.515nm×0.89nm。晶胞的参数为：$a_0 \approx 0.515nm$，$b_0 \approx 0.89nm$，$c \approx 0.72nm$。X-射线衍射分析表明，高岭土的结晶状况变化很大，有些结晶十分有序，有些结晶则有序度很低。

从结构形态上看，涂布用高岭土是似六角的片状结构，大小为 0.3～4μm，厚度为 0.05～

$2\mu m$。涂布用高岭土的粒子以六角片状为好，用晶体结构规则的高岭土可制备出浓度高、黏度低、流变性好的涂料，涂布于纸面易得到排列平行的颗粒，因此使涂布纸平滑度高，光泽度好。美国佐治亚州和英国 E.C.C 公司出售的商品高岭土均已在矿区进行粗选以除去云母石英等杂质，又通过精选离心筛选、浮选、高速离心分离、化学漂白等过程，并加聚丙烯酸钠作预分散剂，其晶体均呈六角形片状，它们的化学成分良好，质地纯净，杂质很少，是高岭土中的佳品。我国苏州高岭土虽化学成分尚好，但因未经良好的工艺处理，粒子形状为六角片状和针状的混合体。就以最好的阳西高岭土来说，六角形片状晶体含量仅占 60%，且边角不清，而 40% 晶体还是管状，乃属多水高岭土。阳西高岭土粒径小于 $2\mu m$ 的比例偏低，有时沙石量或过细的粒子较多（含沙率高达 3%～6%），且含有明矾成分，土质较硬，磨损性比国外产品大十多倍。因此，用其制备的涂料粒径分布差，黏度较高，流变性较差，稳定性及遮盖力较英国或美国高岭土差，用作气刀或辊式涂布还可以，用于高浓刮刀涂布其涂料质量要进一步提高。

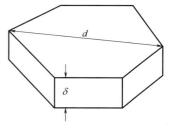

$$\text{宽厚比} = \frac{d\,（颗粒直径）}{\delta\,（颗粒的厚度）} \qquad (3\text{-}2)$$

图 3-5　高岭土宽厚比示意图

尽管高岭土为六角片状结晶，但高岭土粒子并不都呈片状存在。一般高岭土颗粒多呈不规则形状，因此对单位高岭土颗粒常以宽厚比和等效粒径描述高岭土颗粒的形状。宽厚比：宽厚比指的是颗粒直径对厚度的比，见式（3-2），如图 3-5 所示。

高岭土的宽厚比一般在 5∶1～15∶1 之间，其值与结晶完善情况和重叠数量等有关。表 3-6 为高岭土宽厚比对涂布纸质量的影响。国外采用剥层的方法，将高岭土剥离成薄片状，以改进其光泽度。因为较高的宽厚比有利于形成更高的光泽度，这也是剥离高岭土开发的重要依据之一。

表 3-6　　　　　　　　　　　高岭土宽厚比对涂布纸质量的影响

宽厚比	印刷不透明度/%	油墨吸收性（K/N 值）	表面强度/(cm/s)	光泽度/%	涂布量/(g/m²)
7∶1	91.0	37	100	23	11
14∶1	90.2	36	110	32	10
25∶1	90.3	18	110	39	12

高岭土的粒径对涂布纸生产是十分重要的数据，高岭土的颗粒大小及分布也取决于原矿质量和加工工艺。一般来说，粒径＜$2\mu m$ 所占百分数越大，涂布纸的平滑度、白度、光泽度和不透明度越好。细颗粒颜料在压光后会比粗粒度获得更高的光泽度。当粒径小于 $2\mu m$ 时，产生最大的光泽度。因而，涂布级的高岭土，其粒径小于 $2\mu m$ 的应超过 85%，$10\mu m$ 左右粒径最好不要有。但粒径太小的颜料含量过高，如 $0.1\mu m$ 以下的超细颗粒的存在会大大降低涂布纸的不透明度和白度。较细的粒子（小于 $0.25\mu m$）在压光时还容易被压黑，虽光泽性好，但白度损失大。就不透光性来说，高岭土最适宜的粒径是 $0.1～0.5\mu m$，在这个范围内，粒子有最大的遮盖能力；就油墨吸收性而言，较粗的粒子比较细者要高。另外，较细的粒子会引起涂料黏度增加，并增加胶黏剂用量，因为细粒子总的表面积较大，需用更多胶料去覆盖。

高岭土的开采，从矿井（或露天矿脉中）采用机械挖掘或高压水力喷射的方法进行，然后用沉淀的方法将粗粒去掉，而精细的高岭土悬浮液再经过水力旋流器或高速分级离心机进一步分级除沙精选处理，必要时还要进行化学漂白处理。为了除去铁质，以提高高岭土的白度，有时可采用高强磁选矿器进行处理，然后用压滤机或转筛脱去大部分水分，经隧道式或鼓式干燥器干燥，粉碎成粉状成品。较先进的干燥方法是采用喷雾干燥，这是一种高效率的干燥方法，工艺简单，自动化水平高，干燥时间短，对产品质量无影响。国内许多高岭土矿都是片状高岭土和管状结晶的混合矿，甚至多是管状结晶。故高岭土质量控制的一个重要研究内容就是如何经济有效的除去高岭土产品中的管状结晶部分，或将管状结晶中的两个结晶水脱去而不改变高岭土结构，使之变成片状结晶。高岭土生产中的漂白和分级是影响高岭土质量的最重要工序，从而形成了不同的高岭土级别（表 3-7）。

表 3-7　　　　　　　　　　　　　　　　　不同高岭土级别

一般涂料高岭土	$<2\mu m$ 占百分率/%	白度/%	高白度涂料高岭土	$<2\mu m$ 占百分率/%	白度/%
一级	90～92	87～88	细一级	95	89～91
二级	80～82	85.5～87	一级	92	89～91
三级	73	85～86.5	二级	80	89～91

　　高岭土的漂白是高岭土生产重要而又关键的工艺。高岭土色泽不好有多种原因，含有 Fe_2S、Fe_2O_3 等使高岭土颜色发黄并失去光泽，含有机物则使色泽发灰，含 TiO_2 也使颜色发灰，脱色处理必须根据高岭土产生颜色的原因进行。对有机杂质可采取煅烧法，即将高岭土进行一定温度的热处理以提高白度。对 Fe_2S 杂质通常多采取沉降法，在沉淀池中除去。煅烧高岭土分两种：一种是半烧高岭土（或称为脱水高岭土）；另一种是全烧高岭土。前者热处理温度为 650～700℃，脱除结构氢氧基团，产品相对密度为 2.4～2.5。后者温度为 1000～1050℃，产品相对密度 2.7。全烧高岭土比半烧高岭土亮度稍高，但磨损性也稍大。

　　半烧高岭土黏度太高而限制了它在高浓涂布中的使用。通常这类产品配用量为总颜料量的 30%。配用半烧高岭土还可增加涂层的松厚状况、不透明度，增加油墨接收性和改进透印性。这对低定量涂布纸特别有利。全烧高岭土相对密度、黏度、胶黏剂需要量都与普通高岭土相近，但亮度很高并增加光散射能力。涂料中配用 10%～15% 全烧高岭土可以很好地改进印刷不透明性。

　　一般的涂布高岭土在 20r/min 的转速下，黏度要控制在 300mPa·s 左右；在高剪切的情况下，即在 700r/min 转速下，控制在 18×10^5 mPa·s，对高速的刮刀涂布来说，高剪切黏度的变化性能是重要的，在高剪切情况下黏度的升高会引起涂布条痕，形成不均匀的油墨吸收性，引起很差的印刷效果。

　　高岭土分散在水中，会发生严重的絮聚现象。高岭土表面是亲水的，分散后的高岭土颗粒悬浮于水分散介质时，晶格点阵中的 Al^{3+} 和 Si^{4+} 往往被极性水分子拉溶出来，颗粒表面带有负电荷，而端面由于晶体结构特点，晶格中的部分 OH^- 离开晶格，并由于电荷不均匀分布而带正电荷，虽然负电荷总量大大多于正电荷，高岭土悬浮颗粒表面对外显负电性，但仍会严重絮聚，絮聚过程如图 3-6 所示。这是制备高岭土分散液需要通过添加分散剂以获得稳定分散液的原理。分散剂一般是具有链状的阴离子可溶性盐类，它与微粒作用，阴离子被吸附在微粒的侧面，使微粒的侧面的正电荷被中和并有多余，余下的离子云集在微粒周围，形成离子云，这样使微粒仅带一种

图 3-6　高岭土颗粒絮聚示意图

电荷，微粒趋于相互排斥，于是絮凝结构被打破。

2. 碳酸钙

碳酸钙，化学分子式是 $CaCO_3$，是一种常用的白色颜料。用于涂料的碳酸钙有两种，一种用化学方法制成，称为沉淀碳酸钙或者轻质碳酸钙（PCC）；另一种是用天然碳酸钙研磨而成的，称为研磨碳酸钙或重质碳酸钙（GCC）。无论是研磨碳酸钙还是沉淀碳酸钙都来源于各种天然碳酸钙矿。

自然界中的天然碳酸钙通常以两种多晶型存在：方解石（Calcite）和霰石（Aragonite）。根据不同的存在形式，又分为石灰石（Limestone）、大理石（Marble）、白垩（Chalk）等。目前国内在浙江、江苏、湖南、山东和河北等地发现的天然碳酸钙矿都是比较纯的方解石矿。方解石是天然碳酸钙在自然界中存在的最稳定形式，也是国外涂布颜料用碳酸钙的最常见形式。方解石为六方晶系。天然碳酸钙蕴藏量极其丰富，但随沉积条件不同而含有不同数量和成分的杂质，作为涂布颜料，无论是作为天然研磨碳酸钙还是作为沉淀碳酸钙的原料，天然碳酸钙必须经过精选以满足如下 3 个主要要求：

① 尽可能少的杂质含量，特别是有色杂质含量以保证制成的原料具有高的亮度。

② 金属化合物和其他高硬度杂质含量低以保证产品具有低的磨耗。

③ 经过有效的研磨处理以得到满足使用要求的粒度及分布。

（1）沉淀碳酸钙（PCC）

沉淀碳酸钙是将二氧化碳通入石灰乳液而制得，制备 PCC 一般以石灰石为原料，通过一系列反应后，再在一定条件下结晶形成产品。

第一步是石灰石的煅烧，生成石灰石，然后用水消化成熟石灰乳。

$$CaCO_3 \xrightarrow{\triangle} CaO + CO_2$$
$$CaO + H_2O \longrightarrow Ca(OH)_2$$

第二步是生成的石灰乳必须在一定的条件下反应生成碳酸钙。通常有 3 种方式：

① 碳酸法：这是最常使用的方法，二氧化碳气体通过石灰乳而生成碳酸钙：

$$Ca(OH)_2 + CO_2 \longrightarrow CaCO_3 + H_2O$$

② 碳酸钠法：碳酸钠与石灰乳反应，生成碳酸钙：

$$Ca(OH)_2 + Na_2CO_3 \longrightarrow 2NaOH + CaCO_3$$

③ 氯化铵法：石灰乳与氯化铵反应生成氯化钙和氨，然后用碳酸钠处理氯化钙生成碳酸钙：

$$Ca(OH)_2 + 2NH_4Cl \longrightarrow CaCl_2 + 2NH_3 + 2H_2O$$
$$CaCl_2 + Na_2CO_3 \longrightarrow CaCO_3 + 2NaCl$$

同样的 $CaCO_3$，制备时的浓度、温度、pH、通气速度等工艺条件不同，结晶方法及结晶条件不同，制成的碳酸钙粒子形状、粒径大小也不同。可以得到不同的晶形、不同的粒度的晶体。在上述利用反应结晶沉降生产晶体碳酸钙的过程中，结晶条件对晶形和粒度都有重大的影响。

溶液的过饱和度影响着晶核的形成和长大这两个过程，对粒度分布也有重大影响。搅拌强度和速度必须适当，过小不足以使成长的晶体与溶液均匀接触，致使产品晶粒偏小；过大会使晶体受磨损，阻碍晶体长大。添加剂品种和数量，杂质的含量、pH、起始反应温度等对产品质量也有着重大的影响，但最终产品的质量取决于原矿的质量。

沉淀碳酸钙（PCC）为六方晶系和菱面体，粒子呈纺锤形、球形和粒形等，平均粒径

$0.1\sim1.0\mu m$，密度 $2.7g/cm^3$，水悬浮液 $pH=7.0$ 以上，最大 $pH=12$，白度较高，在 $93\%\sim98\%$ 之间。

沉淀碳酸钙一般不单独使用。与高岭土比较，PCC 白度高，油墨接受性好，磨损性低，PCC 的粒径比高岭土略大，一般要求大部分为 $0.5\mu m$ 左右为佳。和高岭土配用，用量一般为 $5\%\sim20\%$，如果配比得当，可提高涂布纸的白度、不透明度和适印性。但由于碳酸钙的光泽差，用它制备的涂料黏度较大，耗用胶黏剂较多，因此其配用量受到限制。

（2）重质碳酸钙（GCC）

重质碳酸钙是将方解石用粉碎机粉碎后，再用超微研磨机进行细粉碎和研磨，利用水选（湿法）或风选（干法）分级，最后制得超细研磨碳酸钙。图 3-7 是一个典型的湿法 GCC 生产流程示意图。

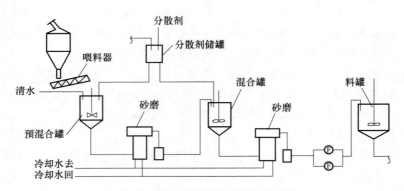

图 3-7　GCC 的湿法生产流程示意图

利用该法生产的产品平均粒径为 $0.5\sim2\mu m$，其中小于 $2\mu m$ 的组分可达 98%。为了提高产品的相容性和其他性能，有时还需将碳酸钙颗粒的表面进行不同的改性处理以得到表面改性碳酸钙产品。

表 3-8 为碳酸钙的一般性质，表 3-9 列出某品牌超细研磨碳酸钙的主要技术指标，仅供参考。

表 3-8　　　　　　　　　　　　　　碳酸钙的一般性质

一般性能	重质碳酸钙	轻质碳酸钙	一般性能	重质碳酸钙	轻质碳酸钙
325 目筛余物含量/%	0.008	0.01	吸油性/（mL/100g）	32.5～33.5	60～70
比表面积（BET）/（m²/g）	10～13	14～15	pH	8.8	<10
平均粒径/μm	1.06～1.2	0.1～0.3	密度/（g/cm³）	2.7	2.6
堆积密度/（g/cm³）	0.25～0.27	0.2	折射率	1.48～1.65	1.66
白度/%	96	≥98			

表 3-9　　　　　　　　　　　　　　超细研磨碳酸钙的主要技术指标

项目	粒度/%		325 目筛余物含量/%	白度/%	70%固含量时黏度/mPa·s	水分/%	磨耗值/mg
	≤10μm	≤2μm					
刮刀 1#	100	95	0.02	≥95	100～300	26±1	≤5.0
刮刀 2#	99.5	90	0.02	95	100～250	26±1	≤5.0
气刀 1#	98.5	85	0.02	92	100～200	26±1	≤5.0
气刀 2#	97.0	80	0.02	92	100～200	26±1	≤5.0
底涂级	93.0	50	0.02	≥90	50～150	24±1	≤5.0

研磨碳酸钙是在有水或无水条件下，利用机械力研磨成粉状颗粒，其粒形不规则，形状因子较小，较之沉淀碳酸钙具有更宽的粒度分布和较低的表面能，使其具有极佳的流变特性，悬浮液和涂料都有比其他颜料更低的黏度，因此是制备高固含量涂料理想的颜料。但是，过去由于研磨技术所限，产品的粒度较粗，生产的纸光泽度很低，虽然这一特性为无光、暗光整饰所需要，但毕竟限制了研磨碳酸钙在涂布加工纸中的全面应用。

自从 20 世纪 70 年代超细研磨碳酸钙开发问世以来，随着超细研磨生产技术的不断改进，现在产品质量稳定可靠，研磨碳酸钙的粒度逐渐降低，成本大幅度下降，又由于中性施胶技术的推广，使用全研磨碳酸钙和高配比研磨碳酸钙涂布纸的工业化成为可能，碳酸钙颜料的用量逐年增加。据统计，在欧洲碳酸钙颜料在总颜料用量中所占质量分数已超过 40%，有的已把研磨碳酸钙用于 LWC。可见，研磨碳酸钙是一种有着良好前景和自身特点的涂布颜料。

GCC 和其他颜料一样，分散于水悬浮介质后，亦发生絮聚现象。碳酸钙晶体进入水中，晶格中的 Ca^{2+} 和 CO_3^{2-} 均可能因水化作用离解出来，进入水中，颗粒表面建立双电层。一般来说，阳离子的水化能力比较强，易于从晶格中离解出来，其数量较负离子为多，另外空气中的二氧化碳也进入水中，参加平衡。同离子效应使离解的 CO_3^{2-} 减少，因而 GCC 的悬浮颗粒表面带负电荷。由于正负离子水化能力差别并不太多，所以颗粒表面电荷数量并不高。但这个数量并不固定，还受到悬浮液 pH 的影响，加酸或加碱都可能改变这个数值，甚至可使 ζ 电位由负变正。一般天然碳酸钙悬浮液的 pH 约为 8.7 左右，ζ 电位约 -10mV 左右。天然碳酸钙的表面能较低，为 $70\sim80J/cm^2$，低于高岭土而与滑石粉接近。

GCC 的水润湿比较容易，不必加润湿剂即可很快良好地润湿表面，从实验和工业生产的结果来看，天然碳酸钙的分散是容易的，在通常的高速分散器较少地输入能量即可满意地分散。但由于天然碳酸钙分散于水中的 ζ 电位不够大，不足以抗拒颗粒间的碰撞结合的力，颗粒仍有发生絮聚的趋势。为了保证分散后的 GCC 颗粒稳定存在，不至絮聚，分散时仍需加入分散剂。

无机分散剂如焦磷酸钠、六偏磷酸钠等是 GCC 的有效分散剂。由于无机分散剂不稳定，目前制备天然碳酸钙高浓分散液主要用聚丙烯酸钠类的有机分散剂。图 3-8 为分别使用有机分散剂和无机分散时 GCC 悬浮液以黏度表示的分散状况。

研磨碳酸钙常与高岭土配合组成涂料配方中的颜料部分。它们的配合使用赋予涂料液更好的流动性并可提高涂布纸的白度等级。至于光泽度下降的趋势，随碳酸钙粒度的进一步下降，可能有所缓解。研究表明，当研磨碳酸钙达到一定细度（如 98% 的碳酸钙粒度 $<2\mu m$）时，可显著改善光泽度，使之接近高岭土的水平。这也许与极细的碳酸钙颗粒可造成微观上

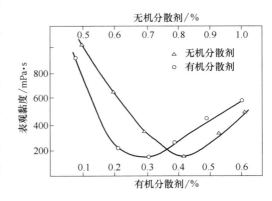

图 3-8　GCC 的分散状况

平滑的表面，或者是与较小地破坏片状高岭土的定向排列有关。一般认为，碳酸钙的使用降低了涂布纸的宏观和微观平滑度，使其表面较少地接触到油墨，因而在相同胶黏剂用量（或相同表面强度）时可获得更高的拉毛速度。

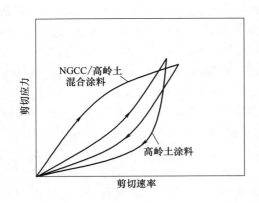

图 3-9　全高岭土和 NGCC/高岭土
涂料的高剪切流型示意图
NGCC—天然研磨碳酸钙

如果原纸不是中碱性抄造，GCC 在涂料中的配比必须低于总颜料的 30％，以免发生干湿损纸回收的困难。各类涂布纸的生产均是将 GCC 按一定比例与高岭土混合使用。配加 GCC 的高岭土混合涂料，GCC 的混用可以使涂料的胀流型变为假塑性流体。图 3-9 为混用 GCC 的涂料与不混用 GCC 的纯高岭土涂料的流型变化示意，其中 NGCC 为天然研磨碳酸钙。

实验室研究证明，使用 GCC 和高岭土可以配制能在高速刮刀涂布机上良好运行，固含量约为 65％～68％的涂料，大大超过全高岭土涂料的 58％～62％的固含量水平。涂料含量高可减少涂布故障，增加生产时间，同时可改善涂布纸的涂层结构，从而增加印刷平滑度、纸面和油墨光滑度、改善油墨吸收性。更重要的是提高固含量降低干燥能耗。据报道，某低定量涂布纸厂的涂料固含量从 55％提高至 65％时，每生产 10 万 t 涂布纸可节约能耗价值约 20 万美元。图 3-10 为不同颜料和固含量对干燥能耗的影响。

若以英国高岭土 55％固含量涂料涂布纸的能耗为 100％，则 GCC 涂料在相同固含量下涂布能耗仅为 78％，当固含量增至 72％时，则能耗可降低至 50％。值得注意的是粗颗粒 GCC 涂料比细颗粒能耗要高得多。

天然研磨碳酸钙滤水快，在涂料中会降低涂料的保水值。试验结果表明：GCC 的涂料保水值的影响除了和 GCC 的配用量有关外，还和粒度有关，粗颗粒的保水值要低于细颗粒的保水值，细颗粒 GCC 的保水值要小于高岭土，如图 3-11 所示。

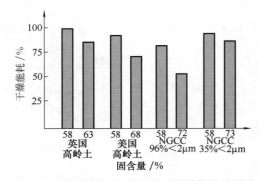

图 3-10　不同颜料和固含量对干燥能耗的影响

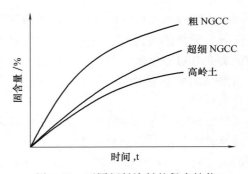

图 3-11　不同颜料涂料的保水性能

由于 GCC 的保水值较低，一般在涂布配方中要加入一些助剂以提高涂料的保水性，最常用的助剂是羧甲基纤维素（CMC），对不同固含量和 GCC 配用量的涂料，CMC 的加入量也不相同。对全高岭土涂料，CMC 加入量超过 0.6％，则对涂料保水值影响就不明显了，对配用 GCC 的涂料，CMC 的用量约在 1.0％左右，一般不超过 1.5％。

需要注意的是虽然 GCC 滤水快，但配用 GCC 提高了涂料的固含量，而使涂料保水值有所增加。同时前面结论均为静态试验所得出，而在涂料配置和涂布生产的过程均为动态过程，过程中许多参数也将对涂料表现出的保水性有不同的影响，因此生产情况则还要复杂一些。

在涂料中配用天然研磨碳酸钙可以在保证表面强度的基础上降低胶黏剂用量，起到降低生产成本、提高拉毛强度、改善涂布纸性能的作用。尽管 GCC 有着很细的颜料粒度（一般来说，粒度细则胶黏剂用量多），但其涂料在胶黏剂用量为 6％时尚未见掉粉发生；而颗粒较粗的美国和英国高岭土涂料在 10％胶黏剂用量时已开始出现掉粉，6％胶黏剂用量已严重掉粉，类似的结果亦出现在凹版涂料配方中。

涂料中配用 GCC 可以降低胶黏剂用量，但从国外的研究和工厂实践来看，高岭土-GCC 混合颜料体系，当 GCC 的用量低于 20％时，涂料配方中胶黏剂用量并不明显减少。换句话说，如欲明显降低涂料中胶黏剂用量，GCC 的配用量至少须在 20％以上。在多次涂布中，GCC 在底涂中应用较多，其配比可从 30％提高至 70％，见表 3-10。PCC 和 GCC 对涂料和印刷涂料纸的性能影响有所差别，如表 3-11 所示。

表 3-10　　　　典型的 GCC 涂料参考配方

项目	胶版印刷纸	凹版印刷纸	底涂配方（胶印刷）	项目	胶版印刷纸	凹版印刷纸	底涂配方（胶印刷）
固含量/％	60	60	63	改性淀粉/％	6	—	6
黏度/mPa·s	2000	2000	2000	抗水剂/％	0.5	—	0.4
高岭土/％	70	50	30	润滑剂/％	0.8	0.5	0.5
天然碳酸钙/％	30	50	70	防腐剂/％	0.3	—	0.3
分散剂/％（对颜料，下同）	0.3	0.25	0.25	增稠剂/％	1.0	1.5	1.0
消泡剂/％	0.3	0.2	0.3	NaOH/％调 pH	至 8.5～9.0	至 8.5	至 8.5
SBR 胶乳/％	12	4.5	10				

表 3-11　　　沉淀碳酸钙（PCC）和研磨碳酸钙（GCC）的性能比较

性能	沉淀碳酸钙（PCC）	研磨碳酸钙（GCC）
涂料流动性	高黏度、低流动性	低黏度、高流动性
保水值	高	低
pH	稳定	稳定
光学性质	提高白度和不透明度	提高白度、降低光泽度
印刷性能	改善油墨吸收性	改善油墨吸收性和印刷干燥性
纸表面强度	稍低	稍高

除了以上特点之外，GCC 在涂料中还具有与其他辅助材料和颜料相容性好，作为颜料对刮刀刀缘有自洁作用等优点，不在此详述。

3. 钛白粉

钛白粉的化学成分为二氧化钛，它是一种极细的白色粉末。一般以板钛矿、锐钛矿、金红石三种形式存在。板钛矿没有实用意义，不常见。涂布纸常用的是锐钛矿型钛白或金红石型钛白。

钛白的制造方法主要是从钛矿里提取。钛是比较普通的元素之一，它的最重要的矿是钛铁矿，这种矿石是黑色的，二氧化钛的含量在 35％～55％之间，钛酸铁的分子式是 $FeTiO_3$ 或 $FeTiO_2$。制造过程大概如下：将钛铁矿粉碎，然后和工业硫酸混合并缓慢的加热，引起放热反应，得到一种硫酸铁和硫酸钛的混合物，溶液用水稀释并还原，杂质在澄清槽里通过冲洗被除去，大部分的铁通过分馏结晶和离心分离去除，浓缩澄清的溶液，钛成为一种钛的水化物被沉淀出来，然后经过滤和清洗除去更多的铁，煅烧后水化物就转变成二氧化钛。掌握好煅烧的温度就能得到锐钛型或金红石型的钛白。另一种方法是将钛铁矿和碳及氯化剂反应生成四氯化钛和三氯化钛，经过分离和净化后，四氯化钛在高温下与空气中的氧作用，氧化生成二氧化钛。此法较少用。

用钛白作涂布纸的颜料，其优点是白度高（可达 98%～99%），粒子细小而均匀，折光率高（见表 3-12），易于分散，流变性好，化学稳定性好，不透明度高，遮盖力强，在生产高级低定量涂布纸时显得很重要。其两种形态的结晶构造和粒径分布如图 3-12、图 3-13 和图 3-14 所示。

表 3-12　　　　　　　　　　　　　　二氧化钛的一般性质

性能	矿型 二氧化钛		高岭土	性能	矿型 二氧化钛		高岭土
	锐钛型	金红石型			锐钛型	金红石型	
白度/%	98～99	97～98	80～92	吸墨量/(mL/100g)	20～26	18～22	30～60
折射率	2.55	2.71	1.5～1.6	粒径/μm	0.15～0.25	0.3～0.4	0.5～0.6
相对密度	3.90	4.2	2.5～2.7				

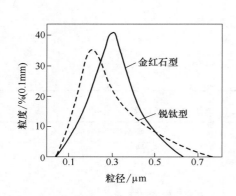

图 3-12　两种形态二氧化钛的粒径分布

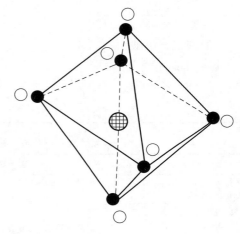

图 3-13　二氧化钛的八面体结构

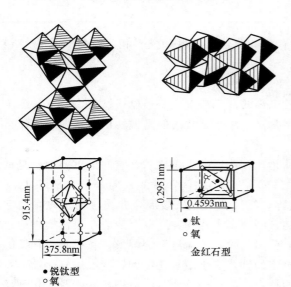

图 3-14　锐钛矿型与金红石型二氧化钛的结晶构造

钛白粉是一种高效颜料，低定量和高不透明度要求使用钛白粉。锐钛矿型钛白粉分散性好，一般用 0.2%～0.3% 的焦磷酸钠就可使钛白粉很好分散，改善涂料的流动性和保水值。它对胶黏剂的适应性很广，胶黏剂用量也较少，但因价格昂贵，一般只能与其他颜料配合使用，并随着中性或碱性造纸的发展，在低定量涂布纸中使用碳酸钙作为钛白粉的补充越来越多。钛白粉的密度较高，磨损性高，会增加相关加工设备的磨损。

纯净的钛白粉具有很高的白度，但极微量的杂质就会引起严重的变色。钛白粉容易失去微量的氧，这种氧又很容易吸附杂质，使钛白粉呈现出一种带褐色或呈灰色的色调，锐钛型此种作用更显得突出，并且在还原剂的作用下会加速此种过程。钛白粉非常容易吸收紫外线光，特别是金红石型使荧光增白剂的作用急剧减弱。

4. 硫酸钡

硫酸钡有天然重晶石粉和沉淀硫酸钡两种，前者因粒度大，白度差，很少使用，常用的是钡盐和硫酸盐溶液制得的沉淀硫酸钡。它的制备方法有多种，最常用的有三种。

以天然的重晶石粉与煤粉拌匀后进行燃烧，使重晶石还原成硫化钡，用水萃取，经过滤除去杂质后与芒硝作用而制得。并得副产品硫化钠，因为是有害的，硫化钠必须洗涤干净。反应式如下：

$$BaSO_4 + 2C \xrightarrow{\text{燃烧}} BaS + 2CO_2\uparrow$$
$$BaS + Na_2SO_4 \longrightarrow BaSO_4\downarrow + Na_2S$$

用氯化钡与硫酸或芒硝作用制得或用碳酸钡加盐酸溶解制成氯化钡再与硫酸或硫酸钠作用制取：

$$BaCl_2 + Na_2SO_4 \longrightarrow BaSO_4\downarrow + 2NaCl$$
$$BaCO_3 + H_2SO_4 \longrightarrow BaSO_4\downarrow + CO_2 + H_2O$$

一般来说，硫酸钡的粒度细而均匀，平均为 $0.5\sim2.0\mu m$，高白度，一般白度在 95% 以上，纯净的可达 98%，化学稳定性好，不溶于稀酸和碱，对各种化学助剂稳定，相对密度大，为 $4.3\sim4.6$，易沉淀，折射率 1.64，水悬浮液的 pH 为 $6.5\sim7.5$。生产上使用的硫酸钡多为盐酸处理碳酸钡矿石，生成氯化钡，后用硫酸钠处理氯化钡溶液而制得白色膏状沉淀物，表 3-13 为该工艺下制备的硫酸钡的主要成分和物理性质。

表 3-13　　　　　　　　　　　　　　硫酸钡的物理性质和化学组成

$BaSO_4$ 含量≥98%	水分 28%	水溶物含量≤0.04%	折射率 1.64
Fe^{3+} 含量≤0.001%	pH $6.5\sim8.5$	酸溶物含量≤1.00%	相对密度 4.35
S^{2-} 含量≤0.003%	白度 95%～98%	小于 $2\mu m$ 组分 90%～96%	

作为涂料颜料，硫酸钡早已在国内使用，在照相纸生产时，感光卤化银涂料涂布前，一般先将硫酸钡与高质量的明胶涂布于原纸表面以改进原纸表面的平滑状况和提高对卤化银涂料的亲和性能。

硫酸钡配制的涂料，其胶黏剂用量比高岭土、碳酸钙和缎白都少，其分散比较容易，分散剂用量少。在涂料中配用硫酸钡主要是提高纸张白度，改善涂料流动性；其白度比高岭土高，能产生很高的整饰度，即平滑、柔软及光亮等性状。但不宜多用，因硫酸钡的相对密度大，遮盖力差，制成的涂料固含量高，用多了会使纸张印刷适性变得较差，易透印等。我国 20 世纪 80 年代在涂布配方中使用硫酸钡较多，目前已经很少使用。即使使用，其配用量一般也不会超过 20%。

5. 缎白

缎白亦称之为"沙丁白"（Stain White），19 世纪英国就开始将之用于涂布纸生产。缎白是一种硫酸铝酸钙盐，一般用化学式 $3CaO \cdot Al_2O_3 \cdot 3CaSO_4 \cdot 32H_2O$ 来表示。它是白色针状结晶，长 $1\sim2\mu m$，横断面直径为 $0.1\sim0.2\mu m$，相对密度 $1.5\sim1.6$。

缎白是用消石灰（又称熟石灰）$[Ca(OH)_2]$ 和精制硫酸铝 $[Al_2(SO_4)_3 \cdot 12H_2O]$ 反应生成。一般有两种类型，一种是粉状的商品缎白；另一种是膏状缎白，膏状产品多为工厂自制。现在商品缎白少，大都是现用现制造。生产方法是将硫酸铝和石灰乳作用而生成缎白，其反应式可表示为：

$$6Ca(OH)_2 + Al_2(SO_4)_3 + 26H_2O \longrightarrow 3CaO \cdot Al_2O_3 \cdot 3CaSO_4 \cdot 32H_2O$$

工厂制备时，先将消石灰和硫酸铝分别溶解在水里，用200目筛除去杂质后，然后混合。为了防止未消化的生石灰存在，需要混合数天后再配制使用，硫酸铝含量要略低一点，但 Al_2O_3 含量应在15%以上。

缎白基本组成：CaO 13.60%，Al_2O_3 8.25%，$CaSO_4$ 33.0%，H_2O 45.15%。缎白外观白色略带珠浆状体，固含量25%～30%，pH为11～12，白度（105℃干燥后）≥97%。

缎白颜料白度高，涂层的光泽度和平滑度特别好，能给涂布纸带来绸缎般的光泽。它的不透明度和碳酸钙差不多，但比高岭土好；缎白的针状结晶使其在涂布后，能使涂层比容积提高而疏松多孔，因此能改善涂层的吸油墨性，覆盖能力良好，从而提高涂布纸的印刷性能。缎白与蛋白质胶黏剂及硅酸酯淀粉所构成的涂层有良好的抗水性及良好的白度。

缎白分散液的黏度较高，常因含有游离的 Al^{3+}、Ca^{2+} 离子，而使涂料急剧增稠，不宜配制高固含量涂料，一般适用气刀涂布。为保证分散效果，必须保证涂料的pH在10以上。干酪素对缎白有较好的分散稳定作用，其分散时宜用聚丙烯酸钠等有机分散剂而不宜用六偏磷酸钠等无机分散剂。缎白需耗用较多的胶黏剂，如达到同样的表面强度，所需干酪素为高岭土的三倍。缎白与高岭土和碳酸钙等一起混合使用，一般配用量为10%～20%。

由于含有大量的结晶水，使缎白成分易变化，一般贮存时间不宜过长，在急剧干燥下，其结构和性能会变化，因此给使用上带来一定困难。大量的结晶水在超级压光时能游离出来，产生润湿作用，易产生压黑现象。

表3-14是使用缎白的涂料纸白度、光泽度和吸油性影响的测定数据。

表 3-14　　　　缎白用量对涂布纸性质的影响

高岭土含量/%	缎白含量/%	亮度/%	光泽度/%	吸油性/(g/g)
100	0	75.6	16	104
90	10	78.8	24	30
80	20	80.2	28	24
70	30	81.0	35	20
50	50	82.0	40	20

6. 滑石粉

滑石粉是由滑石研磨而来，滑石在世界上分布很广。我国已探明的滑石矿储量超过1亿t。我国的滑石矿主要分布在东北、山东、浙江等省。滑石粉矿源丰富。作为一种涂布颜料，滑石粉在北欧和北美也曾获得广泛的应用。

滑石粉是一种硅酸镁化合物，常以 $3MgO \cdot 4SiO_2 \cdot H_2O$ 表示其组成。理论含量：MgO，31.89%；SiO_2，66.36%；H_2O，4.75%。滑石为两个氧化硅亚层间夹着氢氧化镁而构成层状晶格结构，硅氧四面体连接成层，形成连续的六方网状层，活性氧向一边两个六方网状层的活性氧通过一层"氢氧镁石"而连接。滑石粉每一层内的元素通过离子键固定在晶格点阵上，而每一层间则以范德华力保持在一起，其力很弱，受力作用很易滑动，这是滑石粉研磨易于分层和在涂料中具有滑润作用的基本原因。

滑石粉白度80%～90%，折射率1.57，相对密度2.6～2.8，纤维状或鳞片状结晶（单斜晶等），在水中难润湿和分散，因它的每个层的表面没有裸露的—OH原子团，并有很强的疏水性。

滑石粉分散时，除需要加分散剂外，还需加聚氧乙烯等非离子表面活性剂作润湿剂加以分散。表 3-15 为滑石粉的分散数据

表 3-15　　　　　　　　　　　　　　　　　**滑石粉的实验室分散数据**

分散剂用量 /%	润湿剂用量 /%	NaOH 用量 /%	分散液 pH	分散液黏度 /mPa·s	Zeta 电位 /mV	分散液固含量 /%
0.26	0.8	0.1	11.3	360	−30.9	70.2
0.30	0.9	0.1	11.3	320	−34.6	70.2
0.33	1.0	0.1	11.3	370	−31.8	70.2
0.36	1.1	0.1	11.3	360	−31.5	70.2
0.40	1.2	0.1	11.3	320	−38.0	70.2
0.70	2.1	0.1	11.3		−34.0	

滑石粉的润湿速度比较慢，所以添加滑石粉的速度也必须低，当颜料加入到分散器时，滑石粉团块的外表首先被润湿，并将表面的空气封在其内，这导致悬浮介质的空间相对减少，黏度暂时升高。当滑石粉团块由于分散器的机械作用而连续分裂时，颗粒表面也进一步润湿，封闭的空气得以逸出，黏度随之降低。因此控制滑石粉分散效果的第二点是滑石粉的添加速度。由于润湿困难和暂时的分散黏度增高，并且分散开始时分散液处于胀流型流动，滑石粉分散时输入的分散能量大。

滑石粉能和其他颜料混合，如高岭土、二氧化钛、碳酸钙等，能改善纸张白度和不透明度，能赋予纸张较高的吸墨性及高的光泽性，但使涂层强度下降，因此使用要慎重。滑石粉具有特殊的滑润性，经超级压光后能得到良好的光泽。其硬度较小，对相关设备的磨损小。

7. 合成树脂颜料

为了克服天然颜料的一些先天性不足，近年来，合成树脂颜料获得了快速的发展，促使合成树脂颜料越来越多地被应用到涂布纸上。常用的有机合成树脂颜料有聚苯乙烯树脂颜料、聚丙烯酸酯树脂颜料、尿素树脂颜料等，其中应用最多的是聚苯乙烯颜料。它是一种兼备颜料和胶黏剂特性的颜料产品，聚苯乙烯树脂颜料密度低，密度为 $1.05g/cm^3$，呈均匀圆球形，有实心或中空的结构，粒径 $0.5\mu m$。其折射率为 1.59，白度为 95%。用它制备的涂料，在相同容积比下，涂料液的流动性比高岭土好。粒子的球形结构使涂层具有多孔性，它的亲油性可以良好地改善涂层的吸墨性能。由于聚苯乙烯树脂的热塑性，热压后，可提高涂布纸压光后的光泽度。又因它的低磨损性能，可大幅度减少刮刀等相关设备的磨损，而且涂布量可以大大降低。因其密度低，加上赋予纸的这些性能而特别适用于低定量纸，可获得高的光学和印刷性能。在国外，应用合成树脂颜料于涂料中日趋增多，但有机合成颜料价格较高，因此，我国目前还很少使用。

8. 其他颜料

除了上述的主要颜料外，白色颜料还包括氢氧化铝、氧化锌、硫化锌、锌钡白、钙镁白 $[CaCO_4 \cdot Mg(OH)_2]$、硫酸钙（$CaSO_4 \cdot 2H_2O$）、硅藻土（硅藻菌残留的化石，含 SiO_2 80%～88%）等，它们都不同程度地被应用于印刷涂布纸的涂料中，但数量较少。

氧化铝颜料以水合物形式存在。化学式为：$Al_2O_3 \cdot 3H_2O$ 或写为 $2Al(OH)_3$。氧化铝的生产是将铝土矿与 NaOH 一起充分研磨，然后将这种混合物放在高压釜里，使其在压力条件下加热，形成铝酸钠溶液，其他不溶物通过过滤法分离，然后使 $Al(OH)_3$ 结晶析出。

氧化铝化学稳定性很好，不吸潮，颗粒形状也是六角片状，亮度高，不透明度好，因此

可部分的代替 TiO_2 的使用。赋予纸面以高的亮度和不透明度并增加平滑度。氧化铝的胶黏剂用量较高，与某些类型的淀粉配用时可能降低涂布纸光泽度。

锌颜料有多种，如硫化锌、锌钡白，氧化锌等。硫化锌是由硫酸锌反应制得：

$$ZnSO_4 + H_2S = ZnS + H_2SO_4$$

锌钡白是将硫化锌与硫酸钡组合共同沉析而成：

$$BaSO_4 + ZnS = ZnS \cdot BaSO_4$$

成品中含硫化锌 30％ 和硫酸钡 70％，硫化锌和锌钡白现在已很少使用了。

氧化锌：氧化锌是从锌矿中生产纯净锌金属，并使锌金属在高温下变成蒸汽，燃烧后生产氧化锌。氧化锌以前曾较多地被用作涂布纸配料，研究结果表明在干酪素胶乳涂料配方中，配用 2％～5％ 的氧化锌可以极大地改进涂布纸的光泽度、平滑度、油墨接受性、油墨干燥速率并提高亮度和不透明度，其效果要比添加相同数量的 TiO_2 更有效。

硅藻土也叫白炭黑，这是一种非晶硅，是保留了硅藻的水生植物单细胞状态的一种滑石，并随硅藻的枯死而形成沉积物，几百万年后，这些沉积物形成了数百米厚的矿床。随时间的流逝，并由于地质条件的变化从海底升起。硅藻土在露天矿中开采，压碎后干燥，经旋风分离器分级（有时根据需要加以煅烧）而获得。硅藻土活性很大，吸附作用较强，造纸工业常用于特种填充或作吸附剂。作为涂布颜料的优点是消光性好，适用于低光泽度的涂层，如配用在邮票纸中。

白色涂布纸使用的多数是白色颜料。生产有色涂布纸需要使用一些有色颜料。常见的有色颜料如下：

黄色：铬黄（钡和锌）、氧化铁；

蓝色：群青、铁蓝、锆蓝；

褐色：棕土和氧化铁；

绿色：锆绿、孔雀石绿和翡翠绿；

红色：赭土、红铝、印刷红、桔铝、氧化铁等；

黑色：炭黑、石炭黑和骨炭黑等。

无机有色颜料是颜色沉淀剂，由水溶或水分散染料沉淀而形成不溶物质。有色颜料必须充分分散以便得到尽可能高的着色强度。分散不好，小色团可能会在涂布纸上形成色斑，为此有时需要将有色颜料先在水中充分分散后再加入。有色颜料可单独使用也可与白色颜料配合起来使用。对有色颜料的一个重要要求是色泽长久。涂料中也经常使用一些合成有色染料对白色颜料进行染色。常见的合成染料有很多种，包括碱性染料、酸性染料和中性染料等。

近年来，其他人造颜料也有了很大的发展。如硅铝酸钠、硅铝酸钙、硅酸钙等。由于它们的粒度小、白度高、遮盖力强，而且价格又较低，可代替部分昂贵的钛白粉，但用量较少。

二、胶　黏　剂

（一）胶黏剂的作用及应具备的条件

胶黏剂是涂料的重要组成部分之一，涂料胶黏剂不仅要将颜料颗粒黏结在一起，而且要将颜料颗粒与原纸黏结在一起。与涂布颜料一样，胶黏剂对涂料及涂布纸的性质有着重要的影响。其对涂料的黏度、流变学、固化时间等方面起着决定性的作用，比如：胶黏剂作为颜料的分散体，使颜料成悬浮状态分散而不会很快沉淀，用来控制涂料的流动性、稳定性和保水性，使之适应各种涂布形式对涂料黏度的要求；同时对涂布纸的印刷性能具有重要的影响，比如：胶黏剂与颜料的比例直接决定涂布纸的性能，如光泽度、吸墨性、平滑度和涂层强度等。特别是由于目前印刷技术的改进，印刷速度的大大加快，对涂布纸的油墨吸收性及表面强度等的要求也大大提高。因此，在涂料配制中，胶黏剂的选用就显得特别重要。

胶黏剂黏结力的形成包括与颜料颗粒和原纸的良好接触，向颜料颗粒表面和原纸表面的扩散，渗透，并在干燥过程完成与它们形成物理化学和机械结合的过程。

胶黏剂的黏结作用包括两点：黏结剂与被黏物（颜料和原纸）间的物理化学作用和机械作用。而产生两个作用通常要求胶黏剂分子与被黏物分子之间的距离小到一定程度，这必须借助于胶黏剂的移动扩散和渗透作用来完成。

1. 机械作用

胶黏剂与被黏物的机械结合力，是胶黏剂渗入被黏物空隙内部固化后，在空隙中产生的机械键合的结果。这种机械键合通常有钉键作用、勾键作用、根键作用、楔键作用等几种形式，如图 3-15 所示。

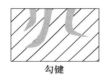

勾键　　　　　　　　　根键　　　　　　　　　楔键

图 3-15　胶黏剂与被黏物的机械结合形式

机械作用在涂布纸黏结机理中的影响比较小，在原纸和胶黏剂、颜料和胶黏剂 3 者之间均可能产生作用，但并不是产生黏结力的主要原因。

2. 物理化学结合

在涂布和干燥压光过程，胶黏剂分子经过移动、扩散和渗透作用，与被黏物间距离可小于 0.5nm，从而产生物理化学结合，这种结合形式主要有：主价键结合（化学键结合、包括离子键、共价键、配位键）、次价键结合（分子间力，包括氢键力和范德华力），在纸张涂布中胶黏剂的黏结作用因胶黏剂种类的不同而不同，其中，氢键力和范德华力可能是主要因素。

下面是胶黏剂与颜料或原纸之间产生的主要化学键和物理化学作用的形式。

① 配位键结合：配位键是由电子供体与电子受体结合产生的化学键；

② 氢键结合；

③ 范德华力结合；

④ 黏合理论。

几十年来，许多研究工作者对导致物理化学结合的黏合理论进行了多方面的探索，提出了各种论点和假说，现在比较流行的三种理论分别是：a. 吸附理论；b. 扩散理论；c. 双电层理论。

黏结力大小或者说黏结效果，以涂层的表面强度表征，黏结强度取决于胶黏剂的内聚强度、被黏材料的强度和胶黏剂与被黏材料之间的黏结力，最终强度取决于三者间最薄弱环节。

在涂料中，胶黏剂除了涂盖于纸面使颜料粒子之间及颜料与原纸间牢固结合外，还起着如下作用：

① 作为涂料液的胶体保护剂，使涂料液稳定；

② 作为颜料的介质，使涂料液具有适当的流动性以利于涂布作业；

③ 调节涂层对油墨的吸收性。

胶黏剂的种类很多，但能够用作制备涂料的胶黏剂，必须具备以下条件：

① 对颜料有较好的黏结力。否则因胶黏剂用量增多，而造成涂料的白度、不透明度和吸墨性能的降低，而且因可塑性降低，使压光效果变坏；

② 与颜料的适应性好，不损坏颜料的性质；

③ 稳定性好，用其制备的涂料液稳定而不变质；

④ 既要有适当的流动性，又要有一定的黏度、保水性和成膜性。这样才能有利于涂布作业，既保证涂层的均匀度，又可防止涂料中的液态部分过多地渗入纸层内，降低涂层自身的结合强度；

⑤ 能保证涂层有适当的吸墨性、适当的塑性，以提高压光效果；

⑥ 颜色浅而不含杂质有利于调料时的操作；

⑦ 资源丰富，价格低廉。

从生产控制的角度，涂料胶黏剂多以水溶型和水分散型来分类处理。目前印刷涂料纸所用的涂料都采用水性涂料，因此要选用水性的胶黏剂并具有良好的水分散性以保证良好的混溶和产生良好的黏结力。

不同的胶黏剂的黏结力和涂层的强度是不同的。和颜料一样，单一品种的胶黏剂一般也不能完全满足上述要求，因为不同的胶黏剂有不同的使用性能。如聚乙烯醇的黏结强度最高，成膜性最好，但是其特别容易随水迁移。而淀粉的黏结力不是很高，但不易随水迁移，并且价格低廉。因此需要多种胶黏剂取长补短，配合使用。胶黏剂复配使用时，必须注意胶黏剂之间的相容性。一般来说，蛋白质类胶黏剂的同类间、淀粉胶黏剂的同类间，有较好的相容性；合成树脂胶乳与干酪素的相容性比与淀粉的相容性要好；而不同类间的胶黏剂相容性较差。相容性不好的外在表现是使涂料液的黏度增加。

在涂布纸干燥的涂层中，胶黏剂并不是全部包围所有的颜料并将之严密地与原纸结合在一起，而是布满了大大小小的空隙。这些孔隙原先多是由涂料中的水所占据，干燥后水蒸发逸去而留下了空隙，因而胶黏剂也是部分地填充在颜料颗粒和原纸的空隙之间形成"点焊"的结构，如图 3-16 所示。

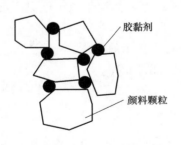

图 3-16　颜料颗粒被胶黏剂点焊黏结示意图

胶黏剂有个最佳用量。对某一涂布纸通常有最佳胶黏剂用量，用量过高或过低都是有害的，胶黏剂用量太多，一方面增加了生产成本，另一方面损失了涂布纸的光学和印刷性能；而胶黏剂不够，不可避免地将发生掉粉掉毛问题。对某一颜料来说胶黏剂的需要量受许多因素影响，如胶黏剂类型、实际的固含量和涂布干燥时胶黏剂的迁移等，颜料的分散程度也是减少胶黏剂用量的一个重要因素，颜料分散的越好，胶黏剂用量越低。

以前一直认为胶黏剂需要量直接与颜料的比表面积有关，其理由是颗粒小则比表面积大，因此需要涂在颜料表面的胶黏剂量也相应增多。但研究表明，颜料的胶黏剂需要并非受颗粒大小所支配，而是由颜料填充后的空隙体积所支配，即：与相对沉淀体积有关，相对沉淀体积减小，则胶黏剂需要量也减少。因此对胶黏剂用量来说，研究颜料和胶黏剂的关系以体积为基础比以质量为基础要更简单明确。当使用体积关系时，胶黏剂需要量是存在于颜料分散液中空隙体积的函数。分散良好的颜料可以得到最大的颜料体积浓度和最小的空隙体积，也使胶黏剂用量减少到最低。因此通过测定某一颜料的相对沉淀体积可以作为确定该颜料胶黏剂需要量的依据。

在涂料中的胶黏剂需要量除了与颜料类型、原纸状态和涂布方法有关外，还和印刷方式有关。当采用不同的印刷方式时，印刷时油墨对涂层的剥离力不同，对涂布纸的表面强度要求也不同，因此相应的涂料配方中胶黏剂的需要量也各不相同。

随着涂布纸机的快速发展，机内涂布的速度越来越高，为了降低干燥负荷，涂料的固含量也越来越高。要使高固含量涂料具有较好的流动性，关键是胶黏剂的黏度和流动性。目前普遍使用高流动性的合成树脂胶乳为主体的胶黏剂来制备高固含量涂料，其他胶黏剂则作为辅助胶黏剂使用。

（二）胶黏剂的发展过程

1895 年以前，动物胶是纸张涂布使用的唯一的胶黏剂。正如所预料的那样，其质量是多变和不稳定的。由于干燥涂布纸时使用的热对用动物胶所形成的颜料与颜料、颜料与原纸间的粘接强度有不利的影响，使上述情况更为复杂。干酪素作为胶黏剂的应用，为纸张涂布提供了一种更均匀且少受干燥影响的原料，因此在纸张涂布中，干酪素迅速取代了动物胶。

20 世纪初叶，用淀粉制造满意的涂布胶黏剂的技术得到了发展，使淀粉的应用成为可能，然而从 1900 年到 1930 年间其使用并不广泛。但是随着机内涂布技术的进步，淀粉迅速成为主要的胶黏剂。纸机涂布要求涂层迅速固化而不黏着，因为在非常短暂的时间内，涂布纸幅即与纸机的烘缸接触，在那里涂层不能黏缸也不能出涂纹。为此目的，最简单的方法是提高涂料固含量（即浓度），使其达到一种即使除去少量的水也会使涂料不流动的程度。这样，当高固含量涂料与未涂布纸幅接触时，水被涂布原纸几乎是瞬时的吸收足以使涂料固化，因此使常规方法的烘缸干燥可以用于涂布纸的生产。由于淀粉在高固含量下比干酪素的黏度低得多，对于机内涂布配方，选择淀粉是必然的。此外，可以看出，当涂料固含量提高时，黏结一定量颜料所需的淀粉量减少，加之淀粉来源丰富而成本低廉，导致了其迅速取代了干酪素而在纸张涂布中占据统治地位。

1947 年后，各种合成胶乳开始用作纸张涂料配方中的胶黏剂。由于是热塑性的，与淀粉或干酪素相比，合成胶乳使涂布纸经压光后能获得较高的平滑度和光泽度。合成胶乳可生成抗水涂层，而淀粉则不能。另外，它们具有低的内黏度，使涂料固含量得以全面提高。最初，合成胶乳胶黏剂只以低百分比的分量作为添加剂使用，以提高干酪素或淀粉涂料配方的性能。近些年来，随着合成胶乳作为胶黏剂的性能不断改进，胶乳的应用一直在逐渐增加，在很多配方中合成胶乳已占到总胶黏剂用量的一半。当纸张涂布工业向着更高固含量涂料发展时（65％以上），合成胶乳黏度低等优势使其进一步取代其他胶黏剂，在某些情况下，会导致从涂料配方中完全取消天然胶黏剂。在目前的涂料配方中，合成胶乳的使用是必不可少的，使用 100％合成胶黏剂的颜料涂料正在纸张涂布机中运用，这已成为一种日益普及的方法。

（三）常用胶黏剂及其特点

纸张涂布用胶黏剂有天然品和合成胶两大类。天然品又有蛋白质类、淀粉类及纤维素类三种。其中蛋白质类以干酪素、豆酪素为代表；淀粉类种类繁多，有氧化淀粉、酯化淀粉、醚化淀粉、交链淀粉、酶淀粉等，以氧化淀粉、阳离子淀粉、磷酸酯淀粉和酶淀粉用得最多；纤维素类有羧甲基纤维素、羟乙基纤维素等。合成胶又有水溶液类和胶乳类两种，其中水溶液类以聚乙烯醇为代表；胶乳类有丁苯胶乳、羧基丁苯胶乳、聚丙烯酸酯胶乳、聚醋酸乙烯乳液、丙醋乳液、苯丙乳液、异丁烯酸甲酯-丁二烯共聚物胶乳等，以羧基丁苯胶乳占据统治地位。表 3-16 是常用胶黏剂特性的对比。

表 3-16　　　　　　　　　常用胶黏剂种类和特性

类别	品名	黏结性	耐水性	光泽性	流动性	稳定性	经济性
蛋白质类	干酪素	好	好	好	较差	较差	差
	豆酪素	好	较好	较好	差	一般	较好
淀粉类	氧化淀粉、酶转化淀粉、阳离子淀粉等	较好	较差	较差	好	较好	好
纤维素类	羧甲基纤维素	好	较差	较差	差	较好	一般
水溶性树脂	聚乙烯醇	好	较差	较好	差	好	较差
胶乳类	丁苯胶乳、聚醋酸乙烯类胶乳等	好	好	好	好	较差	较差

1. 淀粉 $(C_6H_{10}O_5)_n$

淀粉是使用较早、应用最广泛的纸张涂布胶黏剂，在美国、淀粉用量约占涂布用胶黏剂总量的 60%。淀粉广布于植物的根、茎、叶、果实和种子中，不同的植物其淀粉含量也不同，大米中含淀粉约 57%，小麦 75%，玉米 50%，马铃薯 20%。用作涂料胶黏剂的淀粉种类很多，如玉米淀粉、马铃薯淀粉、小麦淀粉和大米淀粉，其中 90% 来源于玉米。

（1）原淀粉的物理化学性质

淀粉为白色无定形粉末，其形状大小因植物的种类而异，一般为圆形或卵形。例如玉米淀粉是多角形，粒径 $15\sim30\mu m$；马铃薯淀粉为卵形，粒径 $15\sim100\mu m$；小麦淀粉是椭圆形，粒径 $10\sim25\mu m$；米淀粉为多角形，粒径 $3\sim8\mu m$。淀粉略具甜味，不溶于水，无旋光性，其水溶液（悬浮液）加温后即膨胀、糊化。表 3-17 为常用原淀粉的主要物理性能。

表 3-17　　　　　　　　　常用原淀粉的主要物理性质

淀粉来源	粒径/μm	凝胶温度/℃	热糊液黏度	溶液透明度	退减作用稳定性	抗剪切力
玉米淀粉	$10\sim20$	$62\sim74$	中等	不透明	不良	尚好
小麦淀粉	30	$52\sim64$	中/低	不透明	不良	尚好
米淀粉	$3\sim8$	$61\sim78$	中等	不透明	不良	尚好
马铃薯淀粉	$15\sim100$	$56\sim69$	极高	透明	尚好	不良
木薯淀粉	$20\sim60$	$50\sim72$	高	透明	尚好	不良
西米淀粉	$15\sim25$	$52\sim64$	中/高	透明	尚好	不良

淀粉遇碘呈深蓝色，此种颜色遇光和热则褪色，冷后颜色复显。支链淀粉遇碘呈蓝中微带红色，直链淀粉呈蓝色。淀粉不呈还原性，和稀酸共热则经糊精化、进一步水解断键而成麦芽糖，最终水解成葡萄糖。

$$(C_6H_{10}O_5)_n \xrightarrow{H^+} (C_6H_{10}O_5)_n \xrightarrow[H_2O]{H^+} C_{12}H_{22}O_{11} \xrightarrow[H_2O]{H^+} C_6H_{12}O_6$$
　　　淀粉　　　　　　糊精　　　　　　麦芽糖　　　　　α-葡萄糖

各种天然淀粉，经常结合有蛋白质、油脂和纤维。常见淀粉的化学组成如表 3-18 所示。

表 3-18　　　　　　　　　　　　常见淀粉的化学组成　　　　　　　　单位：质量分数％

成分 名称	淀粉	蛋白质	油脂	纤维	矿物质	成分 名称	淀粉	蛋白质	油脂	纤维	矿物质
玉米淀粉	81.0	10.5	4.5	2.5	1.5	马铃薯淀粉	83.5	10.0	0.5	2.0	4.0
木薯淀粉	89.4	3.70	1.4	3.7	1.8	小麦淀粉	77.9	15.1	2.3	2.6	2.1

各种淀粉由于品种不同、产地不同及生长条件等不同，其成分也不完全一样，但无论哪种天然淀粉，均含有直链淀粉和支链淀粉（胶淀粉）两部分，而且两种淀粉的比例也不同，如表 3-19 所示。直链淀粉和支链淀粉相比，直链淀粉有较强的颜料结合力，但对颜料的分散作用较小，且在静止时黏度增加，不能制备固含量高的涂料。所以，用作涂料胶黏剂的天然淀粉，均需进行变性处理，以除去天然淀粉中 17％～27％ 的直链淀粉。变性时，直链淀粉比支链淀粉强度降低较快，因此选用直链淀粉含量低的进行变性加工更为有利，而且淀粉的种类、蛋白质含量、粒径的大小、分子排列的紧密程度都会影响变性淀粉的质量。马铃薯淀粉由于粒径大，结构疏松，易于变性，质量较好，其次是玉米淀粉和小麦淀粉。

表 3-19　　　　　　　　　　几种天然淀粉中直链淀粉的含量

淀粉种类	玉米淀粉	马铃薯淀粉	木薯淀粉	小麦淀粉	大米淀粉
直链淀粉的含量/％	27	22	18	23	17

一般工业用淀粉的质量指标如下：水分≤14％，蛋白质≤0.5％，灰分≤0.1％，酸度≤20°T（吉尔里耳度），细度通过 100 目。

（2）变性淀粉的种类

变性淀粉的种类很多：

氧化淀粉——次氯酸钠氧化淀粉，过碘酸氧化淀粉，过氧化氢氧化淀粉等。

酯化淀粉——磷酸酯淀粉，醋酸酯淀粉，二丁酸酯淀粉等。

醚化淀粉——羟乙基淀粉，丙烯醛交链淀粉，羟丙基淀粉等。

交链淀粉——甲醛交链淀粉，乙二醛交链淀粉等。

酶淀粉——采用 α-淀粉酶对淀粉进行水解，使淀粉 1,4-链结点以任意方式断裂，降低其黏度，使之符合要求。

常用作涂料胶黏剂的淀粉有氧化淀粉、磷酸酯淀粉和酶淀粉。

（3）氧化淀粉

将普通的淀粉（一般是玉米淀粉）与氧化剂（如次氯酸钠）作用，使淀粉的化学结构、物理性能发生一定的变化，而适用于纸张涂布。在氧化剂作用下，淀粉分子中的伯醇基被氧化成醛基和羧基，淀粉基环的甙键因氧化而发生部分断裂，使淀粉聚合度降低。因此要严格掌握其氧化条件，用不同的氧化条件可制得低黏度、中黏度和高黏度的产品。过分的氧化使淀粉生成大量的羧基而失去黏结能力。

氧化淀粉为白色粉末状，在显微镜下观察有径向裂纹，失去了天然淀粉原有的形态，黏度低，黏结强度较大，渗透力较好。氧化淀粉的羧基含量比氧化以前增加，在冷水中溶解度小，溶于热水，能制成流动性良好的溶液，因此适用于制备高固含量涂料，适用于机内涂布。用它调制的涂料可制得白度较高，涂层较柔软适印性较好涂布纸。在涂料液的制备和涂布作业中，不易产生泡沫和腐败现象。其缺点是耐水性差，压光后涂层的光泽度不如干酪素涂料好。氧化淀粉的生产配比见表3-20。

表 3-20 氧化淀粉的生产配比

原料名称	规格参数	质量份	百分比
玉米淀粉	85%	100	100
温水	30～40℃	150	150
次氯酸钠	有效氯10%	80	8
烧碱	20%	1.5	0.3
大苏打	95%	0.2	0.2

在氧化过程中，用氯量、氧化温度、氧化时的pH、次氯酸钠加入速度对氧化淀粉的质量和收获量都有很大影响，要严格掌握。一般反应温度开始时为40℃左右，终止时为48～50℃，次氯酸钠要缓慢地加入，反应终了可加入大苏打终止氧化，并用板框压滤机将氯化物洗净压干即可应用，或将其热风干燥，磨成粉状。

使用时将氧化淀粉按1∶3液比在搅拌下加热至60℃，即开始溶解，继续加温至95℃，维持15min至胶液呈透明状，再冷却至60℃左右即可使用。

（4）磷酸酯淀粉

磷酸酯淀粉为阴离子型变性淀粉。它是以药用级玉米淀粉为原料，经过水解、酯化、干燥等多道工序而制得的具有氨基组分和磷酸酯组分的化学变性淀粉。

磷酸酯淀粉的质量指标：水分<13%，pH（20%）为5～6.5，白度>82%，氯化物<100mg/kg，黏度（30%/20℃）3000～8000mPa·s。

磷酸酯淀粉外观为白色（或淡黄色）粉末，略具氨味。制成的溶液是透明微黄色均匀稳定的溶液，根据不同的黏度可分为多种等级，低黏度适用于纸的表面施胶，中黏度适宜作纸和纸板涂料的胶黏剂，高黏度用作其他特种纸的处理。它具有很高的黏着力，低的胶黏剂迁移性，形成的膜柔韧而有弹性，而且其淀粉保留性极好，因此减少了流失和污染。它还有较低的黏度能满足高速刮刀涂布的要求，具有良好的黏度稳定性，良好的分散性，与颜料特别是缎白有良好的相容性，在适宜的交联剂作用下，能体现良好的抗水性。

磷酸酯淀粉由于糊化温度低（35～45℃），因此易溶解，在冷水中先分散成悬浮液，然后在搅拌情况下加温至90～95℃，保持10min即可溶解完全，再冷却至40℃左右即可使用。最高浓度可达40%，流动性好，可制备高固含量涂料，涂料稳定性好，可作刮刀涂布用，与乙二醛或三聚氰胺甲醛树脂、脲醛树脂或缎白作用可制得抗水性好的涂料，生产出的涂布纸光泽度、平滑度及抗拉毛效果好，油墨吸收性好。

磷酸酯淀粉和各种助剂相容性好，但与Al^{3+}反应易产生聚凝，要引起注意。

（5）酶淀粉

用α-淀粉酶作用于淀粉，使其在长淀粉链分子的α-1，4链接处断链，逐渐将分子缩短，从而降低其黏度，以适合制备涂料的需要。

淀粉含固量、酶加入量、反应温度、pH微量元素等均要影响反应的速度和最终淀粉的黏度。一般控制淀粉含固量在30%～35%以上，这要根据搅拌器在淀粉开始糊化到达最高黏度时是否能搅得动。酶的用量要根据其活力来计算，因为α-淀粉酶的活力每批不完全一样，而且存放后会发生变化，酶的用量还与淀粉含固量有关，一般在0.05%～0.6%之间。反应温度必须超过糊化温度进行转化，否则反应速率太慢，反应速率随温度升高而加快，但在较高温度下，酶的活力下降，因此要通过试验确定最佳温度，一般认为在 76～80℃ 下较好，反应终止可将温度升到 95℃，以杀死所有的酶。最佳反应 pH 为 6.5～7.5，低于 4.0 酶的活力会下降，直至终止反应。水中微量的氯化物及钙盐会增加酶的活力。

多数情况采用长时间、低酶用量、80℃ 左右的转化条件为好，比较典型的转化条件：

冷水：180kg；淀粉：50kg；酶：75g；固含量：22%；酶用量：0.15%。

调节 pH 至 6.5～7，在搅拌下用蒸汽加热至 80℃，保温 20min，加酸至 pH 2～3，以抑制酶的活性。继续保温 10min，然后升温至 90～95℃，以杀死酶终止转化。需保温 10min，加碱调节至需要的 pH 及稀释至需要的浓度即可使用。

2. 干酪素

干酪素是一种蛋白质胶黏剂，是生产铜版纸的重要胶黏剂之一。干酪素是从除去脂肪的牛奶中提取的。一般脱脂奶中干酪素的含量为 2.7%～3.2%。从前脱脂牛奶被认为是副产品，但是近年来它已经成为一种重要的食品，这使其价值显著提高，从而引起干酪素价格的相应上涨。从脱脂牛奶中沉淀干酪素，通常是用添加酸（一般是盐酸、硫酸或乳酸）至 pH 约 4.6 时完成的，该 pH 相当于干酪素的等电点。其制造工序如图 3-17 所示。

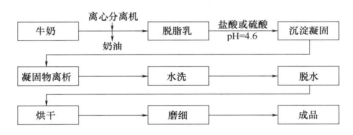

图 3-17　干酪素制备流程

成品外观为奶黄色颗粒，具牛奶之气息，是氨基酸组成的链状高分子化合物，因此呈两性化合物的特性，在水中溶解性极小，能溶于酸或碱的溶液中，但是溶解在酸溶液中之干酪素黏度很高，酸性很强，不适用于涂料纸的生产。一般涂布用的干酪素多用碱溶解，溶解干酪素所使用的碱的品种对涂料纸的性能有一定影响，常用的较好的有氢氧化铵，因其价格便宜，操作方便，可用管道输送计量，用其溶解的干酪素所形成的胶膜结构致密、强韧、具有良好的黏结力和抗水性，且光泽好、涂料流动性好、溶解容易。其缺点是恶臭，在高温溶解时易挥发。

使用碳酸钠作溶剂时，可使干酪素生成一种很洁净且强度好的膜，但光泽较差，且容易产生泡沫。

磷酸盐和硅酸盐亦可作溶解剂，形成的膜光泽较差，强度也较差，但涂料流动性较好。

硼砂作溶解剂时制得的涂料黏度较大，溶解亦较困难，且价格较高，但具有一定的防腐能力。

使用时要根据干酪素的性能和涂料要求来很好的选择溶解剂，有时采用混合溶解剂可以得到较理想的效果。

一般较好的干酪素应符合下列标准：

水分：9%～11%；灰分：1.8%～2.2%；脂肪：1.8%～2.2%；乳糖：<0.2%；游离酸：0.13～0.2mL，0.1molNaOH/g；蛋白质：84%～86%；粒度：30～60 目。

干酪素作为涂料纸的胶黏剂有很多优点，在中等固含量的情况下（38%～45%），涂料黏度适当，稳定性良好，对颜料的黏合力强、分散性好，是一种好的分散体，与甲醛作用能形成抗水性好，油墨吸收性好的涂料膜。其缺点是难制备高固含量涂料，容易产生泡沫、易腐败变质、易为霉菌侵蚀，且价格昂贵。

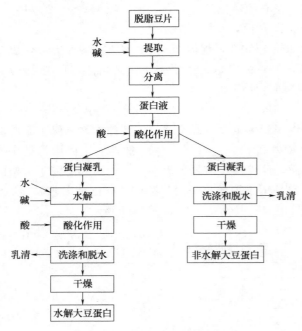

图 3-18　大豆蛋白制备流程

3. 豆酪素（大豆蛋白）

豆酪素又称大豆蛋白，它是以脱油的豆粕（豆饼）为原料，用碱液（0.1%～0.2%浓度）抽提的一种蛋白质。一般豆饼中含蛋白质 40%～45%，生产工序如图 3-18 所示。

豆酪素是一种良好的胶黏剂，其性能接近于干酪素，是干酪素的代用品。因其资源丰富，价格便宜，且通过各种不同的化学处理可以得到各种不同黏度的豆酪素，可能用来制取高固含量的涂料。与干酪素相比，豆酪素的色泽较深，至于纸张涂层的不透明度、油墨吸收性、平滑度、光泽度等指标，二者相近，缺点是涂层抗水性较差，并易起泡沫。

豆酪素应符合下列标准：

水分：<10%；灰分：<2%；脂肪：<0.1%；蛋白质：87%～90%；溶解液：呈淡褐色；粒度：30 目，淡黄色粒状。

溶解豆酪素也要加入各种碱类，溶解剂要通过试验认真选择，否则不能得到好的效果。一般豆酪素对温度较为敏感，所以溶解温度要严格控制。

4. 聚乙烯醇（PVA）

聚乙烯醇是由聚醋酸乙烯酯水解得到的。聚乙烯醇是一种黏结力和成膜性都很强的胶黏剂，制成的涂料纸具有优良的白度、光泽度和平滑度。聚乙烯醇和各种颜料、助剂有良好的相容性，它的防霉性也很好。缺点是流动性差，抗水性不良。表 3-21 为聚乙烯醇的某企业质量标准，可供选用时参考。

表 3-21　　　　　　　　　　聚乙烯醇质量标准（企业）

指标名称	指标	指标名称	指标
PVA 纯度/%≥	85	着色度/%≥	86
平均聚合度	1750±50	挥发份/%≤	8
残留醋酸根含量/%≤	0.20	膨胀度	175～205
醋酸钠含量/%≤	7	充填密度/(g/cm³)	0.2～0.27
白度/%≥	90	氢氧化钠含量/%≤	0.3
透明度/%≥	90	铁含量/%≤	0.01

选用聚乙烯醇作胶黏剂的重要指标，是它的聚合度和水解度。聚合度不同，其水溶性也不同。实践证明，聚乙烯醇的水解度增大，其溶解变难，耐水性增强，黏结力增大，成膜性变好，起泡倾向减弱。聚乙烯醇的聚合度增大，胶液的黏度增大，流动性变差，白度和光泽

度下降，但膜的强度增大。

根据不同的水解度可得到各种不同规格的聚乙烯醇，以适应各种不同的用途。聚乙烯醇广泛用作纸的表面施胶剂和涂料胶黏剂，用作涂料胶黏剂的聚乙烯醇应为全水解型，即水解度为 99%，中等相对分子质量，一般聚合度为 1700，这种聚乙烯醇具有最好的涂层强度，较低的黏度（25～31mPa·s）。

聚乙烯醇一般呈粉末状、粒状或絮状、片状，溶于热水，在冷水中溶解度小，不溶于有机溶剂（乙二醇、甘油除外）。由于它溶于热水，所以不需其他溶剂，加温即可制得均匀透明的水溶液。聚乙烯醇的胶黏能力较干酪素及豆酪素、丁苯胶乳均强，在达到相等黏结强度时用量最小。若以聚乙烯醇用量为 1 作一比较，在达到相同黏结强度时，各种胶黏剂的用量份数分别是：

聚乙烯醇	1	丁苯胶乳	2～2.5
淀粉	3～4	丙烯酸酯	2～2.5
干酪素	2.5～3	聚醋酸乙烯酯	2～2.5
豆酪素	2.5～3		

由于聚乙烯醇抗水性差，所以制备涂料时必须加入乙二醛或三聚氰胺—甲醛树脂（脲醛树脂）为抗水剂，使形成交链作用而具有抗水性。

5. 合成树脂胶乳

近年来，随着涂布机车速的不断加快，涂料的固含量也越来越高，随之带来的是合成胶乳作为涂料胶黏剂应用的增长。与其他胶黏剂相比，合成树脂胶乳具有以下优点：

流动性好，可调制成高浓度的涂料；黏结力强，耐水性好，可提高涂布纸的干、湿强度，减小纸的变形性；具有热可塑性，可提高涂层的压光效果，获得高光泽度的涂布纸；涂布后纸的柔软性好，可提高成纸的适印性等。

现用作涂料胶黏剂的合成树脂胶乳有丁苯胶乳、聚丙烯酸胶乳和聚醋酸乙烯等许多种。但以丁苯为基础的胶乳，因为它符合涂料朝高固含量、低黏度方向发展的趋势，在合成胶乳胶黏剂中占有统治地位。

（1）丁苯胶乳

丁苯胶乳是由丁二烯和苯乙烯聚合而成。苯乙烯单体是一种无色液体，沸点 145℃，不溶于水，由乙炔与苯反应而制得。丁二烯是一种无色气体，在 -4.6℃ 时液化，自石油中制得。苯乙烯和丁二烯两种单体聚合而成丁苯胶乳。丁苯胶乳外观为白色乳状液，对温度较敏感，在 5℃ 以下时易凝冻变质而降低黏结力；当温度高于 40℃ 时，易析出凝胶状物质；当遇酸或酸性物质时，析出凝胶而失去其使用价值。

丁苯胶乳的粒子是圆球形，乳白色分散于水中，固含量 50% 左右，作为纸和纸板涂料的胶黏剂来说，其粒径大小及其分布、丁二烯和苯乙烯的比例是主要需要考虑的因素。一般来说，要求颗粒直径在 0.1～0.2μm 之间，粒径较小的有较好的黏结力，因为在涂料中胶乳粒子分散在比它大得多的不定型的颜料中，为了得到好的胶黏性，这些胶乳颗粒必须分散到颜料颗粒中去。一般说颗粒越小，颗粒的数量越多，表面张力也较大，有利于改进胶黏力，但涂层结构越紧密，故油墨保持性高，但光泽度会降低，胶乳迁移性有所提高。

在丁苯胶乳制造中，改变苯乙烯和丁二烯的比例，选用不同的乳化剂，所得丁苯胶乳的性质不同，直接影响涂布纸的性能。如苯乙烯含量为 55%～60% 时，胶乳的黏结力最强，太高或太低均使胶黏力降低；当苯乙烯含量在 60% 以上时，耐湿摩擦强度高，而涂层的光泽度是随苯乙烯含量的增大而增高的。这是因为苯乙烯含量低时所形成的聚合物太软，所形成的膜强度较差，而苯乙烯含量太高时，聚合物太硬不利于成膜，胶黏能力下降，但光泽度提高。因此，应根据涂布纸的质量要求来确定两者的配比量。一般的配比如下：

苯乙烯	50%～60%	链转移剂	0.5～3
丁二烯	40%～50%	缓冲剂	0.25%
酸改性剂	0%～15%	相对分子质量调节剂	0.05%
水	100%	螯合剂	0.01%
乳化剂	0.5%	固含量	40%～55%
引发剂	0.5%	pH	3～9.5

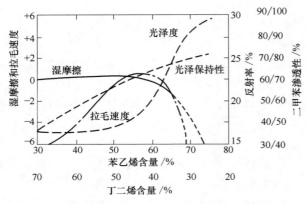

图 3-19　丁苯胶乳的组成对涂布纸性能的影响

丁苯胶乳的组成对涂布纸性能的影响见图 3-19。

使用丁苯胶乳时应注意以下问题：

第一，用丁苯胶乳作胶黏剂，在投入颜料等之前，应根据涂料的情况，加入干酪素等胶体保护剂，以防止胶乳在涂料中产生拆离结块和使颗粒增大。

第二，胶乳与淀粉混用时，应先加入 3% 的干酪素与胶乳混合，然后再加淀粉。

第三，胶乳易受高价金属离子的影响而产生凝聚，因此可加入皂类及其他保护胶体的稳定剂；也可通过调节 pH 的方法解决其影响。比如用缎白（含有 Al^{3+}）作颜料时，在缎白与丁苯胶乳混合时，先用 NaOH 调节颜料分散液的 pH 至 10 左右，使 Al^{3+} 转变为 AlO_2^-，后者与胶乳同电荷，即可防止其凝聚，而且当涂料被稀释，pH 降低至 9 以下时，AlO_2^- 又变成了 $Al(OH)_3$ 凝胶，而附于颜料粒子表面上，从而防止了 Al^{3+} 离子的破坏作用。

丁苯胶乳自开始用作颜料涂布纸的胶黏剂以来，由于其黏度低、强度高，均匀性和耐水性好等，得到了广泛的使用。但是，因为它的稳定性较差，涂料保水性不好和成本较高等缺点，因而在推广使用中不断得到改进，有了新的发展。

（2）羧基丁苯胶乳

多年来对丁苯胶乳的研究，重点是针对其存在的问题进行变性研究，即在丁二烯和苯乙烯聚合时，添加第三或第四种单体，引入其他官能基。如添加丙烯酸或异丁烯酸等不饱和羧酸，经聚合生成羧基变性胶乳。这种变性胶乳，可提高对各种颜料和胶黏剂的适应性，提高其黏结力、流动性、保水性和在高剪切应力下的稳定性等。如引入的是乙烯吡啶，则可进一步改善涂层的耐摩擦性及光泽度。另外，近期的研究还发现，用聚丙烯酸、异丁烯酸等的脂类及胺类聚合，可生成两性胶乳，即在 pH 为 9 以上时，胶乳带负电荷，可以很好地和颜料混合分散；在 pH 为 7～9 时，胶乳带有正电荷，可以和高岭土粒子的负电荷形成离子结合。于是在制备涂料时，可用氨水调 pH 到 9 以上；而在涂布后的干燥阶段，由于氨被挥发，pH 降到 7 左右，即可使高岭土粒子和胶乳间形成网状的离子结合，使涂层具有良好的耐水性。

将可共聚的乙烯基酸引入丁苯胶乳中的方法是近 30 年来胶乳发展的一个重要突破，它使胶乳粒子含有游离的功能基（羧基）。这种基团给予了胶乳高的化学活性和胶体活性，大大地改善了胶乳在涂料液中的胶体行为和对成纸的影响，也大大地扩大了它作为涂料胶黏剂的使用范围。与普通的丁苯胶乳相比较，羧基丁苯胶乳由于具有活性基团——羧基（—COOH）赋予胶乳的特殊性质，因此又称羧基胶乳为"活性胶乳"。目前在欧洲和工业较发达的国家中，生产印刷涂料纸时几乎不用普通的丁苯胶乳而是全部采用各种型号的羧基丁苯胶乳，这是因为：

① 羧基丁苯胶乳具有优良的胶乳稳定性，可以与多种白色颜料、胶黏剂和其他助剂相混容，容易配制适合于各种涂布形式的涂料。

② 与传统的胶黏剂如干酪素、大豆蛋白、氧化淀粉、聚乙烯醇等相比较，羧基丁苯胶乳对涂料混合物的黏度影响很小，能制得高固含量和低黏度的涂料。

③ 羧基丁苯胶乳具有比氧化淀粉和干酪素更高或相近的黏着力，可以部分或大部分代替干酪素，特别是与这些胶黏剂并用时，其黏着力显得更优越。

④ 采用羧基丁苯胶乳制得的印刷涂料纸具有平滑度、光泽度、黏着力高的特点，特别是其印刷适性及印后油墨光泽性均很优良。

图 3-20 反映了非羧基的和羧基丁苯胶乳之间的区别。非羧基丁苯胶乳达到稳定性的两个原因是：由过硫酸盐催化剂和后添加的表面活性剂产生的磺化作用。表面活性剂亲水部分延伸到水相中时，疏水部分则吸附到聚合物粒子上。稳定性是通过由亲水表面围绕粒子而固定的水层产生位阻现象而达到的。因为表面活性剂物理引力保持在粒子表面，它能被剪切力或解吸作用除去，故非羧基丁苯胶乳的稳定性差。羧基丁苯胶乳以不同的方式达到稳定性。羧化后，一方面乙烯酸产生的一些羧基伸入水相中，电离后的羧基是亲水的，能吸留颗粒周围的水层，而且它们本身带有负电荷，由于颗粒间静电相斥，使稳定性进一步提高；另一方面，涂料中的大多数其他成分也带负电荷，这些粒子和胶乳之间产生斥力，所以各成分互相稳定相处；第三方面，羧基是由聚合作用而连接到胶乳粒子上的，它们不会被剪切力分开，当加入其他成分时，它们不解吸。因此羧基丁苯胶乳的稳定性比靠添加表面活性剂而达到稳定的非羧基丁苯胶乳的稳定性大得多。表 3-22 和 3-23 分别是合成羧基丁苯胶乳的典型配比及国内外羧基丁苯胶乳的质量指标，供选用时参考。

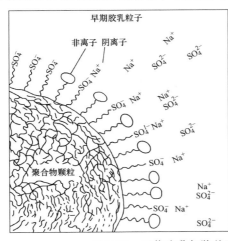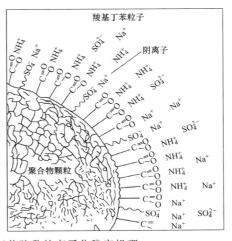

图 3-20　丁苯胶乳与羧基丁苯胶乳的离子化稳定机理

表 3-22　　　　　　　　　　合成羧基丁苯胶乳的典型配比　　　　　　　　　单位：份

成分	美 Good year	美 Dow	英 Revertex	日 合成橡胶公司	中 兰化	中 兰化
丁二烯	47	40	42.5	40	40	40
苯乙烯	50	60	55	60	60	60
羧酸（丙烯酸）（或 2-甲基丙烯酸）	3.0	0～10	2.5	2.0	2.0 125	2.0 125
水	100	150	170	100	—	—
乳化剂	烷基芳基磺酸盐 3.5	十二烷基苯磺酸钠二苯醚 1～5	月桂基硫酸钠 4	3.0	乳化剂 OP 9	乳化剂 OP 9
缓冲剂	磷酸三钠 0.5	—	—	—	—	碳酸氢钠 1.0
螯合剂（EDTA）	0.1	—	0.05	—	—	0.2
引发剂（过硫酸钾）	0.2	1～5	0.1	0.5	过氧化氢异丙苯 0.2	1.0
相对分子质量调节剂（叔十二烷硫醇）	0.2	—	0.4	0.5	调节剂丁* 0.03	0.03

注：* 调节剂丁：二硫化双甲硫羰异丙酯。

表 3-23　　　　　　　　　　国内外羧基丁苯胶乳质量指标

成分	固体量/%	pH	黏度*/mPa·s	密度/(g/cm³)	表面张力/[N/(cm×10³)]	玻璃化温度/℃	粒子直径/μm	机械稳定性	乳化剂类型	适用性
美 Dow640	48±1	8.0±0.6	200	—	43～49	10	—	良	阴	涂料纸
美 Dow620	50	6.0	95	—	—	—	—	良	阴	造纸通用型
美 Dow636	48	9.5	87	—	—	—	—	良	阴	纸及地毯
美 Dow638	50	7	125	—	55	—	0.13	良	阴	纸及地毯
美 Dow675	50±1	5.0～6.0	200	—	45～55	—	0.18	良	阴	涂料纸（缎白）
英 Rnx80J10	50	8.2	<250	0.99	34	−24	0.15	良	阴	涂料纸
英 Rnx82L10	50	8.2	<250	1.02	32	−2	0.20	良	阴	造纸通用型
英 Rnx83M10	50	6.6	250	0.98	40	−14	0.18	良	阴	纸及地毯
法 SB023	50±1	5.5±1	100～300			15		良	阴	涂料纸
法 SB024	50±1	4.5±1	<151					良	阴	纸及地毯
日 JSR0668	48	8	40			50		良	阴	涂料纸
兰化	45±1	8	<100	1.01		50		良	阴	涂料纸

注：* 黏度计采用 Brookfield 型，其转速及转子有区别。

（3）聚丙烯酸胶乳

聚丙烯酸胶乳自 20 世纪 60 年代大量用作涂料胶黏剂后，引起了纸板涂布加工的重大变革。当时这种胶乳的最大优点是，没有残余的臭味，并能在纸板的涂层上形成良好的薄膜，其黏度、机械化学稳定性及混用性均较好。但是，由于丙烯酸能使涂层产生表面硬化，因此需要特殊的干燥方法，故近年来使用较少。

（4）聚醋酸乙烯酯胶乳

聚醋酸乙烯酯胶乳，最早是用作木材胶合板的胶黏剂，后被推广应用于纸张涂布。其优点是：光泽度高，用量少，黏结力强和白度高等。在用作矿物颜料涂布的胶黏剂时，能制得柔软的涂布纸张，再经过涂后的压光处理，可使涂层显示出较高的光泽度。但是，由于存在成本高、易产生泡沫和设备刷洗困难等问题，使其应用受到限制。

聚醋酸乙烯酯由醋酸乙烯酯聚合而制成，均聚物在性质上是树脂的；其玻璃化温度为28～30℃。由乳液聚合制造的聚醋酸乙烯酯当含有表面活性剂时，称为胶乳。制成后，胶乳一般具有轻微的气味，不需进一步纯化即适合使用。大多数胶乳在储存和发货以前用碱调节pH至接近中性。

三、添　加　剂

除了颜料和胶黏剂，大多数颜料涂布纸的涂料中都含各种助剂，它们可在涂料混合物的制备过程中，亦可在以后的涂布操作中加入。这些添加剂是用来改善涂料或涂层的性能，以满足对某种特性之要求的。它们包括分散剂、耐水剂、消泡剂、软化剂、防腐剂、减黏剂等。

添加剂可能是涂料配方的基本部分，或仅在发生问题的情况下才应用。

（一）分散剂

1. 分散剂的作用

在涂料中加入分散剂的主要作用，是防止颜料凝聚和沉降，提高涂料的流动性及颜料与胶黏剂的混合性。常用的分散剂种类很多，但其分散的原理却不同，如：

① 有些分散剂（如多磷酸盐类），它们在水中能电离成离子，其阳离子可被高岭土等吸附而形成双电层，从而防止了颜料凝聚和沉淀，提高了涂料的稳定性和水化度，改善了涂料液的流动性。

② 有些分散剂（如干酪素和阿拉伯树胶等）可被颜料吸附，于是在颜料粒子周围形成覆盖层，从而防止粒子间的相互吸引和接近，起到保护作用。

2. 分散剂的种类及适用范围

分散剂由于其自身的特性，对不同的颜料有不同的分散效果。分散剂对颜料分散的有选择性的特点，可由表3-24所示的范围反映出来。

表 3-24　　　　　　　　　　　　　　　　**分散剂的种类和适用范围**

分散剂的种类	适 用 范 围
复式磷酸盐（焦磷酸钠、六偏磷酸钠等）	分散高岭土效果最好；分散碳酸钙、滑石粉效果很好；分散二氧化钛有效；与其他分散剂配合分散缎白有效；是水性无机颜料最普通的分散剂，用得较多
干酪素、大豆蛋白（在碱性溶液中）	分散碳酸钙、缎白效果很好；分散高岭土效果仅次于多磷酸盐；对钛白仅有有限分散效果
硅酸钠	分散钛白有效；对高岭土分散效果有限；对碳酸钙稍有效果
羧甲基纤维素	分散碳酸钙有效；分散缎白效果次之
木素磺酸钠	分散碳酸钙有效；分散高岭土效果有限
氧化淀粉	分散缎白有效；对碳酸钙分散效果有限
氢氧化钠	分散某些二氧化钛及游离高岭土阳离子有效

续表

分散剂的种类	适 用 范 围
阿拉伯树胶	分散缎白有效
聚丙烯酸钠（低聚合度）	可以分散缎白、高岭土、碳酸钙和硫酸钡
羟乙基淀粉	分散缎白稳定而有效

3. 分散剂的用量

由表 3-24 所示可以看出，分散剂的种类很多，但有些分散剂，如干酪素、淀粉等，也是胶黏剂。因此，分散剂的用量，除因分散剂的种类和颜料的种类不同而不同外，还要考虑所用胶黏剂的种类。比如，用多磷酸盐作分散剂时，对高岭土来说最适合的用量是 0.25%（对高岭土的量）；但对碳酸钙来说，其最适用量为 2%～3%；如用干酪素或阿拉伯树胶作缎白的分散剂时，则最适用量是 2%～10%，少于 2% 时，将使涂料液的黏度增高。

（二）耐水剂

随着涂布加工纸的发展，胶黏剂的变迁和胶版高速彩印的要求，在颜料涂料液中加耐水剂不断受到重视。特别是当涂料用淀粉或聚乙烯醇等低耐水性的胶黏剂时，就更不能缺少在涂料中加入耐水剂。

现在可用作耐水剂的物质较多，但其作用原理却不同。按此可将其分为如表 3-25 所示的四大类。另外，由于不同的胶黏剂，其耐水性能不同，因此所用耐水剂的种类和用量也不同。在一般情况下，应按涂膜的性质和纸的用途的要求，添加不同类型的耐水剂。比如，用淀粉作胶黏剂时，可用蜡、不溶性脂肪酸的乳液或硬脂酸金属盐等作耐水剂，给淀粉以疏水性。此外，也可添加甲醛及三聚氰胺甲醛树脂等架桥反应耐水剂，这些物质能与淀粉形成桥联结合而使淀粉失去润胀能力，从而提高了涂层的耐水性能。对用蛋白质性胶黏剂制成的涂料，可用甲醛及其衍生物作耐水剂，它们能与蛋白质中的亚氨基结合，形成蛋白质膜而抗水；也可用硫酸铝、锌盐及铬盐等二价或三价的金属盐，这些金属盐可与蛋白质形成热硬化性的复合膜，使涂膜具有抗水性。

表 3-25 耐水剂的类型

类 型	种 类
架桥反映型	甲醛水、乙二醛、六次甲基四胺、多聚甲醛、脲醛及三聚氰胺、甲醛树脂等
不溶化反应型	Zn、Al、Fe、Ca、Zr 等二、三价金属盐
憎水作用型	石蜡乳液、金属皂等
耐水性物质	丁苯胶乳、聚丙烯酸胶乳等合成胶乳

（三）消泡剂

在涂料的调制过程中，由于搅拌等机械作用和某些成分的化学分解，会混入或产生气体而使涂料液产生泡沫。这种泡沫不仅影响涂料的性质，给操作带来困难，而且会使涂层产生针眼、麻点等纸病。因此，为消除泡沫，一般需要往涂料中加入消泡剂。常用的消泡剂有松节油、硅酮、辛醇、磷酸三丁酯、醋酸铵、聚乙二醇与脂肪酸的混合物、戊醇和石油的某些馏分等。为起到多种作用，也可用皂类及硬脂酸钙、铵等，这些物质不仅能起消泡作用，而且还能提高涂布纸涂层的光泽度，增加涂层的光滑性、柔软性及防止超压掉粉等。

应指出，消泡剂种类很多，使用消泡剂会改变涂料液的流动性，因此，选用时要注意对涂料的适应性及对涂布作业是否有不良影响，其用量应根据消泡剂的特性、涂布设备和涂布作业的特点等酌情而定。

（四）软化剂

在涂料中加入软化剂的目的，一是增加涂层的可塑性，以提高压光后涂布纸的光泽度和适印性；二是降低涂料液的黏性及表面张力，从而提高涂层的匀度；三是减少涂布纸在超压时纸面的掉粉现象等。常用的软化剂有硬脂酸钠、铵、钙等皂类，其用量一般为涂料固含量的 0.5％～2％质量分数。也可用硫酸化油、硬脂酸、磺化蓖麻油及蜡乳等，其用量为 1％～2％。应注意的是，不论用哪种软化剂，都不能添加过多，否则会使涂料液的黏度异常增高，对油墨的接受性变坏，造成成纸的适印性恶化。

（五）防腐剂

在夏季或温度较高的地区，由于微生物的繁殖较快，或因涂料液放置时间较长等，都易使涂料腐败变质。腐败变质的涂料表现为其黏度下降，pH 下降，色泽变暗，放出臭味。用这样的涂料涂布，不仅使涂料适性变坏，而且使涂层的表面强度降低。因此，需要在涂料中添加防腐剂，以延长涂料的放置时间。常用的防腐剂有硫、卤、汞、锡等有机化合物，苯酚化合物，季铵化合物及甲醛等。但这些防腐剂有的效果较差，有的毒性较大，现已很少使用（如有机汞化合物）。从 20 世纪 70 年代初开始，发现杂环酯类化合物的防腐特性，其中以高效、低毒的 N-(2-苯并咪唑基) 氨基甲酸甲酯（亦称 BCM，或多菌灵）的效果最好，其分子式为：$C_9H_9N_3O_2$。这种防腐剂能溶于强酸，不溶于水，外观呈淡黄色粉末，在涂料中的通常用量为 0.125％～1.5％。一般是将其制成浆状物或直接加入高岭土分散液中共同研磨分散使用。由于它的高效、低毒和防腐持久性良好的优点，故现已推广至各个有关行业。

（六）减黏剂

目前世界各国用于涂布纸的涂料，根据涂布机和涂布作业的特点，都要求高浓度、低黏度。因此，减黏剂的应用越来越受到重视。涂料中加入减黏剂的目的，就是降低其黏度，并使其稳定。常用的减粘剂有尿素、双氰胺、脂肪酸脂和胺类等。其用量和种类的确定，也应该按具体情况综合考虑。

（七）其他

除上述外，根据需要，涂料中还可以加用其他添加剂。比如，为增加涂料的稳定性，可用平平加（聚氯乙烯脂肪醇醚）、磺化蓖麻油等作稳定剂；为增加涂料的白度，可向涂料中加增白剂；为增加涂料液的黏度，可加用羧甲基纤维素、藻朊酸钠、甲基纤维素、动物胶、干酪素等。

综上所述，尽管添加剂不是涂料的主要成分，但它的加入对改善涂料的性质等有着重要的作用。但是，对不同种涂料来说，选用添加剂的种类和用量也是不同的。这要根据涂料配方、对涂料性质的要求和使用胶黏剂的种类而定。有的物质可起多种作用，加一种就不必加多种，如用干酪素作胶黏剂的涂料，对某些颜料来说就不需要加分散剂。

第三节　涂料的制备及质量控制

影响涂布纸质量的最重要因素是涂料，涂料的性质直接决定涂料输送和涂布机的运行适性，因而涂料的性能除了各种原料的基本性质之外还与各类原料组合后的物理化学作用状况有关，必须对涂布的配制理论、方法、工艺和设备进行深入的理解。

　　一个好的涂料配方应该既能充分发挥组分长处，又能互相弥补各自的缺陷。优化后的涂料表现出的性能应超过各个组分性能之和。对选用的各种颜料、胶黏剂和化学添加剂按要求进行准备或制备，然后在涂料混合器内按涂料配方要求制备符合涂布要求的合格涂料。

　　对涂料的要求主要考虑两点：一是涂布纸的使用要求，如印刷适性、亮度等；二是涂料满足输送和涂布的运行要求。涂布纸的使用要求与使用方式和使用条件有关，如胶印需要高的表面强度，而凹印则仅需较低的表面强度，有些产品要求高的光泽度，有些产品仅需低的纸面光泽度。涂料的操作要求与选用的设备如泵、管道、涂布机类型等有关，如气刀涂布要求有低的黏度，因此固含量也低，刮刀涂布多需满足高速运行的要求，特别是高剪切条件下的涂料流型并需在较高的浓度下有低的黏度。

　　按涂料的固含量分为低浓、中浓和高浓涂料，低浓涂料的固含量在30％以下，中浓涂料的固含量为30％～50％、适用于气、刮刀涂布机等低速涂布机使用，高浓涂料的固含量为50％～70％，适合于高速涂布机。以下介绍涂料制备的技术和相应的设备。

一、涂料制备的物理化学原理

　　涂布印刷纸涂料是由多种组分形成的多相多组分水悬浮体系。体系中含有分散的颜料、胶黏剂等。大多数颜料颗粒粒径大于 $0.1\mu m$；体系中也含有胶体分散状的溶胶，溶胶颗粒在 $0.1\sim1\mu m$ 之间，如羧甲基纤维素、各种改性淀粉、胶乳等；含有分子分散态的大分子，等效粒径均小于 $1nm$，如三聚氰胺树脂、磺化油、硬脂酸盐等；此外还含有一定数量的有机和无机小分子化合物，如氢氧化钠、甘油、辛醇等；涂料中还可能含有呈气溶胶或泡沫态的空气泡。是一种高度分散的分散体系，因此体系对外表现出极其复杂的特性。

　　体系的复杂性决定了对外显示性质的复杂性，这些复杂的性质对涂料输送和涂布工艺有着重要的影响，对涂布纸质量影响也很大。因此正确理解涂料的各种物化性能是合理选用涂料组分和制订合理的工艺条件的基础。本章即根据本课程的要求，系统地介绍与涂料制备有关的物理化学知识。

（一）涂料的胶体化学

　　颜料分散液是典型的水介质悬浮体系。涂料则比颜料分散液更加复杂，但仍是以颜料分散液为基础。本节重点讨论颜料分散液。

　　制备微细颗粒的颜料分散体，通常有两种方法：分散法和凝聚法。

　　① 分散法。将大块的颜料颗粒分裂成小颗粒并分散在水悬浮介质中，称为分散法。常用的分散设备有：球磨机、胶体磨、砂磨机。这些设备的特点都是利用刚性材料与被分散的物质间的相互摩擦和碰撞的作用将物料磨细。除了以上谈及的分散设备外，还有气流分散器、超声波分散机等设备。这两种设备一种是利用高速气流的能量，另一种是利用超声波的能量将颜料颗粒分散至微细颗粒，绝大多数颜料是通过这种方法制备的，如高岭土、天然碳酸钙、滑石粉等。

　　② 凝聚法。小分子或者离子在一定的工艺条件下凝聚而形成一定粒径的分散相，这个方法叫凝聚法。凝聚法的优点是可以获得分散度很高的颗粒，并且粒度的分布可以得到一定控制。这种制备方法的原理是将真溶液中的可溶分子在适当的工艺条件下重新结晶沉淀出来。颜料不同，沉淀方法和沉淀条件不同。可以采用冷却法或直接化学反应法来制备，沉淀碳酸钙和合成硫酸钡即是采用化学反应法产生的。

　　颜料分散液有如下的运动趋势。

1. 布朗运动与扩散作用

颜料颗粒分散在介质中时，一方面有相互碰撞结合和受重力作用沉降的趋势；另一方面还有着热力学的弹性碰撞及扩散运动，即所谓布朗运动。颗粒运动的剧烈程度与温度成正比而与质量成反比，但与颗粒的化学组成无关。产生布朗运动的原因是液体分子的热运动对颜料颗粒碰撞的结果。颜料颗粒处于液体分子的包围之中，而液体分子一直处于不停地、无序地热运动状态，液体分子互相碰撞，同时与颜料颗粒碰撞。如果颜料颗粒较小，那么在某一瞬间，粒子在各个方向所受的力不能互相抵消，就会向各力合力的某一方向移动。

颜料颗粒在各瞬间受撞击的次数随颗粒的增大而增大，受到的撞击次数增多。颗粒足够大，受到的力互相抵消，即合力为零的可能性越大，所以大颗粒没有布朗运动。一般认为，当颗粒直径大于 $5\mu m$ 时就完全不会产生布朗运动。

有浓度差时，由于布朗运动的结果，颜料颗粒总是从浓度高的区域向浓度低的区域扩散。

2. 沉降运动

涂料中，颜料的相对密度是远高于液体相对密度的。在重力场的作用下。颜料颗粒会发生沉降，沉降是涂料不稳定的主要表现，沉降的结果使得涂料下部的浓度增加，上部的浓度降低。

沉降破坏了涂料液的均匀性，使涂料的性能变坏。沉降产生浓度差，而颜料颗粒的布朗运动产生的扩散作用不趋向降低浓度差。正是由于沉降作用和扩散作用构成了矛盾的两方面，保证了涂料体系的动力稳定状态。

（1）颜料颗粒的沉降分析

为便于分析，将不同形状的颜料颗粒等效为球形，等效半径为 r，设颗粒相对密度为 d，分散介质的相对密度为 d_0，介质黏度为 η，则颗粒下降的重力为：

$$F_1 = \frac{3}{4}\pi r^3(d-d_0)g \tag{3-3}$$

颗粒若以速度 v 下沉，按斯托克斯（stokes）定律，受到的阻力为：

$$F_2 = 6\pi\eta rv \tag{3-4}$$

当颗粒下降达到一定速度时，重力和阻力相等，颗粒匀速下降，则此时速度为：

$$v = \frac{2r^2(d-d_0)g}{9\eta} \tag{3-5}$$

由式（3-5）可见，颗粒的沉降速度 v 与颗粒半径的平方 r^2 成正比；同时与相对密度差 $(d-d_0)$ 成正比而与介质的黏度 η 成反比。对某一具体特定相对密度的颜料，可在具有一定相对密度和黏度的介质中计算不同大小的颗粒下降某一距离所需的时间来计算颗粒的半径。

当颜料颗粒沉降至某一浓度时，所产生的浓度梯度将使沉降的力与扩散力相等，这时体系将处于沉降平衡的状态。在平衡状态下，容器底部的浓度最高，随着高度的上升，浓度逐渐降低。这种浓度分布与地球表面大气层的分布相似。已知扩散力为：

$$F_3 = -\frac{RT}{N_A \cdot c} \cdot \frac{dc}{dh} \tag{3-6}$$

式中　c——体系中颗粒浓度

　　　T——体系的温度，以绝对温标示之

　　　$\dfrac{dc}{dh}$——浓度对高度的导数

R——为气体常数

N_A——为阿伏伽德罗常数

沉降平衡时，重力等于扩散力：

$$\frac{4}{3}\pi r^3(d-d_0)g=-\frac{RT}{N_Ac}\frac{dc}{dh} \tag{3-7}$$

积分式（3-7）得：

$$c_2=c_1\exp\left[-\frac{N_Ac}{RT}\cdot\frac{4}{3}\pi r^3(d-d_0)(h_2-h_1)g\right] \tag{3-8}$$

从式（3-8）可知颗粒浓度随高度不同的变化情况。浓度分布与粒径、密度差、温度有关。粒径越大，浓度随高度变化越明显。当颜料颗粒很小时，涂料中颜料的扩散作用加强而使浓度梯度较小，体系较均匀，这种性质称为动力学稳定性。粗颗粒的沉降趋势明显，粗颗粒在体系中的沉降趋势称为动力不稳定性。

（2）粒度的测定

颜料的粒度测定是涂布纸生产中原料检验和质量控制、进行涂料研究的重要手段。沉降法粒度测定是一种测定颗粒粒度的简单而有效的方法，测定原理是：在一个高的方柱形（或圆柱形）容器内盛以粒子大小不同的颜料分散体系。在一定的时间内，颗粒的大小在垂直方向上的分布将随柱的高度不同而不同，或者说，已经沉淀到容器底部的颗粒质量将不同。前者，可用一定的方法测定体系在垂直方向的浓度分布，后者可称量底部已沉降的颗粒质量，据此来计算被测颜料的粒度及其分布。

前一种方法，如光电沉降粒度仪，测定原理如图 3-21 所示。

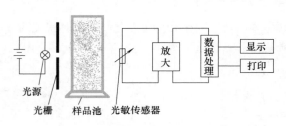

光源　光栅　样品池　光敏传感器

图 3-21　光电沉降天平工作原理

目前国内使用的一些粒度仪如岛津 SA-CP2 型颗粒仪、SKC-20000 型粒度仪、SediGraph5000 型粒度仪等即依据这个原理。

（二）颜料的絮聚与稳定

涂料浓度比较高，涂料中的颜料颗粒在沉降和扩散运动过程中，不可避免地会出现两个颗粒间的碰撞的情况，此时颗粒间产生吸引力，并且由于高分散体系是热力学不稳定的，自发地趋向缩小比表面积的方向，从而使颜料之间产生重新凝聚的趋势，同时在颜料颗粒相互接近时，颗粒间还存在着相互斥力，斥力保持着颗粒状的分散状态。这两种相反的作用状况就决定了颜料颗粒的絮聚或分散状态，吸力与斥力都决定于颜料颗粒的形式和表面状况。

1. 大分子在颜料颗粒上的吸附

颜料颗粒表面上的原子与颗粒内部的原子所处的环境不同。处在颗粒内部的原子，其周围原子对它的作用力是对称的，所受的力是饱和的，但处于表面上的原子，周围原子对它的作用力是不对称的，所受的力是不饱和的，因而有剩余力场，当颜料颗粒在分散介质中运动时，颜料颗粒可能与介质中的一些大分子物质相碰撞，碰撞到颗粒表面的大分子受到上述力场的作用，同时在范德华力甚或氢键力的作用下，这些大分子可能会停留在颜料表面上，产生吸附作用。

大分子在颜料颗粒上的吸附形态有三种：卧式、环式、尾式，如图 3-22 所示。

卧式指的是大分子的所有链节平置在颜料颗粒的表面上。环式是大分子仅两端吸附于颜

料表面。尾式指的是大分子仅一端吸附在颜料表面，另
一端悬垂于分散液中。

　　一般来说，吸附在颜料表面的大分子并不是简单地
形成紧密、整齐排列的单分子吸附层，而是具有一定的
分布形式和一定的吸附量。在一定的吸附环境中，颜料
颗粒表面可供大分子吸附所覆盖的面积是一定的。

卧式　　　　环式　　　　尾式

图 3-22　大分子在颜料颗粒
表面的吸附方式示意图

　　在吸附的同时，还有一定数量的大分子吸收外界能
量而脱附，当吸附的大分子达到最多可供覆盖的分数
时，脱附作用也最强，这时吸附量与脱附量达到平衡。这种平衡是动态的，在平衡状态下，
固体表面的吸附量不变，吸附在界面上的大分子的卧式部分链节数不变，伸向分散液中的链
节将做重新排列。

　　颜料颗粒表面对大分子类物质的吸附受多种因素的影响。首先与颜料的表面化学性质有
关。其次还与分散液的环境，如温度、pH、吸附剂的极性、大分子长度、分散液的离子氛
围有关，在此不作进一步讨论。

　　2. 颜料颗粒表面电荷及来源

　　颜料颗粒与极性介质相接触时，颗粒的界面上都带有电荷。绝大多数颜料带负电荷。分
散液环境变化也可能使某些颜料的表面电荷由负转正。颜料颗粒表面电荷的来源与颜料的性
质和结构有关而受着分散液的性质的影响。

　　① 离子的吸附作用。一些颜料在水中不能离解，但能够从水中吸附 H^+、OH^- 或其他
离子。但这类颜料表面对电解质正负离子的吸附是不等量的，水化能力弱的阴离子往往比水
化能力强的阳离子更易吸附在颜料颗粒上，使这类颜料表面带负电荷。

　　② 离子的溶解作用。碳酸钙、硫酸钡这类微溶于水的颜料，其颗粒的带电原因主要是
在极性的水介质中，颗粒晶格点阵中带正电荷的离子，如 Ba^{2+}、Ca^{2+} 和带负电荷的离子，
如 SO_4^{2-}、CO_3^{2-} 都因水化作用而从晶格中溶解出来，进入分散介质，但两种离子的溶解是
不等量的，水化能力强的阳离子溶解趋势要强于水化能力弱的阴离子，这使颗粒带负电。

　　③ 晶格取代作用。高岭土是最常用的涂料颜料，高岭土的带电机理为晶格取代。高岭
土是由铝氧八面体和硅氧四面体的晶格组成，其表面是亲水的，颗粒在水分散介质中，其晶
格点阵中的一些 Al^{3+} 和 Si^{4+} 往往被极性水分子所溶出，形成空穴，而分散液中的一些低价
阳离子如 Mg^{2+} 和 Ca^{2+} 等又可能进入这些空穴，结果使晶格带负电荷，为维持电中性，黏
土表面就吸附了一些正离子，而这些正离子因水化作用又离开表面，这使颗粒带负电。
表 3-26 为几种颜料颗粒分散于无离子水中的带电状况。

表 3-26　　　　　　　　　　　　　　常见颜料的表面电荷

颜料	高岭土	硫酸钡	硫酸钙	滑石粉	
				已润湿	未润湿
ζ电位/mV	−23.8	−12.8	−13.2	−13.3	−22.7

　　3. 颜料颗粒的双电层理论

　　颜料颗粒是带电的，而分散液体系是电中性的，颗粒表面与分散介质接触的界面就必然
有电荷的分布和排列问题。双电层理论是目前关于颜料颗粒在水分散介质中，电荷排列与分
布状况的一个较好解释。

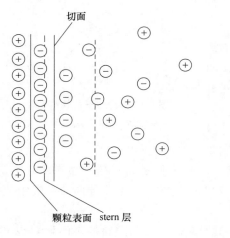

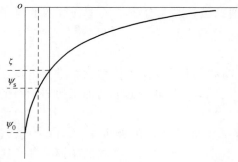

图 3-23　颜料的双电层结构和电位示意图

如图 3-23 所示，在带正电荷的颜料颗粒表面吸附了一层负离子，其厚度取决于离子的水化半径和被吸附的离子本身大小。这一吸附层称为 Stern 层，这个吸附称特征吸附。若颗粒表面电位为 ψ_0，吸附了一部分离子之后，颗粒和 Stern 层的净电位是 ψ_s，称之为 Stern 电位。Stern 层内的吸附作用比较强，它不仅能阻止由于热运动使离子脱离颜料表面的倾向，而且还可以改变离子的水化半径。Stern 层约为一层水化离子的厚度。

Stern 层内的吸附不仅由于静电引力，更主要的是范德华力。一般来说，离子越大越易被吸附，水化能力强则不易被吸附。

4. 颜料颗粒的稳定与 D. L. V. O 理论

Derjaguin，Landau，Verwey 和 Over-beek4 人分别提出了 D. L. V. O 理论以解释胶体稳定性问题。该理论的核心是颗粒相互接近时，颗粒间相互吸引和相互排斥的结果决定了颗粒的稳定性。

任何两个颗粒接近到一定距离时，将产生足够大的相互吸引——范德华力，它是极性力、诱导力和色散力之和，其大小与颗粒间距离的 6 次方成正比。同时产生一定强度的相互斥力。原因是颗粒带有的相同电荷，电荷多、距离近则斥力大。在颜料分散液中，颗粒间的斥力位能 E_R 对抗着粒子间的引力位能 E_A 而使涂料保持稳定，即颗粒的位能为二者之和：$E=E_A+E_R$。

图 3-24 为位能随颗粒间距离 L 变化的示意图。

由图可见，E_A 只在 H 较小时才起作用，当 $H\to 0$ 时，$E_A\to\infty$，E_R 随 H 的减小而趋于某一常数。当 H 较大时 E、E_A 和 E_R 均趋近于零。在 $H=H_0$ 时，颗粒的位能曲线有一最高点，叫斥力势垒，若动能超过这一点，颗粒就会聚沉。势垒的高低标志着颜料颗粒的稳定性。

引力位能曲线对一种特定颜料来说是不易改变的。因此要想改变总位能曲线、提高位能斥力势垒，只能通过改变斥力位能曲线。理论分析表明，改变斥力位能可以通过改变颗粒的 ψ_s 电位来实现。图 3-25 为表面电位对位能曲线的影响。提高颗粒的 ψ_s 电位，即可提高位能曲线的斥力势垒而保证颜料颗粒的稳定性。通常以 ζ 电位来代替 ψ_s 讨论胶体稳定性。

5. 颜料颗粒的稳定方法

涂料的稳定性归根结底是颜料的稳定性。保证颜料稳定性是涂料制备的重要理论和实践问题。增加颜料的稳定性目前采用两大类方法：一种是大分子的稳定作用；另一种是分散剂的作用。

（1）高分子化合物的稳定作用

早期人们制备涂料时，加入一些高分子化合物，如淀粉、羧甲基纤维素、明胶、干酪素

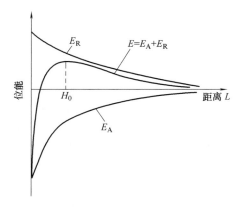

图 3-24　颗粒位能曲线

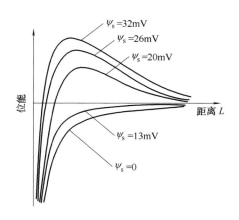

图 3-25　ψ_s 与斥力势垒关系

等物质来提高颜料颗粒的稳定性。这个作用也称保护作用，或称空间稳定作用。

大分子物质吸附在颜料颗粒表面将形成一层高分子保护膜，这层高分子保护膜使颜料颗粒的溶剂化层变厚。当两个颗粒相互靠近时，颗粒的溶剂化层将被压缩，这个压缩变形增加了颗粒的相斥能力，如图 3-26 所示。

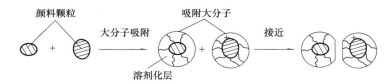

图 3-26　颜料颗粒的大分子稳定作用

高分子化合物对颜料颗粒的稳定作用有几个规律：

① 覆盖颗粒的大分子化合物有一个稳定最小量，低于该量则不能产生有效的稳定作用。涂料的固含量越大，比表面积越高，所需要的大分子越多。但当颗粒表面已经形成大分子化合物薄层后，继续加入大分子化合物，并不能使颗粒中吸附的大分子数进一步增加而提高稳定性。

② 颜料颗粒被保护之后，它的一些物理化学性质，如电泳、对电解质的敏感性等都将发生变化。

③ 高分子在颜料颗粒上的吸附需要一定的时间，所以添加方法、顺序和时间对添加效果有一定的影响。

④ 可以用金数法和红数法来衡量高分子化合物的稳定能力。

金数：为保护 10mL 的 0.0006% 的金溶胶，在加入 1mL 10% 的 NaCl 溶液后，在 18h 内不聚沉所需的最小质量（mg），聚沉指金溶胶变蓝。

红数：100mL 0.001% 的刚果红溶胶，在 0.16mol KCl 作用下，10min 仍不变色所需的高分子化合物的最小质量（mg）。

（2）分散剂的稳定作用

增加颜料颗粒表面电荷，亦指使 ψ_s 的数值增大也可以提高颜料颗粒的稳定性。这可以通过使颜料颗粒表面吸附一些带电荷的有机或无机大分子来实现。

这些大分子即谓之分散剂。若颜料颗粒表面电荷为 ψ_0，未吸附分散剂前 Stern 电位为

ψ_{s0}，分散剂被颗粒吸附而进入 Stern 层后，则 Stern 电位变至 ψ_s，ψ_s 的改变取决于分散剂的电荷数量与性质。如果分散剂电荷与颗粒电荷性质相当，则 ψ_s 将大于 ψ_{s0}；否则 ψ_s 将小于 ψ_{s0}。通常颜料颗粒分散于水介质时带负电荷，分散剂电性与颜料颗粒电性相同，故分散剂都选用阴离子型的。分散剂通常是表面活性大分子，通过范德华引力而克服静电斥力进入 Stern 层吸附在颗粒上，从而改变 ψ_s 电位，如图 3-27 所示。

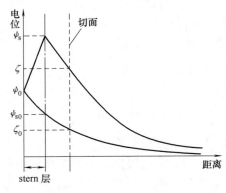

图 3-27　分散剂对颜料颗粒表面电位的影响

在 Stern 层内，颜料颗粒对分散剂的吸附力是比较强的，它不仅可以阻止由于热运动而使分散剂脱离固体表面的趋势，而且可以改变离子水化半径。Stern 层大约是一个离子水化层的厚度。Stern 层对分散剂的吸附可以认为是 langmiur 型的单分子层等温吸附。扩散层中的离子与吸附于 Stern 层内的离子呈平衡。

（3）分散剂与其他大分子间的吸附竞争

制备涂料时，除了颜料分散时加入分散剂外，还需加入一些作为胶黏剂或其他组分用的大分子材料，如淀粉、聚乙烯醇、干酪素等，这些大分子也将被颜料颗粒表面吸附。而颜料颗粒可供吸附占领的表面是一定的，这使分散剂和其他大分子产生吸附竞争。

竞争后，吸附呈动态平衡，大分子将取代部分分散剂吸附于颗粒上，这将使 ψ_s 电位有所降低。这是为什么在制备涂料时加入淀粉或干酪素等大分子物质后，颜料分散液发生增稠作用的原因。

滑石粉分散时，也有分散剂和润湿剂两类分子在滑石粉表面的吸附竞争问题。所以分散时，在保证良好润湿基础上，润湿剂用量以少为宜，当然太少时，一方面润湿困难，分散能耗增高、时间延长，另一方面也不能保证充分润湿，使分散液黏度居高不下。

（三）颜料颗粒的电动现象

电动现象研究的是溶胶粒子在分散液中的运动与溶胶电性能的关系。颜料颗粒表面带有电荷，在水介质中将产生电动行为。这些电动行为对于了解颜料颗粒的分散状况和在涂料体系中的行为有着理论和实践意义。

1. 电动现象

电动现象指的是颜料颗粒在电场中的运动产生电现象，通常有 4 种：

① 电泳。在电场作用下，颜料颗粒和其所吸附的离子，向着与电荷相反的电极方向迁移，对液相做相对运动，这种现象称为电泳。

② 电渗。在电场作用下，液体对固定不动的颜料颗粒表面（颗粒表面带有电荷）做相对运动。这种现象称之为电渗。如果外加压力能够阻止液体的相对运动，这时的压力称之为电渗透压力。

③ 流动电位：与电渗现象相反，在外力作用下，使液体沿着颜料颗粒表面流动，这时所产生的电位称之为流动电位。

④ 沉降电位：在外力作用下，如重力，使带电的颜料颗粒做相对于液相的运动，所产生的电位称之为沉降电位。

2. 电动电位的测定

（1）切面与 ζ 电位

产生电动现象的根本原因是在电场作用下，液-固两相界面上的电层，沿着移动界面分离，而产生相对运动。颜料颗粒在电场中移动时，必然携带着吸附大分子、离子和溶剂化层的液体一起移动。这个移动的界面，称之为切面。这个移动的颗粒体与介质的电位差称之为电动电位，或表示为 ζ 电位。

ζ 电位不仅与颜料的性质有关，还与测定方法和条件影响的切面位置有关。一般来说，当扩散层分布范围较宽，颗粒所携带的溶剂化层又很薄时，把 ζ 电位与 ψ_s 电位同等看待，不会有较大的误差、特别是利用 ζ 电位的变化来反映 ψ_s 的变化，从而讨论颜料颗粒的分散稳定性，通常不会出大的偏差。

（2）ζ 电位的测定

在 4 种电动现象中，应用的最直观、最广泛的是电泳，据此测定颗粒的电动电位来研究颗粒的性质和行为。测定颜料颗粒的 ζ 电位可以使用多种仪器方法，常用的是显微电泳的方法，图 3-28 是显微电泳示意图。

当颜料颗粒置于电泳池中，两端加上恒定电压时，带电的颜料颗粒向异性的电极方向移动，ζ 电位与移动速度成正比，据此可计算 ζ 电位：

$$\zeta = K_t \frac{v}{V_E} \tag{3-9}$$

式中　ζ——ζ 电位，mV

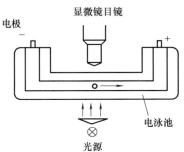

图 3-28　显微电泳示意图

V_E——两电极间的电位梯度，V/cm

v——颗粒的电泳速度，cm/s

K_t——与介质的黏度、介电常数、介质温度等测定条件有关的常数

在显微电泳法测定颗粒的 ζ 电位时，伴生的电泳池壁的电渗效应将给测定结果带来干扰。为此所观察的颗粒必须在"静止层"移动来排除这个干扰。

（四）涂料流变学

涂料是由水、颜料颗粒、胶黏剂和其他添加剂等组成的多组分多相的复杂体系。在涂料制备、输送、涂布操作等过程中，涂料都将受到不同的剪切力并产生变形。涂料的这种应力应变性质是涂料的重要参数，对涂料制备和输送的效率和能耗、涂布机的运行、涂布操作参数的选择和涂布纸的上粉量、涂布纸的外观和平滑度等质量指标有着重大的影响。

1. 涂料的黏度

（1）黏度

黏度是流体流动时所表现出的内摩擦。流体的黏度及基本定律最早由牛顿提出：置两块平行板于液体内，一块静止，另一块受单位面积力 τ 的作用以速度 v 向 x 轴方向做匀速运动，若将液体沿 y 方向分成许多薄层，那么各层向 x 方向流动的速度将随 y 方向变化而有不同。如图 3-29 所示。

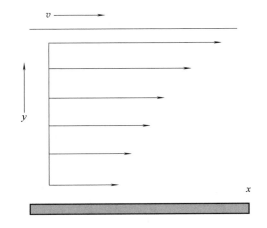

图 3-29　两平行平面的黏性流动

在剪切作用下产生的形变称为切变；产生的速度梯度称为切速，记为 $\dot{\gamma}$（dv/dy）；剪切应力记为 τ。对某一特定流体，如果满足：

$$\tau = \eta \cdot \dot{\gamma} \tag{3-10}$$

则将其中剪切应力与剪切速率间的比例系数定义为该液体的黏度，记为 η。如果流体服从这种简单的比例关系，则称此种流体为牛顿流体。这种黏度称为牛顿黏度，简称为黏度。

黏度单位为泊（Poise）。定义为：1 达因（dyn）的力作用在 $1cm^2$ 的面积上，在 1cm 距离上产生 1cm/s 的流速变量时，该流体的黏度为 1 泊（P）。实用中泊的单位太大，故在涂布纸的生产和科研中，多采用泊的百分之一：厘泊（cP）来表示涂料黏度。在国际单位制中则使用牛·秒/米^2（N·s/m^2）或毫帕·秒（mPa·s），四者间的关系为：

$$1cP = 1mPa \cdot s = 0.01P = 10^{-3}N \cdot s/m^2$$

上述推论成立的前提是体系受剪切时处于层流状态。一旦流速太大变成湍流则上述关系不复存在。

大多数纯液体和低分子稀溶液，如水、酒精、甘油等都是牛顿流体，其 η 值不随 τ 和 $\dot{\gamma}$ 变而变，仅与温度有关。

（2）涂料的表观黏度

涂料是个十分复杂的多组分体系，涂料流动不满足上述的简单关系，而是随组分和固含量不同而呈现出更为复杂的流体行为。不满足上述关系的流体称为非牛顿型流体。这时流体仍有"黏度"。此"黏度"仍是流体流动时所表现出的内摩擦性质，并且这种"黏度"乃一切流体所共具，为此，给出表观黏度 η_a 的概念：涂料在一定剪切条件下，产生剪切速率的变化，表观黏度即为二者变化率之比：

$$\eta_a = \frac{d\tau}{d\dot{\gamma}} \tag{3-11}$$

表观黏度亦称为视黏度，为剪切应力-剪切速率曲线上某点切线的斜率。表观黏度 η_a 随 $\dot{\gamma}$ 的不同而不同。牛顿型流体的 η_a 不随 $\dot{\gamma}$ 变而变，为常量，也满足公式（3-11）。因此，表观黏度亦包含牛顿黏度的意义，简称为黏度。必须牢记，牛顿流体的黏度值是个常量，而非牛顿型流体的黏度值只是在一定的剪切条件下的相对量。

2. 流体的流动形态

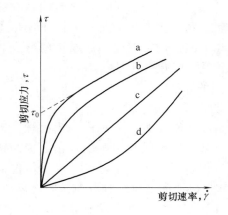

图 3-30　4 种流体流动形态

a—塑性型　b—假塑型　c—牛顿型　d—胀流型

在流变学中常以剪切速率为横坐标，以剪切应力为纵坐标作图，图中所描绘的 τ-$\dot{\gamma}$ 曲线称之为流变曲线。不同的体系有不同的流变曲线。每一条曲线又可按区段分为若干个流型。流型指的是流动体系在一定剪切条件下所呈现的某同一规律性的流变形态。流型有 4 种，如图 3-30 所示。

（1）牛顿型流体

牛顿型流体的黏度不随外界切力而变，切力与切速成正比，流变曲线是直线，并且通过原点，即在任意小的外力作用下，牛顿型流体即能流动。

（2）塑性流体

塑性流体的特点是体系有屈服应力，在屈服应力之下，流体并不变形。仅当外力超过屈服应力时，流体才发生流动。塑性流动的剪切应力和剪切速率满足如下关系：

$$\tau - \tau_0 = \eta_{塑,a} \dot{\gamma}$$ （3-12）

式中　τ_0——屈服应力

$\eta_{塑,a}$——塑性体系的表观黏度

（3）假塑性流体

假塑性流动的特点有两个：一是体系没有屈服值，流变曲线始于原点，二是表观黏度随切速之增加而减少，体系呈切稀流动。

一般认为假塑性流体流动时可以较好地满足关系式（3-13）：

$$\tau^n = K\dot{\gamma}$$ （3-13）

微分式（3-13）可得表观黏度表达式（3-14）：

$$\eta_{假塑,a} = \frac{\mathrm{d}\tau}{\mathrm{d}\dot{\gamma}} = \frac{K}{n}(\tau)^{(1-n)}$$ （3-14）

式中，K 是反映体系黏稠量的一个量值，K 值越大，液体越黏稠。对某一固定体系，K 为常量。n 是大于 1 的变数，随剪切条件变而变，当 $n \to 1$ 时，假塑性体系趋向呈现牛顿型流动，n 与 1 的偏离程度可作为非牛顿性的量度，与 1 相差越大，非牛顿性越大。

（4）胀流性流体

胀流性流体与假塑性流体相反，其表现黏度随剪切速率的增加而增加。胀流性流体的流动行为也满足假塑性流体的流动关系式（3-13）形式：$\tau^n = K\dot{\gamma}$

但胀流性流体适用的 $n < 1$，表观黏度 $\eta_{胀流,a}$ 为：

$$\eta_{胀流,a} = \frac{K}{n}\tau^{(1-n)}$$ （3-15）

产生胀流性行为的原因是：体系静止时，分散相均匀分布在连续相内，分散相间有液相润滑，受外力作用时，分散相颗粒重排，局部空隙增大，另一些地方颗粒直接接触，这使颗粒间缺少液体润滑，从而增加流动阻力。

（5）触变性流体

前面介绍的各种流体有个共同点，就是它们的流变性质与时间无关，满足函数关系式：

$$\tau = f(\dot{\gamma})$$ （3-16）

即剪切应力仅是剪切速率的函数，关系式内无时间因子。但有些体系并不然，切力作用时间的长短对体系的流变行为有重大影响。流变性与时间有关的体系又分为两大类：

触变性体系在一定切速下，切力随时间而减少；

震凝性体系在一定切速下，切力随时间而增大。我们仅根据涂料要求介绍触变性体系。

触变性体系的特点是体系的流变性质与切力作用时间长短有关。逐渐增加剪切速率所得到的剪切应力曲线和在逐渐减少剪切速率所得到的剪切应力曲线不相重合，而是形成一个闭合的环，触变性越大，环的开度越大。

流体具有触变性的原因是，流体静止时，颗粒在体系内形成一定形式的内部结构。在受到外力作用时，这种结构受到破坏，产生溃败，如凝胶变成溶胶等，这使表观黏度降低。当外力撤去后静止至一定时间则原结构重新缓慢建立。

（五）涂料的流动形态

一般来说，涂料都是非牛顿型流体，除非是浓度极低，没有应用价值的涂料。因为涂料是十分复杂的多组分多相体系。其中既含有不同晶型和外形的颜料颗粒，又含有卷曲成团而处于热力学稳定状态的高分子物质，如胶乳颗粒、线团状的高分子材料如羧甲基纤维素、聚

乙烯醇还有各类离解的有机、无机化合物和金属离子等。

受剪切作用发生流动时，涂料的流动机理很复杂。表现在作用力上，有运动方向上的剪切应力；有高分子之间、高分子和低分子之间颗粒间的范德华力；有各种组分间的相互碰撞作用；带电组分之间的静电作用。在运动方式上，组分既有在剪切应力作用下沿运动方向的平移运动，又有方向不定的布朗运动，同时还有具有不对称结构的组分如片、针状高岭土等因颗粒取向和不均匀运动而造成的翻转等运动。

正因为涂料是非牛顿型流体，在涂料的生产和科研中我们谈及的黏度均指表观黏度，在某一低剪切条件下测得。

涂料中很少有塑性流动，只有浓度很高的高岭土悬浮液和处于絮凝状态的碳酸钙悬浮液（高固含量的分散良好的碳酸钙分散液，如固含量超过72％时）有可能出现这种流态。

大部分气刀、刮刀和刮棒涂布机涂料都应呈假塑性流动。原因是涂料在气刀和刮刀涂布整饰时，为了准确计量和进行良好的表面整饰，都希望涂料受气刀或刮刀的剪切作用时，黏度变低以利于正确计量和良好整饰。当然对低速涂布机，涂料的流变形态对涂布操作的影响并不明显，但当涂布机车速很高，特别是高速刮刀涂布机上，胀流型涂料将造成严重的涂层刮痕和刮刀刀缘黏料的问题。

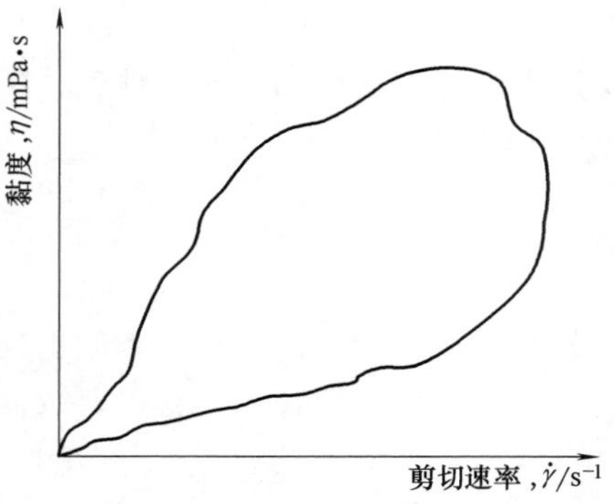

胀流性涂料受外力剪切作用时，表观黏度随切力增大而增加，这使流动性变差，但可减少胶黏剂向纸页内部的迁移，同时对一些低速低固含量涂布，可适当提高涂布纸涂布量和改善涂层结构。

涂布的适当触变性对于各类涂布设备的运行和防止涂料中水分和胶黏剂迁移有一定的好处。但触变性太强对涂料的整饰后流平可能产生不利影响。图3-31为某刮刀涂布机涂料的流变形态。

图 3-31　某涂料流型

在各类涂布机中，涂料在整饰时产生的剪切速率为：

$$\dot{\gamma} = \frac{v}{\delta} \tag{3-17}$$

式中　　v——涂布速度

　　　　δ——涂层厚度

应用公式（3-17）时应注意单位的一致。例如某刮刀涂布机车速为1000m/min，刮刀与原纸的间隙为10μm，求此时涂层的切变速率。

$$\dot{\gamma} = \frac{v}{\delta} = \frac{1000}{60} / (10 \times 10^{-6}) = 1.67 \times 10^6 (\mathrm{s}^{-1})$$

不同的车速和涂层厚度，涂料将产生不同的剪切速率，因此我们研究涂料流动行为时，必须选定与涂布时相同的剪切速率。通常刮刀涂布机车速为600m/min时，模拟的剪切速率可选在约 $6 \times 10^5 \sim 10 \times 10^5 \mathrm{s}^{-1}$ 的范围。

（六）影响涂料黏度和流变性的因素

涂料是多种组分分散于水中所形成的多分散体系，除非是含量极低的体系，涂料对外都呈现非牛顿型流动。其表观黏度和流型都与水不同。涂料的固含量严重地影响着涂料的黏度和流型；涂料组分的差别对涂料的黏度和流型也有着重大的影响，环境的不同对涂料的黏度和流型也有着不可忽视的影响。

1. 浓度的影响

在较低的固含量下，分散颗粒在局部扰动的条件下运动，爱因斯坦（Einstein）根据流体力学原理推导出黏度与体积浓度的关系式（3-18）：

$$\eta_a = \eta_0(1 + K\phi) \tag{3-18}$$

式中　η_a——表观黏度

　　　　η_0——分散介质黏度

　　　　ϕ——分散体的体积份数，对球形颗粒取 2.5

　　　　K——常数

式（3-18）的推导是在层流状态，且浓度较小的条件下得出的，这限制了式（3-18）的应用。为此，一些研究人员提出了新的修订公式。但这些公式的推导都有相当严格的假设和使用条件限制，具有一定的理论意义，但对涂料生产却没有实用价值。

英国高岭土公司提出计算高岭土分散液黏度（500mPa·s 时的固含量）时的公式（3-19）为：

$$\eta = \frac{1}{(K_1 w + k_2)^2} \tag{3-19}$$

或：

$$w = (1 - K_2\sqrt{\eta})/(K_1 \cdot \sqrt{\eta}) \tag{3-20}$$

式中　K_1、K_2——分别为常数

　　　　w——涂料质量分数

即认为涂料黏度平方根的倒数与固含量成直线关系，如图 3-32 所示。

这个模型简单实用，已被许多厂家使用。但在使用中，发现存在一些误差，有的误差还很大，特别是不同粒形（片状和管状混合时）误差更大。为此胡开堂采用国内外二十余种常用的涂布颜料按照不同比例混合实验，利用计算机处理实验数据，通过曲线拟合的方式，建立了更好地适用各类颜料的高浓分散时的黏度—浓度关系式：

$$w = K_1 \eta^n + K_2 \tag{3-21}$$

式中　w——质量分数

K_1、K_2——常数，分别与选取颜料的粒度及其分
　　　　　　布、粒径等有关

　　　　n——指数，对包括高岭土在内的各种颜

料，n 可选取为 $-2/3$，均都可取得满意的结果

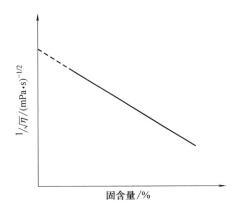

图 3-32　黏度与固含量关系

2. 组分的影响

涂料的组分和配比对涂料的黏度和流型有着极大的影响，因为涂料的流变性既与组分的流变性有关，又受它们之间的互相作用影响——不同组分之间的相互作用对涂料中各组分的流变性既可能有正影响，也可能有负影响。

（1）颜料

颜料对涂料的流变性影响最大。颜料参数对涂料流变性的影响主要是：晶型和外形、粒径及分布、表面电荷数量与分布、比表面能等。不同颜料之间的相互作用对颜料分散液的流

变性也有不同的影响，但尚未发现明显规律。

（2）胶黏剂

涂料常用胶黏剂可简单地分为两大类：水溶性的如聚乙烯醇、改性淀粉、干酪素等和非水溶的，如丁苯胶乳，丙烯酸胶乳等。

水溶性胶黏剂加入涂料中通常将大幅度地提高涂料黏度，甚至产生涂料的冲击（shock）现象。但水溶性胶黏剂进入涂料后有助于改进涂料的剪切变稀行为，同时增加涂料的触变性。水分散的胶乳本身呈牛顿型或假塑型流动。从切变的角度来说，涂料受剪切作用时，胶乳的悬浮颗粒将干扰颜料颗粒，从而引起剪切变稀行为。胶乳加入涂料中明显降低涂料的黏度。胶黏剂的颗粒粒径、带电状况、大分子的化学结构、链长、支链度等参数对涂料黏度和流型有着明显的影响。胶黏剂与颜料的相容情况反映涂料体系中胶黏剂与颜料的相互作用对涂料的黏度和流变性的影响。

（3）添加剂

涂料中添加剂很多，但用量都很少，故对涂料的流变性影响不大，但一些添加剂的影响不可忽视。涂料中的泡沫大小和多少对涂料的流变性有极大的影响，因此消泡剂的效果间接地影响着涂料的流变性。润滑剂的使用有助于降低涂料的黏度，保水剂则使涂料黏度增加。

3. 涂料温度的影响

沃罗尔认为浓度较高的悬浮液，颗粒间的碰撞是悬浮液黏度的决定性因素，这个影响大大超过因温度变化而产生的分散液黏滞力的变化所带来的影响，因此高浓度的分散液的黏度对温度不敏感。

胡开堂选用了多种国内外常用颜料，在高浓下分散（质量分数约70%），研究了温度对涂料黏度的影响。结果表明：在实验的温度范围内各种分散液的黏度与温度相关性极好，相关系数达0.999以上。图3-33显示了其中的一组观测数据。

大量的实验数据经计算机处理后，得到高浓颜料分散液的黏度与温度的关系式（3-22）：

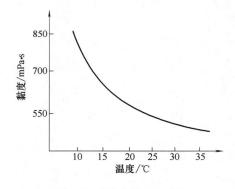

图 3-33 温度—黏度的关系

$$\eta = A \cdot \exp\left(\frac{B}{t}\right) \tag{3-22}$$

式中 A、B——与颜料特性有关的常数
      t——分散液的温度

温度对分散液黏度的影响有两点不可忽视：一是温度影响着颜料颗粒对分散剂的吸附；二是连续相水的黏度对温度十分敏感，即使高浓涂料，流动时受剪切的仍是连续相，水的黏度变化也不可忽视。因此温度的变化不可能不影响到分散液的黏度。

涂料的黏度和颜料分散液的黏度一样，也受温度变化的影响。

4. 时间因素

时间对涂料的黏度发生的影响包括两个内容。一是指在剪切过程中，涂料的黏度变化与时间关系，这表现为涂料的触变性或震凝性，已如前述；二是指涂料在贮存过程中的黏度和流动性的变化。一般来说，随贮存时间的延长，涂料黏度呈连续增高的趋势，时间可达数月之久，并且这种变化是不可逆的，如图3-34所示。

发生这种变化的原因目前尚不太明确。有人认为是贮存时颜料熟化而致细颗粒增多使黏度增高；亦有认为是涂料在贮存过程中分散剂效用降低等原因而使颜料颗粒重新碰撞絮聚使黏度升高。

（七）涂料黏度、流变性测定

涂料的黏度和流变性的测定是最基础的数据，测定涂料在不同条件下的黏度和流变性是控制和研究涂料的基本手段。黏度测定有落球法、振动法、毛细管流动法和转筒法等多种，不同的方法各有优缺点和适用的范围。在涂料生产和科研中常用以下三种黏度仪：管式流动黏度计、杯式黏度计和旋转黏度计，分述如下。

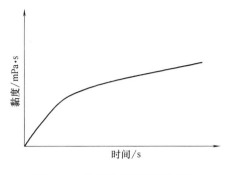

图 3-34　涂料的时间-黏度变化

1. 毛细管黏度计原理

毛细管黏度计是测定液体黏度最常见的方法，其基本原理是在一定压力下，使流体流过一定长度和半径的毛细管，测定所耗用的时间以表示液体的黏度。常见的毛细管黏度计有奥式黏度计和乌式黏度计两种。

这类黏度计仅限于测定液体黏度的相对值。即先用已知黏度的液体定出仪器常数，然后再测定未知液体的黏度。毛细管黏度计应用范围较广，可测量从 $0.1mPa \cdot s$（$10^{-3}P$）的低黏流体至 $0.1MPa \cdot s$（10^6P）的高黏流体。涂料的黏度检测很少使用这类仪器。

2. 杯式短管黏度计

涂料组分复杂，流动也复杂，在流动过程中分散体间的碰撞和扰动严重地影响着毛细管黏度计的测定结果，为了克服这个影响，将毛细管流程缩短而制成短管杯式黏度计。这种黏度计涂布纸厂俗称为 4 号杯黏度计，如图 3-35 所示。

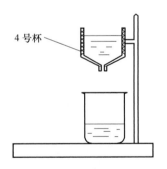

图 3-35　短管杯式黏度计

国内气刀涂布厂家都使用这种杯式黏度计，其原理是堵住下端出口，使涂料充满黏度计小杯，放开出口，使涂料流尽（以涂料不连续流出的瞬间为终点）所耗用的时间来表征流体的表观黏度。这个方法的特点是仪器结构和操作都很简单。但有两个明显的缺点：一是短管中的流体并不呈层流流动，且流体压力总是处于变化之中，故很难得出黏度与流出时间的准确关系式；二是这种管杯式黏度近于静态模型，而涂布机生产中，涂料受到的是动态剪切作用，故不易反映涂料的动态适应性。因此在一些精密测量和高速涂布生产中，这类黏度计的使用就受到了限制。

3. 旋转式黏度计

旋转式黏度计是目前最常用的涂料黏度测定仪器。包括不同黏度范围的产品。旋转式黏度计有多种不同的类型，适应的剪切范围也很广。如上海天平厂的旋转黏度计，文献上常见的美国 Brookfield 旋转黏度计等。关于旋转式黏度计的测定原理和仪器结构参见相关的书籍。

4. 高剪切流变仪

高剪切流变仪是检测涂料高剪切黏度和流变性的常见仪器，有不同类型的流变仪，适应不同的涂料和不同流变特性的涂料。有关该类仪器的结构与测定原理参见有关书籍。

二、涂料的配方

颜料、胶黏剂及化学添加剂的品种繁多，性能也各不相同。对于不同的涂布纸，不同的涂料性质要求，以及不同的涂布设备，可通过对各种颜料、胶黏剂和化学添加剂的广泛选择设计出各种不同的涂料配方。涂料液的制备必须按配方进行，对一个涂布纸厂，最重要的工艺莫过于配方。不同的生产厂家可能生产不同的涂布纸品种，使用不同的涂布组分，使用不同的涂料制备设备和涂布工艺，这些差别构成了实际涂布纸厂的多种多样的涂布配方。制定涂料配方的一般方法是：根据涂布纸品种、涂布方法及设备等多方面因素，先确定各种颜料、胶黏剂及化学添加剂，制定出配方草案；进行小型涂布试验，经系统检测分析并对草案进行修正；最后确定涂料配方。具体确定涂料配方的三大步骤如下。

① 信息调研：这部分工作包括两个内容，一是生产纸种的质量要求；二是涂料基本组分技术经济指标。

② 涂料配方的初步设计：根据初步选定的涂料组分按照涂布生产设备条件和相关质量要求，设计涂料配方的草案，通过小型涂布实验以验证和评价配方的质量水平，并加以修改以得到几个备选配方。

③ 在生产中验证涂料配方并通过产品的质量检验评价配方的优劣，确定最终配方。

值得指出的是，即使经过细致的设计和实验室研究工作所制定的配方，在生产过程中也可能因设备条件的改变以及涂料组分、原纸性能的变化而要求作适当的修改，因此需要技术人员随时掌握生产情况，经常对基础配方做出调整，以便提高涂布纸质量。

涂料配方初步设计时需要考虑如下几个参数：

① 涂料固含量；

② 涂料的黏度和流型；

③ 涂料的白度；

④ 胶黏剂用量。

在确定涂料配方的过程中，涂料的固含量和黏度是必须首先考虑的两个主要参数。生产上希望制取高固含量、低黏度的涂料液，以利于降低干燥负荷，提高纸张外观质量，改善涂层匀度和强度，但也必须与涂布设备和干燥能力相适应。然后需要根据产品质量要求和设备的运行适性来考虑胶黏剂中合成胶黏剂和天然胶黏剂的比率，抗水剂的用量等。

确定涂料的配方应注意以下三个问题：

一是涂料本身的稳定性，要求所制备的涂料稳定，放置一定时间而不变质；

二是要满足涂布作业的要求，即所制备的涂料既要有适当的固含量，又要有适当的黏度（或流动性）；

三是保证涂布纸的质量，即所制备的涂料，能在纸面上形成强度较高、白度较大、油墨吸收性好的涂层。同时还要保证涂层与原纸良好的结合等。

这些要求就是检验涂料配方优劣的标准。应该指出，颜料涂布加工纸的品种很多，各有其特性，这除了原纸的质量不同外，关键是根据加工纸的不同要求，合理的设计配方。表3-27 为早期的几种企业涂料配方。

三、涂料的制备方法

有了配方，即可以按照生产工艺和产品质量要求选择原料、配制涂料。除非经过实验修

表 3-27　　　　　　　　　　　　　　　　涂料参考配方

纸种　　物料/份	铜版纸		胶印涂布纸		凸印涂布纸	
	气刀	刮刀	气刀	刮刀	气刀	刮刀
高岭土	70	90	80	70	90	90
碳酸钙	—	10	5	30	20	10
硫酸钡	20	—	—	—	—	—
缎白	10	—	10	—	—	—
有机分散剂	—	0.3	—	—	—	0.3
多磷酸钠	0.45	—	0.3	0.5	0.3	—
干酪素	15	—	15	—	—	—
豆酪素	3	—	—	—	—	—
丁苯胶乳	6	14	7	11	—	8
氨水	2100mL	—	1800mL	—	—	—
碳酸钠	0.45	—	—	—	—	—
氢氧化钠	0.5	0.4	0.1	—	—	—
消泡剂	必要量	必要量	0.3~0.5	适量	必要量	—
防霉剂	必要量	必要量	必要量	适量	—	—
抗水剂	—	适量	—	—	必要量	适量
氧化淀粉	—	2	必要量	3	25~20	10
硬脂酸钙	必要量	适量	—	1.0	适量	适量
固含量/%	38	55~65	35~40	55~65	35~40	55~62

改了配方，生产过程必须严格按照配方配制涂料。需要注意的是，除了按照配方的要求选择原料，按照比例投放原料之外，涂料配制过程还必须严格按照配方的要求，控制投料顺序。由于涂料组分之间的相互作用，投料顺序必须严格遵守，否则也很难配制出合格的涂料。

（一）涂料制备方法和流程

涂料的配制流程，因颜料、胶黏剂和配制量的不同而不同，一般是由颜料的分散、胶黏剂的溶解、添加剂的准备和涂料混合配制 4 个步骤组成的。其中前三项称为备料，最后一项为涂料配制，从备料到配制可有 4 种不同的流程：

① 各种颜料和胶黏剂等分别事先制备，然后在涂料混合器中将各组分混合调制而成；

② 先制备颜料分散液，然后打入混合器，直接加入胶黏剂和助剂；

③ 颜料和胶黏剂直接加入到涂料混合器中现行配制；

④ 颜料以干粉直接加入到已溶解好的胶黏剂溶液中。

图 3-36 是一种典型的涂料制备流程。该流程是分别制备不同颜料分散液，然后将胶黏剂和其他助剂按照生产要求混合制备，有利于实现程序控制和自动计量投料。

（二）颜料分散液的制备

为保证得到性能良好的涂料和生产满意的涂布纸，使颜料充分分散是十分重要的，颜料分散液的制备包括颜料的研磨和分散过程。

颜料分散液的制备分两种情况，一是购入的颜料已按涂布用颜料的要求经过了加工，可以把涂料混合器当作分散器，直接制备颜料分散液；另一种情况是购入的颜料未经加工，这需要按要求在厂内先进行加工，然后才能用于制备颜料分散液。如购入的高岭土和碳酸钙等颜料未按涂布要求加工，则需将其按比例加入分散池中稀释分散后经过滤除砂，然后泵送入球磨机、砂磨机或胶体磨等研磨设备中研磨，同时加入分散剂，制成粒度合适、分散良好的颜料分散液。近年来，由于颜料生产企业的技术进步，其供造纸涂布用的高岭土和碳酸钙等

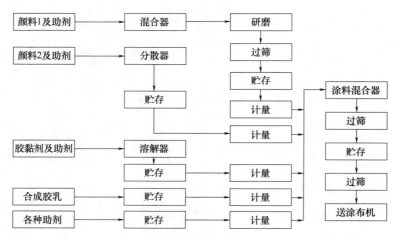

图 3-36　涂料制备流程

可达到涂布级的颜料质量要求。这些颜料可直接在分散槽内加入分散剂进行高速分散制成颜料分散液。

　　颜料的机械分散，就是利用分散过程中产生的高剪切力克服粒子之间的吸附和聚集作用，使其成为均匀的水分散体系。但在颜料分散过程，当机械剪切力撤销时，已分散的颜料粒子又可能重新集结和吸附。为此，需要在颜料的机械分散过程中加入化学分散剂用于增湿颜料粒子，调节颜料粒子的表面电荷，防止絮凝，降低黏度。分散剂被加入到颜料分散系中时，分散剂的阴离子部分强烈地吸附在颜料粒子的表面，它们能使粒子带较高的相同电荷电而产生静电排斥作用。

　　现在印刷涂料纸涂布所用的颜料很少用单一的白色颜料，一般都是几种白色颜料配合起来使用。多种颜料复配使用既可降低成本，又能发挥每一种原料的作用，满足产品性能的要求。表 3-28 所示是几种早期的颜料分散液参考配比。

表 3-28　　　　　　　　　　　　　　颜料分散液的配比

颜料名称	1# 配比/份	2# 配比/份	3# 配比/份	4# 配比/份	作用
高岭土	60	85	85	—	颜料
硫酸钡	25	—	—	—	颜料
钛白粉	—	—	5	5	颜料
碳酸钙	15	15	10	85	颜料
白炭黑	—	—	—	10	颜料
六偏磷酸钠	1.0	0.4	0.8～1.0	1～2.0	分散剂
焦磷酸钠/%	—	0.2～0.3	—	—	分散剂
硬脂酸盐/%	0.5～2.0	0.5～2.0	0.5～2.0	0.5～2.0	润滑、增光
多菌灵	0.15	0.15	0.15	0.15	防腐剂
水	66.7	66.7	66.7	100	
固含量/%	60	60	60	50	

　　颜料分散液配制的工艺及操作决定着分散液的质量和分散时间的长短。当涂料使用多种颜料、多种助剂时，更应注意控制严格的配制工艺与加料程序。下面是颜料分散液配制的加料程序，仅供参考。

　　颜料分散前，一般要对颜料进行理化分析，以便了解颜料的质量，确定基本生产工艺。

　　先在分散机内按工艺用量加入水、分散剂和碱，启动高速分散机的低速挡，投入碳酸钙搅拌，投入高岭土搅拌。启动分散机的高速挡，高速分散 30～45min，至颜料完全分散，分散好的颜料经过滤后贮存备用。

（三）胶黏剂溶液的制备

胶黏剂溶液的制备不同于颜料分散液的制备，因为胶黏剂的种类不同，其溶液的制备方法也不同。颜料涂布加工纸所用的胶黏剂一般分为水溶性胶黏剂和水分散性胶黏剂两大类。水分散胶黏剂一般可以直接加水稀释，或者直接将胶黏剂加入涂料制备系统。水溶性胶黏剂，包括干酪素和淀粉，需要溶解、加热，甚至加入一些助溶剂。涂料制备好的胶料液不能久放，一般都是现场现配现用，以免因温度降低黏度增高，或时间过长发生腐败变质和分解。

1. 干酪素溶液的制备

干酪素溶液的制备实际上就是干酪素降解和降黏溶解的过程。一般在敞开的罐中用直接蒸汽或间接蒸汽进行熬煮。采用直接蒸汽加热必须考虑冷凝水，在溶解前要扣除配方中的一部分水量。间接加热与直接加热的效果相同，但耗能较多。搅拌方式和能量输入的大小主要取决于制备胶黏剂溶液的浓度。当高浓下煮熬干酪素时，开始时胶黏剂仅部分溶解，溶液非常黏；随着不断地搅拌和加热，溶液便变稀了。一般固含量控制在 12%～30%。

干酪素一般是用碱来溶解的，碱的选用对干酪素的黏结力、溶解性、耐水性、黏度、稳定性及色泽等均有很大影响。比如，用 NaOH 溶解，可使干酪素的成膜强度高，与纸的结合力强，涂层的柔软性好，溶液的黏度低等。但是没有缓冲作用，pH 不易控制，碱量稍过即可使胶液颜色变黑，黏结力下降，耐水性变坏。如用氨水溶解，干酪素的耐水性好，黏度低，但所形成的薄膜脆弱，且易使干酪素水解（pH 在 7.5 时亦可水解）。据此，溶解干酪素的配方就比较复杂，一般应用两种以上不同碱混合来溶解，而且各种碱的用量也需经过试验严格控制。

根据干酪素的特点，合理地确定其溶解配方，是保证干酪素溶液的质量及涂料质量的重要问题。表 3-29 所示是溶解干酪素的代表性配方。

表 3-29　　　　　　　　　　　　溶解干酪素的配方　　　　　　　　　　单位：质量份

原料名称	规　格	配方			作　用
		1 号	2 号	3 号	
干酪素	精一级	100	100	100	胶黏剂
水	—	400	400	400	后溶剂
氨水	相对密度 0.91	12	6	—	溶解剂
硼砂	100%计	—	7.5	—	溶解剂
氢氧化钠	100%计	—	—	3	溶解剂
磷酸三钠	100%	—	—	6	溶解剂
保险粉	100%计	0～0.5	0～0.5	0～0.5	漂白、降黏剂
尿素	工业	0～10	0～10	0～10	流动、润滑剂
指标					
含胶量	%	20	20	20	
pH	—	8～9	7.5～8.5	8～9	

按表 3-28 中的 1 号配方，在溶解时应按下列步骤进行：

① 先在搅拌中加入干酪素量的 6～8 倍的冷水，开动搅拌机并均匀投入干酪素，完后继续搅拌 3～5min，停止搅拌静置 30min。

② 除去上层的清水，调节用水量，在搅拌下直接通入蒸汽加热到 45～50℃时，再加入氨水。

③ 继续加热至 55℃，直至干酪素全部溶解为止，约需 30min，溶解好后应立即使用。如果不立刻使用，溶液应冷却至室温。

熬制干酪素溶液时应注意以下问题：

① 煮熬时间取决于溶液的 pH。pH 越高煮熬需要的时间越短。

② 煮熬或溶液保存时 pH 不得大于 9.5，否则将导致碱性水解，并伴随黏结强度降低。

③ 为获得均一性良好的溶液，搅拌应充分且不引起过多的泡沫。

④ 熬煮设备应保持洁净，煮熬釜和管道应至少每天用热水冲洗一次。

⑤ 溶液存放若超过 24h，应加防腐剂；溶液存放期若超过 48h，应在 77～82℃下煮 15min 以杀死自然产生的酶菌，然后迅速冷至室温避免水解。

检验干酪素溶解剂的好坏及用量的多少，要看所制胶液的抗水性、黏度、成膜性、膜的强度和伸长率、黏着力与腐败性等的高低和好坏。表 3-30 列出了它们之间的关系，可供参考。

表 3-30　　　　　　　　　　　干酪素溶解剂的种类、用量及胶液性质

溶解剂	中性胶液理论用量/%	工厂实际用量/%	胶液性质	
			优点	缺点
氢氧化钠（NaOH）	3.5	4～6	胶液黏度低，成膜性好，溶解快，膜强度很高且伸长率大	易腐败，抗水性差，水解发黑时膜脆而硬
氨水（0.91NH₄OH）	5.9	10～12	溶解快，黏度低，胶膜耐水性较好，光泽好，黏结力强	有刺激性臭味，易腐败，膜强度较 NaOH 差
碳酸钠（Na₂CO₃）	4.6	6～8	pH 在 10 以下时，黏度较低，但不如 NaOH 和 NH₄OH 溶解快	抗水性较差，溶解时易产生泡沫，涂布整饰性较差，极易腐败，膜强度差
硼砂（Na₄B₂O₇·10H₂O）	14.7	15～16	有防腐作用，成膜性好，膜强度比 NH₄OH 好	溶解较慢，黏结力较差
磷酸三钠（Na₃PO₄12H₂O）	12.3	12～14	pH 在 7.5 以下时，黏度低，与高岭土分散液混合后黏度低，膜伸长率大	涂布整饰性较差，膜略带多孔性且强度较低，pH 在 8 以上时黏度高，易腐败

2. 豆酪素溶液的制备

豆酪素的性质与干酪素相似，可以采用不同的配方对其进行溶解，表 3-31 所示为几个不同溶解配方，可供参考。

表 3-31　　　　　　　　　　　溶解大豆蛋白的几个典型配方　　　　　　　　　单位：质量份

原料	规格	配方						作用
		1 号	2 号	3 号	4 号	5 号	6 号	
大豆蛋白	绝干	100	100	100	100	100	100(风干)	胶黏剂
水	—	600	500	600	600	600	500	后溶剂
碳酸钠	100%计	12～14	12	7.5	10	—	12	溶解剂

续表

原料	规格	配方						作用
		1 号	2 号	3 号	4 号	5 号	6 号	
氢氧化钠	100%计	—	—	2	—	—	—	溶解剂
氨水	相对密度 0.91	—	2	—	—	10	2～3	溶解剂
磷酸三钠	100%计	—	—	—	4	—	—	溶解剂
乙二胺	100%计	—	—	—	—	3	—	溶解剂
保险粉	100%计	1	1	1	1	1	0.5～2	漂白、降粉剂
尿素	工业	0～20	0～20	0～20	0～20	0～20	10～20	流动、润滑剂
辛醇	—	适量	适量	适量	适量	适量	适量	消泡剂

豆酪素比干酪素对热敏感，所以应适当缩短熬煮时间减少胶黏剂降解，避免黏结强度降低。在相同固含量时，豆酪素溶液的流动性一般较干酪素溶液的好。豆酪素的溶解操作与干酪素也基本相同，但在溶解时应注意以下问题。

① 溶解温度应控制在 55～60℃，温度在 40～50℃时开始加溶解剂，加溶解剂后胶液开始变稠，然后可在一定范围内逐渐变稀。

② 用碱量应按配方严格控制，过大产生凝胶化，如继续增加用碱量，蛋白质降解而恢复其流动性，但胶液的黏结力下降。用强碱溶解时，胶液的黏结力较强；用弱碱溶解，则胶液的黏结力较差。因此，在选用碱时，应综合考虑，合理确定。

3. 聚乙烯醇胶液的制备

制备聚乙烯醇溶液是根据其聚合度、水解度的不同，按一定的浓度将其溶解于水中而制成。聚乙烯醇的聚合度不同，其适合的溶解浓度不同，所得胶液的黏度也不同。当聚合度在 1500 以上时，适合溶解的浓度是 10%～15%，胶液呈高黏度；当聚合度在 1000～1500 之间时，适合的溶解浓度是 15%～20%，胶液呈中等黏度；当聚合度在 1000 以下时，最好在 25%～30% 的浓度下溶解，得到低黏度的溶液。

聚乙烯醇的聚合度不同，溶解时的方法也不同。一般高聚合度的聚乙烯醇，是先按其要求的浓度将所需冷水放入搅拌器内，开动搅拌器，将聚乙烯醇均匀地加入水中，浸泡 5～10min 后，用蒸汽加热。继续搅拌升温至 90～98℃，直到全部溶解为止，所需时间约为 30～60min。完全溶解后的胶液要立即使用或降温加助剂。使用前不能停止搅拌，否则胶液表面结膜，影响质量。低聚合度的聚乙烯醇的溶解方法是：在搅拌器中放入冷水，在搅拌下将聚乙烯醇徐徐加入水中，继续搅拌至胶质团粒全部分散后再升温至 70～80℃，直到全部溶解即成。

另外，聚乙烯醇胶液的黏度与温度和浓度有直接关系。在相同温度下，胶液的黏度随其浓度的增加而增大；在相同浓度下，胶液的黏度随温度的升高而降低。

4. 改性淀粉胶液的制备

淀粉胶液的制备比较简单，一般是先用冷水制成一定浓度的淀粉糊，然后加热升温至某一温度糊化一段时间，再调至所需浓度备用。例如，氧化淀粉的溶解：先在溶解桶内加入水，开动搅拌器，将氧化淀粉加入，调节浓度为 20%～30%，搅拌均匀后，加热至 90～95℃，继续搅拌 15min 以上使其溶解稀释即可。煮好的氧化淀粉胶液在通常存放期内是比较稳定的，但随着存放时间延长将出现退减作用，引起团粒增稠，黏度也相应增加，浓度高的溶液最后会导致胶凝。

5. 合成胶乳投料前的处理

合成胶乳在投料前，应按其特性和使用要求进行必要的处理。如：丁苯胶乳的pH在10.5左右时，投料前应用干酪素、表面活性剂进行胶体保护，以防止胶乳在涂料调制中产生结块或颗粒增大。带酸性的聚丙烯酸酯类、聚醋酸乙烯胶乳及其共聚物等，使用前可用氨水调至pH至8～9，并用干酪素作胶体的保护剂。应注意的是，胶体保护剂的用量对合成胶乳的黏度影响很大，一般用量过少时，效果较差；用量过多时，胶乳的黏度增高，不利于分散，因此应合理地确定用量。

（四）涂料的调制

按上所述将颜料、胶黏剂和各种化学添加剂都准备或制备好后，就可以在涂料混合器内按配方和一定调制工艺条件用高速混合器进行混合调制，制成合格的涂料液以供涂布使用。

一般说来，先在涂料混合器内加入少许调整水，开动搅拌器，然后按以下程序加入各种组分：

① 将颜料分散液过筛后泵入涂料混合桶；

② 加入消泡剂；

③ 加入改性淀粉分散液；

④ 加入碱调节pH至8.3～9.0；

⑤ 加入防腐剂、荧光增白剂、润滑剂；

⑥ 加入胶乳；

⑦ 加入抗水剂等。

最后加入水调整，稀释到要求的浓度。涂料制备完毕后，需经180～200目筛过滤，然后放入涂料贮存桶中备用。胶黏剂配好后应在3～4h内用完，不能放置过久，以防其变质。

四、涂料制备设备

涂布纸生产对涂料的要求很高。满足这些要求，除了严格的工艺以外，还需要高效的设备加以保证。

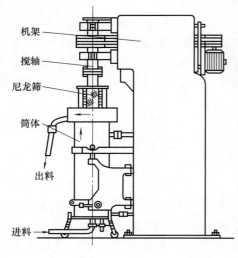

图 3-37 砂磨机

（一）颜料研磨与分散设备

购入的颜料粒子未达到涂布的要求，需要用专门的分散研磨设备进行研磨和分散。常用的分散和研磨设备有砂磨机、球磨机、胶体磨、高速分散机等。以下对常用的分散设备作简单介绍。

1. 砂磨机

砂磨机的结构如图3-37所示。砂磨机是由一个带夹套的钢筒体和一个高速旋转的搅拌钢轴所组成。钢筒体具有夹层，主要是用于水循环冷却，以控制分散过程中颜料的温度。在搅拌轴上装有若干个圆形叶轮，在高速旋转时起搅拌作用，并带动研磨介质高速旋转和撞击。筒内装有 $\phi 2\sim 3mm$ 的硼质玻璃珠或陶瓷珠，作为研磨介质。

砂磨机工作时，颜料悬浮液被颜料泵从筒底

送入筒中，一方面高速旋转的叶轮强烈搅动玻璃珠或陶瓷珠，使颜料粒子受到研磨珠剧烈的摩擦和挤压，从而使其被分散和磨细；另一方面和颜料一起加入的分散剂可防止机械分散的颗粒再凝聚。研细和分散后的悬浮液从筒体上部经尼龙滤砂网流出（玻璃珠或陶瓷珠被阻隔在网内），贮存在贮存桶中。

砂磨机一般用橡皮隔膜泵进料，其磨料的固含量，一般在 $30\%\sim70\%$。50L 的砂磨机每小时的产量（磨一次）可达 $300\sim600kg$。砂磨机的特点是：占地面积小，操作简单方便，生产连续和生产效率高。主要缺点是：磨好的颜料中大粒子数量较多，对原料质量要求较高，保养维护时间较多。现在砂磨机多为自制 GCC 使用。

2. Cowless 分散机

Cowless 分散机的结构如图 3-38 所示。它是采用圆锯片状搅拌浆，在高速旋转下使固-液，液-液，液-气等分散乳化。Cowless 分散机是由圆锯片状搅拌器在高速旋转时，产生强大的离心力，在离心力的作用下形成径向旋流，涂料颗粒互相冲击、碰撞、摩擦，达到高效分散的目的；另一方面，借圆片周边立齿较强大的剪切作用来分散物料，因此有较高的分散效果。Cowless 分散机分低速、中速和高速三种，其中低速分散机的线速度为 $800\sim1200m/min$，适合于分散高黏度的物料；中速分散机的线速度为 $1200\sim1600m/min$，适合于液-液、液-气的分散乳化；高速分散机的线速度为 $1600\sim2000m/min$，适合于颜料的强力分散。

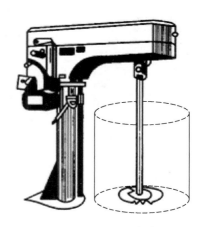

图 3-38　Cowless 分散机

Cowless 分散机结构简单，占地面积小，效率高，适用范围广，已广泛应用于涂料用颜料的分散。其缺点是涂料中如含硬度大的颗粒时，圆锯片状搅拌浆叶的磨损较大。

3. 间歇式分散器

图 3-39 是美卓生产的间歇式分散器，可以用于颜料分散和涂料制备，直接驱动型容积达到 $2.8m^3$，皮带驱动型容积达到 $5.4m^3$，可对主要组分进行精确计量，也可以计量液态助剂。可大幅提高固含量，相同固含量下分散液黏度最低，设备维护要求低，无机械密封。

4. 连续式颜料分散机

图 3-40 是美卓生产的连续式颜料分散机，可应用于连续涂料制备，适合大批量生产、生产纸种少变、涂料配方变动少的纸厂。该分散机采用双轴结构，轴从上部进入，结构牢固。空间需求低，容积小，处理时间短，设备维护少，产量大。

（二）胶黏剂溶解设备

胶黏剂溶液的制备是在溶解桶中进行。溶解桶由不锈钢板制成，内有搅拌器用于溶解时的搅拌。溶解桶一般带有蒸汽夹套用于溶解过程的温度控制。桶底有倾斜面，出料口在桶底最低处。图 3-41 为蒸汽夹套溶解桶示意图。

（三）涂料混合设备

涂料混合常用的主要设备有：升降式涂料搅拌机、Kady Mill 高速混合器和狄勒赛混合机等。

1. 升降式涂料搅拌机

图 3-42 所示是升降式涂料搅拌机的示意图，其桶体是用不锈钢制成，容积为 $1.3\sim$

图 3-39　Metso OptiMixer 间歇式分散器

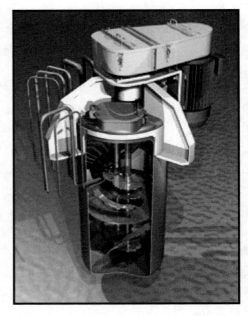

图 3-40　Metso OptiCon 连续式分散器

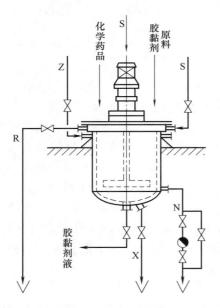

图 3-41　蒸汽夹套溶解桶

S—清水　Z—蒸汽　N—冷凝后汽水混合物
R—冷却后排出水　X—清洗污水

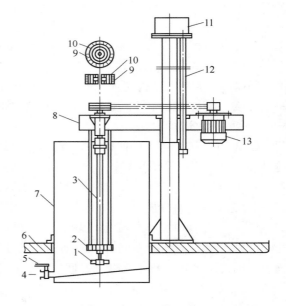

图 3-42　升降式涂料搅拌机

1—双叶推送桨　2—离心搅拌轮　3—搅拌轴　4—出料
口　5—开关　6—楼面　7—桶体　8—升降臂　9—搅
拌轮定子　10—搅拌轮转子　11—升降螺杆电机
罩　12—升降螺杆　13—搅拌电机

13.2m³ 不等。转子转速 760r/min，转子直径与桶体直径比为 1：4。升降式涂料搅拌机适用于低浓度涂料的制备，可以适应不同生产规模的企业需要。

　　2. Kady Mill 高速混合器

Kady Mill 高速混合器是国内外用得最多的一种颜料分散和涂料混合设备，其结构如图 3-43（a）所示。该机的容量为 10～7500L，其设有特殊的搅拌装置，转速在 3000r/min 以上，能在短时间内完成分散、混合作用，适用于混合固含量为 55％～60％的涂料。

Kady Mill 高速混合器的搅拌部件是由转子、定子、上下螺旋桨构成。图 3-43（b）是搅拌器转子和定子的结构图。转

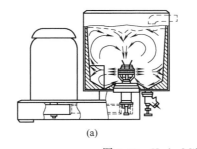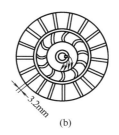

图 3-43　Kady Mill 高速混合器

（a）Kady Mill 高速混合器　（b）Kady Mill 搅拌器转子与定子

子高速旋转，上下螺旋桨将涂料吸入，涂料受到很强的离心作用，通过转子与定子间的间隙。在搅拌过程中，升温较快，涂料温度很高，因此，罐体要做成夹层的结构，以便通水冷却。定子和转子必须用高强度耐磨材料制造，以防止沟角磨损使分散效率下降。

Kady Mill 高速混合器可通过立柱顶部的电机作升降运动，其升降距可达 1.4m，从而使涂料上部和下部得到充分地混合、搅拌。

3. 狄勒赛搅拌器（Delieel Mixer）

狄勒赛搅拌器是由法国赛勒公司生产，其结构如图 3-44 所示。可用于高黏度涂料和反应物的混合搅拌，如高浓度铜版纸涂料的混合、高黏度变性淀粉和颜料分散液的制备等。

（四）涂料的筛选、除气、贮存和输送设备

颜料分散液的制备、涂料混合后都要经过筛选过滤，以除去残渣和杂质。涂料的筛选是关系到涂料液质量的重要环节之一，其目的主要是把较大颗粒和凝聚成团的涂料筛出，保证涂料的质量。用于涂料筛选的设备很多，目前使用的主要是振框式筛和振动式圆筛。

1. 简易框式振动筛

简易框式振动筛的结构如图 3-45 所示。固定在筛框上的偏重轮，在电机的带动下作起伏振动，并带动筛体振动。涂料由放料管放入筛板上（筛板是由两层筛网组成），细料通过两层筛网过滤后流入受料盘，然后由筛料出口排出。简易框式振动筛适用于低固含量、低黏度的涂料筛选，涂料固含量最大为 40％，所筛涂料的黏度不能超过 0.5Pa·s。

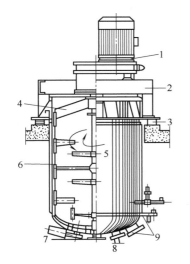

图 3-44　狄勒赛搅拌器

1—减速电机　2—减速电机机座
3—减振缓冲器　4—慢速搅拌　5—快速搅拌　6—刮刀　7—出料阀门
8—清洗出料阀门　9—蒸汽进入口

简易框式振动筛的主要优点是结构较简单，动力消耗少和便于维修等。但由于只能筛选低固含量、低黏度的涂料，所以其使用受到限制。

2. 振动圆筛

振动圆筛是常用的一种振动筛，其结构如图 3-46 所示。调制的涂料由筛子上部送入，经过滤的细料由下部出口排出，粗渣由上部的排渣口排出。圆筛的底部装有立式电动机，电机的上、下端各装有一个偏心摆锤作为振动源。调节上、下偏心摆锤间的夹角，就可以改变

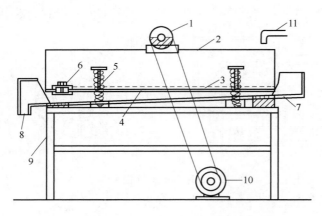

图 3-45　简易框式振动筛

1—偏重轮　2—筛框　3—尼龙筛网（2层）　4—筛网
空白托板　5—弹簧　6—洗框出渣孔　7—受料盘
8—筛料出口　9—筛架　10—电机　11—放料管

网上涂料的移动路线，以达到控制产量和保证细料质量的目的。另外，为了提高筛选效率，节省设备的占地面积，也有采用双级振动圆筛的。

如图 3-47 所示筛子由 A、B 两段或两段以上组成，A 段网目粗，B 段网目细，筛子底下排出的是好的涂料，可同时进行两次筛选，提高操作能力。筛网采用尼龙、聚酯、不锈钢或铜网等作材料，在筛选部采用 60～80 目，混合后的涂料采用 80～120 目，涂布机循环部一般采用 100～120 目。

3. Ronningen 筛选机

Ronningen 筛选机如图 3-48 所示，由滤芯、振子、进出料管等部件组成。涂料从下口压入，经过筛孔，从上部排出。进料压力约需 0.35MPa，可使用普通轴流泵。过滤机的滤网是固定的，在滤芯下部有一个振子，当涂料压入时，可引起高频振动。滤网是一个特殊截面的不锈钢网，卷成筒状，其上有长形的网缝，对涂料中的杂质，特别是纤维状杂质除去效果最好。Ronningen 筛选机适合于处理高浓度（固含量最大 70%）、高黏度（最大 70Pa·s）的涂料。

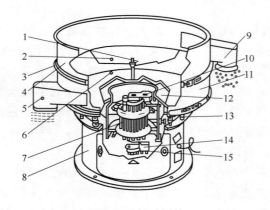

图 3-46　振动圆筛

1—固定电机螺栓　2—筛网　3—环箱　4—上筛框
5—出料口　6—好料　7—电机　8—底座　9—粗料出口
10—上压铊　11—中筛框　12—平台　13—弹簧
14—下压铊　15—压铊相位调节机构

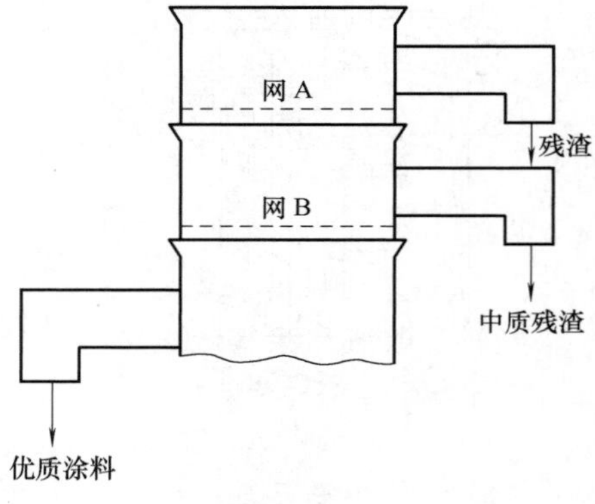

图 3-47　二段筛选

网 A　残渣
网 B　中质残渣
优质涂料

4. 涂料压力筛

涂料压力筛（图 3-49）广泛用于涂料制备的各个工段中，筛孔尺寸 50～300μm，筛选中涂料损失少，可自动化连续操作，同时可进行涂料脱气，不需要洗涤水，生产能力高，能耗低，压头损失小，筛网磨损小，生产中废水量小。采用机械刮刀旋翼，维护容易，使用寿命长。

5. 涂料除气器

图 3-50 所示为涂料制备中的除气器，采用离心分离的原理，将涂料中的空气除去，涂料从侧管中沿离心方向流出，空气从中央由底部排出。

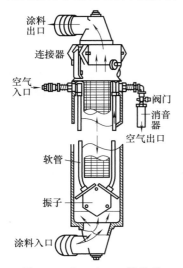

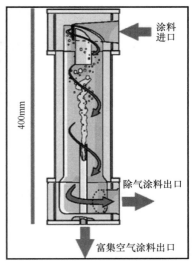

图 3-48　Ronningen 筛选机　　　图 3-49　涂料压力筛　　　图 3-50　涂料除气器

6. 涂料贮存槽

筛选后的涂料需要在贮存槽内贮存一段时间。贮存槽的容积和数量应根据涂料种类、生产量等而定，槽内一般装有慢速搅拌装置。为防止夏天涂料腐败或冬天涂料黏度增加，贮存槽应有夹层，可通入冷水冷却或通入温水调节黏度。在涂料贮存过程中，贮存槽中涂料液位下降时，槽壁附着的涂料干燥后脱落是涂料中残渣产生的原因，会影响涂料的质量。因此，要保持槽内涂料面高度一致，贮存槽应每日清洗，以除去涂料残渣。

图 3-51　齿轮泵

7. 涂料泵送设备

颜料分散液和涂料液的输送一般采用齿轮泵、隔膜泵和螺杆泵等。

① 齿轮泵：图 3-51 所示为齿轮泵，泵壳内有两个齿轮，一个为主动轮，另一个为从动轮，两齿轮间有较好的啮合。当泵启动后，左侧进口处由于两齿轮的啮合齿相互拨开，于是形成低压，而吸入液体。进入泵体的液体通过齿与泵壳的缝隙被压出。

② 隔膜泵：图 3-52 所示为隔膜泵，隔膜泵可把液体精确地输送到混合槽内，其流量和压头可通过活塞冲程的无级可调，由 0 至最大值间调节。隔膜泵的泵头材料可由多种金属材料制成，或用陶瓷、塑料和其他材料制成，耐腐蚀性好，可输送涂料制备中的各种流体介质。

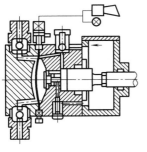

图 3-52　隔膜泵

③ 螺杆泵：螺杆泵由泵壳与一根螺杆组成，如图 3-53 所示。当转子在双线螺旋孔的定子孔内绕定子轴线作行星回转时，转子与定子之间形成密闭腔，就连续匀速地体积不变地将介质

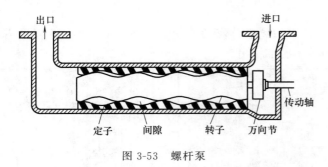

图 3-53　螺杆泵

从吸入端输送到压出端。螺杆泵适合于高黏度介质和高固含量物料的输送。

涂料中的各组分多系碱性物或其他腐蚀性物，对贮存槽、涂料管路及输送泵等设备均有一定腐蚀性，因此，对各种物料的容器或与涂料接触的设备，应采用耐磨蚀的不锈钢材或非金属材料制造。

五、涂料的质量指标及其检测

为保证涂布纸的质量和涂布顺利操作，必须严格控制涂料的质量指标。如：涂料应具有合适的黏度使其有合适的流动性，以保证涂层均匀平整；涂料要有适当的迁移性，使涂层与原纸结合良好；涂料要有良好的稳定性，有利于涂布操作等。要达到上述要求，必须控制好以下主要的涂料质量指标。

（一）涂料的保水性

涂料的保水性是指涂料本身保持不失去其游离水的能力。它决定了涂料与原纸的结合状态和脱水速率，直接影响涂布机运转状况和涂布纸质量。涂布过程中，由于涂料与原纸间的水分差而引起水的迁移，即涂料中的水分向原纸内渗入及干燥过程胶黏剂向表面迁移。过多水的迁移可造成胶黏剂的分布不均匀（即所谓迁移）。涂布后，涂料中游离水迅速向原纸迁移，这时胶黏剂也会随着向原纸内迁移。干燥时，水分蒸发，胶黏剂靠着水分蒸发的推动力向涂层表面迁移，从而造成涂层胶黏剂的减少和分布不匀，进而影响涂层结合强度。涂料在低固含量、低黏度时水分的迁移会很明显，而在高固含量、高黏度下则相对较轻。

涂料保水性与涂料中各组分的亲水能力有关，即与亲水基团和亲水基团的数目及组分结构有关。亲水能力强，涂料保水性高。适当的支链、网状结构及适当的分子链长度有利提高保水性。

影响涂料保水度的因素主要有：胶黏剂的种类及用量、颜料的种类和粒度等。一般胶黏剂的亲水性高，则涂料保水性好，如淀粉经变性后，引入了羟基、羧基等极性基团，使亲水性增大，其涂料保水度也提高了。合成胶乳是憎水性胶体，如果用量较大，其涂料保水性就不好。胶黏剂的保水性次序为干酪素＞聚乙烯醇＞氧化淀粉＞丁苯胶乳。另外颜料粒度小而水化程度高等，都会使涂料的保水度提高。

为提高涂料的保水性，在涂料制备时可加入一定量的保水剂，过高的保水性将使涂料液不易与纸页结合，从而影响涂层与纸页的黏结强度，且不利于涂层的干燥。所以说，涂料必须具有适当的保水度。

涂料的保水性测定可以使用专用的涂料保水性测定仪测定，也可参考施胶度的测定方法，在标准原纸的一面放上涂料，利用电导、染色等方式测定涂料中的水分穿透纸页所需要的时间。

（二）涂料的固体物含量（固含量）

涂料的固体物含量［式（3-23）］是以质量分数来表示的涂料浆料的质量性能指标。

$$涂料固含量＝［涂料中固形物之总质量/（固形物质量＋液体质量）］×100\% \tag{3-23}$$

固含量是涂料最基本的质量指标，其大小直接影响涂料的黏度、流变性等，进而影响到涂布操作及涂布纸的质量。如图 3-54 所示为涂料固含量与黏度的关系。

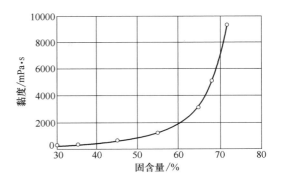

图 3-54　涂料固含量与黏度的关系

涂料的固含量也影响干燥时的能耗。固含量高的涂料，其含水量低，在相同的涂布量下，在干燥部需要蒸发的水分少，有利于减小干燥负荷，节约能源，提高车速。

涂料的固含量过高，将导致涂料的黏度增高，流动性变坏，可能会严重影响涂布纸的产量和质量。由此可见，涂料的固含量过高或过低都不好，在实际生产中应按涂布机的种类和涂布方式等来确定，不同涂布方式对涂料固含量和黏度的要求是不相同的，具体情况如表 3-32 所示。现代涂布技术已趋向于发展高固含量、低黏度的涂料。

表 3-32　　　　　　　　　　　涂布方式对涂料固含量和黏度要求

涂布方式	固含量/%	黏度/mPa·s	高剪切黏度/4000s	涂布量/(g/m²)
气刀	30～40	25～500	太低	10～30
计量棒	35～55	50～500	—	3～7
多辊印刷头（Massey）	50～55	500～1000	70～125	—
拖刮刀（Trist）	50～60	1000～10000	50～400	—
刮刀	50～60	1000～4000	—	8～15
短程上料和高固含量	68～73	3000～18000	测量范围以外	

涂料固含量的测定与粉体或者膏状物体的水分测定方式相同。

（三）涂料的容积比

涂料的容积比，是指颜料容积对涂料总容积的比，简称容积比。可用式（3-24）表示：

$$涂料的容积比＝[颜料粒子容积/(颜料粒子容积＋液体容积)]×100\% \qquad (3-24)$$

式中，液体容积包括水及溶于水中的化学物和胶黏剂。测定方法即可按照公式（3-24）进行。

涂料的容积比是影响涂料流动特性的主要因素之一。在讨论涂料流变性关系时采用容积比，比用固含量更确切，因为固含量受颜料密度影响，密度大的颜料制成的涂料固含量高，但黏度不一定高，而用容积比则排除了密度影响，可对不同颜料制备的涂料进行比较。涂料的容积比对涂料性质影响与固含量基本相同。

（四）涂料的 pH

不同组成的涂料有不同的 pH 要求，其对涂料的稳定性、黏度和黏结力等都有影响。一般涂料的 pH 应控制在 7.0～9.0 之间。这样可使涂料黏度适中、流动性和稳定性较好、黏结力以及涂布纸的质量和稳定性能较好。如果 pH 较低，会使涂料中的蛋白质胶黏液黏度增大，从而导致涂料的流动性和稳定性变差。为了使涂料达到合适的 pH 要求，可以用酸或碱进行调节。涂料的 pH 不宜于用 pH 试纸检测，一般使用笔式酸度计或者台式 pH 计测定。

（五）涂料的流平性

涂料液在施涂流动过程中，由于表面张力作用逐渐形成平整、光滑和均匀的涂料面的特性称之为涂料的流平性。在上料的瞬间涂料在纸面上会产生条痕，如涂料流平性好，一定时间后，条痕消失，也即涂层流平。但若涂料的流平性不好，涂层不能流平，则条痕不能消失，就得不到平整的表面，干燥过程中相伴出现涂层缩孔、针孔等。图 3-55 为涂料流平过程示意图。

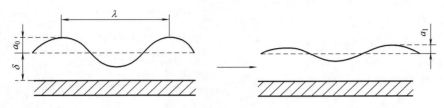

图 3-55　涂料流平过程示意图

δ—平均涂层厚度　　a_0—流平前涂层厚度波动幅度

λ—涂层波动周期长　　a_1—流平后涂层厚度波动幅度

影响涂料流平性的因素主要有：涂料的表面张力、黏度等，一般涂料黏度低，表面张力大，则流平性好。流平性可以用涂料黏度来近似表达，也可用专用设备检测。

（六）涂料的黏度和流变性

如前所述，涂料的黏度和流变性十分重要。本节内容已对此作了大量的介绍。这里需要提醒的是，由于在使用的范围内，涂料均是非牛顿流体，测定时必须选定剪切速率。例如，对于大多数研究人员来说，如果使用 Brookfield 黏度计。则转速一般选为 100r/min。高剪切流变性的检测需要根据研究对象要求确定剪切速率。

第四节　颜料涂布方法

涂布过程是将制备好的涂料以特定的方式涂覆于原纸或其他基材的表面，以改善原纸（基材）的表面性能。涂布过程是一个连续的生产过程，涂布过程通过涂布机来完成。涂布机由放卷装置、涂布头、干燥器和收卷装置等组成。涂布机中最重要的是涂布头。涂布头的作用是将涂料涂敷在纸面，然后对涂敷在纸面的涂料进行准确的计量和完美的整饰。计量是通过涂布头上的计量元件实现的，整饰指的是使用整饰元件来控制纸面的涂层质量，以保证生产的涂布纸具有良好的、稳定的外观质量和适印性能。

涂布是个涂料转移、计量和整饰的过程。机外涂布所用的涂布设备，是一台由涂布头、干燥器、放纸架和卷纸部等部件构成的联动机。其中涂布头和干燥部是涂布机的主要部分。各种设备的涂布工艺有着很大的差别，但其工作原理是相同的，如图 3-56 为涂布机的涂布、计量和整饰的工艺原理图。

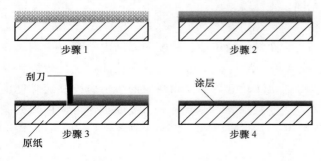

图 3-56　涂层形成的基本步骤

上料辊将过量的涂料涂布于纸面上（步骤1），涂料中的水分和胶黏剂由涂料向原纸迁移，从而导致靠近这个两者界面处的涂料固含量增高，变成半干或塑性物质（步骤2）。涂料固

含量沿 z 向产生梯度，从表面至纸面，涂料从流态转换为半塑性状态。当涂层通过计量区时，计量元件对涂料产生剪切作用，使尚处于流态的涂料受到剪切作用被计量元件从原纸上除去（步骤 3），留在纸面上的涂料形成滤饼，构成涂层（步骤 4）。

涂层厚度随计量元件的工作参数和涂料中水的迁移速率而变化。当计量元件的剪切作用较大时，原纸上的涂层就较薄，反之就会留下较厚的涂层。计量后涂层上的涂料仍有一定的流动能力，通过涂布机上整饰元件的整饰作用和/或涂料本身的流平作用得到要求的涂层质量。

涂布设备的种类很多，每种设备都有其特点。不同的设备有不同的上料系统、计量和整饰系统及干燥系统等。除此之外，涂布设备上还包括退纸系统、张力控制系统、卷纸系统等。

一、涂布方法的发展过程

第一次用机械方法在纸上进行颜料涂布发生在 19 世纪 50 年代后期，它和早先将涂料用人工刷涂到纸上几乎没有差别。机械刷涂时，原纸上涂料量通过圆刷或圆辊控制，然后采用一系列振动刷展开和平整涂料。该方法虽原始，但开创了机械涂布的先河。后来经过了种种的改进发展和完善，直至 20 世纪 30 年代中期，刷涂一直是纸张涂布的主要方法。由于辊式涂布的引用及几乎同一时候气刀涂布机的发明，毛刷涂布机即被取代，到 1970 年只有很少工厂使用刷涂方法。

1935 年以后这些年，纸张涂布技术有了重大的变革。机内辊式涂布的出现，使在纸机上可同时实现高固含量涂料的涂布，而不必在机外涂布，从而扩大了低定量涂布杂志纸的产量。

与此同时，发明了气刀涂布机，它用空气流来计量、匀布纸上的涂料，首创了不用固体的物件来抹（或刷）匀涂层的"无接触"涂布概念。气刀涂布采用低固含量低黏度涂料，用于常规的机外涂布，机械结构上较毛刷涂布要好得多，它的出现适应了涂布业快速增长形势的需要，因而有很大的发展活力。其后不久，在 20 世纪 40 年代初又陆续出现了计量棒、刮刀等涂布新技术。同时，涂布工厂的技术改造以及有关配套行业在设备、材料和应用方法等方面的生产上的改进也促进了涂布工艺的逐步完善。

近 40 年来，涂布技术在不断发展，涂布机形式越来越多，但大体上还是在这些先驱形式的涂布器上的改进、完善，而各种形式的涂布器也日益表现出其对于不同原料、涂料、产品、生产规模、使用条件等的不同适应特性。

二、涂　布　方　式

涂布设备的种类很多，涂布设备能否和造纸机安在一起或安在造纸机外涉及相当复杂的条件。涂布作业分机内涂布（又称纸机联合涂布）和机外涂布（又称专机涂布）两类。涂布有单面涂布和双面涂布两种，双面涂布又有双面一次完成和双面二台机头一次完成之分。

机内涂布指涂布机安装在纸机干燥部之后。纸机生产出来的纸张干燥后直接送到机内涂布设备部分，经过涂布后再次被烘干成为最终的涂布产品，即在抄纸的同时完成涂布操作。机外涂布指的是涂布机作为独立的操作单元，对已生产出来的原纸进行涂布，然后再经过专门的干燥设备整饰和卷取获得涂布产品。机内涂布的最大优点是可省掉一套退纸、引纸、卷纸、机架及传动等调节装置，设备紧凑，运行成本和建设成本较小、占地面积小，常用于一些低定量涂布纸产品的生产。其缺点是灵活性差，机内涂布的干燥能力有限，限制了涂布速度的提高，影响纸机的产量，不利于产品品种的调整。无论纸机本身或涂布部分发生故障，或任一部分的工艺调整等，都将影响整个系统的生产作业。所以，机内涂布通常只适用于加工单一品种。

机外涂布的最大优点是机动灵活，适应性强，可保持原有作业的独立性，纸机运行中的问题不影响涂布作业，并且停机清洗、调整和检修只影响部分作业。还有，现在许多涂布机的速度比纸机速度快得多，一台涂布机能处理一台以上纸机的原纸，在涂布作业之前有足够时间对原纸进行测试和挑选，其结果可以节约原料，节省生产成本并便于废纸回收。此外，机外涂布变换纸种也比较方便，特别是涉及原纸和涂料配方都不同的情况，涂布量可以较大。机外涂布时，总的作业效率可提高 3%～6%。

近来，我国造纸原料中木材比重逐年上升，干湿强度均有提高，加之现在引进的设备的张力控制水平很高，所以现在的国内厂家更多地采用了机内涂布的方式生产涂布加工纸，特别是生产 LWC 和涂布白板纸。机内涂布是一般的发展方向，国外目前约有 70% 的涂布纸是在机内涂布机上生产的。

如前所述，涂布加工又分为单面涂布和双面涂布两种。无论是单面涂布还是双面涂布，都有一次涂布和两次涂布之分，两次涂布的目的一是获得更高的涂布质量，例如一些对于涂布量要求较高的板纸涂布；二是获得更高的涂布量，例如生产一些高级的涂布纸品种。两次涂布中的第一次涂布称之为底涂，第二次涂布称之为面涂，相应的涂料分别称之为底涂涂料和面涂涂料。一般用于底涂的涂料质量和价格均低于面涂涂料，因此在同样的涂布质量和涂布量条件下，选用两次涂布的方式可以起到降低成本、节约能源的作用。两次涂布可以使用同样的涂布头，也可以选用不同的涂布头组合，如气刀—刮刀、刮棒—刮刀和刮刀—刮刀组合涂布等。

目前，最新的机内涂布机车速可达 1000m/min 以上，机外涂布机最高车速 1200～1500m/min。涂布宽度一般为 4～5m，最新的达 8m。新型涂布机均趋向高速与双面涂布发展。

三、涂 布 设 备

机外涂布所用的涂布设备，是一台由涂布机（头）、干燥器、放纸架和卷纸机等组成的联动机，其中涂布机（头）和干燥器是该机的主要部分。机内涂布主要是涂布头，在涂布头之后增加了干燥部。因此，涂布机（即涂布头）是涂布设备的关键，各种涂布机的区别主要不同在涂布头上。涂布头由上料系统和计量整饰系统构成，计量指的是通过计量装置来控制涂布量；整饰指的是使用整饰元件来控制涂布质量。涂布机根据涂布头的不同形式可分为：气刀涂布机，刮刀涂布机，辊式涂布机等。

（一）气刀涂布机

气刀涂布机出现于 20 世纪 30 年代，是一种适应性较广，应用较普遍的涂布机，广泛应用于各类印刷涂料纸、溶剂涂布纸、树脂涂布纸、涂布白纸板等产品。其工作原理是由涂布辊将过量的涂料涂布于原纸表面上，而后利用气刀喷射出的气流将多余的涂料吹去，达到所要求的涂布量，同时将涂层吹匀。

图 3-57 所示为气刀涂布头的典型结构和工作原理。如图所示，原纸由退纸架经校正辊、引纸辊通过压纸辊下面，使纸幅与涂布辊以一定的包角相接触。涂布辊由变速电动机拖动，

其转向与纸前进方向相同，回转速度一般为纸速的30％左右（可在20％～50％范围内调节），这与涂料性质、涂布量及气刀风速有关。当纸幅与涂布辊相接触时，回转于涂料槽中的涂布辊将辊面上黏附的涂料涂布于纸面上。带有过量涂料的纸幅穿过衬辊与气刀的间隙时，由衬辊支承，气刀喷缝喷出的气流将过量的涂料吹下来。吹落下来的涂料随气流进入过量涂料收集槽，与空气分离后又送回循环槽，经处理后再循环使用。纸幅继续前进，由履带真空箱吸引，而后送干燥器干燥。履带真空箱的履带运行速度常稍高于纸速，从而使通过涂布机的纸幅具有适当的张力。

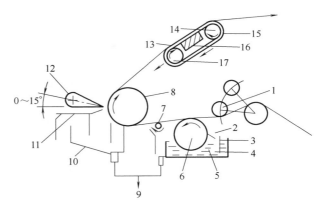

图3-57　气刀涂布头示意图

1—压纸辊　2—刮刀　3—泡沫堰板　4—进料区　5—涂料
6—上料辊　7—匀料辊　8—涂布衬辊　9—回料口　10—料
气分离器　11—定流板　12—气刀　13—吸风传送带
14—打孔胶带　15—吸气箱　16—胶带张紧辊

气刀除去过量涂料的原理，称为"滤饼原理"（filter cake theory）。带料辊将过量的涂料涂布于纸面上，涂料中的水分立即在涂料与原纸间界面处发生迁移，于是涂料在这个界面处立刻变成半干或塑性物质。当纸幅在气刀流下通过时，流态涂料被气刀从纸上吹除，并在受气流剪切的地方开始形成滤饼，如图3-58所示。由图看出，涂料层的截面中有一个区域，在该区域内涂料从流态转换为半塑性，并在这个区域气刀对涂料产生剪切作用，其剪切点是随气刀喷出空气能量的大小而变化的。当气刀喷出空气的压力或速度很高时，就有更多的气流通过滤饼或塑性区，于是纸上就留下较薄的涂层；反之就会留下较厚的涂层。

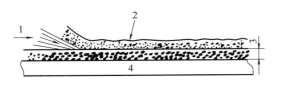

图3-58　气刀涂布机滤饼原理图

1—气刀喷出的气流　2—流态涂料　3—滤饼　4—原纸

气刀涂布的涂布量取决于气刀风压及其相对于纸幅的位置、纸幅速度、涂料黏度，同时还有气刀安装的角度及喷嘴缝隙的大小。由涂布辊涂布到纸幅上的涂料应保持到最低限度，一般为所要求涂布量的1.5倍以下，这样可得到最佳的效果。气刀涂布时有代表性的工艺参数是：涂布量10～20g/m²，涂布车速200～600m/min，涂料黏度50～400mPa·s，涂料固含量30％～55％。气刀的有关参数：刀距4～8mm，最小可达2～3mm，刀角40°～45°，刀缝宽0.4～1.5mm，风压15～65kPa。

气刀涂布机的上料计量系统有单辊、双辊和三辊等三种形式，分别如图3-59所示。

单辊一般适用于涂布机车速250m/min以下，双辊适用于涂布机车速200m/min以上，三辊适用于高速涂布机（600m/min以上）。

气刀是计量匀布装置，用来实现涂布的第二阶段即涂层的抹匀和涂布量的控制作业。气刀在结构上有很多种形式。但基本上都是由进风管（腔）和压力室（腔）两部分组成，前者接受风管来的有压空气流后经过均布的孔或者缝以相对较低的流速进入压力室，后者即是由两片刀唇组成的喷送腔，空气压力在此腔中沿横幅方向得到匀布，气流由两唇间调定的刀缝

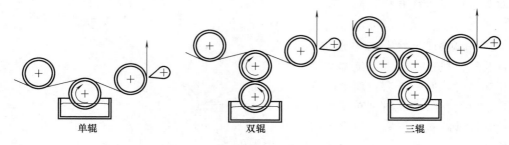

图 3-59　气刀涂布机上料计量系统

喷出。气刀的较新改进为双气刀，在清理气刀的刀唇时可先转动气刀体使用另一副气刀，可在不停机情况下对另一气刀进行清洗，这样可以减少停机时间而提高产量。

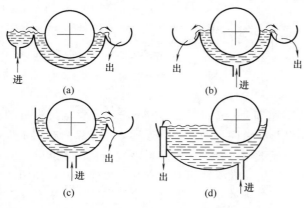

图 3-60　气刀涂布机的涂料槽的形式

涂料槽的主要作用是保证涂料循环流动，并防止涂料槽中的涂料发生死角及产生泡沫。图 3-60（a）～（d）是几种常用的涂料槽。

图 3-61 为一套气刀涂布系统的工作原理图。该系统包括 4 部分：空气供给系统、上料系统、计量和整饰系统及余料回流系统。这台设备有以下几个特点：一是空气供给系统使用了一套冷却装置以保证气刀吹出的气流温度保持在 24～26℃左右。因为低温有利于吹下的涂料保持水分回流至供

料槽。同时空气供给系统的入口还装有过滤器以防杂质堵塞气刀缝隙或吹入涂布纸涂层。该系统的第二个特点是在涂布时，上料辊可以向原纸上转移一至二倍涂布量的涂料，由预计量

辊除去一部分多余的涂料，然后再由气刀完成最后的计量和整饰工作。

气刀涂布机的优点是：对原纸和涂布条件适用范围广，它可通过自身调节来适应原纸幅宽、施胶度、紧度、平滑度和成形等方面的不同条件，适应涂料黏度和固含量等方面的不同要求；涂层质量较高，涂布量可以在一定的范围内调节；操作管理也比较简单等。气刀涂布机的缺点是由于气刀气流的动能所限，仅适用于低固含量、低黏度涂料。因此对原纸的湿强度有较高的要求，干燥部的负荷也较大，同时限制了车速的进一步提高。气刀的气流对涂料中的颜料颗粒

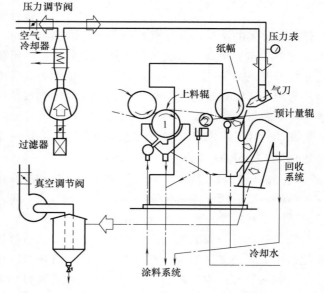

图 3-61　新型气刀涂布头结构原理图

有选分作用，即气流将会有选择地优先吹去涂料中颗粒较大的颜料，从而导致涂料槽中大颗粒颜料的积累。

目前，还是有很多种产品适宜于采用气刀涂布方式或是利用其作为多次涂布中的一种方式。例如：印刷纸、美术纸、折叠箱纸板、强韧纸板、漂白亚硫酸盐食品盒纸板、热敏纸、照相纸、无碳复写纸、重氮晒图纸、蜡光纸、防锈纸、聚偏二氯乙烯 PVDC 涂布及薄膜等。

（二）刮刀涂布机

刮刀涂布机自 20 世纪 40 年代出现以来，获得了快速发展，现已成为纸张涂布的主要方式。根据上料设备、刮刀类型的不同，刮刀涂布机可分为硬刃刮刀涂布机、软刃刮刀涂布机、拖刀式刮刀涂布机、刮辊式涂布机、比尔刮刀涂布机等多种形式。

刮刀涂布机的工作原理是，利用上料辊或涌泉式上料系统向原纸上转移足够多的涂料，然后利用刮刀进行计量和整饰，如图3-62所示。

与气刀涂布相比，刮刀涂布具有许多优点，如：刮刀涂布纸的涂层表面不受原纸粗糙度的影响，平滑度较高；涂层有较高的平整度；刮刀涂布机对涂料黏度有较高的适应性；可以使用高固含量的涂料；干燥效率高；车速高；运行成本低等。

刮刀涂布机的缺点是：由于涂料中颜料的磨损性，刮刀的寿命比较短。刮刀对涂料的黏度和流变性有严格的要求。另外由于刮刀涂布机车速较高且须较频繁地换刀。

正是由于刮刀涂布机具有许多优点，因此刮刀涂布是目前最流行的涂布形式。近年国内进口的涂布机大多是刮刀涂布机。刮刀

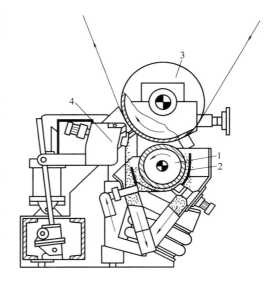

图 3-62　刮刀涂布机结构和工作原理图
1—上料辊　2—料槽　3—背辊　4—刮刀涂布头

涂布机可以按供料方式和刮刀的类型分类，下面简单介绍常用的几种刮刀涂布机。

1. 软刃刮刀涂布机

早先使用的刮刀涂布机是一种称之为硬刃刮刀涂布机的设备。由于硬刃刮刀涂布机不宜用于涂布量较小的纸张，并且涂布纸的涂布面较粗糙，全幅的匀度也较差，现已基本淘汰。现在比较流行的是各种软刃刮刀涂布机。根据上料设备和刮刀类型的不同，软刃刮刀涂布机也可分为拖刀式软刃刮刀涂布机和斜角软刃刮刀涂布机等。如图 3-63 和图 3-64 所示。

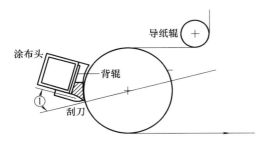

图 3-63　拖刀式软刃刮刀涂布机

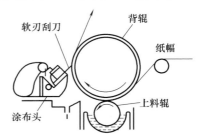

图 3-64　斜角软刃刮刀涂布机

101

图 3-63 是拖刀式软刃刮刀的结构和原理图，拖刀式软刃刮刀涂布机的刮刀位于涂布头的底部，压向包胶背辊的侧面，并成为涂料槽的底。两边设有堰板，多余的涂料通过堰板控制进行回流。原纸由背辊引入而通过涂料槽时，过量的涂料就被涂敷于纸面，然后通过刮刀时，由刮刀将涂层按要求进行计量和整饰。

图 3-64 是斜角软刃刮刀的结构和原理图。刮刀以一定的压力斜压在背辊上，原纸通过上料辊时，由上料辊将过量的涂料转移至纸面，通过刮刀时，由刮刀将多余的涂料刮下，并按要求进行计量和整饰，刮下的多余涂料进入回料槽而回流至涂料贮存槽。

软刃刮刀涂布机一般车速为 $300\sim800 m/min$，现已有超过 $1000 m/min$ 的涂布机。涂布量根据需要可以在 $6\sim25 g/m^2$ 的范围内调节，涂料的黏度可达 $1\sim5 Pa\cdot s$；涂料的固含量可达 $50\%\sim70\%$。软刃刮刀涂布机常用的刮刀材料为弹簧钢，其厚度为 $0.3\sim0.6 mm$，刮刀与背辊接触点切线的夹角可在 $0\sim60°$ 的范围内变化，一般为 $45°$。刮刀涂布机常用的上料系统有两种，分别是辊式上料系统和喷泉式上料系统，如图 3-65 和图 3-66 所示。

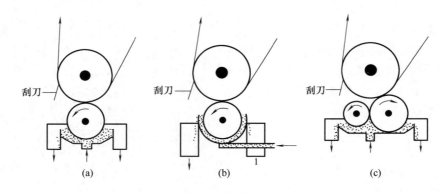

图 3-65　辊式上料系统

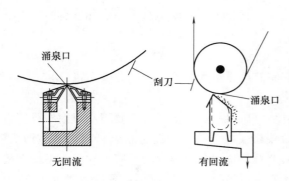

图 3-66　喷泉式上料系统

辊式上料（图 3-65）有 3 种形式，图 3-65（a）为低液位上料结构，图 3-65（b）为溢流式上料结构，图 3-65（c）为门辊式上料结构。喷泉式上料是因为涂料从长缝中喷到原纸面上而得名，现在该系统的喷嘴口可以形成完全没有脉动的射流，同时具有精密的喷嘴微调系统，可以保证高速稳定生产。

软刃刮刀涂布机具有对原纸的表面情况要求不严，既可涂布于粗糙的纸面，也可涂布于光滑的纸面；可用高黏度和高固含量的涂料涂布，干燥负荷小；涂层的平滑度与印刷适性好；车速高，成本低等优点。但也具有涂布量较小；对刀的质量要求高而使用寿命短等缺点。根据其特点，这种涂布机常用于机外或机内涂布轻定量的涂布纸，如需要涂布高涂布量的纸，可采用二次涂布工艺。值得注意的是软刃刮刀涂布机对涂料的要求较高，需重视涂料的过滤与筛选，以减少刮刀的磨损，延长其寿命。

2. 刮辊式涂布机

刮辊式涂布机多用于有机溶剂涂布和二次涂布时的底涂，有些也用于印刷涂料纸的生

产。刮辊式涂布机的结构和工作原理如图
3-67所示。其主要由一个带料辊和一个刮辊
组成，刮辊安装在一个特殊的支架上。原纸
通过带料辊时，由带料辊将过量的涂料连续
涂敷于原纸上，然后由刮辊将过量的涂料刮
下，并进行计量与整饰，刮下的多余涂料落
入回流槽回流。刮辊的转向可与原纸的运行
方向相同或相反，当刮辊的转向与原纸的运

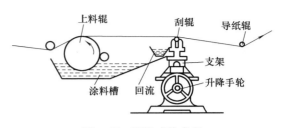

图 3-67　刮辊式涂布机

行方向相同时，有利于提高涂布量。当刮辊的转向与原纸的运行方向相反时，可起到平整涂
布面的作用。

　　刮辊通常为镀铬的细钢棒，直径为 3～10mm，通常以 10～20r/min 的速度旋转。刮辊
的支架除了具有支撑作用之外，还具有对刮辊的清洁作用。

　　刮辊式涂布机的优点是：设备结构简单，占地面积小，操作比较方便，能保证一定的涂
布量，车速较高。另外，由于采用刮辊代替刮刀，因此基本消除了刮刀口易夹留杂质的缺
点。但刮辊式涂布机涂布量较小，使其应用范围受到一定的限制。

（三）辊式涂布机

　　辊式涂布指的是涂布头中的上料系统和计量整饰系统均由辊筒来完成。国外将辊式涂布
分为施胶压榨涂布和辊式涂布两种，由于两者的结构、工作原理都很相近，故本教材按国内
习惯将之统统归入辊式涂布。

　　辊式涂布头有很多种类型，按其结构和涂布原理可分为 4 大类：压榨辊式涂布头、逆转
辊式涂布头、传递辊式涂布头，凹版辊式涂布头等。在 4 大类涂布机中，每一类又可以分为
很多种，简单介绍如下。

　　1. 压榨辊式涂布头

　　压榨辊式涂布头分为两辊和三辊式两种。两辊式涂布头又分为水平辊式、垂直辊式和倾
斜辊式 3 种。

　　压榨辊式涂布头通常通过调整两辊的间隙来控制纸幅上的涂布量。原纸表面的涂料由涂
布辊提供，但通过辊隙的涂料并不能全部转移到纸面上。当涂料通过两辊的辊隙时，理论上
纸幅大约只能吸收通过辊间涂料的 50%，其余的涂料则仍残留在涂布辊上。实际操作中，
转移到原纸上涂料量的多寡由涂料与纸幅的相对亲和性，纸幅的吸收性，涂料的湿润性，纸
幅和涂布辊的相对速度及辊间的压力等因素所决定。

　　双辊式压榨辊式涂布头由两个涂布辊组成。与施胶压榨设备相近。图 3-68 为常见的倾
斜辊式涂布头的结构示意图。倾斜辊式涂布机兼具有水平辊式和垂直辊式涂布机的优点，除
用于涂布外，也多用于纸和纸板的表面施胶。

　　三辊式挤辊式（或压榨辊式）涂布机有多种排列方式，垂直排列是常用的一种。这种装
置一般是中间辊保持固定的位置，而顶辊和底辊可以向中间辊上加压。图 3-69 是一种三辊
式压榨涂布机的结构示意图。

　　2. 逆转辊式涂布机

　　逆转辊式涂布机通常由 3～4 个辊筒构成，各辊均作同向回转，即各辊同其相邻辊子表
面作相逆运动，且涂布辊与衬辊在原纸通过它们之间时有一定线压力。图 3-70 和图 3-71 所
示为两种供料方式的逆转辊式涂布机结构示意图。一种是由顶部或侧面的辊间隙的涂料池供

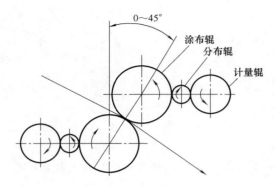

图 3-68　倾斜辊式涂布机

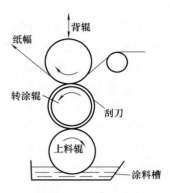

图 3-69　三辊压榨涂布机

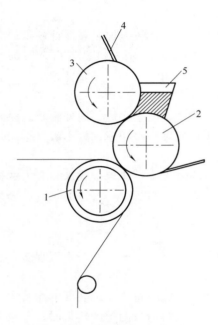

图 3-70　辊隙供料逆转辊式涂布机
1—衬辊　2—涂布辊　3—计量辊
4—刮刀　5—涂料斗

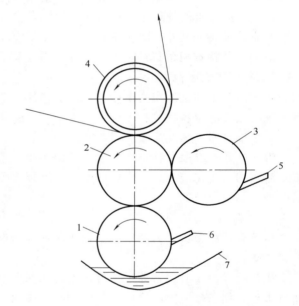

图 3-71　料槽供料逆转辊式涂布机
1—供料辊　2—涂布辊　3—计量辊
4—衬辊　5—刮刀　6—刮边器　7—涂料槽

料；另一种是涂料槽供料。逆转辊式涂布机由计量辊供料的，计量辊与涂布辊间保持一个精确的间隙，计量辊的作用是使涂布辊上能保持准确的涂布量。当衬辊支承着纸幅进入衬辊与涂布辊之间时，涂料就从涂布辊逆转涂到纸面上。

逆转辊式涂布机的涂布量可通过调节涂布辊和计量辊之间的间隙及控制纸幅和涂布辊之间的相对速度来进行控制。涂布辊和计量辊之间的间隙一般为 0.25～0.64mm。应注意的是，这个间隙并不等于涂布辊上的湿膜层的厚度，湿膜层究竟有多厚，在两辊间隙一定时，取决于涂料的流变性和两根辊子的相对线速度。一般规律是，涂料的黏度越大而触变性越小时，湿膜层的厚度越大，两辊间的线速比越大，湿膜层的厚度也越大。涂布辊的线速度与纸幅的速度之比，被称之为擦速比。逆转辊式涂布机的擦速比一般在 0.6∶1～4∶1 的范围内变化。生产经验表明，如采用调整涂布辊的线速度来控制涂布量时，一般选用 2∶1 的擦速比较为合适。

逆转辊式涂布机操作上主要注意各辊子速比和辊间间隙。一般衬辊与纸幅同速，上料辊速度为纸幅速度的 80％左右，计量辊速度为纸幅速度的 10％左右。计量辊与上料辊的间隙为 0.05～2mm，上料辊与衬辊的间隙为纸厚的 80％左右。

逆转辊式涂布最有用的特点是能计量，同时能使涂料在涂到纸上前被匀整。最高运行速度可达 300m/min，可处理水性涂料、溶剂性涂料及温度高达 200℃的热熔体涂料；所处理涂料黏度范围很宽，黏度为 100～1500mPa・s；涂布量可在 25～300g/m² 范围内，相当于湿涂层厚度 0.025～0.5mm，且可一次完成涂布。涂布量高达 300g/m² 乃是逆转辊式涂布机独有的特征。对于涂层厚度小于 0.025mm 的涂布，逆转辊涂布机不能适应，因为辊子制造、安装的累积误差可能引起薄层涂布量波动相当大。

逆转辊式涂布机应用于黏胶涂布、压敏黏胶涂布、层压涂布、壁纸乙烯塑性溶胶涂布、聚乙烯醇涂布等。原材料可用纸、纸板，也可用玻璃纸、聚氯乙烯及聚酯薄膜等。

3. 传递辊式涂布机

传递辊式涂布机最早是用于机内涂布的，它的应用和发展，使涂布纸的生产发生了新的变化。传递式涂布机的优点是：车速较高，一般在 400～600m/min 之间；设备的制造容易、结构简单；要求涂料的固含量较高（一般在 50％～65％），黏度范围广（在 0.5～4Pa・s 之间）；涂层比较均匀等。缺点是涂布机头的占地面积大，涂布量比较小，不适用于低固含量的涂布等。主要用于凸版纸、杂志纸、书籍纸、广告纸、胶版纸及其他印刷纸的涂布。

传递辊式涂布机现在已发展成为多种形式，如维尔金钠（Virginia）传递辊式涂布机、马西（Masscy）涂布机、康拜恩德—劳克斯（Combined locks）涂布机和恰姆庞（Champiam）涂布机等。图 3-72 和图 3-73 所示即为其中的两种典型传递辊式涂布头的结构。

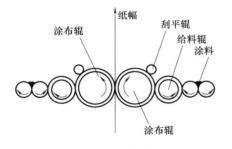 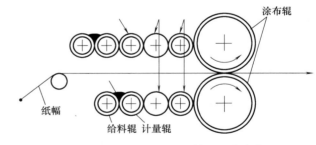

图 3-72　维尔金钠（Virginia）　　　　图 3-73　马西（Massey）传递辊式涂布机
　　　　　传递辊式涂布机

图 3-72 为维尔金钠传递辊式涂布机，这种涂布机是由一组水平安装的辊子组成的，这些辊子（涂布辊除外）的运行速度均慢于纸的运行速度。涂布量是由计量辊间固定的间隙和调整计量辊与其他辊子的相对速度来控制的。涂料首先送入两边由边缘挡板封闭的计量辊间的料坑内，然后分到两个计量辊面上，其中有一半涂料转到涂布辊，再传送到纸幅上；另一半涂料则回到涂料收集槽回流。涂料是通过各辊传递出去的，所以辊间的线压力不能太大，以免涂料被挤出。

马西传递辊式涂布机各辊的线速度不同，涂料由门辊逐渐传递至涂布辊后，被涂于纸幅。马西传递辊式涂布机的涂布速度在 120～150m/min，涂布量为 8～20g/m²，涂料固含量为 50％～60％，常用于印刷涂料纸、杂志纸等的涂布。

4. 凹印辊式涂布机

凹辊涂布机也常被称之为凹版胶印涂布机。凹版涂布利用了凹版方式上料和胶版涂料转移两种工艺原理。凹版辊涂布头的典型结构有三种，如图 3-74 、图 3-75 所示。

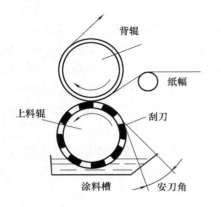

图 3-74　单面凹印辊式涂布

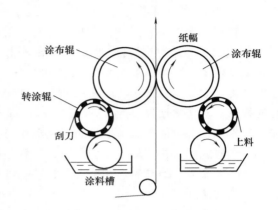

图 3-75　双面凹印辊式涂布

凹辊涂布机的特点是使用凹面辊对涂布量进行计量。凹辊和凹版印刷辊相近，其材料可以是铜的、青铜的或钢的，用机械和化学的方法在辊筒的表面雕刻成不同花纹，然后再在其表面镀铬，以提高耐磨损性。如图 3-74 所示，凹版辊式涂布时，上料辊从涂料盘中带入过量的涂料，将之转移到凹版辊并用刮刀强制刮送使之充满凹版辊上的每一个凹纹，多余的涂料同时被刮刀刮去。凹纹中的涂料可直接转涂到纸面上，也可以转移到涂布辊后再涂敷于纸面。

有很多因素影响涂布量，如辊筒的网点形状和密度、涂料黏度、固含量、纸的吸收性、平滑度、辊间的线压力和涂布速度等。当原纸和涂料已经选定时，辊筒的线压力和辊面网点形状起着决定性的影响。图 3-76 是常见的几种凹版辊的网点形状。

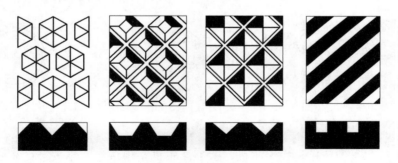

图 3-76　常见的几种凹版辊的网点形状

不同的网点形状适用于不同的涂布产品。一般来说，正六面体锥形和梯形网点适用于直接凹辊涂布的涂布机。各种锥形网点则适用于平版凹辊涂布的涂布机，槽形网点适用于涂布量较大的涂布机使用。表 3-33 为凹辊的网点尺寸与凹版辊式涂布的涂布量之间的关系。

表 3-33		锥形雕刻辊的网点尺寸与涂布量的关系			
网点线数/(线/cm)	19	22	22	25	29
网点深度/cm	0.18	0.075	0.165	0.127	0.1
涂布量/(g/m²)	13～16	10	12～15	10～13	9～12

网点形状相同时，增加网点深度将有利于提高涂布纸的涂布量。因此可以根据涂布量大小来选择凹版辊的网点形状及深度。此外，凹辊上的刮刀角度也影响凹辊的上料量。实践证明，刮刀在辊面的接触角为 26°时比较理想。刮刀一般处于拖刀状，但也有安装在相反方向，即刮刀安装逆着辊筒的旋转方向。

凹辊涂布机使用的涂料黏度和固含量适用范围较广。常用涂料固含量是 50％～60％，但 45％～70％固含量范围使用也都成功。固含量低于 45％时，由于流动性太大，涂料在凹辊和涂布辊之间的压区会有溢流的趋势。涂料固含量的上限是由涂料的配方组成和黏度特性决定的。凹辊涂布机可以用极小的调节获得稳定的涂布量。所以要求涂布量恒定不变正是该方法的优点，该方法使涂料在纸页中有均一的横向分布，这是由于涂料由凹辊向涂布辊转移并通过涂布辊和纸页间的剪切和扩散作用致使涂料在纸面展平。

凹辊涂布机的优点是涂布速度高（可高达 550m/min），涂料黏度适应性好（0.01～16Pa·s）。同时具有涂布固含量高，干燥能耗低，涂布量准确和对涂料的适应性好等优点。其缺点是凹辊上的网点形状确定后，涂料黏度应一致；网点雕刻要求精确，在涂料的流变性变动（产品变动）时，需重新雕刻网点等。

凹辊式涂布头适用性较好，既可用于机外涂布，又可用于机内涂布。即可适用于水性涂料，亦可适用于有机溶剂涂料。常用于生产防水纸、票证纸、图案装饰纸、贴面纸、水松纸等。但不适用于产品频繁变动的产品。

5. 门辊涂布

门辊涂布机在国外曾用作高速造纸机的机内表面施胶，20 世纪 80 年代初由日本首先开发用于机内生产每面涂布量约 6g/m² 的涂布纸。产品曾被称之为门辊纸，之后才被正式定名为微涂布纸。门辊涂布机具有以下特点：涂布辊和内外门辊直径大、刚性好，可在相对较高车速下涂布。部分辊子的压区之间设有机械差动微调限位装置，可以通过各压区气动加压系统的减压阀改变压区压力和压区变形宽度，从而实现对涂布作业更加方便、有效的调节。门辊涂布机可用于施胶，也可用于涂布。可以对纸幅进行单面施胶、涂布，也可双面同时进行施胶、涂布。

门辊涂布属于高浓涂料涂膜转印的涂布技术。涂料在各辊间因辊的速差而受高剪切作用形成薄膜，再转移到纸幅表面。涂料固含量可高达 60％，车速可高达 900m/min 左右。

门辊涂布方式，其涂层表面质量略逊于刮刀涂布，但它能满足相应的印刷质量要求，特别是它具有占地少、投资省、操作维护简便、对原纸和涂料要求不太高、损纸少、成本低等特点；同时，它不存在刮刀涂布时刮刀磨损严重、需要经常调整与更换以及容易出现涂布条痕等问题。

门辊涂布的涂布量大小，可通过改变固含量、压区压力和门辊速度来加以控制，即当增大涂料固含量时涂布量显著增加，而当增大压区压力时涂布量则减少，当降低门辊速度时涂布量也减少。其结构示意图见图3-77。

目前国际上流行的辊式涂布形式主要有门辊涂布和膜式压榨两大类，膜式压榨包括 BTG 的 Twin-HSM、Valmet 的 Sym-Sizer，

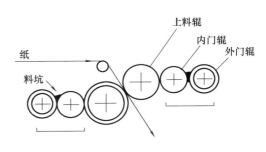

图 3-77　门辊涂布机结构示意图

Jagenburg 的 FilmPress 和 Voith 的 Speed Sizer 等。

辊式涂布的涂布量基本相近。其涂布时的共有特性是当涂料膜分离时会存在的不稳定性，特别是当涂布量较高时容易产生所谓橘皮花纹的问题。尽管辊式涂布质量不如刮刀涂布，但其计量装置不直接接触纸页，对原纸强度要求相对较低，产品能够满足彩色胶印要求，从而受到我国以草类浆为主要原料的中小型纸厂的欢迎。

辊式涂布形式的主要区别在于计量方法的不同。门辊涂布机主要是依靠内外门辊进行计量。Twin-HSM 主要是依靠大直径计量辊绕丝直径进行计量，Sym-Sizer 的计量方法有沟纹刮棒、刮刀和大直径计量棒等 3 种形式。沟纹棒计量适宜于低涂料固含量（15%～20%）、低涂布量（每面约 2.5g/m² ）的涂布，棒的寿命 10 余天；刮刀计量则适合于涂料固含量达 50%，每面涂布量小于 5g/m² 的涂布；大直径计量棒适于高涂料固含量和高速纸机的涂布。

门辊涂布机单面涂布量通常为 3～8g/m² 。美国 BC 公司认为门辊涂布机每面涂布量在 6g/m² 以内不会出现橘皮花纹。国内生产实践表明，单面涂布量高达 12.5g/m² 也不一定出现橘皮花纹。因此，尽管门辊涂布机主要适用于轻量涂布范畴，但在涂料配方合理和工艺优化的条件下，单面涂布量超过 8g/m² 有利于提高轻涂纸的平滑度和光泽度、降低生产的原料成本。

以上讨论了气刀式、刮刀式、辊式几种主要涂布形式，为便于比较，将几种涂布机的特性列于表 3-34 中，供参考。

表 3-34　　　　　　　　　　涂布机特性比较

涂布机	决定涂布量的因素	运转条件				备　注
		最高车速 /(m/min)	涂布量 /(g/m²)	涂料浓度 /%	涂料黏度 /Pa·s	
气刀式	纸面吸收性、车速、空气压力、涂料黏度、浓度	600	10～35	20～43	0.05～0.50	1. 表面状态及涂层自身的匀度好 2. 气刀吹落的涂料粒粗，质杂，有泡沫，需再处理 3. 注意气刀位置（刀缘距衬辊 3～7mm），角度 90°～110°、风压（3.92～34.3kPa）、开口 0.4～1.0mm。风口不能夹有杂物，以防涂层出条纹
辊式	线压力、辊子硬度、辊子相对速度、涂料浓度和黏度	600	1.5～7	50～65	1～2	1. 涂料膜随着纸页脱离辊面而破裂时，表面产生脉络纹。辊径、硬度、线压、表面速差、涂料黏度、保水性等，都对此有影响 2. 涂布量不易调节
刮刀式	刮刀的弹性、长度、厚度、安装角度、车速、涂料浓度和黏度	1000	5～15	54～64	1～50	1. 表面平滑性好 2. 刮刀寿命短，需经常停机更换 3. 表面易出现线状道子
刮棒式	纸页张力、纸页表面状态、刮棒的直径、涂料的浓度和黏度	300	3～8	40～45	0.6	1. 表面平滑性好 2. 设备紧凑，占地少，投资少 3. 适于颜料含量少，黏度低的涂料，涂布量小 4. 车速一般在 200m/min 以下，适于纸板涂布，或做表层涂布

四、几种涂布新技术

（一）喷雾式涂布机

喷雾涂布是近几年发展的一种新型涂布设备。该设备是一种外形酷似小汽车流线型的装置，能够把涂料均匀的喷到纸页上形成均质的涂层。这是由美卓公司在涂布领域的一项革命性的技术突破，OptiSpray 喷雾涂布机。

喷雾涂布的工作原理是利用独特的喷嘴结构和喷雾工艺，在没有任何机械接触的条件下，将高压的涂料以高速雾化，均衡地喷射到原纸的表面。喷雾涂布被认为是运行速度最高、对纸页的冲击力最低的涂布技术。

喷雾涂布机的内部结构见图 3-78。系统具有一个对纸页开放的保护壳体。纸页沿着其平坦的一侧垂直向下运动，涂料被一个多级螺杆喂料泵泵送后获得一定的压力，然后借助于一排喷嘴雾化后喷射到纸页上。过量的涂料雾气沿着内墙向下运动，被收集到一个真空的溜槽里。喷嘴共有两组，安装在两个相同的机架上。真空溜槽内的含有大量涂料的空气，经过高电压净化器的处理后进行回收，回收后的涂料进行再循环使用。来自冲洗喷嘴等的洗涤水，回到涂料制备系统，整个涂布和洗涤操作全部实现了自动控制，如图 3-79 所示。图3-80为该系统的涂料制备及回收系统工艺流程图。

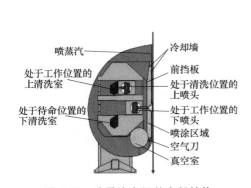

图 3-78　喷雾涂布机的内部结构

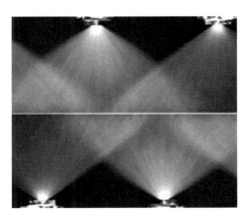

图 3-79　喷雾涂布头工作示意图

喷雾涂布为"无接触涂布"，是涂布技术质的突破，极大地提高了涂布的运行速度，实验车速最高可达 2500m/min。与传统的涂布方式相比，喷雾涂布具有如下优点：

① 涂料雾化后的小液滴扩散到纸页上，能使涂层沿着原纸的表面很紧密地排列。未压光的涂层表面类似于薄膜涂布的表面，但其厚度均一性比薄膜涂布好，这有利于提高涂布纸的白度和不透明度。

② 与传统涂布方式相比，喷雾涂布对纸页的压力大大降低，处理方式非常温和，因此，对原纸强度的要求较低。

③ 喷雾涂布可以对高水分含量的纸页进行涂布。其优良的涂布效果受原纸质量和水分变化的影响小。

④ 喷雾涂布的消耗品很少，没有传统涂布刮刀、连杆或托纸辊，因此可以降低原材料的成本。

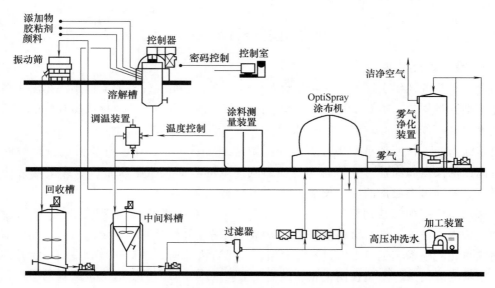

图 3-80 涂料制备及回收系统工艺流程图

喷雾涂布技术的难点包括以下几点：

① 机上有几百个喷嘴，不能停止生产来更换或清洗。

② 纸张两面必须同时进行涂布，某些过量喷涂是不可避免的。

③ 喷涂到纸张上涂料的微滴必须足够小。

④ 高速下的雾料只被纸幅接受，而不能被转移到机架上。

⑤ 所有的喷雾散布面都必须很好地配合，形成适当的横幅。

典型喷雾涂布的波峰—波峰幅的涂布量水平波动为±5％。与传统涂布方法相比喷雾涂布可以获得较高的白度、不透明度和挺度。涂层结构比较开放，允许更高的水分而不存在起泡的危险。多孔性的结构导致油墨消耗量有所升高，但同时具有良好的油墨凝固，尤其对冷固型印刷过程有利。但与传统的涂布方式相比，喷雾涂布纸的光泽度和平滑度可能有不同程度的降低。

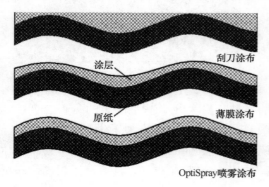

图 3-81 几种涂布表面的外观示意图

喷雾涂布的纸面比传统刮刀或膜转移涂布具有更好的仿形效果，表面很少出现凹凸不平的涂层，这对降低纤维粗糙化、油墨斑纹以及印刷图像的不均匀性均十分有利。同时，喷雾涂布获得更高的白度、不透明度和挺度。几种涂布表面外观的特点及其比较如图 3-81 所示。

（二）Opti Coat Jet 涂布机

20 世纪 90 年代末，高速涂布技术发展到了一个新的阶段。为了同时满足低、中定量涂布纸和高级纸及纸板涂布需求，芬兰美卓（Metro）公司开发研制 Opti Coat Jet 涂布机和 Opti Blade 涂布机，如图 3-82 和图 3-83 所示。该系统采用在喷嘴内部设有两个湍流混合室，混合室具有精密的喷嘴微调喷嘴的新技术。涂料在第一个混合室除去涂料中的杂质，在第二个混合室喷涂到纸页表面。Opti Coat Jet 涂布机喷嘴口可以形成完全没有脉动的射流，产生高速稳定的射流，保证了上料的一致

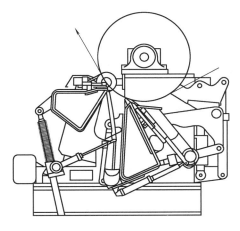

图 3-82　Opti Coat Jet 涂布机

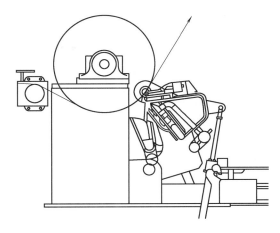

图 3-83　Opti Blade 涂布机

性和均匀的涂布效果；Opti Blade 涂布机以其独特的密封刀设计，有效控制上料的涡流，使车速提高，断头减少。该系统适用于 4～20g/m² 范围的涂布量要求，运行比其他同类涂布机更高速和清洁，运行速度可达 2000m/min，并可获得优异的涂布质量。适用于机内涂布，能够大幅度提高涂布纸的生产效率。

（三）新型短驻留刮刀涂布

以前的 LWC 纸涂布机需要短驻留系统，即在较短的接触时间、较低的压力下涂布。短驻留涂布机的缺点是容易产生涂布条纹，300m/min 以上的高速条件下会产生涂布不均现象。为此，美卓公司研发了新的短驻留涂布机，如图 3-84 所示。

该系统的特点是其专利的密封刮刀技术。该技术可以有效地控制上料部分的涡流，避免常规短驻留涂布机的开放式回流设计所导致的缺陷，并且运行性好，纸页光泽度高，涂布均匀，速度高。该涂布系统设有两个背辊，在第一个背辊处采用与 Opti Coat Jet 同样的喷嘴进行喷射上料，为此避免了使用过多的上料辊，涂布机的运行更加

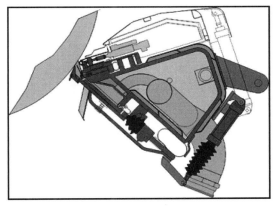

图 3-84　新型短驻留刮刀涂布头

高速和清洁，还减少了断纸时涂料的损失。在第二背辊处用刮刀或刮棒计量涂料。两个背辊的设计扩大了涂料驻留时间的调节范围，可以根据需求进行高级涂布纸的生产。驻留长度可以在 1600mm 以内调节，可以通过延长涂料驻留时间，强化涂料对原纸的覆盖。

（四）薄膜涂布

美卓公司近年来还开发了一种新型的薄膜转移涂布方式—OptiSizer，如图 3-85 所示。计量的涂料以均一的薄膜形式转移到上料辊表面，通过辊压再转涂到原纸。与传统的计量棒不同的是，新系统引入了密封刮刀或刮棒技术，使刮刀和刮棒的各种组合成为可能。与密封刮刀不同，密封刮棒没有返液现象，因此，涂料的供给量可以减少至原来的 1/5～1/3。为此，贮料槽、供料泵、过滤筛等供料系统更紧凑，并且可以减少更替纸种时的涂料损失。

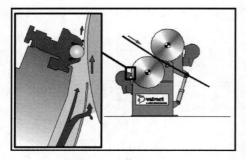

图 3-85　薄膜涂布头

（五）帘式涂布

帘式涂布与喷雾涂布类似，是又一种非接触式涂布。帘式涂布的涂布量由供料泵的流量直接控制。帘式涂布的供料系统、耗用能量与以往的涂布相比都可以大幅度减少，成为近年来最引人瞩目的一种涂布系统。帘式涂布的涂布液膜和原纸表面接触区域容易混入空气，因此可能影响涂布速度。为此，三菱重工业株式会社开发了配有蒸汽置换系统的高速帘式涂布机。该系统在喷射涂料的同时向纸幅吹气流，然后用水蒸气置换涂料和原纸的接触区域的空气。实践证明，未使用蒸汽置换系统的情况下，有空气卷入涂膜内，涂料液帘散乱。而使用蒸汽置换系统情况下，避免了气泡的卷入，涂料沿纸幅方向均一、稳定，保证了涂布纸质量。图 3-86 是帘式涂布示意图。图 3-87 列出了几种新型涂布方式的纸品价格的构成情况。

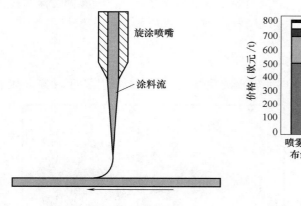

图 3-86　帘式涂布示意图

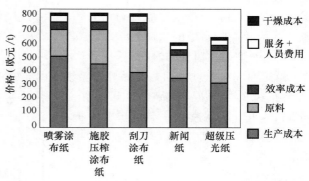

图 3-87　几种新型涂布方式的纸品价格构成

第五节　颜料涂布纸的干燥

涂布纸的干燥与涂布作业同样重要，因为干燥不仅仅制约产量，而且对于提高产品质量也具有重要的意义。颜料涂布纸的干燥并非仅仅是脱除涂层中的水分，干燥工艺在很大的程度上直接影响着涂层和涂布纸的质量。干燥被认为是涂布生产的最重要工序。优化干燥工艺，即严格控制每一阶段的热量和质量的传递以获得最佳的能耗和产品质量具有重要的意义。

涂布伊始，涂料与原纸一接触，涂料中的水分即开始从涂料向原纸中迁移。在涂布至计量整饰期间，如果涂料中水分的迁移速度太快，则可能导致涂料的流变性急剧变坏，从而产生涂布的质量问题。对刮刀涂布来说，则会出现刮痕。当干燥速度过快时，水和胶黏剂的迁移还将带来涂层的表面强度、光学性能和油墨吸收性等问题。提高涂料的固含量及控制干燥速率有助于减少胶黏剂的迁移。在干燥的初始阶段，宜采用红外干燥。因为红外干燥不仅能高效、高强度地传热、脱除水分，而且可以与空气循环系统结合起来，通过适当控制干燥时纸页的温度而有效地消除印刷光斑，减少胶黏剂的迁移。

一、干燥的基本原理

涂料中含有 35%～60% 的水分，涂布时原纸中含有约 7% 的水分。干燥后，涂布纸中含有约 3%～5% 的水分。多余的水分必须通过干燥除去。从传质和传热的角度，涂布纸的干燥与造纸机纸页的干燥道理相同，但更加复杂。因为涂布纸的干燥，既要脱除涂层的水分，还要增进涂层的强度。另外，当涂料在纸面仍然具有黏性时，热能的输入必须是不接触的，能量的传递只能通过辐射或者对流进行。当涂料被干燥到一定干度，不再会黏着接触物的表面时，才能应用接触干燥，即容许纸幅直接接触烘缸表面，从而在相对较低的温度下继续蒸发水分。

涂布纸的干燥是传热和传质的复合过程。干燥时，在涂层和原纸中同时发生能量和质量的转移，原纸从涂层中吸收水分和胶黏剂等介质。水分脱除时，涂层的结构由于介质的损失而产生变化。

干燥开始时，外界的热量传入涂层和原纸，导致温度升高，当涂料中的水蒸气分压高于周围空气中的水蒸气的分压时，水分开始蒸发。最初蒸发主要发生在涂层的表面。因涂层表面上的毛细管压差和蒸汽压差的作用，介质从涂层和纸幅的内部向涂层表面迁移，最后被蒸发掉。这称之为表面干燥。

随着干燥过程的继续，蒸发区逐渐向涂层和原纸内部转移。同时介质也连续不断地向蒸发区移动，并穿透涂层和原纸向外扩散，最后脱离边界层。与此同时，热量通过边界层向涂层和原纸内部传递。整个过程一直进行到没有更多的游离蒸汽从涂层和原纸内部上升到表面并蒸发到空气中为止。当原纸和涂层中的水分降低到某一限度时，水分的蒸发就变成了不连续的状态，而蒸发作用只发生在局部区域。在这个过程中，因水分的扩散是在内部进行的，故被称之为内部干燥。

二、干燥速率的确定

干燥速率是指每平方米干燥面积每小时蒸发的水量，以"kg/(m² • h)"来表示。影响干燥速率的因素很多，如原纸的施胶度、平滑度和吸收性，涂料的固含量、保水性，涂层厚度和干燥温度等。必须根据不同的生产条件和产品要求来合理地确定干燥速率。理论上，涂布纸的干燥过程可以根据干燥速率不同分成三个阶段，即升温阶段、恒定干燥速率阶段、干燥速率下降阶段。在升温阶段，输入的能量主要是为了加热原纸、涂料和附带的水使其蒸发。恒定干燥速率阶段是干燥的主要阶段，输入的热能主要是加热原纸、涂料和附带的水蒸发。提供的热量主要用于水分的蒸发，纸页的温度在干燥过程保持不变。恒速干燥阶段的纸页温度，取决于不同的纸种。通常进入干燥系统的涂布纸水分越低，由于水分蒸发时吸收的汽化热量相应减小而使干燥时纸页的温度越高，一般范围是 80～150℃。在干燥速率下降阶段，涂布纸已达到一定的干度，剩余的水分脱除阻力增加将导致纸页的温度升高，这时必须控制能量输入，因为纸页温度的过分升高会降低产品质量。

在干燥过程，蒸汽由涂层内部向涂层表面转移时，蒸汽的蒸发速度与蒸汽的排出速度应该保持一致。如前者高于后者，则可能出现涂层的鼓泡问题。如前者过低则可能出现成品烤焦等问题。对颜料涂布纸来说，当涂料的黏度和固含量较低时，一般其干燥速率不超过 25kg/(m² • h)，而使用高固含量的涂料涂布时，在某些情况下，其干燥速率甚至可以超过

$50kg/(m^2 \cdot h)$，这些均需要根据具体的工艺条件而决定。

为了避免胶黏剂过度迁移和涂层的印刷斑点等问题，在涂层达到 70％固含量的凝胶点之前，干燥速率不要超过 $10kg/(m^2 \cdot h)$，此后，干燥速率可以增加至 $50kg/(m^2 \cdot h)$ 以上。

涂布纸的干燥，以 100℃为界分为低温干燥和高温干燥两种。100℃以下的低温干燥对于提高涂层的强度、增加干燥后纸的压光效果及提高干燥的均匀性等有利。但干燥速率过低将导致干燥时间延长和干燥设备庞大。100℃以上的高温干燥的优点是干燥速率高，干燥时间短，设备占地面积小，可减少厂房基建费用和设备投资费用等，其缺点是涂层强度较弱、易于造成干燥不均匀而使纸产生卷曲和打褶的现象，从而影响涂布纸的质量。

影响干燥速率的因素很多，如原纸的性质、涂料的性质、涂层厚度和干燥温度等。因此确定一个合适的干燥速率十分重要。涂布纸在干燥生产设计和生产控制时，应先确定一个合适的干燥速率，然后据此计算确定干燥器的长度。也可以先确定一个适度的干燥器长度，然后据此计算干燥速率。

干燥速率为：
$$v_E = q_{mz}/(b \times L) \quad [kg 水/(m^2 \cdot h)] \tag{3-25}$$

式中　b——纸幅的宽度，m

　　　L——干燥器的长度，m

　　q_{mz}——每小时干燥器排出的水分，kg/h

$$q_{mz} = q_{mB} + q_{mc} - q_{mR} \tag{3-26}$$

式中　q_{mB}——每小时通过干燥器的原纸中的水分，kg/h

　　q_{mR}——成品涂布纸中保留的水分，kg/h

　　q_{mc}——每小时通过干燥器时涂层含有的水分，kg/h

$$q_{mc} = q_{m,zp} \times w_c \times (100 - w_G)/w_G \tag{3-27}$$

式中　w_c——单位涂布纸上的干涂料量，kg 涂料/kg 涂布纸

　　　w_G——涂料固含量，％

　　$q_{m,zp}$——每小时通过干燥器的涂布纸的总质量，kg/h

$$q_{m,zp} = b \times v \times 60 \times W_p \tag{3-28}$$

式中　v——涂布车速，m/min

　　　W_p——涂布纸的定量，kg/m^2

每小时通过干燥器的原纸中的水分可以使用下式计算：

$$q_{mB} = b \times v \times w_w \times 60 \times W_b \quad (kg/h) \tag{3-29}$$

式中　w_w——原纸的水分，％

　　　W_b——原纸的定量，kg/m^2

每小时通过干燥器的成品涂布纸中保留的水分以下式计算：

$$q_{mR} = b \times v \times w_{pw} \times 60 \times W_p \tag{3-30}$$

式中　w_{pw}——成品涂布纸的水分，％

　　　W_p——成品涂布纸的定量，kg/m^2

三、干 燥 设 备

颜料涂布纸的干燥对象是涂料。涂料涂到原纸的表面进入干燥器后，随着传热和传质的进行，水分蒸发，涂料失去流动性而凝固。在涂层凝固之前，涂布面是不能与烘缸面接触或

使用导纸辊支撑运行的，只能使用对流或辐射干燥的方法。按照干燥器使用的干燥能源的性质，我们将涂布纸的干燥设备分为三大类：红外干燥器、烘缸干燥器和热风干燥器，每一大类又可以根据不同的设备特征分为若干小类。

（一）红外干燥器

红外干燥器是一种利用红外线发射器的辐射给热，使涂布后的湿涂层及原纸的温度升高，水分蒸发的装置。热源可以是燃气，如液化气、煤气等（图3-88），也可以是电能，通过一种专用的红外陶瓷板或其他能量转换元件发出红外辐射（图3-88）。红外干燥的波长一般在红外或远红外的波段，温度高达1000℃。辐射干燥可直接作用到涂层的内部，因此具有较高的干燥速率。红外的波长一般在0.7～1000μm，但能有效用于干燥的波长范围为0.7～11μm，一般可分为近红外、中红外和远红外。红外线干燥器的热源有燃气和电能两种，如图3-88所示。燃气红外线是用燃气后温度高达1900℃以上的烟气，加热专用的红外陶瓷板，使其温度达到800～1100℃，使之发出1.5～2μm波长的红外辐射。其燃气的热能仅有28%～55%转变为辐射能。采用电能的红外线干燥器，其红外线发射器是钨丝卤灯，钨丝的温度高达2260℃，2200℃时的最强辐射波长为1.2μm。功率密度可达250～300kW/m²，其电能对辐射能的转化率为80%～85%。

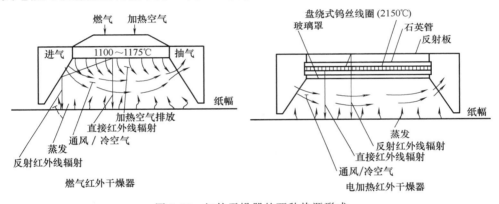

图3-88　红外干燥器的两种热源形式

为了提高红外线干燥器的热效率，必须配备一套强制对流通风系统，以便把纸页表面的蒸发水汽排出，同时调整纸幅的温度、提高脱水效率。也可以通过回收废热以节能，把干燥区的散射和投射所加热的空气回收回来，或作为热风干燥的空气预热。同时可以冷却发热器及将断头的纸页及时吹离。

红外线干燥器具有占地面积小、加热速度快、设备与涂层无接触、胶黏剂的迁移现象轻、纸页横向水分较均匀等优点。带有强制通风系统的红外干燥器适用于各种速度的涂布机。红外干燥可以在较少产生胶黏剂迁移的前提下获得比其他方法高的干燥速率。但红外干燥的能耗较大，热效率较低，断纸时有火灾危险。因此通常不单独作为涂布纸的干燥器使用，大多作为辅助干燥设备与其他干燥方法配合使用。通常在正式干燥部之前用作涂布纸的预干燥。

红外干燥是明火干燥，不适用干燥各种溶剂涂布纸。

（二）烘缸干燥器

造纸厂最早使用烘缸来干燥纸页，因此早先颜料涂布纸的干燥也使用传统的烘缸干燥方法。即使在今天，施胶压榨辊式涂布和传递辊式涂布机也还有使用烘缸干燥生产涂布加工纸。烘缸干燥器如图 3-89 所示。

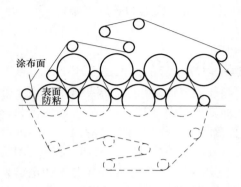

涂布面

表面
防粘

图 3-89　涂布烘缸干燥器的工作示意图

烘缸干燥时，为减少涂层黏缸，一般要求第 1、2 烘缸表面具有防黏涂层。且第一烘缸和第二烘缸的温度较低，一般在 71～76℃ 之间，以防止涂料黏结在烘缸上。其他烘缸的温度可以高一些。干燥部所需要的烘缸数取决于涂布速度、涂料固含量和涂布量等。

烘缸干燥的优点是干燥后涂布纸页的水分平衡较好，水分在纸页的纵向和横向均较均匀，纸页平整，不易出现皱折和卷曲的问题。烘缸干燥的缺点是干燥速率较低，通常在 $10kg$ 水/$(m^2 \cdot h)$ 以下，因此车速不宜太高。另外，涂布断头时，涂料易沾污烘缸。

烘缸干燥的特点决定了烘缸干燥较多用在一些特殊的涂布纸干燥场合，或者作为其他干燥形式的补充，如用在红外干燥之后或与热风干燥组合使用。

（三）热风干燥器

热风干燥器是目前最常用的一种涂布纸干燥设备。热风干燥器通常由热交换器、离心风机、调节风门、导风管、保温罩、引纸导纸辊、喷嘴和喷嘴座等部件组成。热风干燥是将喷嘴中喷出的热风吹到涂布纸的表面以对其进行干燥。热风干燥可分为单面吹风和双面吹风两种形式，双面干燥比单面干燥的效率要高。无论是单面还是双面干燥，喷嘴的形状都直接影响着干燥器的干燥能力和干燥效率。喷嘴的角度、喷嘴与纸面的距离、热风在纸面的吹出方向和吹向纸面时热风覆盖的面积等也在很大程度上影响着热风干燥的效率。

涂布机的干燥器分为两大系统：一是热风发生装置；二是干燥本体。根据不同的换热形式和纸页传送方式，热风干燥机还可以分为许多不同的类型。

1. 干燥器用热风的加热方法

热风干燥必须使用高热气体。有许多方法可用于加热空气。如饱和蒸汽和过热蒸汽加热、煤气直接加热或间接加热、燃烧油类间接加热和电加热等。这些方法均是以空气为载热体，经能量传递后将气体的温度升高至一定温度后再用以干燥涂布纸。下面介绍几种常见的加热空气的方法。

（1）蒸汽加热

蒸汽加热一般通过换热器进行。利用鼓风机把空气送入换热器，空气在换热器内通过换热管道与通入的蒸汽进行热交换而使空气的温度升高后送入干燥器。用蒸汽加热空气，可以使用饱和蒸汽，也可以使用过热蒸汽。饱和蒸汽的传热效率比过热蒸汽高，所以一般多采用饱和蒸汽加热。

蒸汽加热的优点是工艺简单、操作安全和成本低廉。但因受设备条件所限，蒸汽的温度不可能太高，因此蒸汽加热对干燥温度有一定的限制。目前我国许多中小厂使用蒸汽加热法。

（2）燃烧可燃性气体加热空气

气体燃烧加热空气的效率较高，并且可以达到较高的干燥温度，近年来由于可燃气体的成本不断降低，越来越多的涂布纸厂家使用可燃气体作为涂布纸干燥器的能源。

利用可燃性气体燃烧加热产生热风既可直接加热，也可间接加热。在直接加热系统，可燃气体在气体燃烧器中燃烧，空气在气体燃烧器内直接被加热。在间接加热系统，可燃气体燃烧时通过换热器将空气加热至预定的温度。在间接加热系统，燃烧的气体与被加热的空气完全隔绝，因此不会产生烟尘对涂布纸涂层的污染。

涂布纸厂常用的可燃气体有煤气、天然气、液化气、丁烷和丙烷等。不同气体的发热量不同，在不同的地方其价格也有较大的差别，因此必须根据实际情况加以选用。利用可燃气体加热空气，关键的设备是燃烧器。它的性能好坏决定着燃烧气体的热效率和安全可靠性，故应合理地设计或选用。

2. 常用的热风干燥器

无论何种干燥器，均是由罩体与传送装置组成。根据罩体外形的不同，干燥器可分为垂帘式干燥器和桥式干燥器两大类。挂杆式干燥器为典型的垂帘式干燥器，链条式、传送带式、导辊式和气浮式则为典型的桥式干燥器。垂帘式干燥器已经很少使用，因此本节重点介绍典型的桥式干燥器。

按照进干燥道的次数，桥式干燥器可分为单层烘道和双层烘道两种，也有时使用三层烘道的形式。如图 3-90 所示。

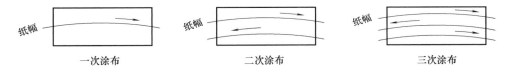

图 3-90　单层、双层和三层干燥道示意图

单层烘道一般适用于单面一次涂布的产品，双层烘道适用于单面两次涂布或双面四次涂布的产品。

用于传送涂布纸通过热风干燥器的传送装置很多，如挂杆传送，带式传送、气浮式传送和辊式传送装置等。根据纸页传送形式的不同，热风干燥器被分为如下几大类：挂杆式干燥器、气浮式干燥器和辊式传送干燥器等，其中气浮式干燥器目前使用最广泛。选用什么传送装置，要根据涂布速度、干燥器的长度、干燥速率、热空气的流动状况、干燥器的外形、涂布方式、涂料的固含量和黏度等因素综合考虑。

（1）传送带式干燥器

传送带式干燥器一般用于水系涂料涂布纸的干燥，适用于高速干燥和低张力的涂布纸机，特别有利于薄型涂布纸的生产。早先的传送带使用毛毯或帆布，后来较常使用耐高温、耐磨损的聚酯网。由于这种方式是在干燥道内用传送带将涂布纸托送，因此干燥时对热风速度和纸的张力变化的适应性较好。这种干燥器现已很少使用。

（2）导辊式干燥器

导辊式干燥器是桥式干燥器的一种，其设备结构如图 3-91 所示。导辊式干燥器的干燥道内装有能灵活转动的导辊。导辊由轻质材料制成，表面镀铬抛光，辊体要校平衡，两端装配轻巧灵活的滚动轴承。涂布纸通过时，全部辊筒随之转动，涂布纸在列成

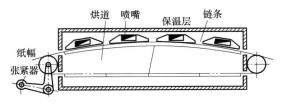

图 3-91　导辊式干燥器结构示意图

弧形的辊道上通过，可减轻张力及避免磨伤纸面。干燥道内安装有引纸装置，以利于断头时引纸。除了机架之外，热风干燥器还包括热交换器、离心风机、调节风门、导风管、保温罩、引纸导纸辊、喷嘴和喷嘴座等部件。

单面涂布的纸幅从桥形通道牵引过去，通过密闭的干燥室，干燥室内，100～180℃的热风以 20～50m/s 的速度，从喷嘴向纸幅的涂布面喷吹，喷出的热风大部分在回收后与新补充的空气混合重新使用，少部分从排风口排出。这种干燥器只适用于单面涂布纸，不能对双面涂布纸进行干燥。导辊式干燥器和气垫式干燥器均属于热风桥式干燥。热风干燥器的干燥原理是喷嘴中喷出的热风吹到涂布纸的表面进行热量和质量交换。热风干燥分为单面吹风和双面吹风两种形式。双面干燥比单面干燥的效率要高。无论是单面还是双面干燥，喷嘴的形状都直接影响着干燥器的干燥能力和干燥效率。喷嘴的角度、喷嘴与纸面的距离、热风在纸面的吹出方向和吹向纸面时热风覆盖的面积等也在很大程度上影响着热风干燥的效率。

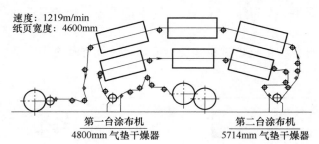

速度：1219m/min
纸页宽度：4600mm

第一台涂布机
4800mm 气垫干燥器

第二台涂布机
5714mm 气垫干燥器

图 3-92　气垫式干燥器工作原理图

（3）气垫式干燥器

气垫式干燥器又称为气浮式干燥器，是目前用途最广泛的涂布纸干燥器。气垫式干燥器也属于非接触型干燥设备。图 3-92 和图 3-93 分别为二次涂布气垫式干燥器和两段干燥式气垫式干燥器工作原理图。气垫式干燥器的长度可达 30m，最高干燥车速可达 1000m/min。在气垫式干燥器的烘房里，热风从一排平行排列的喷嘴中喷出，其中一部分热风提供必要的空气压力差使纸页悬浮，并使纸幅呈正弦曲线运行而进行干燥，其余部分以湍流态的热风作用于纸幅的两面进行干燥，用于蒸发和脱水。纸幅在干燥器内受上下两方面交错排列的喷嘴喷出的热风托压，呈正弦曲线运行。气垫式干燥器可用于单面涂布或一次完成双面涂布的纸页的干

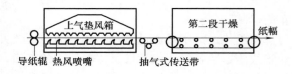

上气垫风箱　　　第二段干燥　　　纸幅

导纸辊　热风喷嘴　　　抽气式传送带

图 3-93　气垫式干燥器工作原理图

燥。涂布纸使用双面气垫干燥，可控制涂料中胶黏剂的迁移，减少纸张卷曲，有较高的干燥速率。由于沿纸幅整个宽度均设有喷嘴，且热风温度可沿幅面调节，故纸幅横向水分含量均匀。涂层不受损伤，纸也不易卷曲和起皱，干燥过程中不会造成纸幅表面涂层剥离，而且维修比较方便。常用于机内和机外铜版纸、浸渍证券纸、钞票纸、浸渍滤纸、无碳复写纸、传真纸等涂布纸产品的干燥。

（4）滚筒热风干燥器

滚筒热风干燥器使用滚筒作为纸幅的传送装置。在这种干燥器中，喷嘴喷出的热风速度极高，甚至可超过 4000m/min，温度很高、干燥时间很短，可控制在数秒钟以内，因此具有很高的干燥效率。滚筒干燥器的车速较高，可以超过 1000m/min。干燥器的长度取决于滚筒的直径和纸幅在滚筒上的包角，通常有效干燥长度不超过 5m，滚筒的直径不超过 4m，涂布纸的宽度可在较大的范围内变化。

滚筒传递热风干燥器适用于单面涂布纸的干燥，其工作原理如图 3-94 所示。滚筒干燥器的优点是结构紧凑，设备占地面积小，可以在滚筒内通蒸汽以实现两面加热，因此干燥速

率较高，可达 40～100kg 水/（m²·h）。同时由于滚筒干燥器为张力干燥，故纸页在干燥过程中不易打折或卷曲。这种干燥器的缺点是引纸比较困难。

四、干燥工艺及其对涂布纸性能的影响

干燥是最终决定涂布纸质量的过程，干燥效率的高低和涂布纸的质量与干燥工艺密切相关。提高干燥部效率有利于节约能源和提高涂布纸的质量。影响涂布机干燥的主要因素包括干燥方式、干燥温度、换热方式等，但不同的涂布机干燥部结构和影响因素都有所不同，以下仅就干燥工艺的共性问题及其对涂布纸性能的影响作简单介绍。

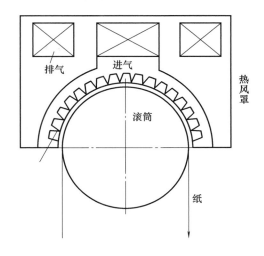

图 3-94　滚筒式干燥器工作原理图

（一）优化干燥工艺，提高干燥效率

提高干燥效率可以提高生产力，降低生产成本。提高干燥效率需要根据不同设备的工作原理，有针对性地优化工艺，提高涂布纸干燥的传热传质效率。

任何一种干燥设备，对于一定的产品都有最佳生产条件。要提高干燥效率必须保证设备在最佳工况下运行。干燥温度对于涂布纸的干燥有着重要的意义。干燥温度高有利于提高传质效率、提高脱水速度、提高干燥效率。但干燥温度的提高一方面受到设备工作条件的限制；另一方面受到涂布纸质量要求的制约。温度过高，干燥速度太快可能导致涂料中水分脱除速度过快，涂料中组分的变化不均衡，导致涂层结构不适当地疏松，涂布纸的印刷质量适性受到影响。但在涂布机设备情况允许的情况下，提高温度、车速则可以改善质量，涂布纸物理指标如表面强度反而有所提高，油墨吸收性也会略有增加。

不同的干燥设备有着不同的工作参数，需要认真分析、处理。如对于红外线干燥，提高能源的转化率十分重要。因为红外线干燥部的能源总效率一般仅为 50％以下。无论是电红外还是燃气红外，首先要提高电能－红外辐射能之间的能源转化效率，其次要提高辐射能－水分蒸发需要的能量之间的转化效率。以上两个环节中的任何一个环节能源效率的提高均可大幅度地提高干燥部的效率，降低生产成本，提高设备产量。对于烘缸干燥，有更多的强化干燥措施，如加强干燥部的通风，提高湿空气的排除效率、提高烘缸的传热系数、加强烘缸内冷凝水的排放等。对于气垫式热风干燥，提高能源与热风的能源转化率、加强余热的回收利用等对于降低干燥能耗和生产成本均有着重要的意义。

（二）涂料及其组分对干燥效率和涂布纸印刷适性的影响

涂料组分对干燥效率有着重要的影响，其中最重要的是涂料固含量对干燥效率的影响。涂料固含量越高，干燥需要脱除的水分总量越少，吨产品干燥能耗越少。例如 60％的高固含量涂料比 40％的低固含量涂料，采用相同的干燥设备，每吨产品可以节约数十元由于干燥能耗降低而带来的成本降低。除了固含量，涂料组分及其比例对干燥效率也有着较大的影响。一般来说，涂料中疏水的组分有利于干燥脱水。如涂料中配用较高比例的碳酸钙颜料，既有利于配制高固含量的涂料，同时，也有利于提高涂料的脱水能力，提高干燥效率。如配用 50％研磨碳酸钙的涂布纸比配用 20％碳酸钙的涂布纸可以降低 5％～10％的干燥能耗。

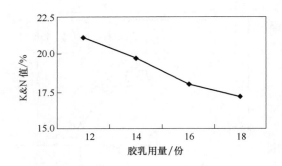

图 3-95　涂料中胶乳用量对涂
布纸油墨吸收性的影响

涂料组分对涂布纸的印刷适性也有着重要的影响。图 3-95 为胶乳用量对涂层油墨吸收性的影响。由图中数据可见：随胶乳用量的增加，K&N 值逐渐降低，表明胶乳用量提高，填充了涂层孔隙，涂层表面趋向封闭，降低了油墨在涂层表面的渗透性。

（三）不同优势的干燥系统组合有利于提高产品质量和降低生产成本

目前有多种干燥系统在涂布纸生产过程运行，每一种干燥器都有着自己的优势。现在的干燥部常常是多种干燥系统的组合，如图 3-96 所示。红外干燥对产品的质量有着良好的贡献，同时，红外干燥可控性好，加热速度快；烘缸干燥历史悠久，技术成熟，能源利用率高；热风干燥高速有效。不同干燥方式组合可以使干燥系统中的各部分处于最佳工况，从而大幅度提高干燥效率，提高产品的质量。

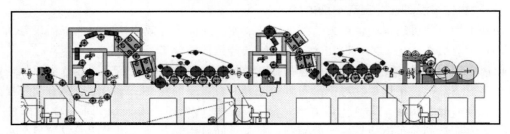

图 3-96　涂布机中红外干燥、热风干燥和烘缸组合干燥

（四）干燥对涂布纸印刷适性的影响

干燥的原始目的是除去涂料中的水分。需要脱除的主要是游离水。湿涂层干燥脱水形成具有空隙结构和良好的光学性能、机械性能和印刷适性的干涂层。产品的弹性、塑性和机械强度也随着最终形成。干燥过程，随着游离水的脱除，涂层在原纸上产生变形，如收缩、伸长等。干燥初期涂料脱水时，涂料中的水分迁移和脱除产生的表面张力作用导致涂料中颜料的相对位置的变化和胶黏剂在涂布纸 z 向的迁移。干燥温度不同。涂布机车速不同，干燥部的传热效率不同。干燥工艺应在保证干燥速率和产品质量的基础上，尽可能地提高车速。干燥温度低，涂布机车速也必须相应降低，干燥强度也同步降低，涂布纸中水分的脱除速率也降低。低的干燥速率有利于保证游离水的匀速蒸发，防止产生胶黏剂快速向涂层表面和原纸内的迁移，提高胶黏剂的使用效率。提高干燥温度可以提高干燥部的工作效率，水分的快速脱除可以获得比较疏松的涂层结构，有利于获得良好的整饰压光效果，从而保证涂布纸获得较好的印刷适性。适当的干燥温度，有利于调整水分蒸发速率，改善涂布纸的结构，特别是表面结构，改善涂布纸的印刷适性。

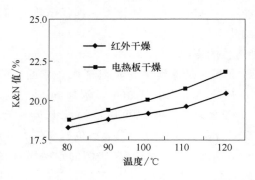

图 3-97　干燥方式对油墨吸收性的影响

图 3-97 为干燥方式对油墨吸收性的影响。

由图可见，无论是红外干燥还是直接接触干燥，温度升高都会使油墨吸收性增加。其原因是温度升高造成初始阶段的干燥速率加快，水分快速蒸发，涂层表面开孔率增加，由图亦可见：红外干燥对 K&N 值的影响较电热板干燥缓和，曲线也更为平直。表明红外干燥通过辐射传热，具有较强的穿透力，直接进行胶黏剂内部的干燥。

过高的干燥温度和涂布纸的过度干燥一方面浪费能耗，增加生产成本，另一方面可能会降低涂布纸的质量，甚至可能导致涂料中的胶黏剂氧化变色，降低涂层的白度。过度干燥也可能导致原纸纤维的塑性降低，产品的弹性下降。

涂布纸同样是黏弹性材料，受到力的作用后，产品既会产生弹性变形，也会产生永久的塑性变形。这种弹塑性行为，不仅与所加力的大小有关，并且还和力作用的时间长短密切联系。无论是气垫式干燥还是红外干燥，涂布纸干燥过程一直在牵引张力作用下受到干燥作用，横幅均匀的张力十分重要。不均匀的横幅张力可能导致涂布纸横幅上有着不均匀的收缩率，从而导致不均匀的湿变性性质，这对胶版套色印刷可能会产生影响。

五、干燥技术的发展

干燥技术的发展既包括新型干燥设备的研发，也包括提高现有设备的自动化水平和干燥效率。如新型的气浮式干燥的新型喷嘴设计，既需要适用于各种等级的涂布纸及纸板，同时还应具有很高的传质和传热效率。法国 Solarnics IRT 公司开发的 UniDryer 是一种将燃气式红外干燥和气浮式热风干燥结合的组合系统。该系统兼具两种干燥技术的优点：两排高强度红外辐射器的后面设置 2 个气浮式喷嘴，回收的高温空气由喷嘴喷出。该系统的能量利用率提高了 63%、水分的蒸发速率达到 230kg/(m² · h) 以上。该系统设计紧凑，安装费用低廉、干燥效率较高，节约能源，运营成本低，同时还具有纸幅运行稳定，干燥时防止成品皱褶、减少纸幅变形；纸面温度容易控制、没有沾污现象的优点。另外，该系统还具有非接触干燥能够全幅控制水分的蒸发，改善纸页质量，同时可以降低投资成本，提高干燥效率的优点，既可以用在机内涂布的计量施胶压榨之后作为干燥部使用，亦可以用于机外涂布的整机干燥部使用。

第六节　颜料涂布纸的整饰及性能

颜料涂布纸生产的最后工序是整饰完成。包括压光（或软压光）卷取、超级压光（如已经软压光则无须再超压）、抛光、磨光、复卷或分切等。涂布后的纸页表面是比较粗糙的，有些颜料浮露在纸面，纸页的平滑度不够，印刷时很难保证均匀的油墨吸收性和良好的油墨转移。为了取得比较高的平滑度和均匀的油墨吸收性以获得良好的印刷效果，必须对颜料涂布纸进行超级压光处理，或在卷取前进行软压光。产品最后包装出厂。

一、超　级　压　光

（一）超级压光的目的

从涂布机上（已经干燥好的）出来的纸张，它的表面多是粗糙和不平整的，造成这种表面粗糙和不平整的原因主要是由于涂布原纸表面凹凸不平，即使涂上涂料后，虽在某种程度上会起弥补作用，但毕竟不能完全消除不平整现象；另一方面，涂料层虽经涂布设备的涂平和均整，但也只是初步的，从整个纸幅来看，仍然是不平滑和没光泽的，涂层也是不够紧密的。而这些特性却恰恰是涂布纸所必须要具备的。

为了制得光滑、紧密而表面平整的涂布纸，进行超级压光是很有必要的。涂布纸在超级压光机上的压光效果，除了受一般印刷纸的压光因素如纸的性质和纸的湿含量，压光机的辊子数目和温度，辊间的线压力以及纸粕辊填充物的机械物理性质影响外，还有涂布纸的特殊因素，如涂层的塑性、颜料和胶黏剂的品种、胶黏剂对颜料的比率等。

（二）超级压光机的结构

超级压光机的结构如图 3-98 所示。超级压光机比普通压光机辊数多、线压力大，车速也更快。超级压光机是由冷铸钢辊和纸粕辊交替排列组成。纸粕辊的作用是适应涂布纸表面的不平整，使涂布纸的涂层受到缓慢的弹性压力，同时保证除了受到压力作用外，涂层还受到由于纸粕辊的变形而产生的摩擦作用。

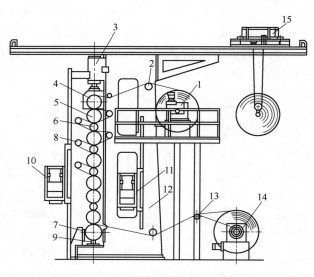

图 3-98　超级压光机的结构示意图

1—退纸机构　2—舒展辊　3—上油压缸　4—顶辊　5—纸粕辊　6—金属中间辊　7—底辊　8—导纸辊　9—下油压缸　10—外升降台　11—内升降台　12—机架　13—舒展辊　14—卷纸装置　15—吊车

用于涂布纸压光的超级压光机一般由 12～14 辊组成，有单面和双面压光两种。单面压光的超级压光机的铸钢辊和纸粕辊是相间排列的，总辊数为奇数。双面压光的超级压光机中间有一对纸粕辊是相邻安装的，辊子总数为偶数，使涂布纸的被压光面在此得以换向，保证两面压光。辊数多于 12 辊的超级压光机，多以第三或第五辊（由下数起）为原动辊，中间两个（或两个以上）钢辊可以通蒸汽加热以提高超压的温度，使涂层中的胶乳产生塑性变形，以利压光。

经超级压光后，涂布纸的表面性质、光学性质和外观性质都发生了变化。如纵横向都有所伸长，纵向约 0.5%～1.5%，横向约 0.2%。涂布纸的厚度减少，紧度、平滑度和光泽度提高。其变化幅度取决于超级压光机的工作参数，如线压力、车速、压光温度、辊数、原纸水分和原纸的性质等。

（三）超级压光的影响因素

1. 比压力

比压力是决定纸幅的紧度、平滑度和光泽度的主要因素。在超级压光机上纸的紧度随比压力的增加而提高，并与纸的物理性能和它在纸机压光机上所获得的紧度有关。如纸幅曾经在不高的线压力下通过 3～5 辊的纸机压光机，如欲在超级压光机上获得相当大的紧度时，其线压力只需要 80～100kN/m。纸幅的光泽度和平滑度是由于在辊间产生滑动，并在压力作用下纸幅的表面产生塑性变形的结果。由于在辊间压区中纸幅的表面不平，而使纸与辊筒仅仅局部接触而不是在全部宽度上。当线压力提高时，接触面积也增加，因而提高纸的光泽度和平滑度。辊间的滑动是由于在变形面积上辊子表面圆周速度的不同所引起的。

2. 车速和辊子数目

当线压力相同时，在一定范围内增加辊数，可以提高纸的光泽度和平滑度，并且稍微增加纸的紧度。随着辊数增加，纸的伸长率也要增加，而纸粕辊的硬度越小，纸的伸长率也就越多。

当提高超级压光的车速时，由于纸幅在辊间压区中受压的时间减少，使纸的平滑度的提高程度显著地减少。例如，当车速从 30m/min 增至 160m/min 时，在线压力为 70kN/m 的作用下，则纸的平滑度从 300s 降至 160s；但提高车速时，所得纸的光泽度和紧度降低不大。

3. 纸幅的湿含量和辊子的温度

纸通过超级压光机时，纸幅湿含量的变化对压光效果起着很大的影响，而辊子的温度是引起湿含量变化的一个因素。纸页的水分越大，可塑性就越大，压光时平滑度提高越多。对于涂布纸来说，湿含量要求在 4.5%～6% 范围内，也不能太大，以免发生压黑现象。通常在进入超级压光机以前，都用蒸汽加以湿润，为使纸张湿含量均匀，最适宜的方法是将涂布纸放在恒温恒湿的库房里搁置 72h 以上。

超级压光机有时候对至少两个金属辊通以 0.5～0.7MPa 表压的蒸汽加热，目的是使纸页干燥。辊筒变形所做的功转变成热能，当使用软的纸粕辊时，变形所做的功很大，因而所得的热量超过所需的热量，所以必须用水把金属辊从内部加以冷却。

4. 涂层的塑性

涂层在压光时应有足够的塑性，使表面平滑而又不致压坏纸张的内部结构。否则不但不能产生平整的表面，还会降低光泽度。但是，如果涂料层的塑性过大，会使纸张被压黑。如果压光以后发现涂层强度严重降低，说明涂料的塑性不足，应该添加些柔软塑化剂以其得到改善。

另外，不同品种的颜料和不同品种及数量的胶黏剂，所产生的压光效果是不同的。

二、软 辊 压 光

软辊压光是 20 世纪 80 年代国际新技术，已广泛用于涂布纸的整饰。经软辊压光整饰的纸，不仅光泽平整，其紧度也是均匀的，因而在印刷时，油墨在全幅得到均匀的渗透，不会产生深浅不同的斑点。经刚性压光后，纸张厚度一致，原来纸面凸出的部分被压平，因而局部紧度较高；而经软辊压光后，纸张凹凸部分被展平，厚度虽仍有差异，但紧度却是一致的。刚性压区，线压高，纤维被压溃，破坏了纤维间的结合，纸页强度下降，而软辊压区，其压力相对柔和，在剪切力作用下，同时又受高温辊面的熨烫塑化，提高了光泽度和平滑度。实践证明，剪切力的作用，对提高光泽效果大于提高平滑度。经软辊压光，纸页被压实，纤维之间结合得更好，成纸强度也较好。一般情况下，抗张指数较刚性压光可增加 15%，从而有可能减少长纤维配比，并保持原有强度，显然这是降低成本的潜在力。图 3-99 表明，涂布纸经过刚性压光和软辊压光后，其横断面的变化。显然，后者要比前者平整得多，而且后者的紧度没有明显增加，这为有效地保持纸张的强度性质提

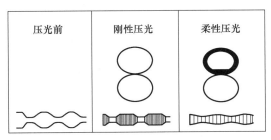

图 3-99　刚性压光与软辊压光的效果比较

供了保证。

（一）软辊压光原理

软辊压光的作用原理如下：一根冷硬加热铸铁辊和一根可控中高弹性辊组成一个压区，在加压时，因接触处弹性辊面变形而形成面接触，故单位表面压力较低，纸张表面受到温和的处理，所以纸张整饰均匀，松厚度损失少。按辊径大小、辊面包复材料硬度以及所施加压力的不同，软辊压光的接触面宽可达 5～10mm，为机械压光的 10 倍，其单位压力一般为 20～40N/mm^2。即使软辊压光的线压较高，其单位压力也不过是机械压光的 1/4～1/3。

由于压区较宽，纸张在压区停留时间增加，其增加的能耗变成为热的形式传给纸页，软化纸页表面的纤维，使其容易压光，增加平滑度。平衡压力和温度之间的效果，在上述压区温度较高时，压区压力相对要低些，这样可减少松厚度的损失，从而得到满意的纸面整饰。另一好处是软压光的压区比压低，纤维压溃的现象大大减少，使纸张的强度得以保持。纸张纵向和横向的拉力强度好，这就意味着纸机和后续的印刷机运转率会有所提高。

由于软辊面材料的回弹性，使辊面可适应纸页任何不好的匀度和定量变化，因此可以比常用的硬压区压光机有更均匀的平滑度。纸张较薄区和加热辊接触良好，同时对厚区来说，厚度不会有较大减少，这样在厚薄区都可增加其细微平滑度，于是整个纸页都有非常均匀的细微平滑度，消除了色斑，印刷性能大大改善。软压光的另一好处是在纸张压黑和色斑问题基本消除的条件下，纸页可在水分较高情况下运行，这不仅有助于纸张压光，同时使纸卷水分可保持较高水平。纸页的水分大，温度高，使其纤维组分得到软化以利于压光；蒸汽喷湿对压光工艺有很大影响，由于热蒸汽使纸的面层塑化，这样很容易压光至好的平滑度。

（二）软辊压光机结构

软辊压光机主要由一只可加热的不锈钢辊和一只表面覆胶的可控中高弹性辊构成。一根不锈钢辊和一根可控中高弹性辊组成一个压区。在压区，纤维受到不锈钢辊的加热作用而增加塑性。同时，弹性辊面受压变形，压区变宽。由于压区较宽，纸张在压区停留时间增加，其增加的能耗变为热的形式也传给纸页，进一步软化纸页表面的纤维，使其容易压光，增加平滑度。由于软辊面材料的回弹性，使辊面适应纸页任何不好的匀度和定量变化，因此可以比常用的硬压区有更均匀的平滑度，所以纸张整饰均匀，松厚度损失少。根据产品的质量要求，在涂布机上可以使用一组、两组或多组软压区单元。图 3-100 是两组串联式双压区软压光设备的工作原理图。

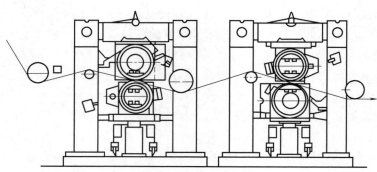

图 3-100　两组串联式双压区软压光设备工作原理图

软辊压光机的主要部件包括软辊、加热辊、加压系统和一些辅助工作装置，如裁边器、辊边吹风口和辊面温度红外摄像监视仪等。软辊为可控中高辊，宽度在 4m 的多采用浮游辊，宽度在 4m 以上的采用分区可控中高辊。辊面通常包覆 12~13mm 的弹塑性材料。这种材料要求有较高的耐热性、抗压性、硬度、弹性和耐磨性等。

加热辊是不锈钢辊，是离心浇铸的冷硬铸铁辊或高合金复合辊。表面组织精细、硬度高、热传导均匀性好、热变形小，辊内沿圆周设有一圈若干轴向通道，可以通油或通水。辊外设有电热装置，用来加热，热油或热水（限 <120℃）在辊内循环，以保持达到要求的温度，通常最高温度都在 160℃ 以上。对加热辊的要求是高效率地将热量传递给压区，同时保持压区的温度均匀一致。当加热介质为水或油时，其温度应比压区温度高 30℃ 左右。温度控制系统应保持压光时温度恒定。加压操作由液压系统通过抬举底辊完成。对加压系统的要求一是压力可调，二是当出现问题时，能够紧急撤压，两辊迅速分离。

软辊一般都是可控中高的泳辊，因为在运行中要承受硬辊的高温，操作压力有时高达 40kN/m，因此要具备耐热、耐压、耐磨、发热少、弹性好等特点。目前所用的材料主要有环氧树脂、尼龙、合成橡胶、聚酯尿烷等。

软辊压光机的软辊和硬辊，一般都是单独传动，既保持两辊同步联动，又便于在运转中接触或脱离（或升降）而不影响断纸。

（三）软辊压光的影响因素

用软辊压光整饰涂布纸，其影响因素很多，如原纸的定量、水分、紧度、匀度、灰分含量及两面差，都会影响整饰效果。而涂料质量，尤其是所用胶黏剂的玻璃化软化点影响很大，过低的玻璃化点会使胶黏剂成膜而在冷却时收缩，因而影响纸的平滑度。

此外，辊的温度，进入压光机纸页温度、压区压力，纸在压区停留时间和压区数都对压光效果产生影响。

高温低压有利于提高光泽度，纸的紧度增加不多，而粗糙度仍十分大；而低温高压，纸张较紧密，粗糙度降低了，其光泽度和松厚度之比值比高温情况下低。

一般认为：提高压光温度有利于增加纸页中纤维和涂料的变形和整饰度、提高纸页的光泽度。提高压力有利于增加纸页的紧度。纸页的水分含量较高时，有利于涂料和纤维的软化和压光。

（四）优缺点比较

综上所述，与机械压光机相比，软辊压光有以下优点：

① 压出的纸紧度均匀；

② 即使纸张匀度不好，其不透明度可得到改善，并消除色斑；

③ 印刷时油墨吸收性良好；

④ 有可能使成品有较高的水分；

⑤ 改善了纸张松厚度，并保持挺度的稳定性；

⑥ 在单台机生产不同品种，对各种纸的质量有不同要求时，有可作不同整饰的灵活性；

⑦ 因纤维不受强烈挤压，纸页强度好，提高了设备运转率；

⑧ 消除了两面差；

⑨ 可在机内压光，不需要第二次机外超压。

与超级压光机相比，软辊压光有以下优点：

① 超压使用的辊两面受压，且有动压力；最高允许温度不能超过 85℃，其加热辊温度约 75~100℃，而软辊压光加热辊温度可达 160~200℃，在这个温度下每个压区温度又可调节，以使纸张平滑度改善，两面差得以减少。

② 软辊压光机可和纸机或涂布机同机同速，并且在递纸时不必降低车速。

③ 软辊每次磨辊间隔和使用寿命比纸粕辊长得多。

④ 超级压光机对纸厚度不易控制，而软辊压光机则有可能。

⑤ 从经济上讲，因每台纸机要配两台以上超级压光机，其投资为 2×1 软辊压光机的 $2.5 \sim 3$ 倍，同时软辊压光机不另占厂房，传动用动力只为超压的一半，其包塑料面和磨辊成本只有超压的 $1/8$。

当然，软辊压光机也有其缺点，其最大缺点在于一旦其工作宽度确定后，不能随意加以改变。

三、刷磨抛光

自 19 世纪末期，刷磨技术开发以来，它就与颜料涂布纸的生产紧密相连。几十年来，该技术有了很大发展，既可对湿涂层进行平整，又可用于干涂层的抛光。随着原纸定量的不断下降及原纸中二次纤维配比的增加，刷磨抛光技术在涂布纸的表面整饰阶段起着越来越大的作用。该技术与软辊压光及超级压光相结合，对低定量涂布纸的生产有着显著贡献。尽管增加了工序和维修费，但它所赋予纸张的表面性能是其他方法所不能达到的，从某种程度上说，它是提高纸张，特别是含二次纤维的纸张档次的最好方法。

该设备主要由 $3 \sim 6$ 个刷辊和一个大的衬辊组成，其刷辊数目由成纸的等级决定。衬辊与刷辊都是驱动辊。刷辊材料可以是合成纤维，也可以是天然马鬃。各刷辊刷毛的硬度不同，安装的位置也不同，刷毛最硬的刷辊放在最前面，首先与来纸接触，最软的放在最后面。刷毛的硬度不同，其刷辊的转速不同，最硬的最慢，最软的最快。每个刷辊单独地由一个直接相连的双齿轮变速箱和一个可控电机驱动。每个刷磨操作系统都具有粉尘消除功能，在多刷辊单元中的最后一个刷辊实际上起着除尘器的作用。

经刷磨抛光，在松厚度不降低的情况下，涂布纸的光泽度和平滑度提高，使油墨消耗少，固化时间快，纸张耐折度提高，这一点对涂布纸盒用纸板尤为有用，它意味着在提高纸盒用纸板的档次时，对面浆与底浆的纤维配比可做调整。

据介绍，一台气刀单面涂布机生产标签纸，用六辊刷磨抛光机处理后（纸幅速度 1829m/min，刷辊速度 1524m/min），纸张光泽度提高了 $18\% \sim 23\%$，平滑度提高 $23\% \sim 30\%$。

四、压光技术的发展

超级压光是目前涂布纸生产最主要的压光技术，同时还在不断地进步。新式的多压区压光技术采用油压加压，使所有的压区压力保持一致。与传统的超级压光不同的是，它不仅能调节压区压力，而且能调节负载角度，使运转的线压能够在很大范围内调节，提高了控制精度。现代的超级压光机可以在高温、高线压、高速下运行。多压区压光机如图 3-101 所示。

多辊软压光技术有取代超级压光机的趋势。它具有初期投资少，复卷、压光时产生的损纸少的优点。另一方面，软压光时纸页所受压力较小，且不透明度和白度损失少，因而在相同的定量时可有较高的不透明度。

靴式压光机是将靴式压榨的概念移植到压光机上使用，已投入运行，压区较宽，压光压力较小，纸张松厚度高，主要用于涂布纸板的压光。新一代的金属带式压光机，压区更长，压力低，纸张强度损失小，也在推广之中（图 3-102）。

图 3-101　多压区压光机

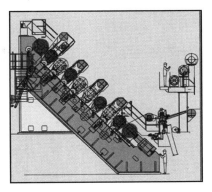

图 3-102　ValZone 金属带式压光机

第七节　涂布机的整机结构及操作

涂布机是由涂布机头、干燥器、退纸架、卷纸机和张力装置等组成的联动机。通常根据机头的类型而对其进行命名，如毛刷涂布机、气刀涂布机、刮刀涂布机和辊式涂布机等。一种涂布机头可以配备不同形式的干燥设备。因此，一般是将机头和干燥器两部分结合起来给出一个总的名称，如气刀单面桥式涂布机、二段气刀双面桥式涂布机等。也有将干燥器的形式标注于括号内，如单面气刀涂布机（棒链桥式热风干燥）等。图 3-103 为一台二段气刀双面涂布机的结构示意图。

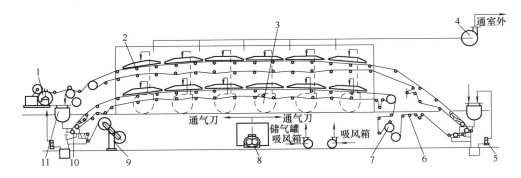

图 3-103　二段气刀双面涂布机结构示意图

1—圆筒卷纸机　2—热风干燥箱　3—热交换机　4—排湿风机　5—回料往复泵
6—跑偏调整辊　7—冷缸两套　8—罗兹鼓风机　9—退纸架　10—气刀两套　11—储料桶

它是由两台气刀涂布头，配以桥式热风干燥所组成的双面涂布机。其主要工艺参数包括：

涂布量：20g/m²

原纸定量：40～210g/m²

涂料黏度：13～22s（四号杯，25℃）

涂料固含量：36%～42%

干燥温度：150～155℃

热风风速：25m/s

干燥风量：12，000m³/h×6 组

总干燥能力：670kg 水/h

车速：35～100m/min

纸页传送方式：毛毯履带式

127

气刀参数：　　　　　　　　　　　　　　　带料辊与纸的线速比：1∶3.7

风压：12.16×10³Pa　　（1200mm水柱）　带料辊转向：顺纸方向

刀距：8mm　　　　　　　　　　　　　　料槽涂料溢流量：15～25kg/min

刀角：20°　　　　　　　　　　　　　　　热风口与纸间距离：80mm

刀缝宽度：0.8mm　　　　　　　　　　　干燥通道长度：16.7m/段

一、退纸架及纸幅跑偏的校正

在机外涂布纸的生产中，原纸首先由退纸架引出，经张紧装置托送进入涂布工段。

（一）张紧装置

和造纸机一样，在涂布机上纸幅的传送是在可控的张力状态下进行的，因此要求退纸架具有阻滞和制动性能。退纸架的阻滞和制动作用由张紧装置提供。常用机械式、气动式和电磁式等张紧装置，其工作原理均为：首先根据产品的质量要求设定张力调节范围，涂布操作时，如果张力发生变化（如纸卷的直径改变），其变化转换为相应的电、气或其他信号来改变转速或采取其他方式来保持张力的稳定。

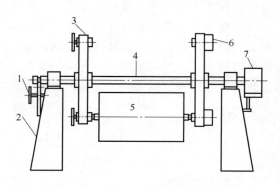

图3-104　回转式退纸架的结构原理图

1—活动卡头移动手轮　2—机架　3—活动卡头　4—横轴　5—纸卷　6—制动器　7—转动传动装置

（二）退纸架

现在涂布纸的生产都使用连续退纸架，以减少因换纸卷时造成的停止作业损失。连续退纸架均具有两个或更多个退纸位置，同时具有将新纸卷上的纸幅黏结到上一个纸卷终端的装置。常用的退纸架有回转式退纸架、平移续纸式退纸架等数种。图3-104为一种常见的回转式退纸架的原理图。如图可见，原先的纸卷退完时，退纸架的回转架部分可以转动到新的动作位置，退完的纸幅从新纸卷上通过进行续纸并将退完的纸卷纸幅切断。

二、卷取与张力调整

涂布完成后，产品在卷纸机上卷取。目前经常使用的卷纸机主要分为表面卷取式和芯轴式两种。这两种方式均能够连续卷取而无须停机换辊。选用什么样的卷取设备取决于产品种类、车速、纸幅的厚度及变化、所用的卷芯等因素。

（一）卷纸机及其发展

如果卷纸作业要求恒定的扭矩，则必须选用芯轴卷取。芯轴式卷取操作规定了纸卷直径的增长比，即满卷纸卷与卷芯的直径之比限于6∶1。表面卷取用于张力恒定的涂布纸操作，在涂布纸的生产中有着较广泛的应用。图3-105为波普式卷纸机工作原理图。

这种卷纸机都有一个大直径的圆筒，即卷纸缸。纸卷依靠自重或用向下加压的气缸压在卷纸缸上。第二副转臂装在地面上，纸卷直径增大时，第二副转臂往回移动使纸卷直径增大。当纸卷直径已经达到最大值并准备更换纸卷时，把新的卷纸辊放在绕着卷纸缸的中心回转的第一回转臂，即初始转臂上，卷纸辊与缸接触并加速到缸的表面速度。更换纸卷时，操作者打断纸幅，使其绕卷在新的卷纸辊上。

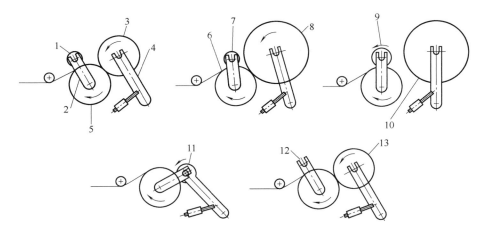

图 3-105　波普式卷纸机

1—新卷芯或卷纸辊未与卷纸缸接触　2—第一副转壁即初始转臂　3—卷取中的纸卷　4—第二副转臂即
卷纸臂　5—卷纸缸　6—操作者切断纸幅并开始绕在新卷芯上　7—使新卷芯与卷纸缸接触　8—卷满的
纸卷　9—新纸卷在卷取中　10—卷满的纸卷脱开卷纸缸并被取走　11—卷取中的纸卷转移到卷纸转
臂中　12—准备接收下一个卷芯　13—纸卷在卷纸转臂中继续卷纸

卷取同涂布一样是连续的过程。当纸卷直径达到预定值时，更换卷轴往往会影响涂布的正常运行。为此，企业一直在试图不断提高纸卷的直径。纸卷的直径由原来的 2.5～2.8m 增加到了 3.4～3.7m，卷轴的更换次数可以减少 50%，从而提高了生产效率，同时减少损纸量。涂布机速度增加，在保证纸卷更换数量一定的情况下，还需要进一步增加纸卷直径。

在高速状态下卷取涂布纸，还会出现卷取的层间压力降低问题。因为涂布纸的透气度较低，所以喷嘴对称交错布置，精度高。喷射的高强气流对纸页的摩擦起到支撑纸幅的作用，以达到最佳的热和质的传递。同时使纸幅横向、纵向的水分蒸发均匀，并可提高设备的干燥能力 50% 以上。新的气浮式干燥最大的优点是设计更紧凑，减少了许多气流管线，设置灵活，可以在很小的空间内使用。卷层间存留有空气会降低纸卷层间的摩擦，使纸页出现蛇行、起皱、卷取不齐等问题。这可以通过提高中心扭矩或增加压区压力来提高卷取的层间压力而解决。

（二）张力控制装置

在涂布纸的生产过程，没有张力控制，涂布纸就无法生产，因为纸幅无法在涂布机内通过。如果张力控制不好，则涂布纸面可能会产生皱褶。张力控制指的是使传送的涂布纸所受到的张力控制在一个预定的范围，其精度应在预定值的 10% 之内。由于纸幅的实际张力值约为纸幅屈服强度的 25%，所以最好把张力控制在纸幅屈服强度的 22.5%～27.5% 的范围内。

作为黏弹性材料，纸幅也有一个远低于其破裂点的屈服点。超过了此屈服点，材料会发生永久变形，虽然不会破裂，但已不能再加工，故张力控制的范围约为引起永久变形张力的 25%。

常用的张力控制方法有 4 种：跳动辊法、气动载荷传感器法、力转换器法和电动机电流控制法。张力控制装置主要由张力测量装置和控制装置两大部分构成，图 3-106 为一种典型的气动信号张力控制系统工作示意图。各种系统的工作原理都是相通的，即把张力变化转换为电、磁信号的变化，放大后与设定值比较，据此驱动控制系统调整张力。控制速度、控制

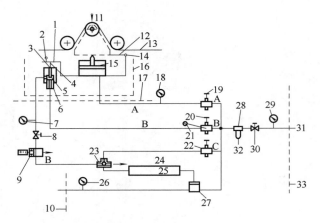

图 3-106 气动信号张力控制系统

1—压力杠杆 2—标定螺钉 3—排气口 4—阀 5—球销 6—气动继动阀 7—控制点指示器 8—可调的截门
9—电磁阀，常开 10、17、33—控制箱 11—载荷 12—顶板 13—纸辊 14—销轴 15—压力活塞 16—传感器
18—控制点测量表 19—控制点调节 20—气动继动阀的供气的调节 21—气动继动阀的供气 22—手动流量调节
23—阀门 24—排出至大气 25—容量 26—输出压力表 27—增压继动器（气动调整器）
28—空气过滤器 29—供气压力 30—停车开关 31—空气进口 32—排至外界

范围、控制精度和控制的准确性是张力控制系统的几项重要的技术指标和要求。

（三）自动续纸器

随着涂布速度的增加，单位产品的生产时间缩短了，续纸准备时间也可相应减少，传统的转臂式退卷机已远远不能满足要求。在这样的情况下，自动续纸器应运而生。自动续纸器可以使续纸的准备时间缩短在 10min 以内，保证了高速涂布的连续性。

自动续纸器准确及时续纸的关键是准确检测作为续纸器基准的续纸带位置。为此设备配备了续纸带位置自动检测装置。该装置通过光传感器检测续纸带的位置，保证即使在高速涂布条件下仍然能够得到准确和良好再现的续纸操作。

三、涂布纸的机上检测与控制

（一）涂布量的测量与控制

随着印刷技术的发展，对涂布纸的质量和稳定性要求越来越高，为了保证涂布纸的质量要求、降低生产成本、节省人力和物力，必须在生产过程中检测和控制涂布量。

涂布纸的涂布量是涂布机机上监测的重要参数。为了考察不同工艺因素对涂布量的影响，许多公司推出了众多的在线检测系统。无论这些系统如何变化，一般都是利用射线检测涂布前后质量及其分布的变化，据此对涂布纸的涂布量进行检测。需要注意的是，检测时可能有很多影响检测精度的干扰数据，如仪器噪声、涂布前后纸页水分的变化等。一套先进的系统必须具有根据测定和反馈的数值进行分析的能力，并能够确定不同因素的影响及其权重，从而达到按照产品质量要求控制涂布量的目的。

（二）压光过程厚度与光泽度控制

近年来，在以压光为代表的整饰过程中，纸页厚度及光泽度的控制越来越受到涂布纸生产厂家和用户的重视。一种称之为 Calcoil CW 的诱导加热型装置应用于软压光设备，已经在一些涂布纸厂推广应用。该系统可以有效地提高涂布纸的光泽度，同时能够对纸幅厚度进行优化。该装置的特点是它能根据压光机速度、辊面温度、原纸性能的变化自动调节，从而达到控制压光厚度和光泽度的效果。与传统的饱和蒸汽加热压光相比，新系统可以大幅度地提高压光速度，减少了能量损失，增强了压光的可操作性。

（三）涂布纸缺陷检测系统

涂布纸缺陷检测系统于 1994 年即开始投入应用。该系统采用配备 CCD 部件的 KZD-SXA 相机，利用数字图像处理技术，对涂布纸的一些缺陷进行检测。由于设备条件所限，当时的检测能力有很大的局限性。新世纪开发的检测设备，在原产品的基础上进行了改进，采用新的 KZD-N220X 相机，使功能大大地提高。该系统不仅能对涂布纸的条纹进行检测，而且能检查出涂布斑点等缺陷。新的涂布纸缺陷检测系统使涂布纸的定量检测成为可能。国内现在也正在开发这类新的纸张和涂布纸外观纸病的检测和控制系统。

为了保证产品质量，在线地检测纸幅，及时发现纸病，迅速找到引起孔洞、黑斑、光斑原因，ROIBOX 纸病检测系统也已经在欧洲的一些涂布纸厂安装使用。在造纸机、涂布机的纸机与预复卷机之间各配有一套该系统，用于对原纸和涂布纸进行横幅检测。在系统的检测框下方装有钠灯，当纸幅通过检测框时，灯光均匀地透过纸幅，由上方多个摄像模块（OMC 与 PM 结构略有不同，有两个像架、两个光源架，纸幅每面均有 8 个摄像模块—光源架）的扫描器进行实时扫描，实现对纸病进行分类检测。

四、涂布机的集散控制系统

纸机的集散控制系统已经在我国的厂家获得广泛的应用。本节内容简单介绍一种用于抄宽 3.8m，车速 1000m/min，定量范围 $60\sim157g/m^2$ 的涂布纸机集散控制设备。该设备采用计算机自动控制，包括：造纸自动化 DAMATIC XD 集散控制系统（DCB），质量控制系统（QC8），纸病检测（WIS）系统，PP8200 变频交流传动（AC. Drive）系统，液压控制（HC）系统，可编程控制（PLC）系统。该系统采用 Valmet Automation 提供的信息系统模块后，还可实现与全厂信息管理数据库联网。

全厂 DAM AT IC XD 集散控制系统控制的范围从打浆工段直到完成工段。整个流水线建有三条系统总线，并通过路由站连成一体。网上配有工程师站 3 个，过程控制站 23 个，操作站 16 个，报警站 6 个，备份站 3 个，诊断站 2 个及约 6000 个 I/O（输入/输出）接口。

为了保证纸页的定量、水分、厚度、灰分、光泽度等物理指标，系统建有以 DAMAT-IC XD 软、硬件为基础的单窗口质量控制系统。系统控制包括打浆工段、造纸机、涂布机、超级压光机等工序。系统允许所有的操作与组态在一个整体系统中完成。质量控制系统由检测、数据处理和执行机构三部分构成。在线测量的设备是由 8 台全型、1 台半型扫描架和在扫描架上装有的水分、定量、厚度、灰分、光泽度传感器所组成。整个控制采用了总线方式，各种传感器传送出来的测量值，经过传感器信号接口单元送到过程站然后通过数据处理后送到各执行单元执行，确保目标参数在控制精度范围内。

为了保证产品质量，本系统在造纸机、涂布机的纸机与预复卷机之间各配有一套纸病检测系统。该系统对原纸和涂布纸进行横向检测，检测到的纸病信息送到计算机里进行分类记录，同时根据纸病等级在纸边用墨水打上不同标记，在预复卷机根据 DCS 送至复卷机 PLC 指令，驱动执行单元将纸幅修饰或剔除，为了便于随时控制，每套 WIS 配有两台计算机终端，一台置于控制室，一台置预复卷作业现场。

变频交流传动系统采用 ABB 公司产品。在变频器中，采用脉冲宽度调制方法，功率元件采用快开关频率的绝缘栅型双极晶体管。

信息系统采用芬兰 Valmet Automation 开发的扩展信息系统（Expanding Information System）XIS5.0。该系统可以实现对 DAMATIC XD 进行有效的信息管理，X IS 结合了纸机生产服务体系的传统数据处理方法和纸机自动化系统，将目标值和设定值信息送到用户和生产自动化系统中。该系统还具有收集、报告生产状况、产品质量信息能力，并可在需要的时候将之送到其他系统之中，如企业的信息管理数据库等。将报告信息作进一步加工，可以得到生产过程中能量消耗、原材料消耗、辊子消耗等资料。

五、涂布机的同步控制系统

在一些低定量的涂布纸生产中，纸张承受的张力很小，薄纸经过涂料的施涂，即使涂布量不是很高，薄页原纸的张力也会进一步降低。为此，整个系统的同步传动要求进一步提高，整个系统对张力控制传感器等硬件和程序编制等软件都提出了新的要求。

在薄纸涂布过程，涂布辊进入引纸状态，薄纸上涂上一层涂料液后，进入烘缸干燥系统。纸张从烘缸部出来后经过张力辊。此时烘缸内纸张通过若干个导辊，处于引纸状态。张力控制系统保证纸张一进入烘缸就将其转入自动运行状态，由张力辊控制烘缸的转速，保证纸张贴缸收卷。在自动运行状态，需要保证涂布机在指定的时间内达到要求的速度；烘缸也随时相应地根据张力信号加以调速。速度变化信号由加速度增量和 PID 输出值累加获得。此时，同步控制容许张力辊在中间位置产生小范围的波动，确保纸张的张力保持不变。同步控制系统的控制框图如图 3-107 所示。

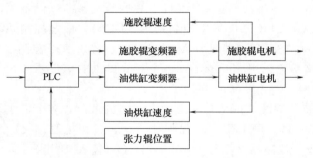

图 3-107　涂布机张力同步控制框图

PLC 根据各电机的状态信号，以及采集到的各电机速度脉冲和当前张力辊所在位置进行 PID 同步计算，计算出各电机的速度增减量，再输出给变频器，由变频器控制调节各电机的转速，使张力辊稳定在中间位置，保证涂布纸的生产质量。

正常生产时，烘缸速度由张力辊位置控制。当烘缸速度慢于施胶辊时，纸张出现堆积现象，张力辊失去了纸张张力的支撑开始下滑，此时 PID 根据张力辊的偏差对烘缸进行提速。相反烘缸速度快于施胶辊时，张力辊被纸张张力往上拉，PID 控制烘缸减速。

张力辊位置与张力辊在引纸状态指定位置的偏差。作为计算 PID 时的输入值，输出为速度增量。

在系统提速时，由于加速时间和指定运行速度都是人为设定，为了防止输出滞后所造成的误差，可以通过增加烘缸变系数 K 来协调与 PID 的控制关系。K 值可以在设定的范围内变化以确定最佳的控制参数。

由于指定速度和加速时间都是人为设定的，在正常连续生产中需要经常变动，因此加入了定时器。指定速度一有变化，定时器就置零开始工作，根据指定速度的变化量来计算加速增量，以这个加速增量为基础对这个系统进行提速，同时同步控制算法保证整个系统生产的连续性。

六、涂布纸机新技术

2017 年我国的涂布印刷纸和纸板产量已达到 1872 万 t，引进的新式涂布设备越来越多地投产。当前涂布设备厂家也更加注重新产品和新技术开发。21 世纪的涂布机将按照以下的方向发展：a. 纸机幅门更宽、车速更高。b. 把机外设备移入机内，使纸机更为紧凑、操作更加方便。c. 优化生产工艺，降低操作费用、能耗、原材料消耗，从而降低成本。d. 采用新材料、新技术，改进生产设备，进一步提高产品质量。e. 进一步提高自动化水平。f. 涂布机参数与工艺的信息化技术。

目前的新技术包括：低定量涂布技术的改进。过去的低定量涂布是单独进行的，即先由纸机生产出原纸，然后在独立的涂布机上进行涂布，再到超级压光机上进行超压。近几十年来，已发展为机内涂布，质量在逐步提高，新产品也不断涌现。新型聚合物包胶辊的开发，使超压机进入纸机内成为可能。软压光技术的出现，又使低定量涂布纸首次实现了机内全过程生产。计量薄膜表面施胶技术的发明，能对纸进行一次性两面涂布，加上两辊加热软压光技术，使低定量涂布实现全面化机内生产。

目前涂布纸机自动化程度越高，操作费用越低，生产出纸的质量越好。纸机劳动强度最高，也是自动化最薄弱的地方往往是在卷取、复卷或切纸包装等生产线上。自动化可以大幅度降低停车时间、减少操作工人、提高生产效率、降低安全隐患、提高产品质量、降低生产费用，提高经济效益。

第八节　铸涂加工

特种涂布加工纸是涂布加工纸的一部分，其种类繁多，有用于信息传递和通讯方面的各种记录纸与复写纸，如：力敏、热敏、光敏、电敏记录纸；各种防护用纸和包装纸，如：防锈纸、防霉纸、树脂涂布纸等。特殊涂布加工纸在近年发展很快，种类也越来越多。它主要是利用特殊的涂料和特殊的加工方法，使加工纸具有特殊用途。本节重点介绍特种涂布加工方法之一，铸涂加工。

一、概　　述

铸型涂布（简称铸涂）方法于 1927 年由美国人布雷德（Bradner）发明，1929 年发表专利。后来许多国家都实现了工业化生产。所谓铸涂，是把纸面上仍具有流动性的涂层与经过加工的非黏着表面（如烘缸）接触，待干燥（或冷却）形成非可塑的涂层后，再剥离下来的方法。用于铸涂的涂料可以是水性或有机溶剂的，也可以是热溶性的蜡及合成树脂等。因此，涂层可以加热干燥，也可以冷却凝固。所用非黏着面，可以加工成镜面或麻面，因而也就有高光泽铸涂纸和无光泽铸涂纸之分。这里只介绍高光泽铸涂纸的生产。

（一）铸涂纸的性能和用途

铸涂纸实际上是一种高整饰度的涂布纸，它的特点是纸张的表面具有镜面般的光泽，由于不采用其他机械整饰方法来制造（如超级压光法、摩擦压光法等），故纸张紧度较铜版纸低，涂层较为松厚，比其他方法生产的涂布纸有更好的油墨吸收性，它具有良好的平滑度和印刷性能（包括耐湿摩擦性），使得这种纸张印刷后画面色彩鲜艳，图像清晰，光泽好有立体真实感。用它包装装饰的商品显得名贵、高雅，从而美化了商品，提高了商品的价值，提高了商品在市场上的竞争能力。因此这类产品多用于高级商品如中西成药、名贵药材、高级服装、纺织品、化妆品等包装装潢方面，也可以用来印刷各种精美的美术画片、美工制品、广告、请柬、名片、明信片和标签等。

高光泽铸涂纸的品种和规格很多，定量最轻的有 $60g/m^2$，重的有 $280g/m^2$，有单面涂布纸，也有双面涂布纸。例如玻璃卡纸和高光泽铜版纸就是其中最典型的代表。铸涂纸分为A、B、C 三级，一般都为平板纸，规格为 787mm×1092mm、850mm×1168mm、880mm×1230mm。一般定量在 $220g/m^2$ 以上的铸涂纸叫铸涂白纸板，它的原纸是白卡纸。

（二）铸涂纸的生产工艺流程

铸涂纸的生产，现使用的方法主要有两种：原纸贴缸法和成膜转移法。其中在原纸贴缸法中又有湿法（Wet process）和凝固法（Gel process）之分，成膜转移法又叫预铸涂法（Precast coating）。这两种方法的工艺流程，既有相同的部分，也有不同之处，相比之下，原纸贴缸法较简单，应用较多。

1. 原纸贴缸法

原纸贴缸法是原纸经过普通涂布法涂上涂料液，在还是湿润状态时即压贴在高精度镀铬烘缸面上，当纸页干燥后从缸面上剥离下来即可，图 3-108 所示是原纸贴缸法铸涂的工艺流程方框图。从图中可以看出：原纸贴缸法需要两种涂料，即预涂涂料和贴缸涂料。原纸要经过两次涂布。预涂后进行干燥，二次涂布完，涂层在半干状态使涂层保持一定的水分进行浸渍凝固后（或直接）进入铸涂缸，铸涂结束经剥离的成纸不再经过处理即去完成整理工段。所以，成纸的光泽度取决于涂料和铸涂工艺条件控制。

2. 成膜转移铸涂法

如图 3-109 所示，成膜转移铸涂法的过程是：先将成膜涂料均匀的涂到镀铬缸面上并干燥之，然后再把涂有胶水的原纸经压合与干燥的涂膜结合，于是涂膜便转移到纸上。这种方

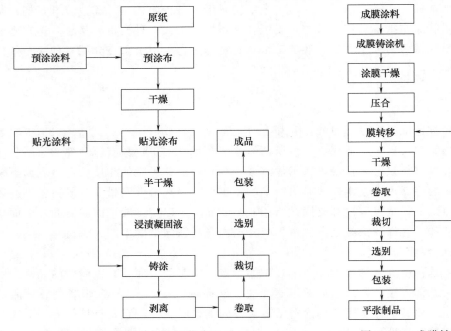

图 3-108　原纸贴缸法工艺流程　　　　　图 3-109　成膜转移法工艺流程

法的技术关键是光泽涂料的质量及其成膜的好坏；其次是使膜转移的胶黏剂。这种方法比较简便，易干燥，对原纸要求较低，而且在造纸机内就可以涂布。但该法成膜技术要求高，膜转移后的再干燥对涂布纸的光泽度有影响。因此，在工业中使用较少。

3. 高光泽纸的铸涂原理

一般涂布加工纸产生光泽的方法是通过对涂布表面进行压光。这种压光往往不能达到高光泽。这是因为：涂布加工纸在涂布时采用热风干燥，或普通烘缸干燥。当干燥时，涂料中的高分子胶黏剂、助剂等，随着水分的下降和温度的提高，会形成涂层膜。膜中的高分子化合物在成膜过程中，由于表面张力和自身的能量分布，要进行物理定向收缩，使得膜表面出现凹凸不平，再者高分子化合物由于收缩将改变其在涂料中的存在状态。线状的长链高分子化合物在自由干燥时，会因收缩成卷曲状，这种状态不利于对光的反射性能。其三是原纸的表面不平整，涂料层的厚薄也不同。在自由干燥时，涂料会向纸的表面收缩，厚薄不同的涂层收缩程度不同，使得涂层表面出现凹凸不平的现象。当这种表面进行超级压光时，表面凸起的部分会因压力变为平面，但凹进的部分则很难压平。且凹凸不平的涂布表面比平面表面积大，当超级压光使其变为平面时，相当于把表面积变小，这会使涂层表面出现微小皱纹。这种皱纹会使入射光散射，使光泽度下降。同时超级压光带来涂层的紧度上升，油墨吸收率下降。

铸涂法生产高光泽涂布纸，则是将湿的带塑性状态的涂料贴压在热的光洁度极高的镀铬烘缸面上进行铸涂。由于涂层接触缸面受了较大的线压力，贴压得比较紧，因而不能发生在一般自由状态下的干燥收缩现象，且在外力的作用下，线性高分子化合物收缩卷曲受到约束，粒子不能自由变动它们的物理方向，这样使得涂层膜中分子具有较规律的排布。同时，因涂层膜的形成是从接触的缸面开始的，所以，光洁度极高的镀铬烘缸面可赋予纸面以极高的光泽度。在干燥过程中，涂料中的水分蒸发必须穿过涂层从纸背面逸出，所以使成纸表面显出微小的多孔状，紧度比较小，油墨吸收性能好。

二、铸涂涂料的组成及特点

如上所述，现用于生产高光泽涂布纸的铸涂方法，大都采用原纸贴缸法。铸涂的涂布分预涂涂布和贴光涂布，这两种涂布用的涂料与一般涂布纸大体相同，但为保证纸的高光泽，故对颜料和胶黏剂的要求更严格。

（一）预涂涂料

预涂的主要目的是解决原纸表面的粗糙度，降低毛毯印，减少贴光涂料的用量并提高其遮盖力。若生产有色铸涂纸（如大红玻璃卡）更需要预涂，否则遮盖力甚差，产生大量花斑。预涂涂布量一般在 $15\sim20g/m^2$，经过预涂再铸涂时涂布量可降低些，一般控制在 $10\sim15g/m^2$，车速也可适当提高，若采用一次铸涂，则涂布量至少在 $22g/m^2$ 以上，并要考虑在颜料配方中选用部分钛白粉，以提高遮盖力。预涂涂料的组成与普通涂布纸涂料相同，但胶黏剂的使用要与贴光涂料相配合，保证贴光涂层与预涂层和纸基有较牢固的黏合。表 3-35 为高光泽铜版纸预涂涂料的配方，供参考。

（二）贴光（铸涂）涂料

1. 贴光涂料的组成

高光泽铸涂纸所用贴光涂料的组成与一般涂布纸基本相同，但从生产工艺和产品质量的要求来说贴光涂料应优于一般涂布纸涂料。贴光涂料由颜料、胶黏剂、剥离剂及其他助剂组

表 3-35 预涂涂料配方

化工原料	配方 1	配方 2	作用	化工原料	配方 1	配方 2	作用
1# 高岭土	100	24	颜料	甲醛（40％）	2	1.8	酪素固膜剂
轻质碳酸钙		56	颜料	太古油	0.2		渗透剂
硫酸钡（浆状折干）		20	颜料	辛醇	0.3		消泡剂
干酪素	16	10	胶黏剂	脲醛树脂	7.5		
大豆蛋白		11	胶黏剂	多菌灵消泡剂		0.12	防腐剂
六偏磷酸钠（工业）		2	分散剂	pH 调节剂		适量	
荧光增白剂（VBL）		0.2		涂料参数			
尿素		5	流动润滑剂	pH	9	7.5～8.0	
甘油（相对密度 1.25）		5	软化剂	固含量	34％～36％	35％	
磺化蓖麻油		0.2	乳化剂				

注：胶黏剂和助剂用量对颜料计，其中甲醛用量对干酪素计，脲醛树脂用量对胶黏剂计。

成。贴光涂料是一种固含量较高，黏度较大的涂料，一般固含量在 40％～50％，黏度在 2.5～4Pa·s。在涂料浓度相同的情况下，保持较高的黏度有利于铸涂操作。另外黏度大的涂料具有较高的表面张力，有助于减少铸涂纸表面的针眼。

（1）颜料

高光泽铸涂所用颜料，要比一般涂布纸的要求高，它不但对原纸要达到一定的遮盖力，而且要求能使涂层保证较高的光泽度。铸涂所用颜料一般也是几种颜料配合使用。使用较多的是高岭土和钛白粉等。

（2）胶黏剂

用于高光泽铸涂纸的胶黏剂，要求其对颜料必须有高度的结合力和较高的油墨接受力，与其他物料相混时有较好的稳定性；色泽要浅；有良好的抗水性、光泽度和成膜性；膜层不能太柔软或带脆性；对光要稳定；制成涂料后有适中的黏度；在铸涂涂料中所用的高岭土颜料粒度较细。铸涂时涂层是直接与热烘缸接触干燥的，为保证胶料对颜料有较大的黏合力，不致使颜料颗粒黏附在烘缸面上，其胶黏剂的用量也大些，一般可达 30％～32％（对颜料用量），是普通涂布纸用量的 1.3～1.5 倍。

铸涂纸常用的胶黏剂有干酪素、羧基丁苯胶乳、丙烯酸酯胶乳、氯乙烯醋酸乙烯共聚乳液等。这几种胶黏剂的性质如下：

干酪素——光泽度一般，抗水性好，成膜较脆。

羧基丁苯胶乳——光泽度好，抗水性一般，成膜较柔软。

丙烯酸酯——光泽度好，油墨吸收性好，抗水性好，成膜较脆，易泛黄。

氯醋乳液——光泽度好，抗水性好，成膜较脆，易泛黄。

据有些生产厂报道，豆酪素胶料成膜性也较好，且来源较广，价格便宜，对铸涂纸来说是适用的。然而，不论哪种胶黏剂，单独使用都有一定的不足。因此，实际生产中往往是几种胶黏剂混合使用，这样可以扬长避短，起到补充作用。但是，在混合使用胶黏剂时，必须注意胶黏剂的相容性，使其混合后，不出现生产障碍和影响产品质量的问题。

（3）化学辅助剂

铸涂涂料中除了颜料、胶黏剂以外，还需添加一些助剂，如涂料增白剂、软化剂、乳化剂、防霉剂、消泡剂等。这些助剂的使用和品种与普通涂布纸所用的助剂是相同的，所不同的助剂是涂料中加入了剥离剂。加入剥离剂的目的，主要是使铸涂后涂布纸能顺利地脱缸，避免涂层产生黏缸问题。剥离剂多数为矿物油、蜡类化合物。这些化合物在涂料层中不会与胶黏剂等结合成膜。在干燥过程中会游离在涂层膜的表面上，使成膜的涂层与烘缸表面分离。在使用剥离剂时应注意的问题是用量不能过多。当其用量过多时，会影响涂层表面的光泽度。常用的剥离剂有：植物油铵皂，矿物油乳剂；胺类化合物；醇类化合物（如乙醇、乙二醇等）；蜡类；高级脂肪酸；蔗糖制成的酯（C 在 10～20 之间）等。

2. 贴光涂料的参考配方

贴光涂料的参考配方见表 3-36。

表 3-36 　　　　　　　　　　几种铸涂纸的贴光涂料配方 　　　　　　　单位：质量份

化 工 原 料	高光泽铜版纸			大红玻璃卡	
	配方 1	配方 2	配方 3	配方 1	配方 2
高岭土（阳东 1#）			30		
1# 高岭土	100	70		70	
钛白粉		30			
5203 大红				12	
立索尔深红				18	
干酪素	16	14	6	12	5
丁苯胶乳（50/50）		2	3	2	30
氯醋乳液（95/5）	10	12		15	70
聚丙烯酸甲丁酯（50/50）	4	2		2	
75# 聚丙烯酸酯乳液（25%）			12		
氨水（相对密度 0.91）			0.08		
荧光增白剂（VBL）			0.04		
甘油（相对密度 1.25）			1.8		
磺化蓖麻油			0.3		
聚乙二醇			0.6		
剥离剂（特制）			适量		
消泡剂			适量		
酸性湖蓝			适量		
多菌灵			0.13		
酸性染料（红色、黄色）					适量
重铬酸钠					0.075
甲醛（40%）	2	2		2	0.1
太古油	0.2	0.2		0.2	
辛醇	0.3	0.3		0.3	
脲醛树脂	7.5	7.5		7.5	
一氨基磷酸	2	2		2	
涂料参数					
pH	9	9		9	
固含量	34%～36%	34%～36%	40%	34%～36%	40%
黏度	34s	34s	25s	34s	25s

注：黏度指在 25℃下用 4 号杯测。

三、高光泽铸涂纸的涂布及设备

（一）原纸贴缸法的涂布与设备

原纸贴缸法生产高光泽铸涂纸，实际上有两个过程，一是涂料涂刷在原纸上，二是铸型。涂料的涂刷过程与一般涂布纸的涂布相同，可以使用气刀涂布机、刮刀涂布机和辊式涂布机等进行涂布。铸型则是将还处于湿润状态的涂层贴在高光泽面的镀铬缸面上。为了使涂层能更紧密地贴在镀铬缸面上，在原纸和涂层进入铸涂缸时，用铸压辊将其紧压在铸涂缸表面。纸页干燥后由剥离辊将成纸与铸涂缸分离。涂层在铸涂前可以半干燥、固膜或直接上缸。

1. 用二段气刀涂布机铸涂

铸涂常用二段气刀涂布机。如图 3-110 所示，原纸先经预涂布后，在热风干燥烘道中干燥，再经贴光料涂布，涂布后的纸页可经过干燥也可不经过干燥。如进行干燥，则要求干燥条件要缓和一些。涂料面不能用冷风或热风吹干，这时因为胶料易成膜而影响贴缸时涂层的可塑性，造成麻点。为防止麻点的产生并增加半干燥涂层的可塑性，在铸压辊 9 前，用注水排针 10 把水注入铸压辊和镀铬烘缸间的楔形区内。为了有利于楔形区内水的保存，在辊的两端水封线 12 的两端加装空气吹管，作为空气挡板。水湿润后的涂层进入铸涂缸，铸涂后经剥离辊剥离卷取，即可生产高光泽铸涂纸。

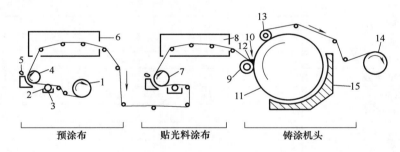

图 3-110　高光泽铸型涂布机（二段涂布）示意图

1—原纸　2—带料棍　3—料槽　4—涂布衬辊　5—气刀　6、8—热风干燥烘道　7—贴光料涂布机头　9—铸压辊（包胶）　10—注水排针　11—铸涂烘缸（镀铬）　12—水封线　13—剥离辊　14—卷取　15—风罩

用这种方法生产的特点是：生产能力大，车速快，铸涂不易黏缸，但涂层经半干后再铸型光泽度不高。

2. 用双辊带料式涂布机铸涂

双辊带料式是直接接触式铸涂，其涂布过程是：由带料辊将涂料涂刷到纸面上，然后立即进主铸压辊，贴在铸涂烘缸上，进行铸型。这种方法具有工艺流程短；设备简单；铸型时涂层的可塑性好，成纸的光泽度高等优点。但是，纸页易产生黏缸现象，要求用较高固含量的涂料，以降低干燥负荷。

3. 用固膜式高光泽铸型涂布机铸涂

固膜式铸涂也是一种直接接触式铸涂。其过程是涂料经三个逆转辊均匀涂布于纸面后立即用固膜液浸渍。浸渍后不经干燥直接进入铸缸进行铸型。用这种方法进行铸涂，成纸的光泽性好而且不易粘缸。

从以上三种方法看，原纸贴缸法生产高光泽铸涂纸的关键设备是涂布机头，即由铸压辊、镀铬烘缸、剥离辊、风罩组成。但成膜转移法铸涂与其有很大的区别。

（二）成膜转移法

成膜转移法铸涂是先将涂层成形，然后，再将其转移到原纸上。这种方法是先把涂料均匀涂到缸面上干燥，然后再用剥离辊把涂胶的原纸压向缸面而使干燥的涂膜与纸的胶层黏合而剥离下来。此法的设备中无铸压辊，而有涂膜辊。剥离辊既起剥离作用，又起复合作用。成膜转移法对原纸质量要求较低，烘干快，涂膜柔软多孔。但在涂膜时，没有原纸的约束，成膜易起泡，影响成纸表面光泽度的均匀性；涂膜形成后易在缸面上滑动，在转移时，涂膜会出现皱纹。因此在实际生产中用得较少。

四、影响高光泽铸型涂布的主要因素

（一）原纸的影响

原纸的质量对铸涂纸的质量至关重要，特别是低定量的原纸，哪怕是很小的质量缺陷也会给铸涂加工带来麻烦，给成纸带来致命的质量问题。一般来说铸涂对原纸的要求是比较高的。

① 原纸应是一个良好的蒸汽传导体，即具有较高的透气度，较小的紧度，一定的松厚度。因为铸涂纸在加工过程中，原纸涂有涂料的一面与烘缸是紧密接触的。在干燥过程中涂层中的水分完全是通过原纸的背面蒸发出去的。如果原纸透气性不好，干燥过程中产生的蒸汽就不能及时排出，势必导致蒸汽从涂层内冲出，造成涂层表面出现很多针眼，严重时还能使纸面产生许多无光泽的坑点，影响铸涂纸的质量。同时原纸透气度低还将导致纸机车速低，影响产量。但原纸透气度也不可过高，否则涂料在压辊施加的压力下会透过原纸。一般原纸透气度控制在 $100\sim200\mathrm{mL/min}$ 为宜。

② 原纸应具有很高的表面强度。这是因为铸涂纸涂料中胶黏剂用量较高，涂层的表面强度是很高的，加工中涂膜与铸涂缸面紧密接触，如果原纸的表面强度太低，在成纸剥离时会出现分层现象。在印刷过程中掉毛掉粉多发生在涂层和原纸之间。

③ 原纸应具有较高的挺度。这一点对薄型铸涂纸的生产更为重要，因为铸涂纸在生产过程及存放过程中极易发生卷曲，提高原纸挺度有利于减少铸涂纸的卷曲。

除此之外，原纸的定量、厚度、匀度和平滑度的均一性都要高，否则，将使涂层的匀度下降，光泽度随之下降。

（二）涂料的影响

1. 颜料的影响

涂料中所加入的颜料对成膜的光泽度等影响很大。在多种颜料混合使用时，其比例要适当，否则将使成纸的光泽度下降。例如，在用白土和天然白垩粉混合涂料涂布时，随着涂料中天然白垩粉的百分含量的增加，纸页光泽度逐渐下降。加入天然白垩粉之所以使成纸的光泽度下降，是因为天然白垩粉的方解石晶体主要是圆形的，当光线照射在这种涂布纸上时，光被漫反射的比例增加，使光泽度下降。所以铸涂所用颜料在粒子形状、粒度、白度等方面均应严格控制。

我国国产高岭土颗粒结晶大部为管状结构，且颗粒粗糙，沙石含量高，大部分不适合于铸涂纸。进口高岭土以英国 ECC 公司生产的 SPS 高岭土为好。为降低成本，高岭土国产化是必要的，这方面已取得一些进展。

2. 胶黏剂的影响

胶黏剂的种类不同铸涂膜的光泽度不同，通常玻璃化温度低，成膜性、可塑性、光泽度好的胶黏剂才可用于铸涂纸的生产。

在胶黏剂选定后，胶黏剂的用量对生产和成纸质量有很大影响。铸涂比常规涂布需要的胶黏剂多一些，这是因为：

① 印刷过程中当平整光滑的涂层面从印刷版分开时需克服强的抗拉力；

② 在不经超级压光而导致的固有的高气孔度的情况下，赋予铸涂面胶印时足够的油墨保持性。

实践证明，淀粉或干酪素作铸涂胶黏剂，很多地方不令人满意。因为它们脱水慢，干燥效率低，达不到所要求的光泽度和不透明度，同时当干燥温度过高时，在整饰操作时与铸涂缸的粘贴能力差。而合成乳胶由于成膜后的皱缩性比天然胶黏剂小，铸涂后更易获得良好的光泽度。

（三）铸涂过程的影响

1. 涂层的干燥、固膜的影响

铸涂贴光涂层前经过预干燥可以提高车速、提高质量。但预干燥的程度和方式对涂层膜的质量影响较大。如预干燥的程度较大，涂层的水分过小时，涂层已形成固化膜，这时再去铸型，铸涂缸已不能改变涂层的表面性质，失去铸涂作用。如预干燥程度太小，对于提高车速没有多大意义。一般情况是，涂层经一定程度的预干燥后，在涂层表面进行涂水，使其重新润湿，使涂层表面具有一定程度的可塑性，以此保证铸涂纸的光泽度。同时也可以起到防止黏缸的作用。

固膜是解决黏缸的方法之一，涂层表面经固膜处理后，会形成凝聚的膜，凝聚的涂层镀铬的烘缸黏着性小，可塑性却很大。铸涂时不易黏缸，对光泽度几乎无影响。

2. 铸压辊的影响

铸压辊的作用是将涂层压紧在镀铬烘缸的缸面上，它的硬度、线压力和辊的表面状态均影响成纸质量。铸压辊不允许有中高或两头高中间低的现象，否则将使涂层横幅受压不均，造成成纸的横幅涂层定量和光泽度不均。压辊的硬度一般为肖式 85～90 度。铸压辊的线压越大，涂层与镀铬烘缸贴合的越紧密，成纸的光泽度越高，但对纸的剥离也有一定影响。当线压力较小时，涂层与缸面贴合较差，不能完全剥离，成纸的光泽度下降。因此，铸压辊的线压力一般控制在 4.91～7.85kN/m 为好。

3. 铸涂缸的影响

铸涂缸是赋予涂层以高光泽的主体设备，烘缸通常采用镀铬并经镜面磨光。为保证成纸的光泽度稳定还要定期进行磨光。

烘缸表面温度不能过高，否则涂层表面会因蒸发出的蒸汽的逸出过快而使涂层产生凹坑；温度过低时蒸发速度慢，影响产量。因此，缸面温度一般控制在 97℃ 左右为最宜。实践证明在预涂时以低于热塑聚合物的玻璃化干燥温度干燥，在铸涂时用高于其玻璃化温度干燥，能获得优异的铸涂面。

铸涂缸表面虽经过镜面磨光，但也会出现黏缸现象，故一般用擦油纸，用氧化酸处理缸面，或在缸面上涂一层永久防黏层，如用聚四氟乙烯涂缸等，加以解决。

（四）铸涂纸麻坑点形成的原因

铸涂纸生产时，最难解决的纸病是纸面麻坑点，印刷时有麻点的地方，油墨吸收不进去，而产生很多小白点，这种纸病形成的原因很多，现讨论如下：

1. 颜料的颗粒

颜料的粒子不但与涂布的遮盖力、白度、光泽度有关，且与胶黏剂用量及粘接强度有很大关系，过细的颜料粒子使胶黏剂用量略有提高，然而粒子的表面积增加了，使胶料能更好地黏附在粒子周围，大大增加了涂料强度。颜料粒子越粗，胶黏结合力越差，极易黏附在烘缸上造成麻点。

2. 烘缸的温度

烘缸温度不宜过高，强干燥使涂料水分来不及蒸发，致使涂料面产生鼓泡，并使压辊处小池中的水变沸腾而产生很多小气泡，破坏涂料面而造成麻坑点。一般烘缸表面温度以不超过 90℃ 为宜。

3. 涂料中的气泡

涂料中的气泡一般都是在配制涂料时，由于激烈的机械搅拌而产生的，应选用良好的消泡剂，否则这些气泡会在铸涂干燥过程中产生麻点。

4. 涂料面的可塑性

涂料面进烘缸前太干可塑性小，也易产生麻点，涂料面的可塑性和控制进烘缸前水分是很重要的。

5. 过早剥离

在铸涂过程中，不能产生过早剥离，因胶黏剂尚未很好固化，胶料与颜料粒子没有产生应有的结合力，在铸涂时颜料粒子容易附在烘缸镜面上，而造成很多麻坑点。

6. 压辊的线压力

压辊应有一定线压力，使涂料面紧贴于烘缸镜面，线压力一般为 $4.91 \sim 7.85 \mathrm{kN/m}$，不能使压辊中间产生丝毫的中高或两头低中间高的现象，这些都会造成麻坑点的产生。

7. 胶黏剂的稳定性

胶黏剂在涂料中稳定性要好，不能在涂料中产生凝聚现象，这些凝聚的胶料会黏附在烘缸镜面上，产生麻坑点。

8. 消泡剂及剥离剂用量

消泡剂及剥离剂用量过大，且分散不均匀时，会因局部表面强度低产生凹陷的坑点。

习题与思考题

1. 请解释下列名词：颜料涂布加工纸，颜料遮盖力，颜料吸油率，颜料的白度和亮度，颜料的折射率，粒径，等球粒子径（等效粒径），比表面积，沉降体积，高岭土宽厚比，胶黏剂，干酪素，聚乙烯醇，氧化淀粉，阳离子淀粉，分散剂，涂料，涂料固含量，涂料的颜料容积比，涂料的保水值，涂料的流平性，涂料的表观黏度，涂料的触变性，假塑性流体，气刀涂布，刮刀涂布，刮棒涂布，辊式涂布，红外干燥器，气浮式干燥器，超级压光机、软压光机，干燥速率。

2. 颜料涂布加工的目的是什么？请举出几种你所了解的颜料涂布纸的产品。

3. 试说明颜料涂布纸的基本生产流程，并说明每一工序的基本作用。

4. 颜料涂布纸对所用颜料的基本要求有哪些？

5. 颜料涂布纸板的生产中，颜料的基本作用是什么？颜料的基本质量指标有哪些？

6. 请举出五种常用的颜料，并简要介绍其性质与特点。高岭土和研磨碳酸钙相比，各自对涂布纸质量有些什么贡献。

7. 与普通高岭土相比，煅烧高岭土有什么优缺点？

8. 什么是颜料的折射率？颜料的折射率对颜料的光学性质有何影响？对涂布纸的质量有什么贡献？哪种颜料的折射率最高？

9. 颜料的粒度和颗粒形状对涂布纸的生产和成纸性质有何影响？

10. 颜料涂布纸对所用胶黏剂有哪些基本要求？

11. 胶黏剂的基本作用是什么？胶黏剂用量的多少对涂料的性质有何影响？

12. 常用胶黏剂有哪些？为什么合成胶乳逐渐成为颜料涂布纸的主体胶黏剂？

13. 常用的蛋白质胶黏剂有哪些？其主要特点是什么？

14. 常用的淀粉胶黏剂有哪些？请介绍其特点。

15. 影响合成胶乳使用特性的指标有哪些？试论述这些指标对涂布纸性能的影响。

16. 请介绍羧基丁苯胶乳的优缺点。

17. 颜料涂布用涂料的常用助剂有哪些？请分别说明它们的用途。

18. 按作用机理来分，颜料有哪些常用分散剂？其各自的作用机理是什么？

19. 什么是消泡剂？其作用机理是什么？

20. 对于蛋白质类和淀粉类胶黏剂，应该如何选用适用的耐水剂，为什么？

21. 请结合普通颜料涂布纸的生产介绍常用胶黏剂的组成和大致用量。

22. 请介绍几种常用的涂料制备方法，并说明其特点和适用性。

23. 在制备颜料分散液时，机械分散和化学分散各起什么作用？请说明其作用的机理。

24. 碱在干酪素溶液制备中的作用是什么？常用的碱有哪几种？作为干酪素的溶解助剂，其特点是什么？

25. 就你理解的颜料涂布纸生产工艺，请绘图介绍一种涂料制备的基本流程，并试着选择相应的工艺设备。

26. 涂料常用的质量指标有哪些？请说明各指标的含义。

27. 涂料的固含量和颜料容积比有何异同？这两个指标的大小，对涂料性质有何影响？

28. 为什么涂料的 pH 通常要保持在弱碱性范围内？

29. 什么是涂料的保水性？涂料保水性对涂布作业和涂布纸质量有何影响？

30. 影响保水性的因素有哪些？

31. 什么是涂料的流平性？对涂布纸质量有何影响？影响流平性的因素有哪些？

32. 什么是牛顿型流体？什么是非牛顿型流体？非牛顿型流体通常包括哪几种流型？

33. 简介牛顿黏度和表观黏度之间的相同和不同。

34. 绘图说明在不同剪切速率下，悬浮液黏度的变化曲线，并简要介绍各种流型的特点。

35. 在整个颜料涂布纸生产过程中，涂料在哪些位置经受剪切作用，剪切力大小如何？

36. 颜料特性对涂料的流动性有何影响？

37. 颜料涂布用的主要组分和助剂，如分散剂、干酪素、聚乙烯醇、淀粉等对涂料的流动性有何影响？

38. 试说明不同类型的涂布设备对涂料流动性有何要求？

39. 为什么要增加涂层的多孔性？可采取哪些措施增加涂层的多孔性？试说明这些措施对涂料流动性有何影响？

40. 什么是机内涂布和机外涂布？各有什么优缺点？

41. 常用的涂布设备有哪几种？它们的主要特点是什么？

42. 常用的刮刀式涂布机有哪几种类型？各有什么特点？

43. 常用的辊式涂布机有哪几种类型？各有什么特点？

44. 新出现的非接触式涂布机有几种？非接触式涂布的优点是什么？

45. 请说明颜料涂布纸干燥过程中水分蒸发历程及特点。

46. 颜料涂布纸干燥过程可采用哪几种干燥设备，各种设备的特点是什么？

47. 不同结构形式的热风干燥器有几种？比较它们的优缺点。

48. 试论述干燥过程中影响颜料涂布纸质量的因素。

49. 机外涂布的涂布机由哪几个部分组成？各组成部分的作用是什么？

50. 试论述影响颜料涂布纸超级压光机效果的因素。

51. 试论述软压光的设备结构特点、工作原理及影响压光效果的因素。

52. 试论述影响涂布纸不透明度的主要因素，如何改进涂布纸的不透明度？

53. 试论述涂料黏度如何影响涂料的涂布性能和涂布纸的质量。

54. 为什么不宜在涂布后直接用烘缸干燥涂布后的纸页？

55. 试论述软压光对涂布纸印刷适性的影响。

参 考 文 献

[1] Esa Lehtnen. Pigment Coating and Surface Sizing of Paper：Papermaking Science and Technology（Vol. 11）．[M]. Helsinki, Finland：1999.

[2] 张美云，等. 加工纸与特种纸 [M]. 北京：中国轻工业出版社，2010.

[3] 张美云，等. 纸加工原理与技术 [M]. 北京：中国轻工业出版社，1999.

[4] 张云展等，译. 纸加工技术 [M]. 北京：中国轻工业出版社，1991.

[5] 李群，主编. 加工纸 [M]. 北京：化学工业出版社，2007.

[6] J. P. Casey. Pulp and Paper Chemistry and Chemical Technology [M]. 3th ed. New York，USA. John Wiley & Son，1981.

[7] Garey C. L.（Ed.）. Physical Chemistry of Pigments in Paper Coating，TAPPI PRESS，1977.

[8] Eiroma E.，Huuskonen J.. "Pigment Coating of Paper and Board" in Paper Manufacture [M]. Book 1（in Finnish）. A. Arjas，Ed.. Turku：Teknillisten tieteiden akatema，1983.

[9] Thurlow C.. "China Clay from Cornwall and Devon-The Modern China Clay Industry," Cornish Hillside Publications. 1997.

[10] Bown .. A review of the influence of pigments on papermaking and coating [C]//FRC 1997 Fundamental Conference Proceedings. Cambridge，UK：FRC，1997.

[11] Huggenberger L.，Arnold M.，Kogler W.，et al. Natural Ground Calcium Carbonate in LWC Papers [C]// TAPPI 1983 Coating Conference Proceedings. Atlanta：TAPPI PRESS，1983.

[12] Sharma S.，Paradis D.. A novel coating talc for LWC rotogravure applications [C]//1997 Coating Conference Proceedings. Atlanta：TAPPI PRESS，1997.

[13] Lewis A. P.，Pigment Handbook，Vol. 1：Properties and Economics，Titanium Dioxide [M]. New York：John Wiley & Sons，1988.

[14] Brown J T.. TAPPI 1991 Coating Conference Proceedings [C]. Atlanta：TAPPI PRESS，1991.

[15] Teirfolk J.-E.，Rheology of Coating Colors and Pigment Slurries [C]//1992 INSO Coating Technology Seminar Notes. Helsinki，1992.

[16] Eriksson U.，Rigdahl M.. Difference in Consolidation and Properties of Kaolin- based Coating Layers Induced by

CMC and Starch［C］//Advanced Coating Fundamentals. Atlanta：TAPPI PRESS，1993.

［17］ Karunasena A，Brown R. G，Glass J. E. Polymers in Aqueous Media Perormance Through Association ［C］//Advances in Chemistry Series 223（Glass，J. E，Ed.）American Chemical Society. Washington，DC，1989.

［18］ Kearney R. L.，Maurer H. W.，Eds，. Starch and Starch Products in Paper Coating ［M］. Atlanta：TAPPI PRESS，1990.

［19］ Coco C. E.，Dill D. R，Krinski T. L. Soy Polymer Based Coating Binders ［C］//TAPPI 1992 Coating Binders Short Course Notes，Atlanta：TAPPI PRESS，1992.

［20］ Roito L.. Overview of the coating kitchen/Future trends ［C］//1998 TAPPI Coating/ Papermakers Conference Proceedings. Atlanta：TAPPI PRESS，1998.

［21］ Garrett P. R.（Ed.）. Defoaming Theory and Industrial Applications，Surfactant Science Series Vol. 45，Marcel Dekker，New York，1993.

［22］ Oittinen P.. The interactions between coating pigments and soluble binders in dispersions ［C］//1981 Coating Conference Proceedings. Atlanta：TAPPI PRESS，1981.

［23］ Wight W.. High Speed Blade Coater Design ［C］// TAPPI 1990 Coating Conference Proceedings. Atlanta：TAPPI PRESS，1990.

［24］ Kohler H.. Air Knife Coaters ［C］// The Coating Processes，Atlanta：TAPPI PRESS，1993.

［25］ 胡开堂，苏求风. 豆酪素在涂料配方中的应用、问题及对策 ［J］. 天津造纸，1999，（3）：8-15.

［26］ 胡开堂，杨念椿. 涂料保水性理论及测定 ［J］. 上海造纸，1989，（2）：50-59.

［27］ 胡开堂，杨念椿. 天然碳酸钙一种很有潜力的涂布颜料 ［J］. 天津造纸，1988，（2）：6-10.

［28］ 胡开堂，张维薰，杨念椿. 颜料高浓分散理论的研究 第 1 报：颜料表面电荷状况对颜料料分散性能影响的研究 ［J］. 上海造纸，1988，（1）：15-19.

［29］ 胡开堂，张维薰，杨念椿. 中国阳西漂白高岭土高浓刮刀涂布适应性研究 ［J］. 上海造纸，1987，（1）：16-22.

［30］ 曹振雷. 刮刀涂布过程的流动特性初探 ［J］. 上海造纸，1995，（4）：163-167.

［31］ 胡开堂，倪永浩，邹学军，等. 杨木 BCTMP 配抄低定量涂布纸 ［J］. 中国造纸，2007，26（11）：1～4.

［32］ Hagen K. G.. A Fundamental Assessment of the Effect of Drying on Coating Quality ［C］//TAPPI 1985 Coating Conference Proceeding. Atlanta：TAPPI PRESS，1985.

［33］ 盖恒军，胡开堂. 涂料的流变性对最终涂层性质的影响. 国际造纸，2002，21（5）：37-29.

［34］ 胡开堂，杨念椿，张维薰. 涂布纸颜料表面电荷状况对颜料分散行为影响的研究 ［J］. 中国造纸 1988，7（4）：26-32.

［35］ Triantafillopoulos N，Gron J，Luostarinen I，et al. Operational issues in high speed curtain coating of paper，Part 2：Curtain coating of lightweight coated paper ［J］. Tappi Journal，2004，（3）：12-15.

［36］ 王海松，刘金刚，涂布技术的最新进展 ［J］. 国际造纸，2003，（5）：6-9.

［37］ 冯明仕，刘延春，郭义. pH 值对涂料及涂布纸性能的影响 ［J］. 中国造纸，2007，26（2）：71-72.

［38］ 梁云，陈克复，贾德民. 涂布加工过程中胶黏剂迁移的研究 ［J］. 中国涂料，2004，（2）：24-25.

［39］ 曹振雷. 颜料涂布纸和转移辊式涂布 ［J］. 国际造纸，1998，（6）：1-4.

［40］ 王革. 超细轻质碳酸钙在铜版纸中的应用初探 ［J］. 中国造纸，2005，（2）：68-69.

［41］ 王亮. 不同涂布技术对纸张表面特性的影响 ［J］. 造纸化学品，2008，（4）：59.

第四章 非涂布加工纸

涂布加工是纸或纸制品加工方式中最为常见、产量最大的加工方式，除了涂布加工，纸张还可以通过其他多种加工方式，实现纸或纸制品质量提升或赋予其独特功能。纸张的其他加工方式包括复合加工、变性加工、浸渍加工、机械加工和成型加工等多种加工形式，通过其他加工方式所得到的纸张或纸制品，称之为非涂布加工纸。近年来，伴随生物质精炼技术的发展，对植物纤维深加工技术的研究越来越深入，包括通过对纤维物理、化学或综合技术手段改变纤维的性状，利用改性后的纤维（包括与其他材料复合）制备的幅状（膜）材料具有特殊性能，本章将此部分内容列入"变性加工"一节简单介绍。此外，纸浆模塑加工制品作为一种纸制品，具有优良特性，在包装材料中占有极其重要的地位，新增为本章重点内容之一。

第一节 复合加工纸

一、概　　述

（一）复合加工纸的定义

复合是将 2 种或 2 种以上的片（幅）状基材黏合在一起的加工方法。将纸张与其性能差异较大的材料复合加工成纸基复合材料，可以获得比纸张性能更加优越、使用价值更高的新型材料。其中纸基起着骨架的作用，提供机械性能，如抗张强度、挺度等；其他材料可以提供特殊性能。可与纸张复合的材料种类繁多，如玻璃纸、塑料薄膜、塑料编织品、纺织品和金属膜等。本节主要介绍有关纸基复合加工纸的知识。20 世纪 40 年代研究开发了挤压复合加工纸的生产方法，极大地促进了纸加工技术的发展，直至今天，挤压复合仍是复合加工纸最为重要的生产方法之一，本节中将重点介绍。

复合加工纸广泛应用于固态商品的包装，还可以加工成各种纸容器，用于液体、糊状及膏状物质的包装，同时还可用于真空包装、充气包装及无菌包装等。如果先在原纸上进行颜料涂布、蒸发镀膜、印刷、压花和染色等加工处理后再与其他材料（主要是塑料薄膜）复合，还可以极大地改善复合加工纸的外观品质。

（二）纸张复合加工的主要作用

作为一种纸加工产品和现代包装材料，复合加工纸在生产和生活领域得到了广泛的应用，具体包括：

① 提高产品的机械性能，如抗张强度、撕裂强度和挺度等；

② 改善产品的外观性能和光学性能，如平滑度、光泽度等；

③ 赋予产品以防护性能，如防水性能、防油性能、防潮性能和气密性能等；

④ 赋予产品一些新的特殊性能，如遮光性、耐热性等。

可以根据不同的产品质量和使用性能要求，选用不同的复合基材、加工工艺和设备，生产不同种类的复合加工纸。

（三）复合加工纸的分类

纸张的复合加工方法可分为结构复合、平面复合和层压复合等 3 大类。

结构复合是将一些结构不同的材料按照一定的质量要求及工艺过程与原纸复合加工生产的一类特殊的产品。结构复合加工纸主要用作建筑装饰材料和箱包内框材料等。结构复合加工纸是目前国际上比较流行的一种新型复合加工纸产品。

平面复合加工通常也被广义地称之为复合加工纸。是复合加工中应用最广泛的加工方法。复合加工纸根据复合基材种类和复合层数不同，可以分为许多种，如 2 层、3 层、5 层、7 层等。层压复合近年来发展较快，但总体上应用较少，这里不做介绍。

二、复合加工纸用基材

（一）纤维材料

多种纤维材料都可被用作复合加工基材，最常用的是牛皮纸。

（二）铝箔

铝箔是以电解高纯度铝为原料，通过压延而得到的产品，其厚度小于 $5\mu m$。用于复合加工的铝箔，厚度一般是 $9\mu m$。铝箔越薄，箔上针眼就会越多。通过涂布方法填充针眼可大幅度降低其所带来的不利影响。压延后，铝箔加热到 150℃ 蒸发去除残余的轧制油以改善在层压过程的黏合力。

为了防止铝箔表面发生氧化，通常在其表面涂一层漆，这样不仅可起到保护铝箔的作用，而且可改善印刷油墨的黏合力。铝箔易起皱，该特性会增加其复合加工难度，但铝箔残余褶皱性能也有优点，可用于需要保持折痕稳定的黄油包装纸。铝箔在阻隔液体、气体、芳香气味、水蒸气和光方面性能优异。铝箔的缺点是，抗裂和耐酸性较差，同时，不可微波并且难以回收利用。

铝箔通常与强度较好的幅状材料，如纸、纸板或塑料薄膜等复合加工。很多用于汤类、调料类的软包装，铝箔纸和纸板层压后可用作果汁和酒类的液体包装材料。铝箔常用于制造可剥离的盖子，如酸奶杯盖子。复合加工时，铝箔还可以带走密封区域的热量，从而改善了热封强度，有利于提高包装机车速。

（三）塑料薄膜

塑料薄膜通常采用吹塑法或挤出塑法制得。多层薄膜一般使用共挤出方法生产。如今，定向膜也广泛地应用于包装行业。除层压复合外，塑料薄膜也可单独用于包装袋、手提袋、烟草袋、热收缩和拉伸膜以及保鲜膜的制备。用于层压复合的大部分塑料薄膜都需先经过预处理以提高其表面能，如化学处理、底涂处理、电晕、火焰或等离子处理等。

1. 聚乙烯（PE）

聚乙烯膜是应用广泛的膜材料，其膜厚度通常在 $30\sim80\mu m$。聚乙烯类型较多，其中最为常用的是低密度聚乙烯（PE-LD）和高密度聚乙烯（PE-HD）。聚乙烯膜阻隔水和水蒸气的性能优异，对油脂的阻隔性能较好，但是对气体的阻隔性能较差。高密度聚乙烯的阻隔性能优于其他级别聚乙烯产品。聚乙烯膜具有一定封热性，且低密度聚乙烯优于高密度聚乙烯。整体看，聚乙烯膜的耐热性较差而耐低温性较好。聚乙烯膜通常不用于油腻食物的包装。另外，聚乙烯膜还具有易处理的优点。

2. 聚丙烯（PP）

聚丙烯膜可通过均聚或共聚方法制得。由于聚丙烯较差的熔体强度，导致均聚物很难产生。聚丙烯膜有优异的防水和水蒸气性能，较好的防油性能，但对气体的阻隔性能较差。在高温下，聚丙烯具有热封性，且耐热性（微波）优于聚乙烯。定向聚丙烯（双向拉伸聚丙烯）目前广泛应用于包装领域。

3. 聚酯

聚对苯二甲酸乙二醇酯（PET）是最常用的聚酯材料。PET 膜通常是半结晶态的聚对苯二甲酸乙二醇酯（C-PET），其结晶度可达 40％以上。市场上的主要产品是无定型的 PET 膜（A-PET）。A-PET 是透明的，而 C-PET 是不透明的。A-PET 易于热封合，而半结晶态 PET 需要涂刷漆层。PET 膜有较好的防水、防水蒸气和防油性能，同时对气体的阻隔性适中，对芳香气味和溶剂的阻隔性能优异。PET 的耐热性能极好，因此广泛应用于烘烤托盘。此外，PET 还有很好的耐低温性。用于包装领域的 PET 膜大部分是双向拉伸的 PET（BO-PET），膜厚度通常为 $12\mu m$，具有耐热、机械加工性能良好、强度高、尺寸稳定性好、透明度高以及印刷适性好的特点。

4. 聚酰胺（PA）

聚酰胺膜主要由 PA 6 制成，PA 66 也较为常用。其优异的机械性能使其应用较为广泛。PA 对气体、芳香气味、油脂有较好的阻隔性能，但防水和防水蒸气的性能较差。另外，PA 的耐热性和抗低温性能较好。

PA 还有其他优良特性，如热成型性能、抗应力开裂、耐磨性和韧性。当与乙烯-乙烯醇共聚物（EVOH）共挤时，其阻隔性和芳香滞留性能较好。

5. 乳酸聚合物（PLA）

乳酸聚合物是由乳酸聚合而成的具有生物可降解性的聚合物。PLA 膜透明度非常高，其价格与 PET 膜相近。但是，PLA 膜较厚（$25\sim50\mu m$），远高于 PET 膜。PLA 膜具有较好的残余褶皱性能。需要注意的是，PLA 膜虽然可以生物降解，但速度较慢。

6. 定向塑料薄膜

塑料膜可以单向或者双向拉伸，最常见的单向或双向拉伸膜有 OPP 膜、BOPP 膜、OPET 膜、BOPET 膜、OPA 膜以及 BOPA 膜。其方向性很大程度上可增强其高度结晶聚合物的机械强度和阻隔性能。用于包装的定向薄膜非常薄，通常为 $12\mu m$。取向性可降低聚合物的热封合性。因此，可采用共挤出涂层（如在 BOPP 膜中的 PP 共聚物）或热熔胶涂层（如丙烯酸树脂、聚偏二氯乙烯或者低密度乙烯）。

如今，用于包装领域最为常见的定向层压膜是 BOPP。然而，如果用于热封合或者最终使用时需要耐 140℃以上的高温，BOPET 膜是更好的选择，BOPET 膜耐热温度可达 220～230℃。另外，BOPET 膜也经常用于高质量凹版印刷。

（四）金属箔塑料薄膜

金属箔塑料薄膜主要是用于取代铝箔。金属箔薄膜对光和气体有良好的阻隔性能。最常用的金属箔薄膜为 BOPET。BOPET 膜有足够高的表面能以对所镀的铝具有一定的黏附力。市面上常见的金属箔薄膜还有 BOPE、BOPP、BOPA 和 BOPLA。微波炉托盘上仅有一层很薄的金属箔薄膜，镀层厚度大约为 $0.05\mu m$ 就可以改善塑料薄膜的阻隔性能。例如，BOPP 的水蒸气透过率（WVTR）可从 $4g/(m^2 \cdot d)$ 降低至 $1g/(m^2 \cdot d)$，氧气透过率（OTR）从 $2304cm^3/(m^2 \cdot d)$ 降低至 $51 cm^3/(m^2 \cdot d)$。与铝箔相比，金属箔薄膜具有更好的抗挠裂性能（flex crack resistance），且制造时能耗低，仅需要制造铝箔能源消耗量的 2％。

（五）网状材料

网状材料主要用于改善复合加工材料的机械性能。最常用的网状材料是玻璃纤维、PET和PA，主要用于工业包装以增强层压复合效果，例如用于钢包装和建筑领域的复合制品。这种网状材料通常与挂面纸板或者牛皮纸一起层压复合。有时，铝箔也与网状材料、纸张等材料一起层压。

三、复合加工用胶黏剂

（一）胶黏剂的作用原理

在复合加工纸的生产中，通常使用胶黏剂作为复合介质，将2种或2种以上的基材通过一定的工艺黏合在一起，因此，胶黏剂的黏合力是最重要的性能指标。

胶黏剂可通过机械连锁、扩散、静电作用、表面润湿和化学黏附等多种作用方式发挥黏结作用。机械连锁是指一种组分渗透到表面不规则的另一种组分中去，产生黏结作用；扩散是指当达到足够高的温度时，黏合剂分子或分子链段开始运动，大分子或分子链段可以发生相互扩散进而发生黏合；静电作用是指不同的材料接触时，会在界面处形成一个双电子层，进而产生静电作用；表面润湿是指材料间紧密接触后，材料之间会发生分子水平的物理作用；化学黏附是指材料间通过化学键、离子键、共价键、配位键和金属键的键合发挥作用。待复合的材料通过上述一种或几种作用实现牢固结合。

两种基材间的黏结强度取决于胶黏剂的内聚强度、被黏材料强度和胶黏剂与被黏材料间的结合力，最终强度受三者中最弱者控制。图4-1是复合黏结示意图。

涂布时，胶黏剂对基材的润湿是黏合的第一步，也是最重要的一步，如图4-2所示。

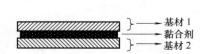

图 4-1　复合黏结示意图

图 4-2　胶黏剂对基材的润湿状况

胶黏剂在基材表面达到热力学平衡状态时，应满足方程式（4-1）或方程式（4-2）要求。

$$\gamma_S = \gamma_L \cos\alpha + \gamma_{SL} \tag{4-1}$$

$$或 \quad \cos\alpha = \frac{\gamma_S + \gamma_{SL}}{\gamma_L} \tag{4-2}$$

式中　γ_S——固体的表面张力

γ_L——液体的表面张力

γ_{SL}——固液界面的界面张力

α——固液间的接触角

由式（4-2）可见，表面张力小的液体能够很好地润湿表面张力大的物体，而表面张力大的液体很难润湿表面张力小的物质。有时需要在胶黏剂的配方中加入一些表面活性剂以降低胶黏剂的表面张力，从而提高胶黏剂对被黏结物的润湿能力，为更好地形成物理化学结合创造条件。

金属箔的表面张力较大，通常远高于胶黏剂的表面张力。如果金属箔的表面是干净的，则很容易被胶黏剂润湿，从而为形成良好的黏结力打下基础。也正因为金属箔的表面张力大而容易被表面张力小的物质，如油类物质所污染，因此复合加工前常常需要加以表面处理。

一般来说，塑料膜的表面张力与胶黏剂的表面张力大致相近，因此润湿比较困难，需要很好地控制复合条件。

（二）胶黏剂的类型

胶黏剂可以分为无机胶黏剂和有机胶黏剂两大类，有机胶黏剂又可以分为天然胶黏剂和合成胶黏剂两类，天然胶黏剂包括植物胶黏剂和动物胶黏剂两种。合成胶黏剂也称之为合成高分子胶黏剂。

早期的复合加工纸多使用植物胶和动物胶，后来使用一些无机胶黏剂，如硅酸钠等，现在大多数复合加工纸厂家使用有机合成高分子胶黏剂。

根据不同的使用要求，有机合成高分子胶黏剂一般由多种材料复配而成，其配方中有作为主体材料的有机高分子原料，还有溶剂、乳化剂、增塑剂、偶联剂、增稠剂、固化剂和填料等。

合成高分子胶黏剂可按不同的分类方法分类，如可以根据溶剂的类型分为水性胶黏剂和溶剂型胶黏剂等；也可以根据胶黏剂的固化方式分类。表 4-1 按固化方式分为 3 类：溶剂型胶黏剂、反应型胶黏剂和热熔型胶黏剂。

表 4-1 胶黏剂的分类及常见品种

分类	常见品种	固化方式
溶剂型	热固性：酚醛、脲醛、环氧、聚异氰酸酯 热塑性：聚乙酸乙烯酯、氯乙烯乙酸乙烯酯、丙烯酸酯、聚苯乙烯、醇酸树脂、纤维素衍生物、饱和聚酯 橡胶：再生橡胶、丁苯橡胶、氯丁橡胶、氰基橡胶	是最常见的一类复合加工纸胶黏剂，为全溶剂蒸发型。溶剂从黏结端面挥发或者被黏物自身吸收而消失，形成黏结膜而发挥黏结力，是一种纯粹的物理可逆过程。因而固化速度可随环境的温度、湿度，被黏物质的松厚度、含水量以及黏结面的大小，加压方式而改变。
反应型	热固性：酚醛、脲醛、环氧、不饱和聚酯、丙烯酸双酯、有机硅、聚酰亚胺、聚苯并咪唑 热塑性：氰基丙烯酸酯、聚氨酯 橡胶：聚硫橡胶、硅橡胶、聚氨酯橡胶 混合型：环氧-酚醛、环氧-聚酰胺、环氧-聚硫橡胶、尼龙-环氧	由不可逆的化学变化引起固化，此变化是在主体化合物中加入催化剂，通过加热或不加热进行。按配制方法及固化条件，可分为单组分、双组分甚至三组分的室温固化型、加热固化型等多种形式。这类胶黏剂在复合加工纸中应用较多。
热熔型	热塑性：聚乙酸乙烯、醇酸树脂、聚苯乙烯、聚丙烯酸酯、纤维素 橡胶：丁基橡胶 天然物：松香、虫胶、牛皮胶	是一种常用的复合加工纸用胶黏剂，是随涂胶机的发展而发展起来的一类胶黏剂。以热塑性高聚物为主要成分，是不含水或溶剂的粒状、圆柱状、块状、棒状、带状或线状固体聚合物。通过加热熔融黏结，随后冷却固化发挥黏结力。这一类型的胶黏剂像牛皮胶、沥青、石蜡等很早就被使用。
其他	石蜡、微晶石蜡、聚乙烯、萜烯树脂、聚丙烯	

（三）胶黏剂的性质

在复合加工纸的生产中，要获得满意的复合加工效果，首先胶黏剂必须润湿基材的表面，并尽可能快速而均匀地在基材的表面上形成膜，胶黏剂的黏结效果取决于这些基本要求是否被满足。胶黏剂的一些物理化学性质对胶黏剂的使用效果有着十分重要的影响，如黏度、流变性、黏性、贮存稳定性和发泡趋势等。

黏度反映液体的流动阻力，高黏度胶黏剂的流动性较差。温度对胶黏剂的黏度有较大的影响。一般来说，温度越高黏度越低。在复合加工纸的生产中，胶黏剂的黏度是十分重要的参数，必须严格加以控制，旋转黏度计是测定胶黏剂黏度最常用的方法。可以通过改变胶黏剂的固含量和温度来调节其黏度。

在复合加工纸的生产中，胶黏剂的流变性和黏度同等重要。一般来说，胶黏剂都是非牛顿型流体，其黏度随剪切条件而变。触变性是胶黏剂的一个重要的特性，对涂胶有重大的影响，具有良好流变特性的胶黏剂，能够得到良好的分布，涂胶后则会因黏度增大而防止胶黏剂过分渗入原纸。

胶黏剂的黏性和固化时间对复合加工纸的生产也十分重要。黏性是个很难客观准确地加以描述和测量的指标。一般认为，黏性是两个表面最初接触时胶黏剂产生的黏结力。固化时间指的是胶黏剂在基材上形成膜并产生足够的强度所需要的时间。胶黏剂太黏、不够黏或固化时间不合适等都可能给复合加工纸的生产带来问题。太黏可能造成涂布辊黏辊，黏性太小则无法保证基材间的良好结合。固化时间太短，则可能造成基材间无法良好结合，发展不了强度。固化时间太长，干燥或挤压后胶黏剂尚未发展出足够的强度。

胶黏剂的这些性质可以通过优化配方或改变固含量、温度等生产条件在一定的范围内加以改变。在贮藏过程中，胶黏剂的黏度、流变性和固化时间的稳定性也是十分重要的。胶黏剂贮藏时，溶剂挥发、细菌发酵、热降解、冰冻、泡沫和化学改性等外界条件的变化都可能造成胶黏剂的稳定性发生变化，从而对其性能产生影响。

胶黏剂的极性也是个重要的参考指标。极性大的高分子材料配制成的胶黏剂对极性基材有较好的黏合力。一般来说，胶黏剂的黏合力与主体高分子化合物基团的极性大小和数量成正比。但如果高分子化合物分子中的极性基团过多，则会因其相互作用而束缚其链段的扩散活动能力，从而降低其黏合力。相反，极性大的胶黏剂对非极性基材的黏合力较差。对非极性基材间的复合应选用非极性高分子材料配制的黏合剂。因为非极性胶黏剂在非极性基材间容易产生渗透、扩散作用，从而产生良好的机械和物理化学结合，形成良好的复合强度。不含或仅含少量极性基团的高分子材料是非极性材料。

高分子化合物的相对分子质量及其分布对黏结强度也有较大的影响。一般来说，相对分子质量低则分子的运动能力比较强，胶黏剂对被黏基材表面的润湿能力也比较强，黏结强度较高。相对分子质量太低又会使高分子化合物缺乏足够的内聚力，从而降低黏结强度。

对热固性的胶黏剂，高聚物的相对分子质量对黏结强度的影响主要通过胶黏剂固化前的扩散速度、交联密度及产物的韧性和内聚强度的不同而起作用。固化前树脂的相对分子质量小，则分子的活动能力强，固化后有利于提高黏结强度。但交联密度太大则会导致脆性增加。

表 4-2 是常用胶黏剂和黏合促进剂的品种、性质及其特点。

表 4-2　　　　复合加工纸常用胶黏剂和黏合促进剂的品种、性质及其特点

类别	主要品种	特　点
水性胶黏剂	淀粉及其衍生物、纤维素衍生物、水溶性动物蛋白、聚乙烯醇、聚氧乙烯、聚丙烯酰胺、水玻璃、各种合成胶乳等	含有亲水性基团，如—OH、—COONa 和—CONH 等，易溶于水
有机溶剂胶黏剂	聚醋酸乙烯酯、聚乙烯醇缩丁醛、聚氨酯及合成橡胶等	抗水、易干燥、对金属箔有较好的黏附性，易燃

续表

类别	主要品种	特　　点
热熔性胶黏剂	石油蜡、微晶蜡、沥青、松香衍生物等	防潮、耐水，黏结性能较差
黏合促进剂	钛酸四异丙酯、钛酸四丁酯、乙酰乙酸酯、烷基钛酸酯、聚乙烯亚胺、聚异氰酸酯等	能够增强聚烯类塑料薄膜的黏合能力

在实际生产中，有些胶黏剂可单独使用，有些需用多种物质配制而成。在多层复合加工纸中，塑料薄膜间的相互黏结，必须考虑两种树脂的特性，在两种树脂间加入第三种能与两者都亲和的物质，或使用一些胶黏剂，但这种复合对胶黏剂是有选择性的。不同类或同一类而不同种的塑料使用不同的胶黏剂，层间结合均属化学结合。

表 4-3 为两种塑料复合时常用的胶黏剂。

表 4-3 　　　　　　　　　　　　　　塑料复合时常用的胶黏剂

塑料薄膜种类	常用黏合剂	塑料薄膜种类	常用黏合剂
聚乙烯（未处理）	硅树脂的二甲苯液、聚丁二烯	软聚氯乙烯	丁氰酚醛、丁苯胶乳
聚乙烯（已处理）	聚硫与聚酰胺、丁氰酚醛	硝酸纤维素	硝酸纤维素、聚氨酯、氰基丙烯酸酯
聚丙烯（未处理）	硅树脂的二甲苯液	聚酯	丁氰酚醛、酚醛环氧
聚丙烯（已处理）	聚硫与聚酰胺、丁氰酚醛	三聚氰胺	聚氨酯、酚醛环氧
聚苯乙烯	聚硫与聚酰胺、聚氨酯、氰基丙烯酸酯	尼龙	丁氰酚醛、间苯二酚甲醛
聚氨酯	聚硫与聚酰胺、间苯二酚甲醛	醋酸纤维素	聚氨酯、氰基丙烯酸酯
聚碳酸酯	聚硫与聚酰胺、聚氨酯	环氧树脂	间苯二酚甲醛、酚醛、呋喃
硬聚氯乙烯	聚硫与聚酰胺、丁氰酚醛		

四、复合加工方法

由于复合加工时所用胶黏剂的种类不同，复合加工纸的加工方法可分为湿法复合、干法复合、热熔复合、挤压复合和无溶剂复合 5 大类。

（一）湿法层合

湿法复合加工主要用于基材为多孔性材料（比如说纸）产品的生产，是复合加工纸最传统的加工方式，其工作原理如图 4-3 所示。

复合加工时，首先通过涂布机或胶糊机将水性胶黏剂涂布在第一种基材的表面，然后通过压辊将第二种基材与第一种基材贴合、压紧、干燥，从而完成复合加工操作。常用的胶黏剂有改性淀粉、聚乙烯醇、聚醋酸乙烯和聚丙烯酸酯等。

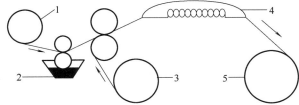

图 4-3　湿法复合设备及工作原理图
1—基材　2—胶黏剂　3—纸　4—干燥器　5—卷取机

湿法复合使用水性胶黏剂时，胶合后必须通过基材的空隙把水分完全干燥蒸发脱除。因此，湿法复合加工时要求基材为多孔性材料。湿法层合生产对基材原纸的要求较高，如要求尺寸稳定性好、原纸物性纵横向差小、加工过程中不产生翘曲和皱褶等。胶黏剂的种类、黏度和涂布量对复合加工产品的黏合强度有较大的影响。

湿法复合使用的涂布方式有计量棒式、凹辊式和压榨辊式等。应根据复合材料的性质和产品的质量要求来选用适当种类的黏合剂，同时根据涂布装置的工作性能要求来确定胶黏剂的黏度，例如使用接触辊式涂布，铝箔与不同的原纸复合时，胶黏剂的黏度可分别控制在 $0.7\sim2.5\mathrm{Pa \cdot s}$，纸和纸板层合时，则黏度可控制在 $2\sim3\mathrm{Pa \cdot s}$。

湿法复合加工纸的干燥可使用热风干燥、烘缸干燥，也可以使用远红外干燥，其中最常见的是热风干燥。湿法复合成本低，无污染，操作简单，胶黏剂用量少，因此适用于大规模生产等。其缺点是设备较庞大，耗能多。

（二）干法复合

干法复合主要用于以金属箔、薄膜等非多孔性材料为基材的复合加工产品。由于复合后两种复合基材间胶黏剂中的溶剂无法蒸发除去，故只能先将胶黏剂涂在一种基材上，然后通过干燥器将溶剂蒸发除去，并用加热的压辊进行挤压复合。图 4-4 为干法复合加工的工作原理示意图。

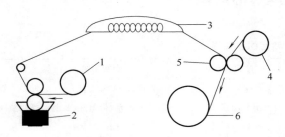

图 4-4　干法复合设备及工作原理图
1—铝箔　2—胶黏剂　3—干燥器
4—薄膜材料　5—层合　6—卷取

干法复合使用的胶黏剂有醋酸乙烯、氯乙烯树脂和聚酯等有机溶剂溶液，常用的涂布方式有压榨辊式、凹辊式和逆转辊式等，需要注意的是直接辊式涂布头的橡胶背辊必须耐溶剂。逆转辊式涂布对涂料没有特殊的要求，适用黏度 $0.1\sim50\mathrm{Pa \cdot s}$。但对设备的精度要求较高。逆转辊式涂布头的上胶方式有上部给料和下部给料两种方式，无论哪种形式，对涂布辊和计量辊的精度都有严格的要求。

干法复合的适用范围较广，适用于金属箔、玻璃纸和塑料薄膜等各种非多孔性材料的复合。其优点是操作温度较低，塑料薄膜受氧化的程度小，因而可以使其保持良好的热封性。但由于干法复合使用有机溶剂涂布，不仅使加工纸的成本增高，而且易引起火灾和造成对环境的污染，这些缺点限制了干法复合加工技术的普及。

（三）热熔复合

热熔复合是将热熔性胶黏剂加热熔化，使之成为具有一定黏度的液状物体，然后涂于复合基材上，在胶黏剂冷却之前使用冷却辊加压与另一种材料复合，卷取后即得到复合产品。热熔复合的工作原理如图 4-5 所示。

热熔复合使用的胶黏剂需要在较高的温度下使其熔化，其黏度一般在 $10\sim20\mathrm{Pa \cdot s}$ 之间，大多采用辊式涂布机进行涂布。热熔复合加工的优点是复合周期短，无须干燥设

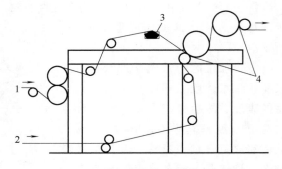

图 4-5　热熔复合设备及工作原理图
1—基材 A　2—基材 B　3—胶黏剂　4—层合

备，生产安全，对环境无污染，适用于高速化生产。其缺点是对操作温度的控制要求较高，对胶黏剂的要求比较严格。热熔复合适用于铝箔与纸、玻璃纸与铝箔的复合，多用于生产防湿性热封包装纸等产品。

（四）挤压复合

挤压复合是一种不用胶黏剂的复合加工方法，即通过挤出机将加热熔融的树脂涂敷在另一个已定形的薄膜状物体上，使之与其复合成为一个整体，是复合加工纸的最常用的生产方法之一。在挤压复合中，最常用的塑料是聚烯烃，主要是聚乙烯（PE）和聚丙烯（PP）两种。薄膜状通常是纸、纸板、铝箔和网状材料。

1. 挤出机

挤压复合是将合成树脂原料置于挤出机中加热使其熔融，并经塑模（口模）而呈膜状从机头喷出。喷出的热熔状薄膜在热熔状态下与基材层合，最后通过冷却辊冷却固化后即成为复合成品。常用的挤压复合设备为单螺杆卧式挤出机，图 4-6 是其结构示意图。

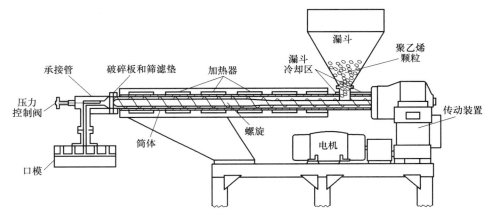

图 4-6 单螺杆卧式挤出机结构示意图

挤出机的承接装置是其核心部件，详细构造如图 4-7 所示。

挤压涂布口模使聚合物最终熔融成宽幅的薄膜。通过调节唇板开口来维持所要求的熔融物温度和均匀分布的聚合物厚度。另外，挤压涂布口模还可使聚合物保持所需宽度。合理的口模设计通常要避免死角以防止阻滞聚合物流动进而发生降解。常用的口模为 T 形模和衣架形模，如图 4-8 所示。

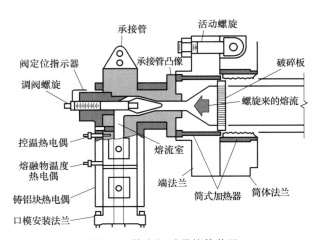

图 4-7 挤出机后承接管装置

从口模下来的热熔状薄膜与基材经挤压复合系统层合到一起。影响黏附效果的因素很多，黏附不牢是挤压涂布中的常见问题，尤其是当挤压涂布向较高线速度和较薄涂层的方向发展时，薄膜与基材的挤压复合过程及其重要，影响因素如图 4-9 所示。

热压接式是最常用的挤压复合加工方式，挤出的熔融薄膜与基材在冷却辊和包橡胶的压合辊之间加压、复合，在冷却辊上迅速冷却。基材的性质和熔融薄膜的厚度取决于膜的熔融温度，一般控制在 $300\sim320℃$，冷却辊的温度也可根据基材的特性、产品的复合厚度而定，在 $5\sim25℃$ 的范围内调整。

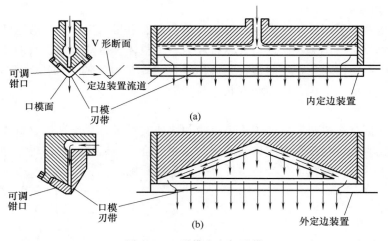

图 4-8　T 形模和衣架形模

（a）T 形模　（b）衣架形模

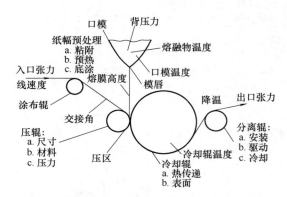

图 4-9　薄膜与基材的挤压复合过程及其重要影响因素

低温挤压复合时，从模缝中出来的熔融薄膜直接与冷却辊接触，在低温下与基材复合，所以基材与薄膜间需要使用少量胶黏剂进行黏结预处理。熔融树脂的温度控制在 240～260℃。

总之，挤压复合纸的层间缩合可借热熔状态下的压力作用，使薄膜直接与纸的粗糙表面结合，也可通过黏合剂使其结合，或者采用黏合促进剂来增强其结合。

2. 复合薄膜的特性

塑料的品种很多，基本上可分为热塑性塑料和热固性塑料两大类。热塑性塑料的特点是遇热软化至熔化，冷却后重新变硬。软化和硬化的过程可以重复进行。热塑性塑料包括聚氯乙烯、聚乙烯、聚丙烯、聚苯乙烯及其共聚体、尼龙、聚甲醛、聚碳酸酯、氯化聚醚、聚苯醚和聚砜等。

热塑性塑料具有成形工艺简便，产品的物理和机械性能较高等优点，其缺点是耐热性和刚性较差。近年使用的各种氟塑料、聚酰亚胺和聚苯并咪唑等具有许多优点，如耐腐蚀、耐高温、高绝缘和低摩擦因数等。

热固性塑料的特点是在一定的温度下加热，经过一定时间的冷却或加入固化剂后即可固化。固化后的塑料，质地坚硬而不溶于溶剂，重新加热也不能使其软化。如果加热温度过高将使其分解。其典型产品如酚醛、环氧乙烷、聚酯、氨基树脂及各种有机硅树脂等。这类塑料的成型工艺比较复杂，生产效率较低，但具有耐热性好、刚度高和受压不易变形等优点。

塑料的热塑性和热固性质取决于树脂的结构。热固性塑料成型前，其线形聚合物的分子链中带有反应基团，如羟甲基等，或带有反应活化点，如不饱和键等。成型时，反应基团间或反应活化点可与交联剂产生交联反应，结果使热固性树脂分子向三维空间发展，并逐渐形成了巨型网状结构。并且，这个过程是不可逆的。

热塑性树脂的线形聚合物的分子链上一般不带有上述反应基团或反应活化点，无法形成这种不可逆的巨型网状结构，因此表现出热塑性。

在挤出复合生产时，有时也使用两种塑料薄膜进行共挤出复合加工。即利用塑料挤出机的多孔机头，通过共挤出作用，将尚处于熔融状态的两种不同的树脂压为一体，如图4-10所示。多层共挤出机可将两层或更多的聚合物层复合成一层膜。多层共挤出机有3种系统：单集流管模，双槽口模以及多集流管模。综合承接管和进料单元方法是最古老的多层共挤出过程，如图4-10（a）和图4-10（b）所示。共挤出工序常使用一个单集流管模和一个带有附加挤出设备的挤出机和进料单元。

挤压涂布线通常使用2个或3个挤出机，即A、B、C。转化器通常有多个承接管模块，并将其组合在一起形成多层结构。使用2个挤出机的典型系统，可以是AB、BA、ABA、BAB。使用3个挤出机的组合系统可以是ABC，ACBC和ABCBA等。调整挤出螺旋速度可用来控制每层厚度，但每层宽幅是不可调节的。采用普通的唇板调节器仅能调节涂层总厚度。多层共挤出机进

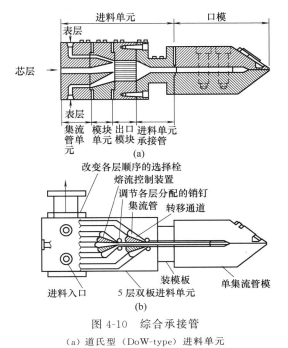

图 4-10　综合承接管

（a）道氏型（DoW-type）进料单元

（b）克罗林型（Cloeren-type）进料单元

料单元的缺点是不同聚合物熔流的黏度必须在相同范围内，以避免聚合物混合后的流动不稳定及膜层厚度的不均一问题。黏度差异影响较小，黏度差异高达1：3时也有可能生产出令人满意的隔层。

3. 挤压复合时影响层间黏结力的因素

层间黏结力是挤压复合加工的重要质量指标，黏合原理不同，黏结力的大小差异较大。一般来说化学黏合的黏结力比机械黏合的黏结力要大得多。但不论哪种黏合，均受树脂的熔融温度、熔融指数、压辊硬度、压辊比压、复合线速度、复合薄膜的厚度和基材的性质等的影响。

（1）熔融温度的影响

树脂熔融温度取决于树脂的种类和规格。一般来说，提高树脂的熔融温度有利于增加复合层间的结合力。但温度过高，不仅使能耗增加，而且将引起纸基焦化反而会降低层间的结合强度。对热固性树脂来说，温度过高还会使其分解，但熔融温度也不能太低，温度太低不仅使复合层间结合力减小，而且还会引起薄膜表面粗糙等质量问题，因而必须严格加以控制。

（2）熔融指数的影响

树脂的熔融指数是指在一定的温度和压力下，树脂熔融料10min通过标准毛细管的质量，其单位为g/10min。熔融指数是选择树脂的一个重要指标。就树脂本身的性能来说，薄膜的拉伸强度、裂断伸长率、冲击强度、低温脆性、耐应力的开裂性、耐磨性和耐化学腐蚀性等均因熔融指数的下降而增大，而成形流动性、表面光泽度和透明度等却随熔融指数的下

降而降低。一般来说，随着树脂熔融指数的增加，复合层间的结合力增大，因此，如果仅从结合力的角度考虑，希望选取熔融指数大的树脂。但是，熔融指数太大，又会使薄膜自身的强度降低。

（3）压辊硬度和线压力的影响

挤出机挤出的薄膜，是通过压辊与冷却辊组成的压区与基材复合的。冷却辊是一个表面镀铬辊，压辊是一个包胶辊，其包胶层厚度在 20～50mm。这两个辊间的比压和压辊的硬度因复合纸种和复合线速度不同而不同，它们均对复合层间的黏合力有影响，而比压和辊的硬度又是相互影响的。因为在一定比压下，压辊的硬度小，压区加压面积增大，单位面积上的压力减小。反之则单位面积上的压力增大。

在实际生产中，压辊硬度和压辊的比压增大均会增大复合层间的黏合力。因为比压增加可使层间紧贴，这不论是对化学结合还是机械结合均是有利的。在复合线速度和辊的硬度一定时，如果比压太小，层间不能贴紧而存有空气，可能使复合不牢。相反，如比压太大，可能会产生皱褶或使基材出现焦化现象。因此，在实际生产中应综合考虑压辊的硬度、比压和复合线速度间的关系。

压辊的比压通常应控制在 $(1.96\sim4.91)\times10^3\,Pa$ 的范围，压辊的硬度在生产食品包装材料采用硅橡胶包胶时，为肖氏 60～70 度；在生产复合纸类等多孔性材料采用氯丁橡胶包胶时，其硬度可达到 80～90 度。前者硬度较低，辊面软而易磨损，后者聚乙烯薄膜黏附后难剥离，生产中需用水或硅油润滑防黏，否则还会影响薄膜的表面光泽度。因此，有的厂还采用在胶辊外再包覆一层聚四氟乙烯薄片，以提高辊面硬度、耐热、耐磨和可剥离等性能。

（4）复合线速度的影响

复合加工纸的复合速度增加，复合层间的黏合力下降，而且下降的速度很快。因为在其他条件一定时，增加复合线速度，实际上是减少了复合层通过压区（压辊与冷却辊间）的时间，因而使层间黏合力降低。因此，必须根据压辊的硬度、比压、冷却辊的温度和基材的种类综合考虑，来确定复合线速度的大小。

（5）预处理和后处理的影响

预处理是指在复合前，对基材进行处理。后处理是指在复合后对复合材料进行的处理。预处理和后处理均可增加复合层间的黏结力、提高复合纸的剥离强度。预处理和后处理的方法主要有对基材加热以干燥基材，降低其水分含量、电晕放电、光照、氧化和预涂黏合促进剂等。其中电晕放电预处理基材表面，可以提高黏结力，用于后处理，可以改善薄膜的印刷性能。氧化主要是延长空气间隙（指模唇到压辊与冷却辊接触线间的距离）。因为延长空气间隙（或提高树脂的熔融温度），可促使薄膜表面氧化，产生极性基团，从而使黏合力增加。为防止非复合面的氧化，可用预热的氮气加以保护。

预涂黏合促进剂的方法用得较多，可以在机外涂布，但多数挤压复合生产线中均包括预涂部分。常用的黏合促进剂是有机酞酸酯，可用正庚烷、乙烷和甲苯作溶剂，浓度为 2%～5%，预涂量为 $1\sim2g/m^2$。

（五）无溶剂层压复合

无溶剂层压复合过程中不使用溶剂，也无须进行干燥。胶黏剂为无有机挥发成分的100%固体物质。既有单组分系统，也有双组分系统。通常靠空气中的湿度完成固化过程。

由于该胶黏剂通常黏度较高，可达 1000～3000mPa·s，所以不能使用凹版辊。该技术设备通常使用 4 个上涂辊，并以不同速度运行。第一个辊运转速度很低，第二个辊速度为线速度的 5%～50%，第三个辊速度接近线速度，而第四个辊的速度与线速度相同。辊与辊之间的间隙都是可调的，而胶黏剂薄膜在间隙处分离。在最后一个辊子上，涂层厚度与胶黏剂涂布量对应。此处胶黏剂质量很少，约为 2g/m²。无溶剂层压复合过程如图 4-11 所示。

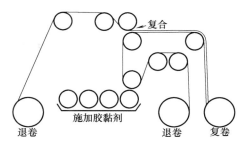

图 4-11　无溶剂层压复合过程

无溶剂层压复合技术对设备的要求较高，涂布温度可从常温到 100℃ 变化，生产线速度可高达 300m/min。

五、典型产品的加工方法及用途

（一）典型复合加工纸品种及用途

几种典型复合加工纸品种及用途，列于表 4-4 中。

表 4-4　　　　　　　　　　　典型复合加工纸品种及用途

序号	纸　种	用　途
1	适印白纸 40g/m²＋PE 17g/m²＋铝箔 20μm＋PE 17g/m²（4 层复合）	药品包装
2	适印白纸 180g/m²＋PE 25g/m²（2 层复合）	牛奶、奶酪等的包装
3	彩色玻璃纸 30g/m²＋PE 25g/m²（2 层复合）	糖块、方便面等的包装
4	黄纸 60g/m²＋铝箔 12μm＋PE 25g/m²（3 层复合）	胶片等感光材料包装
5	PE 20g/m²＋防锈原纸 70g/m²＋气相缓蚀剂（3 层复合）	机械零件及金属制品包装
6	硅油 5g/m²＋PE 20g/m²＋牛皮纸 70g/m²（3 层复合）	防黏包装
7	硅油 5g/m²＋PE 20g/m²＋胶带纸 70g/m²（3 层复合）	作压敏胶带纸原纸
8	桑皮纸 12g/m²＋PE 22g/m²（2 层复合）	作代布纸
9	牛皮纸 80g/m²＋PE 20g/m²（2 层复合）	作防潮纸袋内衬
10	牛皮纸 120g/m²＋PE 40g/m²（2 层复合）	代替油毡作防潮箱衬

注：PE 即聚乙烯。

（二）常用的复合材料复合结构及加工方法

几种常用的复合材料复合结构及加工方法，列于表 4-5 中。

表 4-5　　　　　　　　　　　几种常用的复合结构及加工方法

复 合 结 构	加 工 方 法	复 合 结 构	加 工 方 法
PE＋白纸板＋PE	挤压法复合	玻璃纸＋PE＋铝箔＋纸＋PP	干法＋湿法复合
板纸＋铝箔＋PE	湿法＋挤压复合	PE＋防锈原纸＋气相缓蚀剂	湿法复合
PE＋白纸板＋铝箔＋PE	挤压＋湿法复合	彩印玻璃纸＋PE	干法复合
PE＋白纸板＋PE＋铝箔＋PE	挤压＋湿法复合	牛皮纸＋PE	挤压复合

注：PP—聚丙烯　PE—聚乙烯

第二节　变性加工纸

广义上说，凡能使纸的性质发生显著变化或赋予纸张新的功能，都属于纸的变性加工范畴。但本节所说的变性加工纸，仅指原纸受化学药剂作用而显著改变了特性的纸类。这类加工纸可分为 3 类：

第一类是所用的化学药剂是纤维的溶剂和润胀剂，润胀甚至达到溶解状态，将原纸处理到"胶化"状态，再形成纤维致密的纸页；

第二类是采用能与纤维素发生接枝共聚或交联反应的药剂，对原纸进行浸渍或涂布，使药剂与纤维素反应而改变原纸特性得到具有新功能的纸张；

第三类是通过物理、化学及生物等综合处理方法处理纤维素纤维，制备纤维素纳米晶或纳纤丝，或者对纤维进行化学修饰，自身或与其他材料复合制备成的新材料。

一、钢　　纸

（一）概述

1. 钢纸的概念与特性

钢纸是在 20 世纪 60 年代从国外引进的纸张产品，德国、美国和日本等国是主产国，国内主要在青岛、上海和三门峡等地生产。目前国内需求量每年在 1 万 t 以上。钢纸是用浓氯化锌溶液处理原纸所得到的变性加工纸，它以机械强度高而得名。原纸一般是用纯棉花或精制木浆作为原料。产品形状以板状为主，根据不同的用途制成不同的厚度。钢纸具有相对密度低（约为合金的 1/2）、强度高（是铝合金的 2 倍）、可生物降解性和用途广等特点，同时具有好的机械加工特性、优良的电绝缘性、较高的耐热耐寒性以及耐油和耐腐蚀等特性。因此，钢纸制品是高强、耐久、质轻、美观、价廉的高品质变性纸。

钢纸除了可以制成平板状的，也可以根据需要制成纸棒和纸管等特殊形状的。我国目前的钢纸产品主要有 3 种，即硬钢纸、软钢纸和钢纸管。硬钢纸是变性加工后的钢纸经过完成整理后得到的。其中，薄型的产品可为 0.5mm，厚型的产品可超过 5mm。超过 5mm 的厚钢纸，一般是用薄钢纸黏合而成的。

2. 钢纸制备原理

氯化锌溶液与纤维素的反应原理：当含量高于 65% 时，氯化锌不是仅以 $ZnCl_2 \cdot 4H_2O$ 的形式存在，多余的 Zn^{2+} 还会游离出来，游离的 Zn^{2+} 与纤维素分子链上羟基的氧原子相互作用，使纤维素分子间和分子内的氢键破坏，从而使纤维内聚力减小，发生润胀和溶解作用。同时，Cl^{-1} 也具有溶解纤维素分子的作用，如 LiCl 和 $CaCl_2$ 都具有使纤维发生润胀、溶解或促进纤维素溶解的能力。浓的氯化锌溶液对纤维的润胀和胶化作用在几秒钟内即可完成，纤维素降解为糊精，这种糊精具有很高的黏合力，使纤维之间的结合力明显提升。用浸析法除去氯化锌溶液，再经过干燥和压光整饰得到致密纤维材料，即钢纸。

3. 钢纸的用途

在工业使用上，钢纸被广泛用于电器隔热、耐高压绝缘，普通的钢纸厚度在 2mm 就可耐电压 1 万伏，耐温达 280℃ 以上，是各种高压电气十分有用的隔热绝缘材料。普通的钢纸已为工业生产中不可缺少的特种材料，可用于电焊面罩制造，各种机动器械的耐高温垫片，各种家用电器的隔热绝缘体；各种抛光用的砂轮片基体；在军事和国防工业上，广泛用于防弹车的衬板，防暴用盾牌；钢纸在高强度、耐高温设备中广泛得到应用，比如在火箭发射架上用作隔热衬板，是新时期军事国防工业的不可缺少的有用材料。

总之，钢纸的各种工作特性越来越被人们所重视，其应用领域大致分为如下几个方面：

① 电器工业。可制作各种绝缘垫片、引信管、避雷针、电视机零件和仪表零件等。如钢纸管，可制作电器高压熔断器避雷针及其他线路套管；硬钢纸可作电器的绝缘消弧材料。

② 机械工业。可制作高速无声齿轮、轻轴瓦、小车轮；研磨材料、高压泵零件、砂轮底盘、活塞、皮碗和各种荷重垫片等；软钢纸可制作飞机、汽车、计算机的发动机及其他内

燃机的密封垫圈。

③ 纺织工业。可制作线轴、夹板筒管、落纱箱和运输小车等。

④ 劳保品。可制作矿山安全帽及电焊工防护面具等。

⑤ 日常生活用品。可制作小提包、小提箱、帽檐和运动鞋、中高档皮鞋的内衬和鞋垫等。

⑥ 国防工业。防弹、防爆、耐高温。

（二）钢纸的生产技术

1. 钢纸的生产流程

钢纸生产有间歇式、连续式和半连续式三种流程。

（1）间歇式。

流程方框图见图 4-12。间歇式钢纸生产过程是由单层特殊制造的原纸通过胶化槽底辊在浓度约为 70％的氯化锌溶液中渍后，在胶化烘缸上层层黏合，制成生钢纸，生钢纸达到厚度要求后切断纸头，然后在脱盐槽内脱盐、老化，经过浓度依次递减的稀氯化锌溶液和清水洗涤，再经过干燥、整形，成为平板钢纸，钢纸水分要控制在 8％～12％范围。间歇式生产线适合生产厚度 0.5～10mm 的平板钢纸，采用此流程生产的钢纸纵横拉力比小、质量较好，但生产效率低、劳动强度大。

图 4-12　钢纸间歇式生产工艺流程方框图

（2）连续式。

流程方框图见图 4-13。连续式钢纸生产过程是多层原纸卷展开，分别引向位于胶化槽前倾斜的导纸辊，通过胶化槽液下导辊，分层浸入的原纸在此黏在一起。从胶化槽出来后，经过一对压榨辊以挤出多余的氯化锌溶液，再经过一对胶化烘缸老化后，连续式的钢纸在一系列的脱盐槽中把氯化锌溶液完全脱出，钢纸进入干燥部，干燥后钢纸经过压光再切平板或卷取、复卷，最后包装入库，钢纸水分要控制在 6％～10％之间。连续式钢纸生产线通过设备改进，大大提高了生产效率、降低了劳动强度。可生产厚度 0.2～3.0mm 平板钢纸和卷筒钢纸，纸面平整，质量好，满足了现代涂覆磨料行业和阻燃行业的需要。

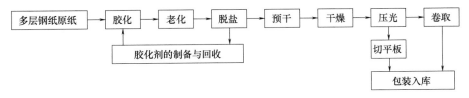

图 4-13　钢纸连续式生产工艺流程方框图

（3）半连续式。

流程方框图如图 4-14 所示。半连续式钢纸生产过程是国外钢纸（高档研磨）厂家采用的生产流程，主要用来生产高档研磨钢纸。它在工艺上与连续生产线相近，区别在于脱盐完成后，通过卷纸机把湿钢纸收卷后平衡一段时间，水分达到要求后开卷，经过预干、干燥的特殊处理，使钢纸的纵横拉力比减小，质量更能满足特殊用户的要求，同时生产上可灵活操作，可根据需要控制开停机时间。

a. 湿部：

b. 干部：

图 4-14　钢纸半连续式生产工艺流程方框图

2. 生产过程的影响因素

（1）原纸的影响

① 对原纸吸收性的要求。生产钢纸所用的原纸应具有较高的、均一的吸收能力。钢纸原纸的吸收性（吸液法）一般应控制在 33～45mm/10min。

② 对原纸强度的要求。钢纸原纸的物理强度对钢纸的强度有重要影响。欲制备高强度的钢纸，一般原纸的强度也应该较高。

③ 原纸的组成。原纸用浆的纤维素纯度越高越好。对于较高级的钢纸，最好用 100% 的漂白棉浆，而对于一般的钢纸，可配入 10%～20% 的漂白针叶木浆。

④ 对原纸的尘埃度和金属离子含量的要求。为防止钢纸层间结合不良、分层起泡或表面不平等现象发生，一般要求尺寸 0.25～2.00mm 的尘埃不能超过 400 个/m^2，尺寸 2.0～5.0mm 的尘埃不能超过 1 个/m^2。为防止钢纸发脆、分层、弹性和耐折度下降，灰分含量应小于 0.8%。

（2）参数控制

胶化工艺主要控制的参数有：浸渍液浓度、反应时间和温度、原纸的反应性能等。浸渍液浓度应大于 65%，一般控制在 70 % 左右；反应时间控制在 5 ～ 60s；温度控制在 30～50℃。

间歇式脱盐工艺是平板钢纸依次在单个槽子浸渍洗涤，洗涤时间在 24h 以上，在第一、二、三次脱盐洗涤时，氯化锌浸出很迅速，纸层容易分开，必须严格控制脱盐相对密度，一般第一次在 1.2～1.3，依次递减，最后加入清水。连续式脱盐工艺是纸中氯化锌在若干脱盐槽中不断浸出的，脱盐时间可缩短到 10h 以内，脱盐最初相对密度与间歇式相同。

钢纸干燥时，间歇生产采用热风干燥或网带式干燥机，在干燥过程中由于纤维内部和间隙失水产生扭曲变形、纸面不平整等现象。生产中主要通过整形解决纸面不平整问题：将钢纸表面用温水湿润后送到平衡室进行水分平衡，经平衡后的钢纸再用热压机压平，平衡时间需要 24h 以上。而连续生产采用预干、烘缸干燥相结合方式，湿钢纸首先进入采用热风干燥的预干室，干燥 20～30min 后，蒸发掉纸面多余水分，在纸面发生扭曲变形之前进入烘缸干燥，干燥时间约为 40min，控制好干燥曲线，再经过压光，即生产出表面平整光滑的钢纸，整个干燥过程在 1h 左右。连续钢纸机的车速，国内可达到 4～7m/min，国外可达到 15m/min，成纸幅宽达到 1.6～1.7m，紧度达到 1.2g/cm^3 以上。

3. 钢纸生产设备

钢纸生产设备因流程不同有较大差异。

连续式钢纸机的组成如图 4-15 所示。由于钢纸的老化、脱盐及干燥过程均较缓慢，连续式钢纸机只适用于厚度小于 3.0mm 的薄钢纸，对于厚度较大的钢纸，可以采用黏合方法，制成复合型产品。

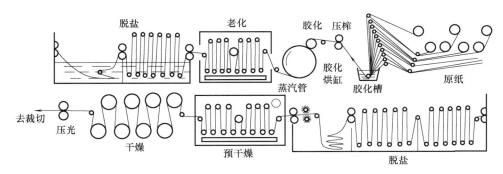

图 4-15 连续式钢纸机的组成

间歇式钢纸机的胶化复合、老化、脱盐、洗刷及干燥等操作是各自独立的，图 4-16 是间歇式胶化机示意图。

原纸经过胶化槽后，在胶化烘缸上多层缠绕，达到需要的厚度时，由切纸勾刀和断纸刀合作，将纸切断，落到下料车上，送入老化工序。老化后的钢纸，置于鼓泡式脱盐槽（图 4-17）脱盐。

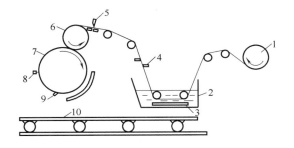

图 4-16 间歇式胶化机示意图

1—原纸 2—胶化槽 3—加热或冷却盘管 4—刮板 5—齿状断纸刀 6—碾压烘缸 7—胶化烘缸
8—切纸勾刀 9—刮纸刀 10—下料车

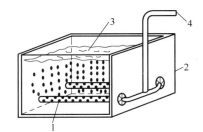

图 4-17 鼓泡式脱盐槽

1—鼓泡管 2—脱盐槽 3—脱盐液 4—压缩空气管

脱盐时，借助空气上浮造成地串动，起到搅拌作用，以加速纸层内 $ZnCl_2$ 的扩散溶出，并使脱盐均匀化。脱盐后经毛刷式洗刷机（图 4-18）洗刷，以除去钢纸表面的泡沫和污垢。最后送到隧道式干燥器中干燥。间歇式钢纸机的特点是可以生产厚度大的产品，但间歇操作给管理和操作都带来了麻烦。另外，越厚的产品，其脱盐和干燥越困难，因此利用连续式钢纸机生产薄型钢纸，再经黏合制得厚度较高的复合型制品，更受人们的推崇。

4. 钢纸新产品

我国传统的钢纸产品主要有电气绝缘、纺织棉条筒、防护面罩钢纸等，但随着新材料的发展，部分钢纸产品被替代，目前国内主要生产绝缘钢纸、研磨钢纸、阻燃钢纸等。国外钢纸新产品种类则较多。主要有：

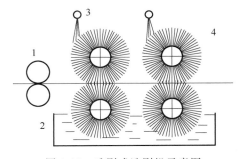

图 4-18 毛刷式洗刷机示意图

1—推送胶辊 2—水槽 3—喷水管 4—毛刷辊

161

① 绝缘钢纸。以木浆或棉浆纤维为原材料，颜色有红、砖红、灰、黑和白色等，广泛应用于弱电和强电等的各种电器行业，也应用于电器仪表、运动器材和纤维加工工业。

② 耐热钢纸。以棉浆纤维为原材料，具有优良的机械强度和耐热性能，应用于绝缘材料、梭子、研磨片、盒子、箱子和家具上。

③ 耐水钢纸。包含一种特殊的树脂，具有耐水性能，产品可满足耐水电器性能的要求。

④ 阻燃钢纸。通过浸渍阻燃树脂，使产品达到不同级别阻燃性能要求。

⑤ 复合型钢纸。以高质量的棉浆纤维制成，采用特殊树脂涂布于表面，不受外界水分的影响，具有优良的耐水和阻燃性能，适用于耐热、耐水和阻燃性能要求高的电器产品上。

⑥ 研磨钢纸。用经过特殊处理的棉浆原纸制成，具有挺度高、撕裂度高、柔韧性好黏合强度高以及耐高温性能和纸面平整度高等特点，完全能达到研磨片的生产要求。

⑦ 层压厚钢纸。用薄钢纸平板经过层压制成，厚度可达 100mm，有良好的机械加工性能，同时具有抗冲压、抗磨损、抗电弧、抗油、耐热和尺寸稳定性好等特性。广泛应用于电器绝缘以及机械和建筑领域。

二、植物羊皮纸

（一）概述

1. 羊皮纸的概念

植物羊皮纸，顾名思义，是用植物纤维制造的，像羊皮一样质地坚韧耐用的纸，简称羊皮纸。它是欧洲在 19 世纪中发现并试制投产的，现在一些主要工业国均有生产。我国于 1958 年开始研制并投产。羊皮纸是将植物纤维纸用硫酸处理而改变了原纸性质的加工纸。由于其外观类似于古代欧洲一种用羔羊皮制作的书写材料，所以被称为植物羊皮纸，也习惯简称为羊皮纸。由于是用硫酸处理原纸加工而成的，故又称为硫酸纸。采用硫酸使原纸胶化的过程，又称为羊皮化过程。

2. 羊皮化过程的实质

早年国外研究结果说明，羊皮化的实质是原纸中的纤维在浸入硫酸溶液时膨胀并胶凝。这时纤维互相紧密地结合起来，纤维与纤维之间不留任何的间隙，由硫酸分解纤维而形成的淀粉状朊覆盖了纸张的整个表面。分解到这种程度的纤维互相结合，已不同于原纸，纤维之间已无空隙，因此液体不易透过。

经过几十年的研究和摸索，对羊皮化的实质有了更多认识，羊皮化的实质是纤维的润胀和溶解，更确切地说是纤维的有限润胀、溶解和水解过程。当原纸经过羊皮化槽（即酸槽）时，在浓度 67%～72% 的硫酸作用下，在短短的几秒钟的时间内，首先发生有限润胀（主要是结晶区间的润胀）；之后纤维发生无限润胀即溶解。这一变化最初发生在原纸两表面的纤维上，随着作用时间的继续，溶解程度逐渐加深，这正是羊皮纸制造的关键所在。必须控制羊皮化条件，使纤维的溶解程度适宜。如果过轻，羊皮化不好，如果过重，则纤维全部胶体化，无法加工。过长时间的羊皮化，由于硫酸的催化作用，可使纤维发生单相水解，即纤维素在浓硫酸作用下首先溶解，然后在其溶液中水解。发生这种水解的主要原因是纤维素大分子的苷健（配糖键）对酸的稳定性极低，在 H^+ 的作用下发生水解降解。如果硫酸的浓度加大，酸液温度提高，作用时间继续加长，则纤维发生完全水解，其最终产物为 D-葡萄糖。大部分已溶解尚未发生水解的纤维变成胶凝状，纤维与纤维之间的结合方式在酸化前后并未发生明显的变化，只是更加紧密，致使气体和液体更难透过，这就是羊皮纸的加工原理。

所以，羊皮化的实质是一个复杂的物理化学反应过程。概括地说，就是在硫酸的作用下，纸中的纤维发生润胀，并部分地溶解，在短时间内，一部分纤维分解成糖类分散物，然后快速加入冷水，停止硫酸的作用，使此溶解过程停留在膨胀阶段。这样，纸中纤维因膨胀和氧化分解变成胶凝状态，使纤维与纤维之间互相紧密地结合起来，不再留下任何空隙，取得羊皮化效果。

3. 羊皮纸的特性及用途

（1）羊皮纸的特性

羊皮化后纸页的性质发生很大变化，由于孔隙率大大减小，纸内结合强度增高，具有如下特性。

① 羊皮纸具有较高的强度和韧性，具有半透明性，防水、防潮性好，具有较好的防油性。

② 羊皮纸的挺度好，凿孔不起毛。

③ 羊皮纸有消除静电作用，是毛纺工业高级毛呢纺纱工序中的必要材料，它还可用作化学工业的过滤膜、渗透薄膜。

④ 羊皮纸具有难燃性和硫酸灭菌化后的无菌性。

⑤ 羊皮纸在热水、冷水或盐溶液中不发生纤维解离现象，能维持较长时间的高湿强度等性能。

⑥ 用增塑剂可使羊皮纸软化，可以对其进行上蜡、涂布、压花或起皱加工。

（2）羊皮纸的具体用途

由于羊皮纸具有以上特性，其用途可以概括为如下几个方面：

① 作为冷冻食品、油脂、干湿食品的包装纸，可以制备各种定量和各种不透明度的产品。用来包装像黄油、奶酪、果冻、冰棍、冰砖、鲜肉和鸡、鸭、鱼等类食品。

② 可用作饼干盒及日用品盒（桶、箱、袋）的衬纸。

③ 可作为印刷用纸，用于印刷广告小册子、祝贺卡片、专用信纸、文具用纸等；并可以进行胶版印刷、凸版印刷、凹版印刷、热熔印刷、模压或丝网印刷。

④ 可作电报及电子计算机用纸。

⑤ 可用作重氮复印原纸。

⑥ 特殊产品可用作剥离纸及食品、塑料和橡胶用的隔层纸。

⑦ 经特殊处理，可用作渗析薄膜等。

我国目前已经标准化的羊皮纸有三种，即工业羊皮纸、食品羊皮纸和特细羊皮纸。工业羊皮纸主要用于机器零件、仪表及化工药品的包装，对抗张、耐破和耐折强度均有较高的要求，要求一定的不透油性，纸应为中性，以免具有腐蚀性。食品羊皮纸主要用于食品、药品、消毒器材及其他要求有较高，如防水、防油性的物品包装。除上述工业羊皮纸的质量要求外，对铅、砷等有毒物质的限制严格。特细羊皮纸是用于特殊用途的较高级的羊皮纸。

工业羊皮纸的技术指标见表 4-6。

表 4-6　　　　　　　　　　　　　　　**工业羊皮纸的技术指标**

指 标 名 称	规格		
	A 等	B 等	C 等
定量/(g/m²)	75±4.0	60±3.0	45±2.5
紧度/(g/m³)		≥0.70	
裂断长（纵横平均）/km	≥5.0	≥4.5	≥4.0

续表

指 标 名 称		规格		
		A 等	B 等	C 等
耐破度/kPa				
	干	≥270	≥250	≥230
	湿	≥130	≥120	≥110
耐折度（纵横平均）/次				
	45g/m²	≥300	≥280	≥250
	60g/m²	≥250	≥230	≥210
	75g/m²	≥200	≥180	≥160
透油度/[个/(100cm²)]		≤4		
水抽提液 pH		7.0±1.0		
水分/%		6.0±1.0		

（二）植物羊皮纸的生产技术

1. 羊皮纸的生产基本流程

植物羊皮纸有其独特的加工工艺，工序较多，生产过程较长，大体可分为原料选用、蒸煮制浆、原纸抄造、羊皮化加工、切卷和包装等。

羊皮纸生产的基本流程如图 4-19 所示。

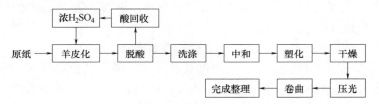

图 4-19　羊皮纸生产工艺流程方框图

羊皮化后的纸页，需脱除纸页中的硫酸。脱酸作业由浸渍和压榨组合而成。浸渍时吸收低浓的酸液，压榨时再脱出，将纸页中的残酸不断溶解带出，因此需多段脱酸。脱酸液也采取逆流的方式，即最后一段通入清水，逐次向前一段脱酸槽溢流，第一段脱酸槽溢流出来的是较浓的废酸，送往酸回收。

经过最后一段脱酸槽后，纸内残酸仍较高，需进一步水洗，基本净化后，用碳酸钠中和残酸。为增加纸的塑性，最后经过塑化剂处理，进入干燥。

羊皮纸的完成整理可根据需要选择不同的操作。对于卷筒纸，可以复卷后包装入库，如需压光，可在复卷前经压光机压光。对于平板纸，可在压光后送平板切纸机分切，然后分选打包。对于精细的品种，可以回润后经超级压光处理。

2. 羊皮纸的生产过程

图 4-20 是羊皮纸纸机示意图，将上述各基本流程组成一体，连续作业。

生产实例：

① 羊皮化槽。硫酸相对密度：1.58～1.59；硫酸温度：≤25℃；羊皮化时间：9～10s。

② 脱酸槽。1# 硫酸相对密度：1.15～1.20；2# 硫酸相对密度：1.10～1.12；3# 硫酸相对密度：1.02～1.04；4# 硫酸相对密度：1.00～1.02；温度：≤30℃；脱酸时间：1.5～2.0s。

③ 中和槽。碱液浓度：0.8%～1.2%；碱液温度：40～45℃。

④ 塑化槽。甘油相对密度：1.04～1.08。

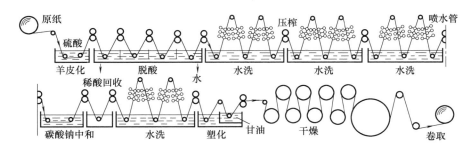

图 4-20　羊皮纸纸机示意图

3. 生产过程的影响因素

（1）原纸的影响

原纸的质量要求因羊皮纸的品种规格而异。一般主要指标为：定量、吸水性、厚度、紧度和含水量等。其中，保持定量稳定一致、严格控制吸水性这两项尤其重要。外观要求：匀度要好，纤维组织均匀，不准有褶子、皱纹、针孔、浆疙瘩以及透明点等组织缺欠，也不能有煤灰、金属屑等杂质，卷筒纸接头要少，边缘无碰伤，筒心不偏。所用染料对硫酸要有适应性。

① 纤维素含量。浆料纤维素的纯度越高，越有利于吸收。因此棉浆和精制木浆是最佳原料。制造羊皮纸要求浆料纯净，含 a-纤维素 95％以上，铜价在 0.5％以下，国外一般采用特殊精制的木浆。我国则以破布、剪口布、棉短绒等棉纤维原料生产羊皮纸，因为棉纤维容易制得高纯度的浆料，而我国的棉纤维资源又比较丰富。

② 原料杂质含量。原料除去铁、木、塑料、胶皮等杂质，切断、除尘后，送入蒸煮工段。蒸煮采用烧碱法、石灰法或纯碱法。蒸后进行半料打浆，打浆程度根据原纸吸水性的要求而定。然后进行筛选、锥形除渣，除去浆疙瘩及砂粒。漂白工序应慎重，要注意防止因过分猛烈的漂白作用而造成纤维损伤，同时要加盐酸除钙，洗好浆料。

③ 原纸吸收性。为了便于硫酸的良好浸渍和均匀羊皮化，原纸应有较好的吸收性。吸收性低会使羊皮化程度不足，而吸收性过高，会使羊皮纸干燥时收缩变形大，不利于操作，甚至使羊皮化过度，纤维素降解、纸页腐烂、断头等。一般原纸的吸收性控制在 22～65mm/10min（视品种而异）。影响原纸吸收性的主要因素是原纸浆料的组成及打浆度。原纸的打浆度低，吸收性好，但成纸强度低，不利于加工，二者应该兼顾。游离浆一般采取低浓度打浆，落刀偏重，主要是切断作用，不宜过分帚化、水化。但若抄造薄型原纸则要相应地提高浆料浓度和保持较低打浆度（24～28°SR）以利于吸收，同时满足成纸强度要求。当采用漂白木浆时（比如 35％漂白针叶木浆，65％漂白阔叶木浆），为了满足强度要求，打浆度应相应提高（40°SR），其中针叶木浆的打浆，甚至要有一定的分丝帚化。此时纸页的吸收性就要有所下降，要保证其良好的羊皮化，就要由其他羊皮化条件来控制。

④ 配浆。成浆辅料配比中不加任何胶料和填料，根据品种要求施加各种耐酸染料。

⑤ 压榨。压榨脱水时尽量降低压榨线压力，保证湿纸页具有足够的松厚度和多孔性，另外，还可以使湿纸带有较多的水分进入干燥部。生产证明，进入干燥部的纸页干度控制在 30％～32％为宜。

⑥ 干燥。干燥时采取快速升温的高温强化干燥方式，即第一段温度较高，增加纸的松软性、气孔率、吸收性和透气度。毛毯以较紧为宜，以防止纸页经硫酸处理时，变形太大。

不需机械压光。

（2）羊皮化过程

这是羊皮纸生产的中心环节，羊皮化的程度如何，直接影响产品的质量。羊皮化过程的三个重要影响因素是硫酸的浓度、温度和羊皮化时间。

① 硫酸浓度。硫酸浓度为 $68\% \sim 72\%$。硫酸浓度越高，纤维的胶化越剧烈。浓度过高时，纸页表面的纤维会迅速胶化，孔隙消失，反而阻碍酸液浸入纸页内部，使纸页表面焦化，而内层羊皮化却不充分，产生羊皮化不均匀现象。

② 羊皮化温度。温度 $10 \sim 20℃$。羊皮化的温度也很重要，温度过高将促进纤维素水解，以至腐烂断头，而温度低可以保证羊皮化作用均一，有利于正常操作，所以一般应采取较低的温度，夏季最高不应超过 $25℃$。酸液吸收空气或纸页中的水分会放热，夏季环境温度也会使酸液温度升高，所以羊皮化槽中都设有冷却装置。

③ 羊皮化时间。时间为 $3 \sim 10s$。羊皮化的时间越长，羊皮化的程度就越深，一般时间过长，会造成纤维素过度降解，甚至变为单糖或炭化。羊皮化的时间应取决于硫酸的浓度和温度。

上述因素，应根据原纸的特性来综合考虑确定，使三者合理搭配，取得满意的羊皮化效果。首先，硫酸浓度的大小应根据原纸的吸收性和浆料组成来确定，吸收性高的棉浆原纸，可以采用 72% 的较高浓度，时间可缩短至 $2.5 \sim 3.0s$，从而提高羊皮化效率。而对于吸收性较低的漂白木浆原纸（针叶木浆 35%，阔叶木浆 65%），由于其吸收慢，纸中半纤维素含量高又容易胶化，为防止表面焦化所导致的羊皮化不均匀现象，应该降低酸的浓度，这样可以减缓羊皮化速度，即可以适当延长羊皮化时间，使酸液能充分吸收到纸页内部，取得均匀的羊皮化效果。此时硫酸浓度取 68%，羊皮化时间可延至 $4 \sim 5s$ 为宜。对于定量高达 $300g/m^2$ 的原纸，为了胶化充分，胶化时间可高达 $10s$。

（3）脱酸和洗涤

为了有利于纸内残酸的扩散和溶出，脱酸液温度保持 $30℃$，脱酸压榨的线压力为 $2.5 \times 10^3 N/m$，由于采用逆流式脱酸操作，最后一段补充的是温水，槽内脱酸液的相对密度为 $1.04 \sim 1.06$，第一段溢流去回收的酸液相对密度为 $1.22 \sim 1.24$，脱酸的时间为 $1.5 \sim 2.0min$。脱酸后的纸页内，尚含有 $1\% \sim 2\%$ 的残酸，厚纸可达 8% 以上，必须进一步水洗脱除。洗涤采用喷淋清水和压榨组合的形式，洗涤耗水量较大，每米宽度可达 $2m^3/min$。

（4）中和

成纸最终的含酸量为 $0.01\% \sim 0.02\%$（不超过 0.03%），但靠水洗很难达到，且浪费水量太大，需用碱进行中和。中和一般采用 Na_2CO_3 含量为 $0.8\% \sim 1.2\%$ 的碱液。为了使碱液能迅速扩散到纸层内部，使残酸得以中和，碱液温度通常保持 $40 \sim 45℃$。中和后再经过一段水洗，除去纸页残碱。这时纸页应使刚果红和酚酞试液呈中性反应。

（5）塑化

由未精制的木浆抄造的原纸，羊皮化后往往变硬发脆。这时可以采用塑化剂，即借塑化剂的吸湿性而增加纸页含水量，从而变得柔软并富有弹性。一般以甘油为塑化剂，含量为 $10\% \sim 12\%$，也可以采用葡萄糖或转化糖（蔗糖酸水解而得）溶液。如果配加 $1/3$ 的氯化钠或醋酸钾等盐类，可以取得更好的效果。

（6）羊皮纸的干燥

羊皮纸干燥的特点：一是纸页的紧度高，水分扩散慢，干燥速度受限制；二是干燥时纸页收缩大，一般横向收缩率可达 $10\%\sim12\%$，因此使纸页定量也相应增大 $10\%\sim12\%$。厚度方向收缩率可达 $13\%\sim15\%$，最大可达 25%。因此羊皮纸的干燥应该在较低的温度下缓和干燥，否则易使纸页过度收缩，并产生气泡，发生扭曲。干燥初始温度为 $50\sim55℃$，逐渐升温，最高温度为 $85\sim90℃$。

（三）酸液的配制与收回

在植物羊皮纸的主产中需要大量的硫酸，这些硫酸一部分是从酸厂购进的商品酸．其浓度一般为 $92.5\%\sim98\%$（$w_{H_2SO_4}$）其相对密度为 $1.83\sim1.84$（20℃时），另一部分是生产中从第一段脱酸槽排出的稀酸，其相对密度在 $1.22\sim1.32$（脱酸槽温度下）。另外，从羊皮化（酸处理）槽出来的纸所带出的大量酸，是通过脱酸处理而洗入水中的，这些酸应经处理后回用，否则不但造成浪费，而且污染环境。因此必须配有酸回收系统。为了取得更好的羊皮化效果，必须严格控制硫酸的密度为 $1.58\sim1.59g/cm^3$。这两种酸都不适应生产的要求，因此需要进行配制。

（1）酸液的配制

配酸的有关计算如下：

① 100 份浓硫酸所需稀硫酸的份数。生产用的硫酸可以用水与浓硫酸混合来制取，但更多的是用第一段脱酸槽的、经浓缩及净化后的稀酸与浓硫酸混合来配制。因羊皮化时带入新的硫酸而导致脱酸槽的相对密度会逐步增大，为此特意在第一个槽设置溢流口，部分酸溢流至沉淀槽，然后经过多级蒸发使其密度达到要求后，经冷却沉淀后用于硫酸的配制。配制生产用酸时所需稀酸的份数可用式（4-3）计算：

$$X = \frac{w_b - w_a}{w_a - w_c}（份） \tag{4-3}$$

式中　w_a——混合后所得酸含 SO_3 的百分率，%

　　　w_b——所用浓酸含 SO_3 的百分率，%

　　　w_c——所用稀酸含 SO_3 的百分率，%

② 用来混合的浓硫酸的量可用式（4-4）计算：

$$V = \frac{V_1(w_a - w_c)}{w_b - w_c}（m^3） \tag{4-4}$$

式中　　　V——用来与稀酸混合的浓酸量，m^3

　　　　　V_1——两种酸混合后的总量，m^3

w_a、w_b、w_c——同式（4-3）

所需稀酸量可由式（4-5）计算得出：

$$V_2 = V_1 - V（m^3） \tag{4-5}$$

（2）硫酸的回收

① 稀酸的浓缩。从第一段脱酸槽中提取的稀酸相对密度在 $1.22\sim1.32$ 之间，不能满足生产的要求，需对其进行蒸发浓缩。浓缩在耐酸腐蚀的蒸发器中进行，其工作条件是：蒸发能力为 $0.40\sim0.43m^3/h$；进酸的相对密度为 $1.22\sim1.24$，蒸发后酸的相对密度为 $1.49\sim1.52$；蒸发器工作压力为 3.92×10^5Pa。

② 净化。稀酸浓缩后呈深暗色，这是由于稀酸中含有细小纤维等有机物质。这些有机物质在浓缩时，大部分分解成游离碳。它不仅使酸液改变颜色，而且还对植物羊皮纸的质量和生产带来不良影响。因此，在配酸前要进行脱色处理，除掉游离碳。其方法是用强氧化剂高锰酸钾使其氧化。为了使酸液容易澄清，也可加入少量氯酸钾。一般每吨植物羊皮纸需

2～3kg高锰酸钾和0.5～1kg氯酸钾。

三、植物纤维改性与幅状材料成型

（一）植物纤维表面的化学改性（修饰）

植物纤维的化学改性是指对通过化学反应改性或修饰纤维（主要是表面），然后利用改性后的纤维或与其他材料复合制备纸张或其他幅状材料。常用的植物纤维表面化学改性方法包括：植物纤维表面化学接枝疏水链或者特殊基团、植物纤维表面原位生长高分子刷、植物纤维表面羟基的氧化，等等。最常用的方法是接枝法，即基于天然纤维素表面本身大量存在的羟基或者是制备过程中留下的一些基团，与疏水链或某些功能化基团反应（共价键）接枝到纤维上。因此，类似异氰酸盐、环氧化合物、卤基酰化物、酸酐等能与醇的反应的试剂几乎都可以利用，这些反应使植物纤维接枝上胺基、铵盐、烷基、羟烷基、酯基、羧基等基团，赋予纤维功能化的表面。相关机理见图4-21。

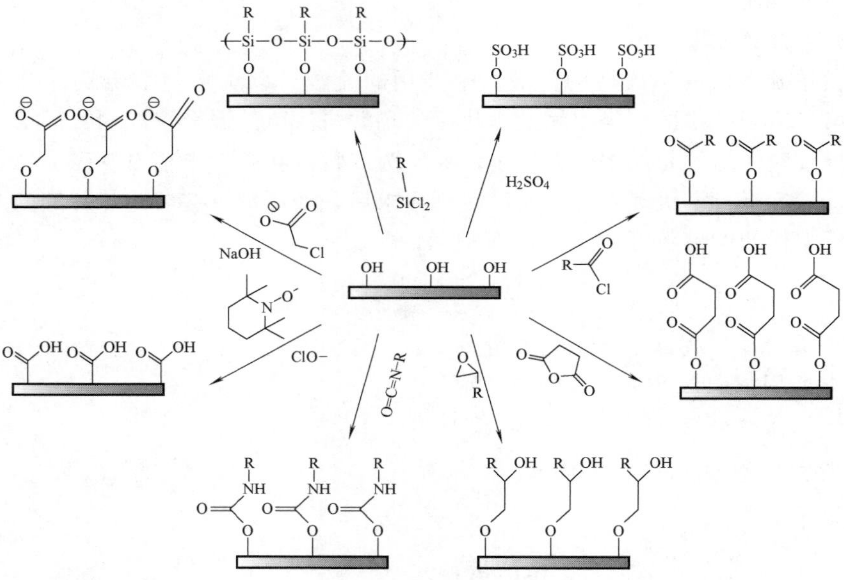

图4-21　植物纤维表面化学反应（修饰）机理图

为了更好地解决植物纤维与高分子的界面相容性问题，可以通过接枝和原位生长两种方法在植物纤维表面修饰一个与基体高分子相同类型的高分子链。

（二）改性后植物纤维的成型

1. 抄纸法成型

改性后的植物纤维虽然物理性质、化学性质发生较大变化，但仍保留植物纤维基本形态，可以采用传统纸张成形方法制备成幅状材料，这里不再赘述。

2. 作为辅助剂制备复合材料

改性后的植物纤维，性能发生显著变化的同时，成本也有较大提升，因此可以作为辅助剂添加到纸浆中，也可以作为辅助剂与其他材料复合加工成型，制备幅状材料，有时只需适量添加便可以显著改善纸张性能。比如说，纤维素纤维一般具有较强极性，难于与非极性树脂复合，通过纤维表面的化学改性，进行"消极"处理，与非极性树脂的相容性显著提高，作为辅助剂添加改性后植物纤维，不但可以提高复合材料的机械性能，还可以改善材料的可生物降解性能。模压成型、挤出成型是制备复合材料最常用成型方式。

第三节　浸渍加工纸

一、概　　述

浸渍加工纸是原纸用液体物料浸渍后所得的加工纸类。有人把浸渍加工也划归为涂布加工，称为浸渍涂布。但事实上，浸渍和涂布是有一定区别的，涂布是将加工药剂涂于纸面，而浸渍是加工剂充满纸内孔隙，将其中的空气完全排除，也称为饱和加工。浸渍加工使浸渍剂和纸页纤维互相包络，纸质均一，使纸的整体性能有所改变和提高，因此我们仍把它作为一种单独的加工方法来讨论。

浸渍加工的工艺和设备都比较简单，是人类最早开发和应用的纸加工方法之一。常用的浸渍剂有树脂（溶液型或乳液型）、油类、蜡质及沥青等。浸渍剂不同，加工后成纸的性质不同，因此浸渍加工纸的种类繁多。

（一）浸渍加工的目的

浸渍加工的目的多在于提高原纸的防油、防水、防潮、耐磨和绝缘等保护性能。由于石油化工的发展，新的功能性材料不断涌现，利用浸渍加工，可以赋予纸张诸多功能，比如透明、防虫、防锈、耐热、阻燃、导电和电解记录等，因此浸渍加工也是功能纸生产的重要方法之一。

（二）浸渍加工的特点

浸渍加工方法的主要特点如下：

① 设备简单，操作容易。

② 可以使用一些其他涂布方法不易应用的涂料。

③ 可使涂料充分浸入纸页内部，使浸渍纸具有均一的特性。尤其适于较厚的纸板加工。

④ 由于其引纸与停机较为困难，其涂料的吸收量难于精确控制。

（三）浸渍加工纸用原料

1. 浸渍加工用原纸

对于不同用途的浸渍加工纸，所用原纸的性质可有很大差异。比如定量低的每平方米仅为十几克，高者则达数百克。所用纤维原料也有很大差异，对于某些功能纸，还可以采用非植物纤维原料。

① 原纸的强度。原纸强度对于加工后成品的使用性和对加工过程的适应性都很重要，原纸必须具有较高强度。对于低定量的原纸，为了保证加工过程中抵抗牵引力（尤其采用水性浸渍剂时）的要求，应采用强度好的长纤维浆料，而且可以适度打浆来保证原纸强度。必要时，原纸抄造时可以加湿强度剂。而对于定量高的纸板，由于绝对强度较高，可以配入少量化机浆和废纸浆，打浆度可以低些。

② 原纸的吸收性。浸渍原纸必须具有较好的吸收性，才能保证浸渍剂的良好浸入。吸收量大小取决于原纸孔隙结构、定量及浸渍液的黏度。对于较薄的纸，浸渍较容易，对原纸的吸收性可以低些，而较厚的纸，浸渍液向纸内浸渍的行程长，阻力大，应该有较高的吸收性。可以用打浆度来调整原纸的吸收性。从吸收性来考虑，原纸的打浆、压榨及压光程度均应较轻，一般不施胶。

③ 其他。原纸的匀度应该好，以便于吸收均匀；原纸水分的大小也影响吸收性，因此为了获得均匀的浸渍，原纸水分也应该均匀。

2. 浸渍剂

（1）树脂类

主要是各种合成树脂，可以分为两大类，即溶液类和胶乳类，前者又包括水溶液和有机溶剂溶液。

① 树脂溶液。树脂的水溶液主要是脲醛树脂、三聚氰胺甲醛树脂和各种酚醛树脂等热硬性树脂。它们在相对分子质量较低时可制成水溶液，加热发生脱水缩合而硬化。树脂的有机溶剂溶液，主要是聚乙烯、聚苯乙烯和聚氯乙烯等合成高分子物质用相应的有机溶剂调成的溶液。由于有机溶剂易挥发、有毒、易燃、不易回收，因此逐渐被新开发的各种树脂的水性胶乳所代替，应用渐少。

② 树脂胶乳。树脂胶乳可分为橡胶类胶乳和树脂类胶乳（树脂溶解于有机溶剂中再分散成水性乳液）。前者有丁苯胶乳、氯丁胶乳、丁腈胶乳和天然橡胶胶乳等，后者有聚氯乙烯胶乳、聚丙烯酸胶乳和聚醋酸乙烯酯胶乳等。胶乳的固体物含量一般为 $40\%\sim50\%$，最高可达 60%；平均粒径为 $0.04\sim0.2\mu m$；聚烯类胶乳偏碱性，pH 为 $9.5\sim11.5$，个别可达 12 以上。含羧基和酯基的胶乳则偏酸性，pH 为 $5.5\sim6.5$，个别可达 3.0 左右；胶乳的黏度均较低，但不同产品间有一定差别，固形物含量是影响其黏度的重要因素。固形物含量为 40% 时，一般黏度为 $0.015\sim0.03Pa\cdot s$，个别产品也有达 $0.1Pa\cdot s$ 的。固形物含量增高，黏度增高。

（2）蜡类

作为浸渍剂的蜡类，当前一般为石油加工提取的石蜡和微晶蜡。石蜡是 $18\sim40$ 碳的烷烃，其中含 $85\%\sim95\%$ 正烷烃，$5\%\sim15\%$ 的支链和环烷烃，芳烃仅作为杂质而含量甚微。熔点为 $46.5\sim68.5℃$，相对密度 $0.95\sim0.97$。微晶蜡是含极细结晶的蜡，其主要成分是 $35\sim60$ 碳的非正烷烃，含有少量的芳烃，熔点 $54\sim99℃$，经过脱色的微晶蜡带有淡黄色。熔融的蜡黏度低，便于浸渍加工，但蜡液温度不应超过 $120℃$，以防高温下氧化变质，另外不应采用对氧化有催化作用的铜和合金钢制作浸渍装置。

（3）油类及其他

油类主要指亚麻油、桐油和橄榄油等在空气中氧化后可固化的干性油，相对密度 $0.93\sim0.94$，黏度为 $0.2Pa\cdot s$。在空气中涂成膜状，可在 $3\sim4d$ 内干燥固化。还可以采用矿物油，即来自石油和油母页岩的 $16\sim20$ 碳的碳氢化合物。沥青也可以用做浸渍剂，常用的是石油沥青中的软沥青，以 $40\sim50$ 碳的碳氢化合物为主，相对密度 $1.15\sim1.25$，软化点为 $70\sim80℃$，加热熔融后用于浸渍。另外，用浸渍法生产各种功能纸，还采用一些特殊浸渍剂，比如阻燃功能纸可用各种阻燃剂调制成浸渍液；导电纸需用各种导电剂浸渍原纸；电解记录纸则需要采用能与电极离子反应变色的物质调制浸渍剂；浸以防锈剂，可制成防锈纸等。

二、影响浸渍加工的主要因素

浸渍加工的核心部分，是浸渍液对原纸的浸渍，因此主要影响因素，就是影响浸渍作业的因素，可归结为以下几点。

1. 原纸的吸收性

原纸不仅要有足够的强度以适应加工，还要有良好的吸收性，以满足良好、均匀的浸渍要求。原纸的定量和浸渍液特性是确定原纸吸收性的依据，控制打浆度等原纸抄造条件，是调节原纸吸收性的手段，相关内容见浸渍加工用原料部分相关内容。

2．浸渍液的性质

（1）浸渍液黏度

浸渍液必须具有较低黏度，除了树脂溶液的黏度较高外，一般浸渍液的黏度都比较低。对于黏度较高的浸渍液，除了用原纸吸收性来补偿外，还可以用合理确定其他操作条件（温度、时间等）来补偿。

（2）胶乳粒度

对于树脂胶乳，胶乳的粒度也影响浸渍，即粒径大的胶乳，容易堵塞纸内毛细孔通路，因而影响浸渍均匀性，因此选择胶乳时应加以注意。

（3）浸渍液与原纸的相容性

浸渍液与原纸的相容性，也影响浸渍速度和效果。一般原纸的 pH 较低（显酸性）时，会使显碱性的胶乳变得不稳定，在纸内因凝聚而影响浸渍效果。水性浸渍液浸渍合成纤维纸时，因某些合成纤维的憎水性，也会影响浸渍效果。可以在浸渍液中添加表面活性剂提高浸渍液的浸渍速度以及浸渍液与原纸的相容性。

3．操作条件

（1）浸渍温度

浸渍液的温度影响浸渍液的黏度，适当升高温度，可降低黏度，有利于浸透。但温度太高会带来一些副作用，比如乳液的稳定性、热融物质的氧化变质及挥发对环境的影响，以及原纸的热降解等，应统筹兼顾。

（2）浸渍时间

浸渍时间的延长，有利于浸渍充分，但影响生产效率。应根据原纸厚度、吸收性、浸渍液黏度、浸渍量的要求及经济性来综合考虑确定。

（3）浸渍压力

原纸在浸渍槽中的浸渍深度一般可调，深度增加，可延长浸渍时间并提高浸渍液的静压力，所以有利于浸渍，也是一个可供调节的因素。

三、浸渍加工工艺与设备

浸渍加工设备主要由 4 部分组成，即退纸装置、浸渍装置、干燥（或冷却）装置和卷取装置。其中，核心部分是浸渍装置。浸渍一般都采用槽式浸渍法，图 4-22 所示的是 3 种比较典型的浸渍装置的示意图。

浸渍加工设备可以分为 3 个区，即预浸区、浸渍区和计量区。由于浸渍加工的特点是使浸渍液充满纸内孔隙，置换出其中的空气，因此若把纸页直接浸入浸渍液，纸页两面马上被浸渍液封堵，孔隙中的空气将难以排出，浸渍液便不能浸至纸页饱和。预浸的作用是使纸页一面与浸渍液接触，而另一面开放，从而纸页可以边吸收浸渍液，边排出纸内空气，然后进入浸渍区，浸渍至饱和。根据成纸的特性要求，最后由计量装置保留必要量的浸渍液而除去多余的部分。

图 4-22（a）所示的设备，以预湿辊从槽内带起浸渍液，与原纸的一面接触，完成预浸作业。其计量是采用垂直放置的一对挤辊来实现的，借挤辊的压力挤出多余的浸渍液，并借挤压作用而使浸渍液进一步在纸内均布。浸渍量由挤辊的线压力来调节，较为灵活方便，所

以是最常用的计量装置。

图 4-22（b）所示的设备，预浸是在飘浮槽中实现的，即纸页漂浮在液面上单面浸渍，而另一面开放。计量则采用水平放置的一对挤辊来完成。

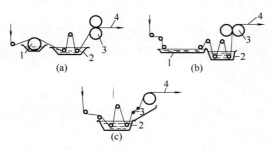

图 4-22 所示的设备，没有单设预浸装置，适用于易浸的纸页。经过浸渍槽后，用一对相对并错开放置的刮板来计量，由于刮板的压力，刮掉纸面多余的浸渍液，但不能挤出纸页中的浸渍液，所以要求高浸渍量的加工，必须采用这种计量装置。但这种计量装置要求纸页具有较好的强度。

浸渍后的纸页，根据浸渍液的性质，可做不同处理。对于蜡类、沥青等热融浸渍的纸，用冷却辊等冷却后即可卷取；对于用树

图 4-22 浸渍加工设备示意图
1—预浸装置 2—浸渍槽 3—计量装置 4—原纸

脂的有机溶液浸渍纸，则采用热风干燥，并回收溶剂；对于水性浸渍液，需进行干燥。由于纸页被浸渍液所饱和，最好两面都不与设备接触，应采用气垫式干燥器那样的飘浮式热风干燥器。另外，树脂类浸渍纸的干燥过程，也是树脂的熟成过程，在确定干燥温度和时间时，也应予以考虑。

上述的浸渍方法，是对干燥的原纸进行浸渍加工的，可以称为干法浸渍。还有一种湿法浸渍，即在抄纸机内最后一道压榨之后，对压榨后的湿纸页进行浸渍。浸渍后经过一对挤辊，借挤压作用而使浸渍液在纸内均布，并挤出多余的浸渍液。纸页随后进入纸机干燥部进行干燥。这种方法在机内进行浸渍，适用于大批量连续化生产；不用二次干燥，可节省能量，经济性好；浸渍过程是浸渍液置换纸页内水分的过程，适用于各种水性浸渍液，尤其各种橡胶类的胶乳和合成树脂的乳胶；由于浸渍过程中纸页必须具有一定湿强度，因此只适用于厚纸和纸板（定量为 $250\sim1500\mathrm{g/m^2}$，厚度为 2mm 以上）。

四、浸渍加工纸的种类及用途

按照所用浸渍加工的浸渍剂不同，浸渍加工纸可大致分为：树脂浸渍纸、胶乳浸渍纸、沥青纸和油纸及蜡纸等几类。因此，各类浸渍纸所具有的性能及用途均不同。

1. 树脂浸渍纸

所用浸渍剂主要是酚醛树脂、脲醛树脂和密胺树脂等合成树脂，经树脂浸渍后，使纸具有防油、防水、透明、耐腐、绝缘等性能。树脂类浸渍纸的主要用途：一是作为装饰材料的层压复合纸；二是作为电气绝缘纸。用于装饰的复合纸是由数层复合而成。例如，其里层由经酚醛树脂浸渍的纸构成，外层可由三聚氰胺浸渍的 α-纤维素纸构成，可在浸渍前将图案印在 α-纤维素纸上，经浸渍后使纸面涂上一层薄的透明树脂层。这种装饰纸具有很好的耐腐及抗侵蚀性能。此外，还可以用经树脂浸渍的纸与塑料薄膜进行复合，作为建筑装饰材料。另一方面，由于酚醛树脂具有良好的绝缘性，所以，用酚醛树脂浸渍后的纸经多层复合后，作为绝缘板用于电气工业。还可以用不导电的合成纤维作为原纸，再经树脂浸渍后制成绝缘纸。

2. 胶乳浸渍纸

用各种天然或合成胶乳对原纸进行浸渍加工，主要目的是提高纸页的内部结合强度。所

以，胶乳浸渍纸具有很高的强度性能，可用作人造革的底层材料，各种机械用垫圈材料及遮蔽带原纸等；还可将某些耐磨强度要求高的纸种，如证券纸、账簿纸等用胶乳进行浸渍加工，使其具有较高的耐磨及抗撕强度。

3. 沥青浸渍纸

沥青浸渍纸主要应用于建筑方面，如用沥青浸渍的纸板俗称油毡纸，被广泛用于屋顶覆盖等建筑材料。经沥青浸渍的低定量纸，主要作为防潮包装用纸，还可用作防锈纸等特种包装纸。

4. 油纸与蜡纸

油纸是用一些植物油或矿物油浸渍的纸，它具有良好的耐水性及防潮性，并具有较高的强度及透明性；蜡纸是用石蜡对原纸进行浸渍加工的制品，它具有高度的耐水性及不透明性。各种油纸、蜡纸主要用于各种要求防油、防潮、耐水的包装用纸，如包装水果、肉类、食品、机械零件等。表4-7列举了一些浸渍加工纸的主要品种，以及原纸与浸渍剂的组成。

表 4-7   **浸渍加工纸的主要品种**

原纸种类	浸渍剂种类	产品品种	原纸种类	浸渍剂种类	产品品种
牛皮纸	酚醛树脂	覆盖材料	含破布及废纸的纸板	沥青	建筑用纸
漂白涂布薄页纸	石蜡	面包包装纸	棉纸	淀粉或硝化棉或乙烯	窗帘
漂白木浆纸	酚醛树脂	印刷线路板	聚酯薄纸	胶乳	包装材料
未漂或漂白纸	三聚氰胺	防黏纸	玻璃纤维纸	酚醛树脂	建筑用复合材料
牛皮纸	酚醛树脂	装饰复合纸芯层	多孔性纸	热固性树脂	过滤纸
漂白袋形纸	石蜡和低分子聚乙烯	冷冻物品包装纸	含破布或高漂白纸	淀粉胶乳	证券纸
半漂牛皮纸	合成胶乳	遮蔽带原纸			

第四节   机械加工纸

一、概 述

机械加工纸是原纸经过机械加工所得的纸类，常见的机械加工方法有纸板的起瓦楞、卫生纸和装饰纸的起皱、美工纸的磨光及生活用纸的轧花等。

二、起瓦楞加工

（一）简介

1871年，Albert Jones发明了一种单面波纹的瓦楞纸板的包装材料，用于保护瓶子。从那以后，瓦楞纸板工业开始强有力的成长。过去100多年的许多发明（创造）表明，瓦楞纸板工业已变得更现代化，用途更广泛，更加环保。

瓦楞纸板用于消费品包装、工业产品和物流包装。瓦楞纸板普遍的用途是瓦楞纸箱和运输包装。瓦楞纸板也被用作包裹材料，例如家具的长途运输。瓦楞纸板的优点很多，包括：质轻、强度、柔韧性、可堆积性和耐冲击性、一次性使用的卫生性、高的绝缘性、在相对湿度小于60％时尺寸的稳定性、印刷适应性和可回收性。这些特性使得瓦楞纸板有较强的竞争优势。

（二）瓦楞纸板种类

根据形状不同，瓦楞纸板可分为单面瓦楞纸板、双楞瓦楞纸板和三楞瓦楞纸板三种。

单面瓦楞纸板的制造如图 4-23 所示。将一张平板挂面纸板用胶黏剂黏在一张已经通过单面机压出瓦楞的瓦楞芯纸上。挂面纸板紧紧地黏住瓦楞，以防其展开或变平。单面瓦楞纸板具有平整的表面，它会被黏到瓦楞纸芯的每一边。拱形结构提供纸板的强度和刚度，同时有垫层（缓冲层）的作用。双楞瓦楞纸板有三层面纸和两层瓦楞纸芯（图 4-24）。生产过程是：把两张单面瓦楞的芯纸与一张面纸黏在一起形成一种挺度和强度非常好的材料。三楞瓦楞纸板由四层面纸和三层瓦楞纸芯组成，用于强度要求非常高的产品包装。

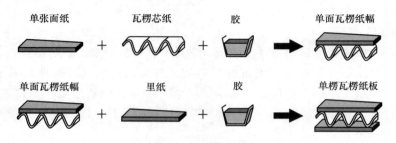

图 4-23　单瓦楞纸板的组成

图 4-24　双瓦楞纸板的组成

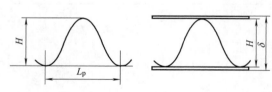

图 4-25　瓦楞楞型的特征

H—瓦楞高度　L_p—瓦楞间距或长度　δ—瓦楞纸板厚度

常用的瓦楞形状例子。

瓦楞形状因单位长度（m）的楞数、楞高及间距或拉紧因子的不同有所区别（图 4-25）。

图 4-26 表示拉紧因子决定单位长度（m）的单面瓦楞纸芯有多少个瓦楞。

瓦楞纸最常见的瓦楞形状见表 4-8，也有其他的瓦楞形状，表 4-9 和图 4-27 给出了

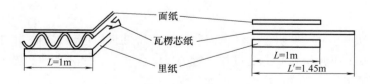

图 4-26　瓦楞类型的特性决定瓦楞纸板中瓦楞芯纸的拉紧率

表 4-8	最常见的瓦楞楞型		
瓦楞类型	瓦楞数/（个/m）	瓦楞高度/mm	拉紧因子
A	100	4.0～5.0	1.50
C	130	3.0～4.0	1.45
B	150	2.0～3.0	1.36
E	300	1.0～2.0	1.24

表 4-9	其他的楞型	
瓦楞类型	瓦楞数/（个/m）	瓦楞高度/mm
K	85	>5.9
MIDI	200	1.7～2.3
F	350	0.7～1.1

由于其刚度和堆积强度性能使得 C 型瓦楞是最常用的。模切纸箱应用的快速增长，使得 B 型瓦楞也变得较为常用。A 型瓦楞、E 型瓦楞和 K 型瓦楞用于特殊用途。F 型瓦楞也正变得流行，替代比较重的实心纸板和盒用纸板。实心纸板的厚度限制了它们的印刷性能（如图 4-28 所示）。相对于盒纸板，F 型瓦楞有商业价值。在内部各个部分都有黏接的复杂结构中，F 型瓦楞可成为替代品或变成 B 型瓦楞和 E 型瓦楞。瓦楞形状的特性决定瓦楞在瓦楞纸板中所占的比例。瓦楞的高度和长度在瓦楞形状设计中是最重要的指标。

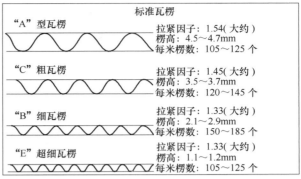

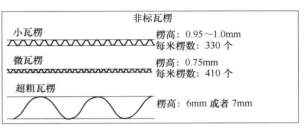

图 4-27 瓦楞纸板结构呈现瓦楞类型和尺寸

（三）瓦楞纸板的生产

单面机构成瓦楞成型机的湿部。单面机的主要组成部分是在瓦楞原纸上压瓦楞的瓦楞辊。涂布辊将胶液涂布到瓦楞的顶部。然后压力辊挤压瓦楞芯纸和挂面纸板之间的接缝，将其黏在一起形成单面瓦楞纸板。单面机的区别在于瓦楞芯纸在压瓦楞后仍与下瓦楞辊接触，不是之前只与单面箱纸板接触。图 4-29 所示为瓦楞纸板机。

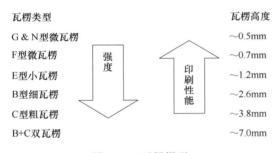

图 4-28 瓦楞楞型

三、起皱加工

起皱加工一种使纸页产生横向皱纹的机械加工法，加工后的纸可统称皱纹纸，包括生活用纸中的卫生纸、面巾纸、餐巾纸等。起皱的目的是增加纸页的柔软性。以强韧的包装用纸为原纸，起皱后的皱纹纸可用于毛线等松软制品的包装，可随商品的压缩变形而伸缩，从而防止包装纸因内容物的伸缩而破裂。皱纹电缆纸可在电缆敷设时不因电缆弯曲变形而破裂。彩色皱纹纸可用于装饰、扎花或制成彩带。

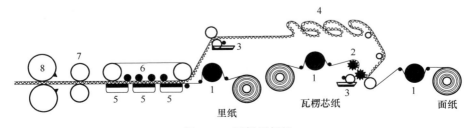

图 4-29 瓦楞纸板机

1—预热器 2—瓦楞辊 3—涂胶辊 4—桥架 5—加热板 6—挤压辊 7—纵切和折叠 8—切断

（一）起皱方法

1. 湿法起皱

即纸页在潮湿状态下起皱，又可以分为两种情况，即压榨部起皱和烘缸上起皱。

压榨部起皱是在最后一道压榨的上压榨辊上起皱，此时纸页水分为 60%～65%，纸页靠水的表面张力贴附在辊面上，纸页在潮湿状态下又易于变形，所以起皱易控制，起皱频度高。但起皱后的湿纸应在无张力的状态下干燥，需与热风干燥器配套，或用毛毯承托着进入烘缸部，因此干燥效率很低，而且起皱时已发生改变的纸页组织，干燥时会在新的状态下收缩并建起氢键结合，所以纸内结合力较高，成纸柔软性和手感都差。此法适用于皱纹包装纸和电缆纸的加工。

烘缸部起皱是在两段设置的干燥部的前二个烘缸上完成的，此时纸页干度控制在 75%～85%（也称半干法起皱），纸页与烘缸贴附较好，纸页也较易变形，所以起皱也较易控制。而且后干燥过程中水分蒸发较少，纸页因失水收缩也小，所以柔软性和手感优于压榨部起皱的纸，国内的卫生纸等家用薄页纸，一般都是用这种方法加工的。但也有后段干燥效率低的缺点。这种起皱法也有在机外进行的，即将纸机生产的原纸送往单设的起皱设备上进行加工，此时先将原纸浸以含少量胶黏剂的水，然后进入烘缸部，借水的表面张力和胶黏剂的黏附，贴在烘缸面上进行起皱加工。

2. 干法起皱

这是纸页在烘缸上已干燥到产品标准水分后进行起皱的方法，此时纸页与烘缸贴附不紧，易剥离，加上纸页干燥后较挺硬，不易变形，因此对起皱不利。但如果能进行理想的起皱，由于此时纸页内部结合在起皱时被部分破坏，所以成纸柔软性和手感都好，纸的干燥效率也高。

（二）起皱装置

起皱是由刮刀来完成的。贴附在辊面或烘缸面的纸页，与逆向设置的刮刀刀刃相抵触，受挤压而形成皱褶，并与缸面剥离。一般烘缸起皱用刮刀都是用 1.0～1.5mm 的锯片钢制成的，以一定的线压力（0.5～0.75）×10³ N/m 与缸面接触。刀片的几何形状及安装位置对起皱有重要影响，其几何关系如图 4-30 所示。图中 α 角是刀片底面与缸面接触点切线间的夹角，称为安装角，一般为 15°～35°；β 为刀刃角，即刮刀端面与底面的夹角，一般磨成 90°、45° 和 30° 不等；γ 为接触角，即刮刀端面与烘缸接触点切线间的夹角，取决于安装角 α 和刀刃角 β，即调节刮刀的安装角，可以相应改变接触角 γ，γ 的大小，直接影响纸页与刮刀的抵触程度，从而影响起皱效果；θ 是剥离角，即离开缸面的纸页与上述切线之间的夹角。

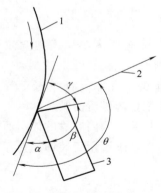

图 4-30　刮刀安装的几何关系

1—烘缸　2—纸页　3—刮刀

压榨部起皱的刮刀，可采用磷青铜制作，刀刃角 45° 左右，安装角 40°～45°，刀刃与辊面接触点在压榨中垂线后方（纸页运行的下向）40mm 左右，具体位置和角度均可以调节。

四、轧花加工和磨光加工

（一）轧花加工

用机械压纹的办法，在纸面轧出花纹和图案，用于装饰纸、壁纸、生活用的手帕纸、餐巾纸、化妆纸和某些信笺纸，甚至印刷用的铜版纸和包装用的压花牛皮纸等，其应用范围也比较广泛。

轧花机由 1 个纸辊和 1 个中空的钢辊所组成。钢辊表面刻有花纹，中间通汽升温，使被加工的原纸在热压状态下通过辊间，压出花纹。

轧花机的钢辊为凸纹辊，而具有弹性的纸辊成为凹纹辊，由凸凹纹的嵌合，将原纸压制出花纹。纸辊像超级压光机的纸辊一样，是用硫酸盐浆和羊毛混抄的纸页，冲切成中间带孔的圆片，逐片串在辊轴上夹紧形成纸辊。使用之前，使钢辊在加压状态下与纸辊一起空运转，并用 25℃ 温水润湿纸辊，以增加纸辊的塑性，而钢辊通汽升温至正常工作时的温度，即保持正常工作时的辊径，通过长时间运转，将钢辊表面的凸形花纹，转压到具有弹性的纸辊表面，形成凹纹。

纸辊的弹性取决于羊毛的配入量，其辊径大小、弹性高低、钢辊直径，都取决于钢辊刻花深度所决定的轧花压力，而这又取决于被加工原纸的性质及轧花要求。一般铜版纸轧纹后，还要具有理想的印刷表面，所以只进行浅纹（<0.1mm）的布纹等加工（称为布纹铜版纸），而有的装饰纸种，要求具有明显的花纹，则采用深纹（>0.8mm）加工。

表 4-10 是不同纸种所选用轧花机的特性参考数据。

表 4-10 **不同纸种所选轧花机特性例（纸幅宽 1m）**

	卫生纸、面巾纸	颜料涂布纸	高级书写纸	牛皮纸
总压力/10^4N	10	12	12	15
速度/（m/min）	100	100	80	30
所需功率/kW	3.7	5.5	5.5	7.5
钢辊径/mm	180～200	180～200	180～200	180～200
加压装置	空压	空压、油压兼用	空压、油压兼用	油压

（二）磨光加工

磨光可使纸页获得高光泽，比如光彩夺目的蜡光纸，就是在单面涂有彩色涂料的涂布纸上进行磨光制得的。老式的磨光机是用燧石在纸面上的往复运动来磨光的，其生产效率很低。辊式磨光机是较新式的设备，是由 2 根纸辊中间夹 1 根中空的钢辊组成。钢辊可通汽升温，其转速比纸辊快 2～3 倍，利用转速差和温度来提高磨光效果。

第五节 成型加工纸

一、常用成型加工原纸特性及要求

成型加工纸种类繁多，这里重点介绍利用纸张或纸板加工纸容器的工艺与技术。就目前而言，用于纸容器制造的纸张和纸板有两大类：原色纸张（纸板）和白色纸（纸板）。

（一）瓦楞原纸和箱纸板

瓦楞加工在机械加工纸一节中已经作了简要介绍。瓦楞原纸需要先制成瓦楞纸板，然后再经过一系列加工制成纸箱。瓦楞原纸和箱纸板主要是以废纸为原料的纸种，近年发展速度很快，并且向高强度、低定量和低成本的方向发展。

1. 瓦楞原纸

① 定量。用于成楞或起楞的瓦楞原纸或瓦楞芯纸，其定量在 90～120g/m² 左右。常用

的是 $112g/m^2$ 品种，并逐步向低定量方向发展。

② 物理强度。瓦楞原纸需要良好的物理强度，纵向裂断长、横向环压强度要求高，否则轧楞时瓦楞会产生破裂或变形，使制成的纸箱在运输、库存过程中会被压溃。

③ 贴合适应性。要求纸幅厚薄一致，水分均匀，有一定的松厚度（紧度不宜太高），这样才能适应瓦楞纸板贴合机高速轧楞裱合的要求。

④ 吸水性。要求瓦楞原纸吸水性要适中，因为瓦楞纸板在高速贴合时，单面机从涂黏合剂到贴合之间，时间很短，一般在 0.2s 以下，双面机也不超过 1s，为了使黏合剂能充分向纸层中迁移，要求瓦楞原纸有合适的吸收性能。

2. 箱纸板

箱纸板要求物理强度高，耐破度、耐折度、环压强度要好，要适合贴合及制箱的需要。

① 贴合适应性。箱纸板在瓦楞纸板贴合机与轧成瓦楞状的瓦楞芯纸贴合，要求贴合均匀，故箱纸板必须具有良好的黏接强度，外观要平整，横幅厚薄要一致、水分要均一，反面要有适当的吸水性。如果横幅定量、水分相差太大，贴合的瓦楞纸板会产生翘曲，一般是局部贴合不良所致。

② 制箱过程的机械适应性。瓦楞纸板贴合后，需要经过纵、横向压线、印刷、开槽、黏箱（或钉箱）等制箱工序，所以箱纸板的表面要强度高，以抗折裂，适应瓦楞纸板细而深的压线要求。牛皮挂面箱纸板的机械适应性较强。

③ 层间结合强度。目前制箱大多数采用黏合剂粘贴，以取代过去的钉箱工艺，要求箱纸板层间结合强度好，不能有层间剥离现象。

（二）纸袋纸及伸性纸袋纸

1. 纸袋纸

纸袋纸是以本色硫酸盐针叶木浆为主要原料的一种高强度的包装用纸，可供各种商品包装。通常被加工成单层或多层纸袋，它的质量要求视所包装物品的性质、质量而有所不同。多用于水泥、化肥、农药微细粉状颗粒物料等的包装。

① 纸袋纸性能要求及特点。纸袋纸纸质要求强韧，耐破度、撕裂度要求特别高。为避免待装物料装袋时被空气鼓破，要求有一定的透气度，使装袋时空气容易排出。同时为了能经受瞬时的冲击力而不至于破损，要求有较大的伸长率。为防止物料吸潮结块，纸袋纸要求具有很强的抗水能力（高施胶度）。为便于长途运输，防止破损，包装袋常常采用多层结构。

② 伸性纸袋纸。伸性纸袋纸的生产过程与纸袋纸基本相同，只是在抄造过程需经过伸性处理：以 100% 未漂针叶木硫酸盐浆为原料、经长纤维游离状打浆，进行重施胶，不加填，在长网多缸造纸机上抄造。在抄纸过程中纸页经过伸性装置（由橡胶辊或橡胶毯制成的特殊装置）处理，使纸页中含有许多小皱纹，造成纵向有较大的伸长率，增加弹性及缓冲性。伸性纸袋纸的特性与普通纸袋纸基本相同，但物理强度更高，由于纵向伸长率较大，使纸质强韧而富有弹性，耐冲击能力更强，耐破度更高。当纸幅通过伸性装置生产伸性纸时，纸幅进入压区被夹入之后，纸幅被胶毯的反弹力收缩。纵向伸长率大于 8% 的纸袋纸为伸性纸，伸长率介于普通纸和伸性纸之间的为半伸性纸。伸性纸的抗张力比普通纸小些，但它的纵横向的能量吸收（TEA）值比普通纸大 3～4 倍，以纵向为例，普通纸的伸长率一般在 2.0%～3.0% 之间，而伸性纸可达 18%，一般控制在 10% 左右。

2. 牛皮纸

牛皮纸是一种通用的高级包装纸，因其纸面色泽呈黄褐色（其实是硫酸盐化学木浆的原色或经过调色），纸质坚韧，强度高，仿佛似牛皮而得名。广泛用于日用百货、五金制品、纺织产品、汽车零件等各种商品的内包装，起到保护商品的作用。此外牛皮纸还用于加工制作卷宗、文件袋、信封等多种封套，还可作砂纸的基纸。牛皮纸纸质坚韧结实，有良好的耐破度和纵向撕裂度。根据纸的外观，有单面光、双面光和条纹等品种。牛皮纸应以硫酸盐纸浆或其他强度类似的化学纸浆为主要原料。成纸的纤维组织均匀性及色泽应符合订货合同规定的要求。纸面应平整，不许有褶子、皱纹、残缺、斑点、裂口、孔眼等纸病。在复卷过程中不易发现的非周期性的卷筒内部纸病，不许超过3%。

3. 精细牛皮纸

精细牛皮纸作为基纸，是一种技术含量高、质量要求高、附加值高的纸种。其生产方法和普通的牛皮纸差不多，只是对成纸的匀度和表面性能要求比普通的牛皮纸高。为了提高其表面特性，通常采用压光处理。

4. 生产蜂窝纸板的原纸及其要求

蜂窝纸板需要的原材料可以说主要有两大类，即原纸和胶黏剂。原纸可分为用于制造蜂窝芯纸的原纸和用于蜂窝纸板面板的原纸，蜂窝纸板的技术标准中对其原纸生产中主要技术指标提出了具体要求。

表4-11中给出了制造蜂窝纸板的蜂窝芯纸、面纸原纸的主要技术指标。从表4-11中可出看出，生产蜂窝纸板的原纸不论是芯纸还是面纸，都对定量、耐破度、伸缩率、撕裂度、施胶度、水分、平滑度提出了明确的规定。

表 4-11　　　　　　　　　　　　　蜂窝芯纸、面纸的主要技术指标

材料名称	定量/(g/m²)	耐破度/kPa	伸缩率/%	撕裂度/mN	施胶度/mm	水分/%	平滑度/s
再生牛皮纸	≥120	≥0.7	≤4	≥2500	0.8	11±3	5
茶纸板	≥120	≥0.9	≤6	≥3700			

5. 牛皮卡纸

牛皮卡纸物理强度高，质地刚挺。牛皮卡纸通常与瓦楞芯纸贴合成瓦楞纸板，制作成纸盒用来包装商品。牛皮卡纸具有高的耐破度、环压强度及抗水性能，要求两面平滑，纸质坚挺。定量一般为127g/m²、180g/m²、200g/m²和220g/m² 4种。

6. 单面白纸板

单面白纸板是一面光滑、主要用于彩印制盒的一种白色纸板。单面白纸板用途很广泛，适用于印制各类包装盒，供化妆品、药品、食品、文具和鞋具等商品作外包装，也用于制作一般的画板等。单面白纸板又分为平板、卷筒两种。单向白纸板纸面平整，洁白而光滑，挺度好，表面强度高，伸缩变形小，印刷不掉毛，并适于套色印刷，同时耐折性好，以保证制盒性能。

7. 单面涂布纸板

单面涂布白纸板是由单面白纸板经涂布加工而成，其涂布面光泽平滑，适印性能优良，彩印套色效果佳。主要用于彩色印刷和制盒制袋包装，如包装高档商品的礼品盒，能有美观的印刷装潢效果，同时作为食品、烟酒、日用品和文具等物品的个体包装，用途广泛。单面涂布纸板外观表面白度高、光泽度好、表面平整洁净、无杂质；物理强度高，具备挺度好、耐压、耐冲击、耐折裂、抗撕裂、不离层和适应机械化制盒的要求，即适于粘贴、模切和压线等；具有较好印刷适性，即纸面平滑、表面强度好和有较好的油墨吸收性。

8. 合成纸

合成纸，被称为第二代纸。由于合成纸是采用合成高分子物质及相关的天然化合物制造的，与利用植物纤维为原料的纸一样具有印刷、书写、包装和装饰等功能的材料，因此，从本质上而言，合成纸具有传统纸的一般性质，又有传统纸不可比拟的物理性能，如高抗张强度、高撕裂度、高耐破度、高湿强度、高透气性、高尺寸稳定性、不会伸缩变形，以及热成型性、热融结性能好和优良的印刷性能等。该纸正日益受到人们的重视并开始在各行各业使用，用于商业印刷、信息用纸、广告材料、医疗用纸、包装行业用纸和建材行业用纸等。

9. 白卡纸

白卡纸是一种用全漂白化学木浆制造的一层或多层结合的白色硬纸，主要用于印刷和包装装潢。白卡纸采用100％漂白硫酸盐木浆为原料，经重施胶，加入填料，在长网造纸机上抄造，并经机内压光处理，成为纤维结构紧密、纸面平滑度高、挺度好、外观洁净、匀度良好的卡纸，具有纸质厚实、挺度高、两面平滑、耐破度高、抗水能力强、白度高等优点。

二、主要成型加工纸产品及其加工工艺

（一）瓦楞纸箱的生产技术简介

现代瓦楞纸箱的生产一般都是在瓦楞纸板生产线生产出瓦楞纸板后，通过一定的瓦楞纸箱成型设备制成瓦楞纸箱。利用瓦楞纸板生产瓦楞纸箱，通常要包括双色印刷、分切压痕、开槽切角、折叠钉箱（或黏箱）等工艺过程。

在我国很多瓦楞纸箱厂兼顾了瓦楞纸板与纸箱的生产，也就是纸箱厂都具有纸板加工设备（单机或生产自动线），因此往往设备利用率不高。过去我国的瓦楞纸箱和瓦楞纸板多采用单机生产，现在的瓦楞纸板大部分采用了自动生产线，而瓦楞纸箱大部分已采用联合机或多功能联动机组。此部分知识在《制浆原理与工程》中有比较详细的介绍，这里只作简介。目前国内外常见的瓦楞纸箱工艺流程方框图如图4-31所示。

图 4-31　瓦楞纸箱工艺流程示意图

（二）蜂窝纸板

1. 简介

蜂窝纸板是在20世纪80年代研究出来的技术，并相继发展了用纸蜂窝板材料制作的包装箱和托盘等产品。蜂窝纸板一般是由特制的植物纤维原纸为基材，经特殊的制作工艺加工而成的特种包装材料，是近年来由军用转民用、以纸制材料替代金属材料的新型蜂窝产品。它一般由两层面纸板与中间蜂窝状纸芯通过胶黏剂黏合而成，具有轻质高强度的特征。蜂窝状纸芯是组成蜂窝纸板结构的重要部分，一般是由特制的蜂窝原纸首先切成一定规格的纸条，然后通过胶接、拉伸成型、固定等加工工艺而制成。从蜂窝状纸芯的横截面上看，它是一幅连续正六边形网状结构，就如蜜蜂的巢一样，蜂窝纸板的命名因此而产生。应该说蜂窝纸板的许多应用性能与蜂窝纸芯的结构是分不开的。蜂窝状纸芯的结构如图4-32所示，蜂窝纸板结构示意如图4-33所示。

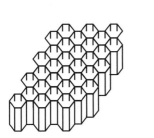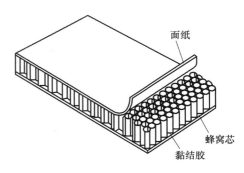

图 4-32　蜂窝纸板芯层结构示意图　　　　　图 4-33　蜂窝纸板结构示意图

2. 生产工艺

蜂窝纸板的制造过程大致可分为蜂窝纸芯制作和蜂窝纸板制作两大部分。其中，蜂窝纸芯制作部分又可分为供纸、涂胶、分切、黏合、烘干以及拉伸等环行，而蜂窝纸板复合制成部分可分为面纸供给、面纸涂胶、面纸与蜂窝纸芯黏合、成品烘干以及成品分切等环节。流程示意图如图 4-34 所示。

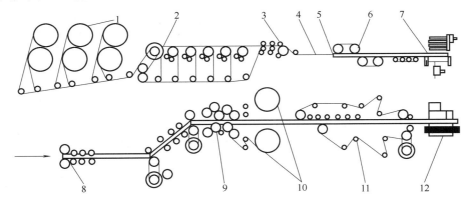

图 4-34　蜂窝纸板生产工艺流程示意图

1—芯纸供给　2—一次涂胶　3—分条二次涂胶　4—汇合立棱　5—芯条送进　6—芯条切断
7—顶推　8—网芯烘干拉网　9—网芯涂胶　10—面纸供给　11—成品烘干　12—成纸剪切

（三）纸袋

纸袋是纸制品的一种袋式容器，其用途十分广泛，既可用于食品等轻量商品类的包装，也可用于化肥等大宗物品的包袋，前者被称作小纸袋，后者被称为大纸袋。

1. 小纸袋

（1）纸袋的分类

小纸袋根据结构、外观和使用特性，可分为以下几种。

① 扁平式纸袋。扁平纸袋是一种最常见的结构形式，如信封、公文袋等，其封合可采用纵向搭接和底端翻折贴缝。也可根据需要设置搭盖、提手、开窗等。

② 方底袋。方底袋通常为长方形，周围有 6 条折痕，而底部有 4 条折痕，纸袋打开后可直立，因此装放物品非常方便，常用于服装、食品等商品的零售包装。

③ 尖底袋。尖底袋具有内褶，打开后底部成尖形。由于有内褶的缘故，纸袋容量增大，多用于食品类的包装。

④ 角底袋。角底袋是在纸筒底部折叠并粘贴封底而成的。角底袋稳定性好，为了增加纸袋容积。也可在纸袋两侧增加内褶。为了便于打开袋口，可在袋口处单侧切出缺口。

⑤ 手提袋。手提袋根据袋底形式可分为尖底手提袋、方底手提袋和角底手提袋。尖底手提袋是在带折层的尖底袋的口部加纸板提手。堆放时可平叠，但不能自立。而方底和角底手提袋能自立，且承重较大，因而采用强度较高的纸张或复合材料制成。提手可用纸带、线绳制成，也可通过在上端开口而制成。

⑥ 异形袋。根据商品形状及销售对象所设计的不规则形状的纸袋称为异形袋。异形袋形式多样多用于儿童类商品的包装。

（2）小纸袋的制造工艺

小纸袋的制造可用手工或机械制作，一般先采用胶印、凹印、柔性版印刷，然后进行纸袋成型。

① 扁平袋的机制工艺

a. 卷筒纸→在一边沿纵向涂胶→折叠成管状→切断成袋身→袋底部涂胶黏合成袋；

b. 卷筒纸→打出撕断孔→在一边沿纵向涂胶→折叠成管状→夹住撕断孔处撕下单个袋子→袋底部涂胶黏合成袋；

c. 按袋的展开图冲成单个袋形→沿纵缝涂胶并黏合成管状→袋底部涂胶黏合成袋。

② 方底袋的制造工艺。方底袋可采用能变化尺寸的通用机和单一尺寸的单用机生产，其工艺为：卷筒纸→在一边沿纵向涂胶→用成型板折叠挡褶并折成筒状黏合→用旋转刀定长裁切→袋身定位→端折痕→开底口→底都涂胶→后端折叠→前端折翼制成袋。

2. 大纸袋

（1）大纸袋的分类

用于大宗粉粒状物质如砂糖、水泥、化肥等包装的纸袋为大纸袋，也称贮运袋。这类纸袋的体积及构造变化较大，一般按层数分为两类；一类是轻载型。由1～2层纸构成，既可作为外包装，也可作为内衬使用。另一类为重载型，由3层以上的纸或其他材料构成，主要用于装填量大的散装物品。大纸袋按其袋身、袋底、袋口结构分为以下几种：

① 扁平袋。结构简单，是最经济、最常用的袋形；

② 折褶袋。折褶袋身有内槽，容积大，袋口也大，更适于装填松散的新产品，但由于有内褶，制作较烦琐，用料较多；

③ 尖底袋。其底部宽度和厚度都大于袋身，因而袋底的抗冲击、抗压能力强；

④ 角底袋。角底袋底部经折叠形成的支承面较大，装袋子前可自行站立。与尖底袋相比，容积大，但袋底强度较低。

（2）大纸袋的制造工艺

大纸袋的制造的生产工艺包括袋身成型和袋底封合两部分，流程如图4-35所示。

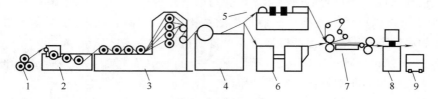

图4-35 大纸袋生产工艺流程示意图

1—原纸 2—印刷机 3—制袋机 4—分切机 5—缝纫机 6—黏底机 7—干燥机 8—捆扎机 9—出厂

（四）纸杯

纸杯是盛装饮料等食品的小型容器，一般上口较大，下口较小，视需要可设置盖及把手。根据纸杯的形状，纸杯可分为圆形、角形和圆筒形等若干种。根据纸杯的结构，纸杯可分为有盖、无盖及有把手和无把手四种。纸杯的结构虽多种多样，但其基本结构为杯身、杯底及各种类型的杯盖。

纸杯的制造，首先是印刷，随后模切成扇形，最后将上端缘及下底部与杯身封合成型。纸杯的盖要求开口容易，并能密封。盖的形式有圆盖及带耳圆盖，都是将一圆形纸板挤压在纸杯上口部边缘的槽沟内。纸杯的密封性要求很高，因而制杯的关键是杯身与杯底的结合。目前采用的封边技术有三种，其中黏封是采用水溶性速干型胶黏剂，在杯身边缘及杯底的指定部位涂胶，而达到封合的目的。另一种封边技术为热封，利用涂塑层的热熔特性，在杯身边缘及杯底指定部位加热加压封边。但热封限于纸杯基材为双面涂塑或单面涂塑材料。而超声波封边是以超声波产生的热量在精密控制的情况下封边。

为了提高抗液性能，除涂塑杯及铝箔纸杯外，其他纸杯都要求上蜡。

（五）圆筒型复合纸罐

复合纸罐是指罐体材料为纸质，并配以纸质或其他材质的罐底及罐盖的小型封闭容器。复合纸罐与金属、玻璃、塑料等容器相比，具有质量轻，保护性能优良，无毒、无味，安全可靠，便于回收处理等特点，因而常作为其他罐的代用品。复合纸罐既可用于盛装固体食品，如茶叶、砂糖和盐等，也可用于盛装各种液体食品，如矿泉水、牛奶和果汁等。

根据材料质地、厚度以及结构的不同，复合纸罐有多种形态，但其基本结构为罐体、罐底、罐盖三部分组成。

罐体按其材料的卷绕方式不同，有螺旋式和平卷式（搭接、平绕）两种结构，如图4-36所示。螺旋式卷绕方法是先将原纸按纸罐直径大小分切成带状纸盘，然后在纸管机上卷绕，卷绕时层与层之间互成一个角，形成一个连续的积层筒体，然后再按纸罐的高度切成所需罐体。

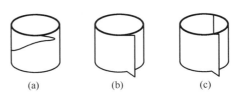

图4-36　纸罐罐身和纸罐的形式

（a）螺旋卷绕式　（b）搭接式　（c）平绕式

复合纸罐的底和盖多用镀锡铁皮或铝板模压制造，也可用铝箔、塑料薄膜与纸板复合而制成。罐底、罐盖与罐体的结合方式，视它们的材质而定。如果罐底、罐盖为金属等硬质材料，罐体的壁厚与刚性比较大，则可采用与金属一样的二重卷边方法，该法的结合强度与密封性能良好。以铝箔、加工纸和塑料薄膜作为复合纸罐的底盖时，应具有一定的厚度，以保证罐的必要刚性。因此这种底、盖构成的复合纸罐一般是半刚性容器，其罐体与底、盖的结合方式如图4-37所示，可用黏结、热封等方法来保证罐的密封性。

（六）纸筒

纸筒是以纸板作坯料，加内衬材料制成的大型桶形包装容器（容积可为25～250L）。纸桶主要用来储运干性散装粉粒状产品，若经特殊处理或附加塑料内衬后，也可用来储运膏状

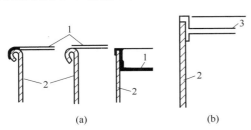

图4-37　复合纸罐的盖子

（a）膜片盖　（b）树脂盖

1—膜片盖　2—盖身　3—树脂盖

或液状产品。与金属桶、木桶相比，单个货物包装成本和运输成本均较低。

纸桶根据所用材料可分为层合纸板桶和瓦楞纸板桶。层合纸板桶的桶身以箱板纸或牛皮箱板纸在卷绕设备上卷绕而成。桶壁结构为多层，桶壁的内外表面用纸，定量较低，便于浸蜡或涂布树脂，从而提高桶壁的防护能力，中间纸为中等定量的纸板，它是用来搭接桶身与桶底的，桶壁中央的两层纸板构成桶身的芯体，其定量较大，以上各层可用树脂或黏结剂黏结在一起，固化后具有较大的强度及刚度。

纸桶的桶口结构与桶盖样式相适应。桶盖常见样式有扣盖和快速紧箍两种。扣盖指桶盖直接扣在桶身上，装货扣盖后可用牛皮胶带纸黏合扣合缝。这种盖结构简单，开合容易，但密封性较差。快速紧箍盖的铁箍开口处穿上螺栓，以螺母紧束桶盖。这种结构紧束力大，可加固密封，有一定的防盗作用，但拆盖不太方便。桶盖的材料可采用层合纸板、纤维板、胶合板、木板和金属板等。为加强密封，可配用桶箍、泡沫塑料和橡胶衬垫等。桶底材料与结构基本与桶身相同，但厚度比桶身材料厚。

瓦楞纸板桶身是由瓦楞纸板制成，具有固定的底和盖，实际上是多角形纸板箱，其强度比同体积的长方形纸箱高。

第六节　纸浆模塑加工

一、概　　述

（一）国外纸浆模塑行业发展概况

20 世纪 30 年代后期，随着人们环保意识的增强及绿色包装的大力推广，国际上许多知名公司，如加拿大爱美利公司、法国埃尔公司、英国汤姆逊公司等纷纷推出了纸浆模塑制品包装生产线，并形成了较大生产规模。特别是近年来，国际社会对环境保护日益重视，对废弃物处理格外关注，许多国家先后以立法的形式确定环保措施。美国、加拿大、日本、欧共体等国家和地区先后制定了严格的包装废弃物限制法，规定在运输包装和销售包装中禁止使用聚苯乙烯泡沫塑料，代之以纸浆模塑制品。我国出口去欧美、日本等地的产品，若其所用的包装仍采用泡沫塑料，则需向进口国海关缴纳昂贵的环保费，有的甚至达产品价值的 100%。

纸浆模塑发展具有如下特点：

① 应用领域宽广。纸浆模塑产品在汽车、电子产品、工业五金器具、生活用品、医疗器具、家庭用品、办公产品等领域的包装方面应用广泛。

② 设计先进。在制品原型设计和模具设计上，广泛采用计算机辅助设计方法。

③ 自动化程度高。制品设计标准化、模块化、生产设备先进并且工艺日趋合理。

（二）纸浆模塑加工工艺

纸浆模塑制品所采用的基本原料是纤维、水、填料和化学助剂。纸浆模塑加工主要由浆料准备、成型、干燥和热压整形与模切等工序组成。其中，成型是纸浆模塑制品生产过程中的关键工序，它对纸模制品的质量、破损率、生产能耗和生产效率等起着决定性作用。因此，将对纸浆模塑成型重点介绍，并简单介绍干燥过程，其他环节可通过查阅相关文献自学。

二、纸浆模塑的成型

纸浆模塑成型原理与纸或纸板的生产过程基本相同，都是将纤维与水混合成浓度为

0.5%～2.5%的纸浆悬浮液，然后进行过滤脱水成型。按成型动力可分为真空成型、液压成型和压缩空气成型三种方式。

（一）**真空成型法**

真空成型：其工作原理如图 4-38 所示。浆料浓度为 1% 左右，真空抽吸时的真空度一般为 520Pa，脱模时空气压力一般为 0.2MPa。该成型方式与纸张形成机理相同，不再赘述。

（二）**液压成型法**

液压成型也叫挤压成型，其工作原理如图 4-39 所示。它是利用机械挤压方式产生更高的成型压力。浆槽中的纸浆定量后注入排水成型器。然后，上模具在液压机的作用下伸入充满纸浆的成型器中与下模具汇合挤压纸浆。浆料中的水经过网状模的孔眼排出，纤维在上下模具之间成型。成型结束后，上模具接入真空，下模具接通压缩空气。湿纸模坯在上模具的真空抽吸作用和下模具压缩空气的吹脱作用下，

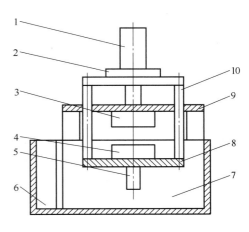

图 4-38 真空成型法
1—升降气缸 2—移动板台 3—上模 4—下模
5—气管 6—溢浆池 7—贮浆池 8—下
模托板 9—上模托板 10—移动导柱

移至上模具上，最后湿纸模坯再从上模具上脱开送去干燥。成型时纸料的浓度为 2.5% 左右，挤压成型时纸浆受到的压力约为 0.6～1.2MPa，上模具真空室的真空度约为 780Pa，吹出湿制品的压缩空气压力约为 0.1～0.2MPa，此法适宜生产定量较重、密度较大的浅盘式纸模制品。

（三）**压缩空气成型法**

压缩空气成型也叫作压力成型，工作原理如图 4-40 所示。它是利用气体动力学原理成型的。纸浆通过浆泵泵送到浆池槽中，然后在重力作用下流入表面覆盖金属网的模具上，通过压缩机向型槽内部吹

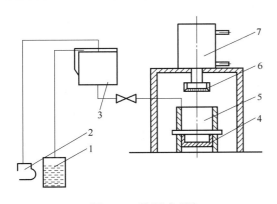

图 4-39 液压成型法
1—浆池 2—泵 3—定量注泵器 4—下模
5—成型器 6—上模 7—气缸

入热的压缩空气，纸浆在压力作用下脱水。白水通过金属网及模具排出，纤维则均匀地沉积在金属网的表面，压缩空气均匀传递到模具的各个部位。因此，模具可以均匀脱水并将制品吹干到合乎要求的含水量为止。然后取下湿纸模坯，送到干燥工段。纸浆可以根据产品的质量要求采用不同的浆料种类和配比，纸浆的打浆度一般在 30～40°SR。浆池槽中纸浆的浓度约为 0.7%～1.5%，进入定量模具容器中纸浆的浓度可以稀释至 0.5%～0.8%；模具表面网孔直径约 0.5mm，压缩空气的压力为 0.4MPa，温度一般为 377～400℃。这种方法主要用于外形结构复杂且紧密度要求较高的中空纸浆模塑制品，如瓶、杯、桶和箱等产品。

除了以上几种成型方法外，还有浇注成型法、高压喷射法、离心脱水法等，由于效果不是很好，在实际生产中很少应用。

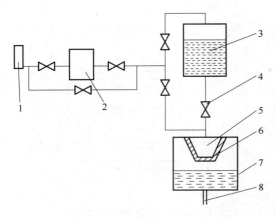

图 4-40　压缩空气成型法

1—鼓风机　2—压缩机　3—浆池槽　4—阀门

5—型槽　6—网模　7—模具箱　8—排水管

三、助剂的使用

纸浆模塑制品生产过程中化学助剂的应用，是在造纸化学助剂应用的基础上，根据纸浆模塑制品生产特点，结合工艺、用途、用量、添加方法和卫生标准等方面的要求，而加以改进或专门研制的专用精细化工产品。造纸化学助剂中有些品种大都适用或基本适用于纸模制品的生产。纸浆模塑制品生产所用的化学助剂主要分为功能助剂和过程助剂两大类。功能性助剂是以提高纸模制品最终使用性能和质量为目的的一类助剂，如填料、施胶剂、增强剂、防水剂、防油剂、染料、增白剂和柔软剂等。过程助剂是以促进和改善纸模成型过程，防止产生干扰和减少原料及能源消耗为目的的一类助剂，如助留剂、助滤剂、消泡剂、树脂控制剂、防腐剂和网模清洗剂等。根据纸浆模塑餐具的使用要求，在生产中往往需要添加抗水剂和抗油剂，生产一次性可降解餐具使用的原料及助剂必须无毒、无害，清洁无污染，符合国家食品卫生及环境保护法规和标准要求。

四、纸浆模塑成型设备

（一）连续式转鼓成型机

转鼓式成型机，也叫作回转式多边形成型机。常见的转鼓式成型机由传动和调速装置、转鼓、脱模器、清洗器及控制器等组成。其工作原理示意图如图 4-41 所示。转鼓转动将模具进入奖池，在外力或液压的作用下浆料进入模具，并脱水成型，模具转出浆池后继续脱水至一定干度，与移模具贴合，此时，成型模具内转换成压缩空气，转移模具内与真空相接，使湿纸模坯转移到移模具，移模具在压缩空气的作用下再将湿纸模坯转移到烘干输送带上，送干燥器烘干。该机可适用于大批量的生产。

（二）上下移动式成型机

上下移动式成型机又称往复式成型机，其结构原理如图 4-42 所示。

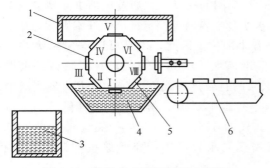

图 4-41　转鼓式成型机原理示意图

1—隔热罩　2—转鼓　3—溢浆箱

4—浆池　5—转鼓模　6—烘干输送带

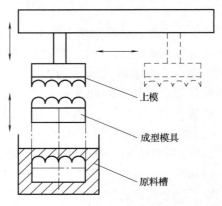

图 4-42　上下移动式成型机结构简图

上下移动式成型机，是将下摆具上下移动，并沉入到浆槽内进行吸滤。成型机的原料槽内装有一定液位的浆料，成型时，下模板及侧模具在气缸的推动下沉入浆料槽内，成型模具内与真空系统相通，使悬浮在浆料中的纤维吸附在其表面上成型。下模板上行至中位继续利用真空脱水，达到一定干度后继续上行并与上模板上的转移模具贴合，此时，成型模具内转换成压缩空气，转移模具内与真空相接，使湿纸模坯转移到上模板上的转移模具内。最后，上模板及模具在横向气缸的推动下，前行至输送带上方，在压缩空气的作用下将其吹落送入干燥工段。成型浆槽结构为溢流式，槽内的浆料浓度始终保持为 1.0%左右，溢流量约为 10%。

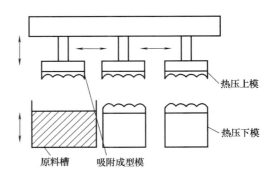

图 4-43　往复多工位式成型机结构简图

（三）往复多工位成型热干一体机

往复多工位成型热干一体机的结构原理如图 4-43 所示。其特点是真空吸附成型模具与加热干燥模具在一台主机上。吸滤成型后的型坯经冷压进一步脱水后，自动转换到热干模具上进行干燥定型，生产过程易于实现自动化。这种形式的成型机，在装有相同模具的情况下，它的生产效率低于回转式，但可以通过模具模型面积的增加来增加产品的生产效率，也可适用于大批量的生产。

（四）全自动成型机

全自动成型机种类繁多，下面介绍两种典型的全自动成型机。

1. 冷、热压无转移模全自动纸浆模塑成型机

结构原理如图 4-44 所示。采用定量注入吸滤成型，经冷压榨、挤掉多余水分后，用最少的能耗对制品进行干燥起型。该机的传动采用压力、流量双比例液压控制系统，速度可以快慢切换，传动平稳，冷压、热压合模力高达 300～400kN。

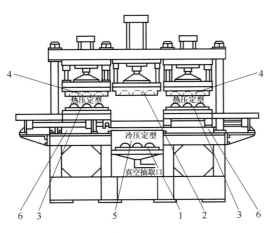

图 4-44　冷、热压无转移模全自动纸浆模塑成型机简图

1—吸滤成型模　2—冷压榨上模　3—热压定型下模
4—热压上模　5—吸滤成型浆槽　6—制品转移工位

（1）工作过程

① 吸滤成型。把一定浓度的浆料定量注入吸滤成型浆槽 5 内。经真空抽吸，在吸滤成型模 1 中制成湿纸模坯，湿纸模坯干度达到 33%～36%，然后采取机械冷压榨使湿坯进一步脱水。合模时，冷压榨上模 2 快速向下移动，以节省合模时间，当接近吸滤成型模 1 时，电脑控制比例流量阀，使之减少液压流量，从而减慢合模速度，以达到平稳无撞击的冷压合模效果。冷压合模到位后，液压系统的比例压力阀使冷压合模压力迅速上升，把湿纸模坯内的水强制挤出，以减少后道工序——热压定型的能耗。经冷压榨后，湿纸模坯干度可达 50%以上。之后，冷压上模 2 迅速打开，湿纸模坯吸附其上，并随之转移。

② 热压定型。冷压上模上升到位后，热压定型下模 3 迅速移到冷压上模 2 的正下方，冷压上模 2 向下与热压定型下模 3 合拢，使湿纸模坯转移到热压下模 3 中。冷压上模 2 上升，热压下模 3 迅速回到其初始位置，即热压上模 4 的正下方，热压上模 4 下降，与下模 3 合降，并与下模 3 合拢，对湿纸模坯进行热压烘干和定型。

③ 制品输出。根据生产的不同要求，可用以下两种方法输出：a. 制品经热压定型后，热压开模时，制品附着在热压上模 4 中，当热压下模移到冷压工位时，制品从热压上模 4 中下落到制品移送工位 6 上；b. 制品经热压定型后，热压开模时，热压上模 4 上移，制品吸附在热压下模 3 中，用机械手把制品从热压下模中取出，直接放置到输送带上，进入切边、消毒和包装工序。

（2）结构特点

这种机型结构紧凑，占地面积小。由于采用了冷压榨工艺和液压比例系统，可以节省大量能源，操作简单，工作平稳。采用一套吸滤成型和冷压装置配二套热压定型装置的组合，科学地分配了吸滤冷压与热压定型的时间，生产效率显著提高。

2. 组合型热压转移模全自动纸浆模塑成型机

组合型热压转移模全自动纸浆模塑成型机的成型、立分体结构，如图 4-45 所示。

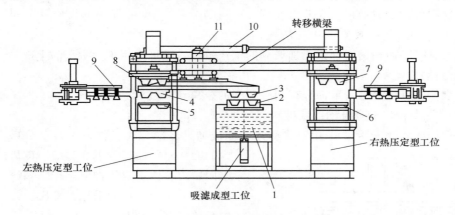

图 4-45　组合型热压转移模全自动纸浆模塑成型机简图

1—浆槽　2—吸滤成型模　3—右转移模　4—左转移模　5—左热压定型下模　6—右热压定型下模　7—右热压定型上模　8—左热压定型上模　9—取件机械手　10—转移模械右移动缸　11—转移模上下移动缸

（1）工作原理

这种机型的湿纸模坯成型与前面定量注浆方式的机型不同，它采用从浆池中捞浆的方式进行。吸滤成型模具 2 沉入浆槽中，通过真空抽吸，使纤维附着其上成型。吸滤成型模上升到转移工位，右转移模 3 在转移模上下移动缸 11 的推动下与吸滤成型模 2 合拢，右转移模 3 吸气，吸滤成型模 2 停止抽吸，使湿纸模坯转移到右转移模 3 上。吸滤成型模 2 下行，重复吸滤动作。右转移模上升并向右移动，到达右热压定型工位，在转移模上下移动缸 11 的作用下下移，把湿纸模坯转移到右热压定型下模 6 中。与此同时，左转移模 4 与吸滤成型模 2 合拢，完成第二轮湿纸模坯向左转移模转移的过程。移动缸 11 提升左、右转移模 4、3 后，在气缸 10 的作用下左移。热压上模 7 向下合模，进行右热压定型工位的热压定型。移动缸 11 再使转移模 4、3 降下，左转移模 4 落在左热压定型下模 5 中，而右转移模 3 落在吸滤成型模 2 上。这样，左转移模完成湿纸模坯向左热压下模 5 的转移，而吸滤成型模 2 完成湿纸模坯向右转移模 3 的转移。左、右转移模 4、3 提升，并右移，左热压定型工位也进行了一次热压合模。热压合模到一定时间后，开模，机械手 9 取出制品。如此循环往复。

（2）结构特点

这种机型结构紧凑，占地面积小生产效率较高。

五、纸浆模塑干燥设备

纸浆模塑制品的干燥方式有多种，按照干燥时制品是否脱模可分为脱模干燥和模内干燥两种形式；按干燥时使用的热源不同又可分为热风对流干燥、远红外线辐射干燥、微波加热干燥等方式。其中，脱模干燥是纸浆模塑工业包装制品的主要干燥方式。按干燥过程采用的设备又分为：干燥箱（房）、烘道（隧道式）干燥机和链式干燥机等。无论采用哪一种干燥设备，其干燥机理是基本相同的。目前，模内加热干燥适合小规模生产，烘道干燥和链式干燥适合连续化大批量生产。图 4-46 是直热式燃气纸浆模塑烘道式烘干线示意图。

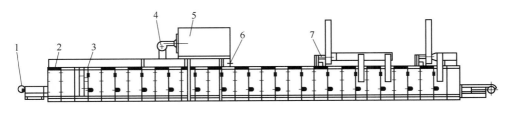

图 4-46　直热式燃气纸浆模塑烘干线结构示意图

1—输送链　2—烘干线烘箱　3—热风循环系统　4—自动化燃气燃烧机　5—热风炉　6—测温控制仪　7—抽湿风机

习题与思考题

1. 复合加工纸常用基材有哪些种？纸张复合加工的主要作用有哪些？
2. 请说明纸张复合加工用胶黏剂的作用原理及其分类。
3. 挤压复合时影响层间黏结力的因素有哪些？
4. 变性加工纸可分为哪三类？
5. 说明钢纸的制备原理。
6. 钢纸生产过程的影响因素有哪些？近年来新型钢纸有哪些品种？
7. 纸张羊皮化过程的实质是什么？羊皮纸用哪些用途？
8. 植物纤维表面的化学改性方法有哪些？改性的目的是什么？
9. 试说明浸渍加工的目的，常用的浸渍剂有哪些？
10. 说明浸渍加工纸的种类及用途。
11. 影响浸渍加工纸质量的因素有哪些？并说明这些因素的影响规律。
12. 简述瓦楞纸板的种类。
13. 起皱加工的目的是什么？常见的起皱加工纸有哪些？
14. 成型加工纸产品主要有哪些？并简述其各自生产方法。
15. 简述纸罐的结构及用途。
16. 纸浆模塑发展具有哪些特点？
17. 简述纸浆模塑的成型方法。

参 考 文 献

[1] 张美云，胡开堂，平清伟，等. 加工纸与特种纸 [M]. 北京：中国轻工业出版社，2010.

[2] 张美云，宋顺喜，杨斌，等. 纸和纸板的加工 [M]. 北京：中国轻工业出版社，2017.

[3] 黄俊彦，朱婷婷. 纸浆模塑生产实用技术 [M]. 北京：中国轻工业出版社，2008.

[4] 王洪涛，张春梅. 钢纸生产流程的发展及最新产品 [J]. 中华纸业，2009，30 (8)：73-75.

[5] 吴严亮. 钢纸脱盐动力学及提高脱盐效率的方法研究 [D]. 广州：华南理工大学. 2012.

[6] Vijay K T，Manju K T，Raju K G. Review：Raw Natural Fiber-Based Polymer Com posites [J]. International Journal of Polymer Anal. Charact. ，19：256-271，2014.

[7] Moon R J，Martini A，Nairn J，et al. Cellulose nanomaterials review：Structure，properties and nanocomposites [J]. Chem Soc Rev，2011，40：3941-3994.

[8] 王铈汶，陈雯雯，孙佳姝. 纳米纤维素晶体及复合材料的研究进展 [J]. 科学通报，2013，58 (24)：2385-2392.

[9] Klemm D，Kramer F，Moritz S，et al. Nanocelluloses：A new family of nature-based materials [J]. Angewandte Chemie International Edition，2011，50 (24)：5438-566.

[10] Moon R J，Martini A，Nairn J，et al. Cellulose nanomaterials review：Structure，properties and nanocomposites [J]. Chem Soc Rev，2011，40：3941-3994

第五章　植物纤维基特种纸

植物纤维基特种纸是指以植物纤维为主要原料，通过抄造和加工具备特殊功能的纸种。其种类繁多，用途广泛，并且随着社会和生活的发展，其作用也越来越明显。

植物纤维基特种纸区别于传统植物纤维纸，是在使用过程中能够体现特殊功能的纸种。由于该纸种范围广泛，本章根据使用范围将其分为文化信息类特种纸、生活类特种纸、工农业特种纸、包装类特种纸四大类，而对于一些常见的且具有代表性的、未能归到以下四节内容的纸种，本章将在其他特种纸一节中进行介绍。

第一节　文化信息类特种纸

文化信息类特种纸主要以特种印刷和信息记录为主。这里并不是指采取一般印刷方式（如凸版、凹版、胶版等）所用的纸，像常用的新闻纸、胶版纸、铜版纸、字典纸等。而是指纸本身所能适应、并产生的特殊印刷效果，比如，适合胶印的各种花式纸又称艺术纸、无碳复写纸、防伪纸、热敏纸、合成纸、耐撕纸、无声纸、夜光纸等。

信息记录类纸从静电记录纸、放电记录纸、电解记录纸等逐步发展而来。现在市场上用途最为广泛的是无碳复写纸和热敏纸。

文化信息类特种纸品种繁多，不可能逐一详细介绍，本节以无碳复写纸、热敏记录纸和特种印刷纸（蒙肯纸）为代表，对其生产工艺及质量控制进行系统介绍。

一、无碳复写纸

（一）无碳复写纸简况

无碳复写纸（Carbonless Copy Paper）又名压敏记录纸（或称力敏复写纸），是一种办公现代化和信息产业用纸。自从 1954 年美国 NCR 公司研制成功以来，便成为能同时在几页纸上获得精确复本的一种方法。无碳复写纸的生产技术起初日本、美国、欧洲等地比较领先，我国原上海感光复印纸厂从 20 世纪 70 年代开始研究开发了无碳复写纸，并于 1986 年从国外引进了无碳复写纸生产线，使无碳复写纸质量达到了国际中等水平。随后山东、广东、江苏等地先后从美国、德国、印尼等国家和中国台湾地区引进了无碳复写纸生产线。目前复写纸市场基本被无碳复写纸所占有，我国无碳复写纸的生产技术也达到世界先进水平。

无碳复写纸是一种隐色复写纸，具有直接复写和显色的功能。它并不像一般复写纸那样，借助压力使染色物质转移而取得复印效果，而是利用压敏作用和利用电子供予性的无色染料与电子接受性的酸性显色材料之间的化学发色原理直接在纸上呈色，得到复印品或相同的记录材料。

无碳复写纸在复写时可免垫"拓蓝纸"，直接书写方便省时，复写联数 3～8 页，电动打印 3～12 页，可以极大地简化工作手续，提高工作效率；其副本字迹清晰、鲜明，不褪色，能防止涂改、伪造；复写时不污染手指、衣物和其他文具纸张，保持清洁干净；具有各种颜色，易于识别处理；纸质优良，表面平滑顺畅，印刷加工容易，印刷色彩艳丽；不含有害原料及异味，安全可靠，显色后图文可保存 15 年以上。

由于具有以上优点，无碳复写纸被广泛地用于商业传票、发货单、企业报表、现金收据、航空机票、医院处方等方面。

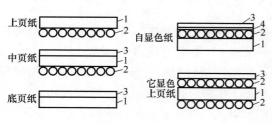

图 5-1　无碳复写纸种类与结构图

1—原纸　2—微胶囊涂层　3—显色剂涂层　4—隔离层

无碳复写纸可分为它显色和自显色两种，如图 5-1 所示。使用较多的是它显色无碳复写纸，其显色过程，就是在外力的作用下，使微胶囊中的力敏色素油溶液溢出，与显色剂接触后发生染色反应，从而起到复写作用。

无碳复写纸发展很快，就颜色而言，有紫、蓝、黑、绿、红、橙色等产品，一般以蓝色和黑色为主。目前无碳复写纸中，欧洲 70％采用黑发色，美国 60％采用黑发色。而日本 85％采用蓝发色，我国绝大多数是使用蓝发色。

就规格而言，无碳复写纸可分为卷筒装和平板装，又分为 CB（上纸）、CFB（中纸）、CF（下纸）。定量有 CB-45、CB-52、CFB-47、CFB-52、CF-47、CF-52g/m² 等。卷筒纸的宽度是：210、241、250、381、390、490mm 等。平板纸的尺寸是：584mm×914mm、635mm×889mm、787mm×1092mm 等。

（二）无碳复写纸的生产工艺流程

图 5-2 是它显色无碳复写纸代表性的生产工艺流程方框图。

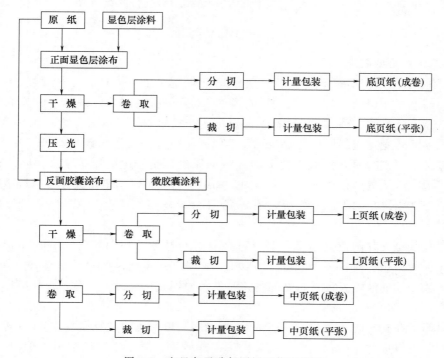

图 5-2　它显色无碳复写纸工艺流程图

由图 5-2 可见，产品有底页纸（CF）、上页纸（CB）和中页纸（CFB）。底页纸，又称面涂纸（代号 CF，意即 Coated Front），其涂布方法与普通涂布纸相同，纸页上只涂有显色层涂料。上页纸又称背涂纸（代号 CB，即 Coated Back），是在纸背面涂以含力敏色素油溶液的微胶囊，而后经干燥，卷取，制成纸品，干燥后不进行压光。中页纸，又称正反双涂纸（代号 CFB），此纸正面涂料与流程和 CF 相同，背面与 CB 相同。三种纸按上、中、下的顺序进行重叠复写时，就可以得到多份副本。

（三）无碳复写纸的质量指标

根据国家标准《GB/T 16797—2017　无碳复写纸》，无碳复写纸的质量指标如表 5-1 所示。

表 5-1　　　　　　　　　　无碳复写纸的国家质量指标（GB/T 16797—2017）

项　　目		单位	规定			
			CB 纸、CFB 纸、CF 纸			自感纸（SC、SC/CB）
			优等品	一等品	合格品	
定量		g/m²	＜50.0　50.0～60.0　＞60.0　90.0			
定量偏差　≤	CB 纸、CF 纸、SC/CB 自感纸	%	±5.0	±6.0		
	CFB 纸、SC 自感纸		±6.0	±7.0		
紧度　≥		g/cm³	0.7			
D65 亮度		%	75.0～92.0			
不透明度　≥	50.0g/m²	%	60.0			
	50.0～90.0g/m²		70.0			
平滑度（CF 面）　≥		s	50	40	30	5
表面 pH（CF 面）		—	6.0～9.0			
横向伸缩率　≤		%	3	3.8		
耐摩擦性	动态（ΔE）　≤		5			
	静态		合格			
显色性能　≥	显色密度　蓝色字迹纸	—	0.85	0.75	0.65	
	显色密度　黑色字迹纸和其他颜色字迹纸	—	0.70	0.60	0.50	
	显色灵敏度	%	85.0	80.0	75.0	
耐光性　≥	蓝色字迹纸	—	0.60	0.50	0.40	
	黑色字迹纸和其他颜色字迹纸	—	0.50	0.40	0.30	
交货水分		%	6.5±2.0			
彩色纸不考核 D65 亮度						

（四）无碳复写纸的涂料及其制备

无碳复写纸有两种特殊的涂料，即显色层涂料和微胶囊涂料。就制备方法来说，微胶囊涂料需要特殊的配方和制备方法，而显色层涂料可以是溶剂型的，也可是水性的，其制备方法与其他涂布纸基本相同。

1. 微胶囊涂料的组成及其制备

微胶囊涂料是由力敏色素、力敏色素的载体——不挥发性油、乳化剂、保护胶体、液膜硬化剂等组成。

（1）微胶囊涂料的组成成分及其特性

1）力敏色素

自然界许多物质都具有颜色反应。它们在外界条件作用下，可以变化自身原有的颜色，有的由无色变为有色，有的由有色变为无色。我们把能和油形成溶液，与固体酸类相接触能产生较深的颜色，并能满足无碳复写纸生产要求的物质称为力敏色素。孔雀绿内酯（MGL）的显色反应如下：

无碳复写纸是作为复写用的纸种，要求复写后能够保存，在保存期间不受外界环境变化而影响字迹的清晰程度，这些要求均与力敏色素的性质有关，因此，力敏色素必须满足如下要求：无色，在空气中极为稳定；当被相应的显色剂吸附时，能瞬时显出很深的颜色，显色清晰，保留时间长；完全不升华，易溶于某种溶剂中；显出的颜色能耐日晒，既牢固又稳定；成本较低，能实现大批量生产等。

能起颜色反应的有机化合物很多，但符合上述条件的化合物则很少，这就限制了力敏色素的选用范围。按上述条件无碳复写纸常用的力敏色素主要有以下几种，见表5-2。

表 5-2　　　　　　　　　　　　无碳复写纸常用的力敏色素的种类与特性

分类与名称	特　性
1. 苯酞系 （1）结晶紫内酯（CVL）	为主要色素之一，发蓝紫色，油溶性好，升华性小，利用内酯开环显色，发色速度快，但耐光性差，常与BLMB混用，价高
（2）氨基酞	性质同上，但色泽鲜艳度较差
（3）孔雀绿内酯（MGL）	发蓝绿色，耐光性差
（4）橙黄内酯	发橙黄色
2. 荧烷系 （5）荧烷橙黄（F-2）	发橙黄色，与结晶紫内酯配合使用，能制成发黑色制品，耐水、耐光性较好，发色浓度稍低
（6）荧烷红内酯（F-3）	发红色，耐水、耐光性好，发色浓度稍低，可做红色无碳复写纸
（7）荧烷桃红（F-4）	发红色，耐水、耐光性好，发色浓度稍低，可做红色无碳复写纸
（8）荧烷蓝（F-5）	发蔚蓝色，比结晶紫内酯的耐光、耐水性好
（9）荧烷暗绿（F-6）	与发红色的色素配合，可制成黑色的制品
（10）荧烷绿（F-9）	发绿色
（11）荧烷黑（F-10）	用酚醛树脂系显色剂，可保持稳定黑色，用白土系发色后时间一长变成暗红紫色
（12）荧烷黑（F-11）	含有哌啶基的荧烷，与酚醛树脂发黑色，与白土发暗红色
3. 吩噻嗪系 （13）苯酞无色甲叉蓝［（BLMB）PT-1蓝］	用白土显色剂显色时发色速度很慢，与酚系树脂不发色，但耐光、耐水性强，常与结晶紫内酯配合使用，以互补缺点
（14）N-特戊酰无色甲叉蓝（PT-2蓝）	与酚系树脂显色后，遇光照时发色，可弥补结晶紫内酯的褪色缺点，与白土系发色速度比苯酰无色甲叉蓝快

续表

分类与名称	特　性
(15)苯磺酸基无色甲叉蓝(PT-3蓝)	用白土系显色剂的发色速度较快,耐光性较好
(16)吲哚苯酞红	使用较多的红色隐色体,发带绿色的红色,发色快浓度高,成色后稳定性好,但对酸很敏感
4.无色奥黄系 (17)缩乙氧基苯胺奥黄蓝(LL-2蓝)	可与结晶紫内酯配合使用,防止结晶紫内酯发色线条遇多价醇接触消失问题
(18)缩对甲基苯磺酸奥黄蓝(PTSMH蓝)	显色稳定性好,价较低,是使用较多的一种隐色体
5.螺吡喃系 (19)螺二吡喃黑蓝〈SP-1黑蓝)	发带黑的蔚蓝色,溶解度、发色浓度差,但具有紫外线吸收性,少用
6.碱性蕊香红内酰胺 (20)蕊香红内酰胺蓝红(RL-l蓝红)	发色速度比荧烷系慢,主要用作发黑色的色剂
(21)蕊香红内酰胺蓝(RL-2蓝)	发色速度比荧烷系慢,主要用作发黑色的色剂,单独使用,发蔚蓝色
7.三苯甲烷系 (22)三苯甲烷蓝(TM-1)	发色速度慢,可用于发黑色的色剂,可代替苯酰无色甲叉蓝用

由表 5-2 中可以看出，各种力敏色素单一使用均存在一定问题，实际生产中，都采用多种染料配合使用，以取长补短，达到改善其某些特性的目的。例如表 5-3 至表 5-5。

表 5-3　显黑色色素的配方（例 1）

3-二甲氨基-6-甲氧基荧烷(黄色)	0.9g	N-无色苯基金胺(蓝色)	0.4g
无色苯酰亚甲基蓝(BLMB)(蓝色)	0.6g	结晶紫内烷(CVL)(紫蓝色)	0.8g
孔雀绿内酶(MGL)(绿色)	0.5g	3,6-二乙基荧烷(黄色)	1.2g

表 5-4　显黑色色素的配方（例 2）

BLMB	2g	1,2-苯并-6-二乙胶基荧烷	3g
CVL	3g	3,7-二-β-甲氧基荧烷	2g

表 5-5　显黑色色素的配方（例 3）

3-二乙胶基-7甲氨基荧烷	1g	MGL	0.5g
3,7-二二乙胶基荧烷	1g	BLMB	0.5g

然而，采取多种色素配合使用，一方面在工艺上要求严格，另一方面又提高了成本。因此目前的研究工作是找出更好的，单一的力敏色素。

2）力敏色素的载体—不挥发性油

力敏色素在室温下大多数都是固体状态的。固状的力敏色素是无法与显色剂反应并吸附在显色剂上的，所以需要把色素溶解成溶液才能使其进行转移而与显色剂接触，并被显色剂吸附。能溶解力敏色素的溶剂，称为力敏色素的载体。在无碳复写纸的生产中，主要用油溶剂作为力敏色素的载体。如：各种植物油，如蓖麻籽油、棉籽油、花生油；各种石蜡油；合成油，如氯化石蜡、三氯苯、奈化石蜡、三甲酚磷酸盐、三芳基乙烷等。对油的要求是：溶解能力强，适应面广；沸点高，燃点高，挥发性小；黏度低；低温不结晶；色浅，无味；不易老化，耐酸、碱；不溶于水，易乳化和价格低廉等。

3）乳化分散剂

力敏色素的油溶液需通过乳化处理，在油滴的周围形成一层或两三层稳定的液膜，从而构成微胶囊。由于油溶液与水不互溶，在水中形成油、水分离层。当强力搅拌混合液时会形成乳液，混合液中，油量大于水量时，水以小液滴的形式存在于油中；水量大于油量时，油以小液滴的形式存在于水中。这两种乳液很不稳定，需向混合液中加乳化剂使乳化液稳定。常用的乳化剂大都是表面活性剂，如：高黏度聚乙烯醇、中黏度聚乙烯醇、聚氧乙烯、焦磷酸钠、明胶、CMC 等。这些乳化分散剂中有的就是形成微胶囊的保护胶体。利用保护胶体来乳化力敏色素油，生产比较方便，微囊易包住力敏色素油。经过乳化后的力敏色素油，其粒度大约是 $4\sim8\mu m$。

4）保护胶体

通过乳化形成微囊胶状油滴疏水溶液体系，其很不稳定，条件稍有改变，就会受到破坏。需要在乳化液中加入保护胶体，通过改变一定的条件，使溶胶凝聚在油滴的周围形成密封的囊膜，它把经乳化后的力敏色素油包封在溶胶膜内，使乳液稳定。常用的保护胶体有：明胶、白蛋白、酪蛋白酸钠等。

5）液膜硬化剂

保护胶体在力敏色素油周围形成凝胶状的液膜后，液膜大多数是可逆的，当条件改变时，液膜会溶解。因此要得到稳定的微囊必须利用硬化剂促使液膜硬化和进一步稳定化，微囊硬化后才能配制成涂料。常用的液膜硬化剂是含羰基（或醛类）的化合物，如甲醛、乙二醛等。

（2）微胶囊涂料的制备

1）微胶囊的制取方法

所谓微胶囊，就是一种由芯材和轮廓明显的薄壳壁所构成的，直径在 $1\sim1000\mu m$ 范围的微小颗粒，用于无碳复写纸的微胶囊粒径范围在 $2\sim10\mu m$。微囊化技术是无碳复写纸生产的核心技术。微囊化的方法，有机械方法和化学方法，用于无碳复写纸的微囊技术，仅限于化学方法。常用的方法有复合凝聚法、界面缩聚法和原位聚合法。这些方法的共同点是在亲水成分中乳化疏水成分，然后在介质中产生相分离，即控制体系的物理化学变化，使其在乳化油滴的表面形成囊而制成微囊，然后对微囊进行熟化处理，最终得到所要求的微囊。无碳复写纸用微囊制造工艺初期是以明胶—阿拉伯胶体系的复合凝聚法为主要制造工艺。这种方法制得的囊工艺复杂、生产周期长．囊耐水性差，囊乳化液固含量低．易腐败，不能作为商品囊。之后开发了合成法制囊工艺，主要有界面缩聚法和原位聚合法两种。采用合成法可制得高浓度微囊乳化液，制囊工艺简单，生产周期短，囊质量稳定，耐水性好，并能制成商品囊出售。目前多数厂家已由合成法代替明胶法。合成法中以原位聚合法为多数。

2）微胶囊涂料的制备及配方

微囊涂料用于 CB 层涂布，其组成有微胶囊黏合剂和隔离剂。一般 CB 层的涂料都是水性的，因而，要求用水溶性胶黏剂，而且对微囊壁应有一定的保护作用，与力敏色素又不起显色反应。隔离剂经常用淀粉，主要是用淀粉颗粒的支持力来防止无碳复写纸在复写之间遇摩擦或压力使微囊破裂而发色。淀粉颗粒比微囊粒度应大 10～20 倍，对其要求是：颗粒均匀，无棱边，未氧化。因此，多选用生小麦淀粉，先将淀粉和水在强力搅拌下分散均匀，再加少量熟淀粉以保持生淀粉悬浮液的稳定，然后将此生熟淀粉混合液与微囊、胶粘剂配成涂料液。明胶微囊 CB 涂料的固含量在 $15\%\sim20\%$。

表 5-6 是一个微胶囊涂料的参考配方：

表 5-6 微胶囊涂料参考配方

微胶囊浆（折合量）	100 份	水	适量
胶黏剂	适量	涂料 pH	7～7.5
淀粉粒子或纤维淀粉等（胶囊保护）	适量	固含量	15%～20%

2. 显色层涂料的组成及其制备

（1）显色层涂料的组成

显色层涂料是由显色剂、胶黏剂和其他助剂等组成。它有水性涂料和有机溶剂型涂料之分。其中水性涂料因制备方法简单和成本低，故应用较多。

1）显色剂

无碳复写纸微囊涂层的力敏色素，自身是无色的（或有很浅的颜色），当其与某些物质相接触时，就会发生颜色反应而显现出颜色。这些能使力敏色素显色的物质统称为显色剂。能作为显色剂的物质应具备的条件是：外观呈白色；吸附力强，显色快而牢固；在空气中不变色；吸水性小，而吸油性大；加工性能好，无毒性；经久不变质；价格低廉。

用于显色层涂料的显色剂，主要有两大类，一类为活性白土等黏土物质，另一类为酚醛树脂。所谓活性白土是以硅酸盐为主的活性较强的黏土。作为活性较强的显色剂既要有一定的酸度，又要有较强的氧化性。通常衡量显色剂强弱的方法，是用它们与各种胺类化合物的显色程度来表示。

美国和日本主要使用酚醛树脂作为显色剂，欧洲主要使用特殊处理的酸性白土为显色剂。这两种材料制成的无碳复写纸，在市场各占 50% 左右。我国主要以活性白土为显色剂，使用时常掺用部分酚醛树脂，可以达到取长补短，两全其美的目的。

我国在选择显色剂时，对上述两种材料的取舍，还需考虑国情和资源，在矿源具备的情况下，选择以活性白土为主要材料，掺用部分酚醛树脂，可以达到取长补短，两全其美的目的。同时要注意与力敏色素的适应性。现在被广泛使用的力敏色素是 CVL＋BLMB，CVL 与酸性白土反应后光稳定性差，其他性能尚好，与酚醛树脂反应显色效果好，尤其光稳定性好，BLMB 与酸性白土显色后为亮绿色，不好看，且日照后层发蓝绿色。

一种代替酚醛树脂的新的有机显色剂水杨酸锌类化合物，于 1970 年在日本开发。用于生产的主要有 3,5-二-2 甲苯酰水杨酸锌。水杨酸锌类显色剂主要特点是纸页不会泛黄、显色能力高、色调鲜艳，尤其低温仍能有较快发色速度，在日本几家主要的无碳复写纸生产厂均采用。目前欧洲也开始采用。但价格高，耐水性较酚醛树脂略差。与活性白土相比，低温发色速度还不够快。

2）胶黏剂及其他助剂

胶黏剂的作用是使显色剂与原纸结合，增强其层间的结合强度，以防止脱层和掉粉。其他助剂主要是消泡剂和防腐剂等。它们的种类、制备等，详见第三章。

（2）显色层涂料的配方与调制

表 5-7 是显色层涂料的参考配方：

表 5-7 显色层涂料参考配方

活性白土	25 份	水溶性胶	适量
氧化锌	3 份	水	适量
氯化锌	2 份		

涂料的配制程序是，先将显色剂和助剂分散在溶剂中，然后与胶黏剂的溶液混合，加溶剂调节固形物浓度。一般水性涂料黏度在 $0.1\sim0.15Pa\cdot s$。

（五）无碳复写纸的涂布

1. 原纸

用于无碳复写纸涂布的原纸，在质量和定量方面的要求比其他涂布用原纸更严格。要求有一定的柔软性和挺度，以利于复写；能对显色层与微囊层起良好的隔离作用；有较好的平滑度和光泽度；有较好的干、湿强度，湿变形性小；不应有深色尘埃和凸出的杂质；其 pH 应接近中性。

① 定量。无碳复写纸是靠受力显色，所受压力与显色层数成正比，一般情况下，采用 $40g/m^2$ 原纸，显色在 $5\sim7$ 层。原纸的横幅定量偏差一般控制在 0.5%，以适应涂布加工要求。

② 强度。对于 100m/min 以下的低速涂布，裂断长要高于 3600m，对于 200m/min 以上的涂布速度，裂断长要高于 4000m。

③ 平滑度。由于纸张的平滑度，尤其是背面平滑度，决定了所涂材料的有效分布，所以两面平滑度对于纸张显色效果均有较大影响。一般正面平滑度要大于 60s，两面差不能大于 20%。

④ 变形。因无碳复写纸采用不同的材料，涂于纸张不同的层面，在印刷过程中，纸张会出现变形，所以原纸的纤维配比要合理。

2. 原纸的涂布及涂布设备

（1）CF 纸的涂布及涂布设备

CF 纸涂布的涂料多为水性涂料，一般可用气刀或辊式涂布机涂布，涂布量一般在 $5\sim10g/m^2$，涂布后的纸页可用棒链式履带输送装置和热风干燥系统进行干燥。干燥后的纸，为了达到印刷所要求的平滑度和适应下一步的涂刷微囊作业，可用超级压光机进行压光。水性涂料涂布的基本参数见表 5-8。

表 5-8　　　　　　　　　　　水性涂料涂布的基本参数

涂布量(活性白土类)	$6\sim7g/m^2$	车速	$30\sim160m/min$
（树脂类）	$3\sim5g/m^2$	成纸水分	$6\%\sim7\%$
干燥温度	$90\sim150℃$		

（2）CB 和 CFB 纸的涂布及涂布设备

CB 和 CFB 纸均有一层是涂刷微胶囊涂料的，其中 CFB 纸是两面涂布的纸，其程序是：先涂显色层涂料，等其干燥压光后，再在纸的反面涂刷微胶囊涂料。在涂布微胶囊及之后的过程中，不准许外界对其产生冲击等作用。所以，在涂布时要尽量避免有线压力干扰，否则，在已涂有显色剂的原纸反面涂刷微胶囊时，易使微胶囊破裂，在干燥的纸面产生色斑。为此，微胶囊涂料的涂布多采用气刀涂布。这种涂布具有涂布速度快，微胶囊在涂布等过程中不会受到破坏等优点。另外，微胶囊涂料固含量只有 $20\%\sim30\%$，而且不易干燥，因此湿纸一般要有真空引纸辊牵引。微胶囊涂布的主要工艺参数见表 5-9。

表 5-9　　　　　　　　　　　微胶囊涂布的主要工艺参数

涂布量	$4\sim7g/m^2$	车速	$30\sim100m/min$
干燥温度	$90\sim100℃$	成纸水分	$5\%\sim6\%$

（六）影响无碳复写纸生产的主要因素

无碳复写纸的生产过程比较严格，影响产品质量、产量、生产成本的因素也较多。除上述的力敏色素、保护胶体、显色剂的选择及原纸对其有重要影响外，还有以下几个方面：

1. 涂料的影响

（1）微胶囊的影响

力敏色素油是通过微胶囊化使其变为固体的，因此，微胶囊的质量是影响无碳复写纸质量的关键因素。微胶囊主要由无色染料油、壁材和乳化剂组成，其固含量一般在 40%～50%。优良的微胶囊必须具备：a. 壳壁要均一，无色染料油要完全包住；b. 粒径大小和物理强度要适中；c. 壳壁要有不渗透性；d. 要有贮存安定性；e. 浓度要高而其黏度要低。当微胶囊成形的保护胶体选定之后，决定微胶囊质量的重要条件是囊的大小、形状和囊膜的强度等。

囊膜是保护力敏色素油并在适当的时候破裂把力敏色素油释放出来的重要组成部分。因此，要求囊膜在保护力敏色素油时，强度要大而不使其破裂；在释放色素油时其强度又要小。但是，囊膜在保护色素油与释放色素油时强度是相同的。这就要求选择微胶囊的保护胶体时，要综合考虑。囊膜的强度越大，在涂布加工等过程中，就越不易破坏，加工方便，但成纸后，复写的层数则减少。因此，在微胶囊的制备中当胶体选定后，必须合理地调节厚度，以此来统一涂布加工和复写时出现的矛盾。根据生产经验，粒径控制在 4～6μm 较好。

从受力的角度看，圆形的微胶囊所能承受的力量大。其他不规则的形状，由于应力分布的不均匀，所能承受的力较小。因此，圆形微胶囊最好。微胶囊的体积，也影响其所能承受的压力。体积大，则在加工时受摩擦破坏的可能性就大，这就必然要增加微胶囊壁膜的厚度，因而使胶料的用量增多，成纸的成本增加。因此，在实际生产中，还应从形状和大小上来提高囊膜的强度，从而减少胶体的用量，降低生产成本。

（2）涂料中胶黏剂的影响

涂料中胶黏剂的品种和用量对显色剂的显色有较大的影响，要求它既不降低力敏色素的显色性、不影响纸的复印性能，又要在复写和打字时不发生故障。

另外，胶黏剂用量的多少，不仅影响成纸的质量，而且影响成纸的成本。一般来说，胶黏剂的用量过多时，涂层中的显色剂可能全部被胶黏剂覆盖会使其显色性能下降，成纸的成本增加；当胶黏剂用量过少时，虽然显色效果较好，但显色剂与原纸的结合强度下降，易产生掉粉、脱层现象而失去使用价值。同样，胶黏剂用于微胶囊涂料时，使用量过大，会在微胶囊涂料层的表面形成胶膜，当复写、打字时，力敏色素油要通过胶黏剂薄膜才能与显色剂接触，也使显色性能下降。特别是当胶膜很厚时，微胶囊破裂后力敏色素油无法通过而不能显色。相反，胶黏剂用量过少，微胶囊也易脱落，同样影响成纸的显色性能。

2. 涂布过程对成纸的影响

① 涂布方式的影响。因为微胶囊涂料中的微胶囊是不能受外力作用的，用气刀涂布机涂布一般不会使微胶囊破裂，可保证产品质量。故无碳复写纸微胶囊层涂布一般只能采用气刀涂布机，而显色层既可采用气刀涂布机，也可用刮刀或辊式涂布机。

② 涂布机内装置的影响。为保护微胶囊不破坏，涂布机内不能有外加压力作用于无碳复写纸。纸在涂布、干燥、卷取时，纸页不应通过有压力的夹辊，否则将使微胶囊受到破坏。卷取应用无托辊的卷取方式。纸页的输送应使用履带输送机。

③ 干燥对成纸质量的影响。干燥温度对成纸质量有重要影响，因为微胶囊涂布的涂料是力敏色素油固化后的涂料。微胶囊从表面上看使色素油变成了固体，但囊膜内还是油溶液。当

涂层的干燥温度较高，超过油溶液的气化温度时，色素油的油溶剂会因气化使囊膜内部压力增大，冲破囊膜而飞失而失效。所以干燥温度必须控制在力敏色素油的汽化、分解温度以下。

二、热敏记录纸

（一）热敏记录纸简介

热敏记录纸又被称为热敏传真纸、热敏复印纸、热敏纸，在我国台湾地区则叫作感热复写纸。这种纸最早是在 1951 年由美国 3M 公司首先开发出来的。开始是考虑如何适应传真机的需要，但是在其后的 20 年中遇到不少的技术难题迟迟得不到解决，所以进展缓慢。直到 20 世纪 70 年代末期，由于热敏元件的微型化、传真机的升级换代和新的无色染料（隐性染料）研制成功，才使热敏纸得以发展起来，其具体地表现在：a. 传真的记录速度大大加快，原来是每秒显 3～7 个字符，后来达到 100～120 个字符；b. 图像的分辨率明显提高，原来是每毫米为 4～7 线，后来则达到 20～30 线；c. 保持时间由原来的 4～5 个月延长到 2～3 年；d. 生产成本和销售价格约降低了 2～3 倍，使每卷热敏纸的单价便宜了一半以上。于是，热敏纸的市场出现了较快速的发展。

1. 热敏记录纸用途、分类及原理

热敏记录纸就是在热的作用下，能达到记录效果的信息用纸。也就是说，热敏记录纸是在纸的表面给予能量（热能），使物质（显色剂）发生物理或化学变化而得到图像的一种特殊的涂布加工纸。

热敏记录纸不需要显定影工艺，记录时无噪音，无气味，解像率高，可作彩色复印，而且有可以使记录器故障少，形体小，质量轻，操作简单等特点。

热敏记录纸是随着传真机在世界的普及而迅速发展起来的，热敏记录纸主要作为传真机用纸，其次用于与 POS 相关的热敏标签印刷、心电图机用纸、计算机终端输出用纸，以及各种医疗计测仪器、各种热工检测仪表的记录用纸。

热敏记录纸主要有两大类型，一类是利用热使色素物理成色达到记录效果的物理型热敏记录纸；另一类是利用在热的作用下产生化学反应而达到发色目的的化学型热敏记录纸。其中利用化学方法发色的热敏纸占主导地位。表 5-10 为两类热敏记录纸的发色原理与用途，供参考。

表 5-10　　　　　　　　　　**热敏记录纸的分类**

分　类		原　　理	应　用
物理型	透明化	热能将白色不透明层熔融使之透明化，而显出着色的基底以构成记录图像	涂料型的心电图纸
	不透明化	热能将透明层加热而形成不透明化	顶投影
	转印	由于着色层加热而转印	定期票证发行机
	升华	将着色层（含蒽醌之类染料）加热而升华	印刷器
	挥发	由于油加热而挥发，以着色剂散布	
	过冷却		
化学型	单独发色	单独与热反应而发色，或由热分解产生气体	
	金属化合物发色	有机酸金属盐由于热的作用，游离多价金属离子和有机还原剂反应生成金属氧化物或硫化物	3M 公司热敏复印纸
	无色染料发色	色素和发色剂（无色染料与酚化合物）由于热的作用而发色	NCR 传真热敏纸

（1）物理型热敏记录纸

利用物理方法发色的热敏记录纸有熔融透明型、熔融转印型、热升华型以及过冷却法等，其中主要为熔融透明型热敏记录纸。

熔融透明型热敏记录纸，采用熔融透明化原理，即在黑色基底纸上，涂布一层不透明的蜡作表面层，经热笔作用，使不透明的蜡材料熔融透明化，基纸底层的颜色显露出来而构成图像。这一类热敏记录纸，广泛用于医疗上的心电图、脑电图或工业上的一般计测器的画线记录。但是，这种类型的热敏记录纸表面的不透明蜡层，容易被机械硬物碰划而在不必要时显露出下面的着色层，并且记录温度较高，记录针易磨损。由于存在这些缺点，使其在其他多种仪器上的使用，受到了一定的限制。熔融透明型热敏记录纸的结构如图 5-3 所示。

（2）化学型热敏记录纸

1）双组分金属化合物发色热敏记录纸

这种双组分金属化合物发色的热敏记录纸是基于脂肪酸的重金属盐和还原剂（苯酚类）共同混合，利用加热升温使脂肪酸盐熔融和还原剂反应，使重金属还原而游离显色。简单地说即是，在常温下两种发色成分构成物理性的隔离而不发色，加热后由于热的熔解发生了化学反应而发色。发色结构如图 5-4 所示。

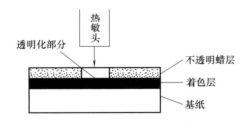

图 5-3　熔融透明型热敏记录纸的结构图

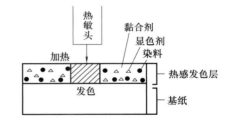

图 5-4　双组分金属盐热敏记录纸发色结构

这种类型的热敏记录纸，以美国 3M 公司的 Thermofax 为代表。它使用硫脲和重金属盐，用红外线加热黑化而获得记录和复印图像。各种用有机酸的金属盐组合而成的热敏材料，如表 5-11 所示。

表 5-11　　　　　　　　　　　　　　金属盐类的热发色材料

金属盐类	发色反应试剂	金属盐类	发色反应试剂
硬脂酸铁	单宁、没食子酸	山梨酸银,硬脂酸银	氢醌、螺吡喃
硬脂酸镍、钴、铜盐	碱土金属硫化物	壬酸铁	氨基硫脲
草酸的重金属盐(银、铅、汞)	硫代硫酸钠、硫脲	己酸铅	硫脲衍生物
硬脂酸锡	乌洛托品,联苯三酚	醋酸镍	硫代乙酰胺

在制造这种金属化合物热敏记录纸时，为了改善记录纸的表面色泽，增进书写性，防止热记录头堆粉，在涂料配制时，加入一些二氧化钛、氧化锌、硬脂酸钙、高岭土等白色颜料。胶黏剂一般采用乙基纤维素、硝酸纤维素。

表 5-11 所列两种成分的组合，可以发黑色、青黑色、红色、深红色、紫色等各种色调。通常采用没食子酸或单宁酸与硬脂酸铁组合，生成发黑色调的记录纸。

但是，这种金属化合物的热敏记录纸，存在着底色不白，色调不明显，发色温度难于控制，记录后图像质量不高，易褪色等缺点，目前正逐渐被无色染料体系的热敏记录纸所代替。

2）无色染料的双组分热敏记录纸

利用染料发色的热敏记录纸，是基于含有内酯环的无色染料与显色剂混合，在热的作用下，熔点低的（通常是显色剂）先熔化，二者发生反应，无色染料的内酯环开裂而发色的原理。

这种类型的热敏记录纸的外观与普通白纸相似，选用不同的无色染料可以制成红、蓝、蓝紫、绿、黑等各种鲜明颜色的记录纸。它具有加工方法简便，质量较为稳定，成本不高，用水性涂料便于大生产的显著优点，已成为现代热敏记录纸的主流。现在几乎所有的热敏记录纸都采用这种方法生产。为方便起见，若不特别说明，以下所说的热敏记录纸即为无色染料型热敏记录纸。

无色染料型热敏记录纸的结构如图 5-5 所示。这种热敏纸主要用于传真机，是一种特殊的涂布加工纸。涂层内的主要药品为无色染料和显色剂。在 70℃ 以下，该涂层不会显色，当传真机接收到对方扫描线信号时，传真机热头在瞬间产生电脉冲，将热敏涂层加热，染料与显色剂受热熔融而发生化学反应，无色染料失去电子，内酯环开裂，由无色变为有色，传递的图文就显示出来了。随着传递速度的加快显像所需的热能急剧降低。因此要求热敏纸的热活化温度要低，即质量指标上的发色灵敏度要求高。

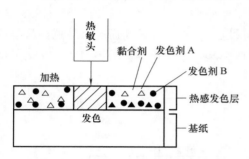

图 5-5　无色染料型热敏记录纸结构

同时也要求传真纸走纸顺利，不黏糊热头，显色后图文有一定保存期。

热敏纸产生图像的化学反应虽与无碳复写纸的基本相似，但其生产技术条件却有所不同。热敏纸的两种反应剂都涂在同一个表面，没有通过微胶囊化予以隔开。因此，整个系统必须处于"潜伏状态"，直到受到热能的活化。一旦发生活化作用，反应剂必须立即熔化，显色反应也随之立即发生；而在热敏打印头通过纸张表面后，又能很快出现固化。

2. 热敏记录纸的重要指标

根据国家标准《GB/T 28210—2011 热敏纸》，普通热敏纸的相关重要指标如表 5-12 所示。

表 5-12　　　　　　　　　　普通热敏纸的相关指标（GB/T 28210—2011）

指标名称		单位	规定
定量		g/m²	50.0～200
定量偏差		%	±6.0
紧度　　　　　　　　　　　　　　≥		g/cm³	0.8
亮度（白度）正面		%	75.0～90.0
平滑度　正面　　　　　　　　　　≥		s	300
抗张强度　纵向　　　　≥	≤80.0g/m²	kN/m	2.00
	>80.0g/m²		2.50
撕裂度　横向　　　　　≥	≤80.0g/m²	mN	200
	>80.0g/m²		250
静态发色性能	70℃发色　光密度值　　≤	—	0.25
	饱和发色　光密度值　　≥		1.00

续表

指标名称			单位	规定
动态发色性能	显色灵敏度	≤	mj/mm²	10.0
	饱和发色 光密度值	≥		1.00
图像保存性能	耐光性能	空白部分 ≤	—	0.25
		显色部分 ≥		0.80
	耐热性能	空白部分 ≤	—	0.25
		显色部分 ≥		0.80
	耐湿性能	空白部分 ≤	—	0.25
		显色部分 ≥		0.80
交货水分		≤	%	10.0

（二）热敏记录纸的生产技术

1. 生产工艺流程

无色染料型热敏纸的一般生产工艺流程如图 5-6 所示。

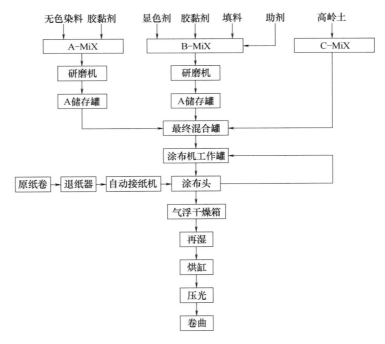

图 5-6　无色染料型热敏纸生产工艺流程图

2. 原纸质量控制

热敏纸所用原纸的质量非常重要。除像一般涂布加工要求原纸无孔洞，无褶子，全幅厚薄一致等外，热敏纸原纸还特别强调有高的平滑度和良好的湿变形性。

（1）原纸的平滑度

由于热敏涂布属轻量涂布（涂布量 5～6g/m²），所以原纸的平滑度对热敏面的平滑度有很大影响，而热敏面的平滑度对图文的鲜明度及显色的灵敏度又有直接影响。一般平滑度越高，在其他条件不变的情况下，发色密度就越高，对高速传真机的适应能力越强。因为纸的表面越平滑，传真机的热打印头就能与纸的涂料层越接近，热打印头的热量能更有效地传递到感热面，使药品熔融速度加快，显色反应迅速，传递图文的速度增加。因此，一般控制原纸平滑度不小于 80s。

（2）原纸的变形性

热敏纸一般用气刀涂布，涂料的黏度和固含量都比较小，如果原纸湿变形性大，涂布后的纸页收缩较严重，干燥不好，有麻窝，纸页向涂布面卷曲。一般将原纸的湿变形性控制在 2.5％以内。因此要求生产原纸时，少配用草类纤维，增加阔叶木浆的比例，降低浆料的打浆度，以减少湿变形。

另外，用作车票和月票的热敏纸原纸，是采用废纸浆做成的马尼拉厚纸，平滑度差。应该用白色颜料与胶黏剂组成涂料进行底涂，然后再在上面涂布热敏层。

3. 预涂

预涂的目的是为了提高纸页的平滑度并提供隔热层。当原纸的表面状态较理想时，预涂可以从流程中省去。预涂涂层的主要成分是白色颜料，多用片状的煅烧高岭土，其表面有许多微孔，导热性很差。当纸页表面覆盖一层高岭土时，纸页就有了隔热层，再涂上热敏层，经过传真机热头时，热头产生的热量就不会很快地透过纸页损失掉，而有效地用来加热热敏涂层药品，加快药品的熔融速度和反应速度，使得热敏纸有较高的发色灵敏度。

在预涂时，应特别注意涂料层的黏结强度。如果黏结效果不好，不仅给涂布操作带来麻烦，影响生产效率，而且容易造成热敏涂布时黏结效果差，纸页掉毛掉粉而沾污传真机热头，影响传真图文的清晰度。同时还应注意胶黏剂品种的选择和使用量。一般采用黏结效果好的 PVA 和阴离子型磷酸酯淀粉，其用量占涂料总量的 20％左右。

4. 热敏涂料及其化学品

热敏涂料由无色染料、显色剂、胶黏剂、填料（颜料）及其他助剂组成。

（1）无色染料

无色染料作为电子给予体必须与电子接受体相匹配，应用于热敏纸的无色染料一般应具备下列特性：

① 感度高（能和显色剂迅速反应），发色浓度高；

② 常温下稳定，不被空气氧化，不因光变色；

③ 无色或接近白色；

④ 发色图像稳定性高；

⑤ 不溶于水，价廉。

目前还很难有一种染料可以完全满足上述要求，从技术角度上，人们最关心的是感度和稳定性。最初开发的隐色染料是孔雀绿和结晶紫内酯等三苯基甲烷系化合物，但它们易受空气氧化，耐光性差，得到的图像褪色也严重。目前，用作热敏发色的无色染料主要有三苯甲烷基苯酞体系的结晶紫内酯（CVL），荧烷体系无色亚甲蓝（BLMB）、螺吡喃体系等。它们的结构分别是：

螺吡喃　　　　　　　　　　　　荧烷系

这些分子内部都具有内酯环，当这些无色染料和有机或无机的酸性物质（例如苯酚系酸性化合物）接触时，在热的作用下，获取显色剂的电子使无色型的内酯环开环变成有色型，从而形成图像。

CVL 已成为实用化的无色染料，用其制成的热敏纸显蓝色，价格便宜，稳定性、色调、发色速度特性均能满足使用要求，多用于计算机打印机的记录纸。但它耐光性差，使其在某些应用范围内受到限制。

荧烷系化合物与 CVL 相比，在空气中稳定性好，与显色剂接触时，瞬间就能产生浓色，并具有发色后褪色性小的特点。在荧烷系基本结构中引入各种不同取代基，取代基处于不同位置，可显示出不同色调。目前显黑色的实用无色染料，全部属于该类化合物。

热敏纸系统可同时使用两种或两种以上的无色染料，以提高图文的稳定性。选择无色染料时应该综合考虑反应速率、熔点、褪色程度及底值等问题。

常用的无色染料有：CVL，3-(N-甲基-N-环己胺)-6-甲基-7-苯胺基荧烷，3-二乙基胺-7-(O-氯苯）荧烷，3-丙基螺二苯吡喃等。

（2）显色剂

显色剂是通过热头加热熔融，作用于无色染料使内酯环开裂变成发色型的电子接受体物质。通常为具有一个以上酚羟基的苯酚化合物。显色剂应有下列特性：

① 高的热感应性；

② 在适宜的温度范围内有敏锐的熔点；

③ 和无色染料有良好的相溶性，反应生成物的稳定性高；

④ 对水的溶解度小；

⑤ 无升华性。

完全满足上述特性的显色剂同样非常难得。原因是，在这些特性之间存在着某些具有相反方面作用的因素。倒如，以高速记录为目的时，需要熔点低、熔解热小的显色剂，而具有这样特性的显色剂则易于产生重影及导致画像稳定性下降。为了解决此问题，往往希望用低相对分子质量显色剂，但又容易引起显色剂的升华及导致涂层内迁移现象的产生。过去常用的显色剂是双苯酚 A（BPA）。但双苯酚 A 熔点高（156～158℃），不能适应传真机高速化的需要，图像易出现重影，纸张底面带色，同时，双苯酚 A 单体的处理也存在着问题。然而，双苯酚 A 价格较低，仍然具有一定的吸引力。

最新型的很有前途的显色剂是微粒分散体状的双酚 A 聚合物。这种产品不存在处理双酚 A 单体带来的那些困难，也不需要事先研磨而可以直接使用。它的聚合特性使其具有克服重影的特点，并有利于延长贮存时间。

用作热敏纸显色剂的其他化合物还有：水杨酸，亚甲双萘酚，间苯二酚单苯甲酸酯，芳族硫化物，芳族砜，2，4-二羟基苯甲酸等。

（3）胶黏剂

　　胶黏剂的作用是使涂料有良好的表面强度和印刷性能，胶黏剂同时还在染料与显色剂之间形成胶体保护膜，使两者隔离以防过早发生反应。热敏纸用胶黏剂必须具备以下条件：

　　① 较强的黏结强度；

　　② 具有把无色染料、显色剂、填料、敏化剂等分散的能力，使热敏层中各成分充分隔离；

　　③ 应是水溶性聚合物，不含能溶解无色染料、显色剂、敏化剂等的溶剂；

　　④ 黏度性质稳定，流动性良好，有利于涂布作业；

　　⑤ 具有一定的防黏性和耐水性，在热敏层热熔时不黏附热头，使热敏纸在使用和保存中遇水不脱色。

　　热敏纸常用的胶黏剂有聚乙烯醇（PVA）、甲基纤维素、羟乙基纤维素、CMC、变性淀粉、聚乙烯吡咯烷酮、聚丙烯酰胺、醇酸树脂、聚酯树脂、丙烯酸酯、以丙烯酰胺为中心的多元共聚物、PVA 接枝聚合物等。现在用得最多的是 PVA，这是因为要采用对发色无影响，黏结强度大，有适宜的黏度范围的胶黏剂。淀粉的黏结力不如 PVA，成膜性也差。丁苯胶乳、聚醋酸乙烯酯胶乳，对涂料发色有不良影响，使传真后的颜色呈灰色。PVA 除有胶黏剂的作用外，还能起到类似微胶囊的作用，防止染料与显色剂直接接触而产生发色。在涂料制备过程中，PVA 分别与染料和显色剂混合好后才能合为一体涂在纸上。如果染料、显色剂、胶黏剂同时混合就会产生发色现象。

　　但是，PVA 用于高速传真机上时，存在着灵敏度不高、缺乏高速涂布适应性等问题。因此，近年来多元丙烯酸系列聚合物的使用逐渐增加，但其价格比 PVA 要高得多。

　　（4）填料

　　填料的作用是增加热敏纸的不透明度，提高图文与底面的反差。

　　热敏涂料常用的填料有碳酸钙、高岭土、氢氧化铝和二氧化硅等。其中碳酸钙用得最多。

　　碳酸钙颗粒小，白度高，表面活性差，有助于提高平滑度。选用碳酸钙时一般考虑吸油性和粒径两个方面。考虑吸油性是因为热敏涂层受热后产生熔融物，如果纸张不及时将熔融物吸收掉，很容易黏附到热打印头上，从而污染纸面。一般要求颗粒直径为 $0.75\mu m$，吸油性为 $50mL/100g$。

　　高岭土的主要作用是防止熔融物黏附热打印头。因为高岭土是多孔性物质，吸油能力大，它所起的作用远大于碳酸钙。主要指标是：吸油性 $70mL/100g$，颗粒直径 $0.8\mu m$。

　　（5）助剂

　　热敏涂料配方中的助剂主要包括敏化剂、抗氧化剂和润滑剂。在涂料中，每种助剂都有独特的用处。

　　① 敏化剂。敏化剂的作用是使显色剂的熔点下降，从而降低热敏系统的活化温度，提高热敏纸显色的灵敏度。敏化剂一般都不是酸性的，也不溶于水。常用的敏化剂有：对苯甲基联二苯、间位三联苯、对苯二酸二甲酯、硬脂酰胺等。

　　② 抗氧化剂。抗氧化剂即稳定剂，能与一般的显色剂混合使用。可防止图文出现重影，提高成色画面的耐光、耐水、耐增塑性、耐油等性质，改善热敏纸的底色和图文的保存性。常用的抗氧化剂有：受阻酚、丙烯酸锌、硬脂酸锌、环氧化合物、对酞酸二苯酰等。也有添加有机颜料来提高图像稳定性的方法，如苯乙烯、2-甲基苯乙烯；在苯酚显色剂中添加酸处理过的活性白土，可以使显色剂减少历时劣化现象，并能提高耐溶剂、耐水性。

③ 润滑剂。润滑剂的作用是防止热敏打印头被涂料黏结，提高适印性。一般是蜡状物质，如链烷烃石蜡、硬脂酸酰胺等。

5. 热敏涂料配方和涂料制备工艺

典型的涂料配方

以下是用于黑色、蓝色、紫色显像热敏纸（传真纸）的几个代表性的配方，供参考。

显像热敏纸配方一（显黑色）见表 5-13。

表 5-13　　　　　　　　　　显像热敏纸配方一　（显黑色）

分散体 A					
组　分	数量/份	功　能	组　分	数量/份	功　能
PDS-50	1.5	无色染料	水	42.0	
20%PVA 溶液	7.0	胶黏剂	ISONOX129	0.2	抗氧化剂
间位三联苯	1.0	敏化剂	硬脂酸锌	1.0	润滑剂
分散体 B					
显色剂	6.0	显色剂	水	38.0	
20%PVA 溶液	5.0	胶黏剂			

显像热敏纸配方二（显蓝色）见表 5-14。

表 5-14　　　　　　　　　　显像热敏纸配方二　（显蓝色）

氨基酞	1.5~2.0	无色染料	消泡剂	适量	
双酚基丙烷	8.0~10	显色剂	分散剂	适量	
填料	2.0~4.0	敏化剂	pH 调节剂	适量	
PVA	1.0~2.0	胶黏剂	水	按涂布要求确定	
敏化剂	适量				

显像热敏纸配方三（显紫色）见表 5-15。

表 5-15　　　　　　　　　　显像热敏纸配方三　（显紫色）

苯酰无色亚甲蓝	0.150kg	无色染料	硬脂酸钙	0.188kg	
双酚 A	2.7kg	显色剂	树脂	1.3kg	
无色色浆	1.5kg		消泡剂	23g	
PVA	1.5kg	胶黏剂	增白剂	33g	
钛白粉	0.75kg	填料	六偏磷酸钠	适量	分散剂

（三）影响热敏记录纸质量的关键因素

影响热敏纸质量的因素很多，但关键有以下几点：

① 涂料制备非常重要，涂料制备过程中的关键是研磨。

② 涂料在贮存过程中温度应不高于 30℃。

③ 涂料 pH 应控制在微碱性范围内。因为在酸性条件下，涂料易显色。

④ 涂料应有一定的流动性，对气刀涂布，一般控制黏度不超过 50mPa·s。

⑤ 干燥曲线应由高到低呈下降的趋势。

纸页进入干燥箱初期，需蒸发大量水分，热量虽很大，但不会使纸页温度超过 70℃。

若干燥后期升温，纸页温度必然升高，容易造成发色现象。因此，干燥过程的温度应逐渐降低。

在干燥箱之前增加喷汽管，使无涂料面通过喷汽而增加润湿程度。纸页在干燥箱内平衡干燥，以防卷曲，纸页出干燥箱后在无涂布面涂一层水来减少卷曲程度。

三、特种印刷纸

（一）特种印刷纸（蒙肯纸）简介

蒙肯纸是轻型胶版纸的音译叫法，在瑞典蒙克达尔（Munkedal），当地的一家造纸企业生产的轻型纸张就地取名叫作 Munkedal，当这种纸被首次引进到中国时，它便有了"蒙肯"这个名字。由于它是我国最早引进的轻型胶版纸，所以现在国内便习惯性地称这一类纸为蒙肯纸（轻型纸）。

欧美及日本等经济发达的国家，书店里 95％以上的图书是用这种纸印刷的。国内的印刷、出版业曾一味追求纸张白度，而对颜色柔和自然的蒙肯纸不大认可。蒙肯纸被广泛用于图书印刷也只是近几年的事情。

1. 特种印刷纸用途及原理

蒙肯纸作为印刷用纸，首先应有卓越的印刷适应性。印刷适应性，就是保证印刷纸能顺利通过印刷机不发生印刷故障的各项纸张性能，以及保证达到良好印品质量的各项纸张性能的总称。对于轻型纸来说，保证顺利通过印刷机的性能主要有厚薄均匀性（通常以横幅定量差来表示）、干湿印刷表面强度、纸面疏松性、水分含量和伸缩性指标等。要达到良好的印品质量，不仅要有印刷适应性，还要有良好的纸面平滑粗糙度、油墨吸收性和不透明度等。此外，紧度也间接影响印品质量，因为在纸面平滑度达标的情况下，纸页紧度越小，即松厚度越高，纸面的可压缩性越好，印刷时在一定的印刷压力下印版和纸面的接触性越好，因而印品质量也就越好。

蒙肯纸作为新型环保用纸，它的光学性能应该更加人性化，白度虽然能从 70％到 90％之间调整，但应以原色、低白度或浅黄色为主，色泽柔和，无反光，视觉舒适，不刺眼。生产过程中不加荧光增白剂。

2. 蒙肯纸的重要指标

蒙肯纸的相关重要指标如表 5-16 所示。

表 5-16　　　　　　　　　　蒙肯纸的重要指标

指 标 名 称		单位	规定	
			优等品	合格品
定量		g/m^2	45.0、50.0、55.0、60.0、70.0、80.0、90.0、100、120	
定量允许偏差 ≤		％	±5.0	
横幅定量差 ≤		％	3.0	
松厚度 ≥		cm^3/g	1.50	
亮度（白度）		％	68.0～80.0	
不透明度 ≥	定量≤60.0g/m²	％	82.0	80.0
	定量＞60.0g/m²		85.0	82.0

续表

指标名称		单位	规定	
			优等品	合格品
抗张指数　≥	卷筒纸（纵向）	N·m/g	40.0	35.0
	平板纸（纵横平均）		32.0	28.0
平滑度（正反面均）　≥		s	10	8
收缩性（横向）　≤		%	3.0	
耐折度（横向）　≥	肖伯尔法	次	6	4
	MIT法		25	15
印刷表面强度（正反面均）　≥		m/s	1.00	
pH		—	6.0～8.0	
油墨吸收性（正反面均）		%	50～65	
吸水性（正反面均）　≤		g/m²	45	
尘埃度	总数	个/m²	60	120
	其中　0.3mm²～0.5mm²		60	120
	其中　>0.5mm²,≤1.5mm²		6	10
	其中　>1.5mm²		不应有	
交货水分		%	5.0～8.0	

（二）特种印刷纸的生产技术

1. 生产工艺流程

特种印刷纸的生产工艺流程如图 5-7 所示。

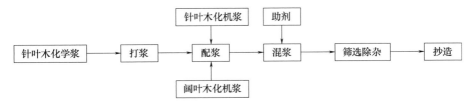

图 5-7　轻型纸（特种印刷纸）的生产工艺流程图

2. 纤维原料的选择及配比的确定

根据轻型纸的特点，应选用高得率机械浆为主，配以部分漂白化学木浆的原料结构。使用化机浆的目的，主要是增加纸张的不透明度和松厚度，配用化学漂白浆的目的，是增加纸页的机械强度，改善纸机抄造性能和印刷运转性能。

根据优质轻型纸的指标要求，纤维原料配比的调整要遵循的原则是，保证纸张匀度的条件下，要求有合适的松厚度和足够的抗张强度，以使轻型纸能满足较高的抄造性和印刷运转性，达到良好的印刷适印性。

3. 填料的选择及用量的确定

一般来说，纸张加入填料的作用是改变纸张的光学性质，如提高纸的不透明度和白度，改善纸页的外观，改进纸的物理性能和印刷性能，如改进纸张的平滑度和匀度，增加纸张的柔软性，改善纸张的吸墨性，使纸张具有更好的印刷适印性，节省纤维原料，降低生产成本。因为轻型纸具有高厚度和低定量的特点，所以作为轻型纸的填料，除了具备以上的作用，更重要的是能进一步提高纸张的不透明度，对纸张松厚度的贡献更高，而且在使用时对其他指标如强度、施胶的负面影响较小。

4. 施胶剂的选择

根据轻型纸的印刷要求和保存特性，需要高的松厚度。沉淀碳酸钙可以最大限度地提高松厚度，相配合的施胶剂只能使用中碱性施胶剂。中性施胶剂可以使纸张的 pH 提高至中性或碱性，从而使轻型纸的保存时间延长，返黄程度减轻；使轻型纸的色泽比较柔和，呈现暖色调，所以常用中性施胶剂作为轻型纸的施胶剂。

5. 调色原料的选择

轻型纸的白度及色泽要求清亮而柔和，能够保护视力，使读者在长时间和强光条件下阅读眼睛不会受到刺激。

印刷用纸的白度及色泽主要受以下因素影响：a. 纸浆的性质，纸浆的木素含量不同，对各种染料的亲和力也不同，所以应根据不同浆料的性质，采用不同的染色条件，来调整纸张的颜色。洁净的纸浆对纸张的染色有利。b. 纸浆打浆程度越高，越有利于增白和染色。因为纤维分丝帚化好，越有利于染料与纤维的结合。c. 加填的纸一般比不加填的纸白度要高，但是大多数填料对染料有较强的亲和力，所以加填的纸染色难度大，且易导致染色的两面性。d. 施胶会降低纸张白度，使色相变暗。e. 温度对染色的效果影响很大，甚至某些染料在高温下会褪色。另外，纸机干燥温度高，经过压光处理也会降低白度。f. 其他化学助剂，如增白剂的性质，二磺酸、四磺酸和六磺酸类的增白剂对纸浆的增白性质不同，在不同地点加入，对纸张的白度影响也不相同。直接染料、酸性染料和碱性染料三种不同性质的染料，对纤维素、木素的亲和力不同，染色的效果也不同。

（三）影响特种印刷纸质量的关键指标

1. 松厚度

松厚度，即单位质量的纸的体积，即紧度的倒数，单位为立方厘米/克（cm^3/g）。紧度是表示纸张疏密程度的指标，它是指纸张单位体积的质量，也称为密度。松厚度在相当程度上左右轻型纸的结构和性质，松厚度的增加使纸张的多孔性和透气度增加，形稳性改善，使纸张的弹性、不透明度和油墨吸收性增加。但是增加松厚度，轻型纸的表面强度、层间结合强度和抗张强度等强度指标会明显降低。

2. 白度

轻型纸的白度是指轻型纸对光的反射因数，即对光反射的辐通量与同样条件下完全反射漫射体所反射辐通量之百分比。纸张的光学性能决定于投射到纸面光线的相对数量，以及投射光线被纸所反射、透射和吸收的情况。纸张的白度和颜色，是纸张的光学性能中重要的一个方面，特别是印刷纸、书写纸、图画纸等。轻型纸的白度和颜色等光学性能，对造纸工作者、纸张加工者和最终用户都是非常重要的。如果纸面产生视觉上的不愉悦感，会使读者感到困惑，为了达到厚重、古典的艺术效果和保护读者视力的目的，白度和色泽的控制尤其重要。

3. 印刷表面强度

印刷表面强度是指纸张的印刷表面抗拉毛阻力。纸张的印刷表面强度是印刷纸的一项重要性能。它是纤维或纤维碎片、填料、胶料三者的结合强度，其结合力强，则纸面强度就高，反之则低。表面强度不够的纸张在印刷过程中会产生掉毛掉粉现象，不仅容易糊版，而且还在纸面应该有油墨的地方造成白色斑点，增加印刷工人的劳动强度，影响印刷品的产量和质量。

不同印刷方法不同纸张对表面强度的要求也有所不同。一般来说，纸张的表面结合强度与纸张的紧度有关。纤维之间的结合越紧密，纸张的紧度越大，纸张的表面结合强度也相应好一些。因轻型纸的松厚度比双胶纸的要大很多，所以轻型纸的表面结合强度，更应注意提高。

4. 平滑度和粗糙度

平滑度是测定纸张表面平滑和粗糙程度的指标，用以衡量纸张表面凹凸、平整程度的一个物理量，是指在一定的真空度下，一定体积的空气通过受一定压力、一定面积的试样与玻璃面之间的间隙所需的时间。对于印刷用的轻型纸，平滑度能决定印刷表面与印版接触的紧密程度，与印品的印刷清晰度和印刷密度等印刷质量有着非常密切的关系。纸张的平滑度决定于纸张表面的平整情况，而粗糙度更能接近实际印刷条件反映纸张平滑度对印刷效果的影响。对于印刷纸来说，平滑度大和表面均一性好的纸张，印刷出来的产品的字迹和图画都比较清晰。纸张的外观质量与平滑度的关系密切，毛毯痕、压花和透明点等，均影响纸张平滑度，因此在生产过程中要注意消除外观纸病。

5. 纸张抗张强度

纸张的抗张强度是指其能够承受的最大张力，决定着纸张在印刷机上是否断头、用户对纸张深加工的认可程度。纸张的抗张强度是由多种因素决定。首先取决于成纸中纤维相互间的结合力和纤维本身的强度，与纸页中纤维分布和纤维排列方向等因素也有关系。最重要的是纤维的结合力。

6. 油墨吸收性

油墨吸收性可用 K&N 值来表示。它是在无压力及速度下吸收一段时间后再将油墨擦去，测量着墨前后反射率的变化比率。如果纸张表面的吸墨性能太强，纸面油墨层太厚，势必会使印迹模糊且缺乏光泽，严重时还会导致"透印"。表面吸收能力太弱，则印迹又会不够清楚。为此，纸张必须具有适当的表面吸墨能力，而且要与印刷油墨性质相配合。不同的印刷方法对纸张吸油墨的性能的要求是不同的。胶版印刷纸因印刷时采用的压力小，胶版上的油墨层很轻，故要求纸张有较强的吸墨性能，以保证油墨充分地、均匀地转移到纸上。

纸张的吸收性能与纸张多孔性有密切关系，它随着纸张紧度的升高而降低，轻型纸的高松厚度决定其具有较高的吸收性，所以对于轻型纸来说，怎么降低到合适的油墨吸收是需要研究解决的问题。

四、防　伪　纸

（一）防伪纸简介

防伪纸，表面有标记或隐藏暗记（图案、花纹、水印、号码等），不易仿造、做伪或改动的特种纸类的统称。防伪是对以欺骗为目的且未经所有权人准许而进行仿制或复制的活动而采取的防止措施。

防伪纸张按制作方法可分为两类：一类是对纸张本身的防伪，即在纸张抄造过程中就使用了防伪方法；另一类是将印刷方法以及计算机激光信息图标等方法应用于纸张载体上而形成的防伪纸。

按防伪效果和表现形式可分为：水印防伪纸、安全线防伪纸、添加纤维丝的防伪纸、磁性防伪纸、光致变色防伪纸、温致变色防伪纸、防复印防伪纸、水致变色防伪纸、生物技术防伪纸、核技术防伪纸、防化学涂改防伪纸及综合防伪纸等。按应用对象可分为产品防伪、包装防伪、商标防伪、彩票及有价证券防伪、证件文件防伪、钞票防伪等。按学科又可分为物理防伪、化学防伪、生物防伪及多学科综合防伪等。

防伪纸张是人类将各个领域的防伪技术和纸张相结合，是多学科交叉技术的产物，使其具有可鉴别性能和保密性能，在研究和应用上占据相当重要的位置，是一个受到全世界普遍关注的课题，它对保护货币、票据及有效证件的安全性有着重要的意义，对国民经济和国家安全等都有特殊的影响。

（二）防伪纸的类型、原理及用途

1. 水印防伪纸

水印防伪纸有白水印、黑水印或黑白相间水印；水印可以是文字、图案或文字图案并存；水印分布有固定水印、半固定水印和满版水印，具体分布根据不同用途和具体需要而定，目的是为了凸显特色，与众不同。水印图文的识别应满足在可见光透射条件下清晰可辨，水印图文的数量与大小应保证在标的物上至少有一个完整的图文单元；固定水印纸图文在纸页中显现的位置与设计水印版图的要求偏差应在±5mm之内；半固定水印纸图文在纸页中显现的位置其左右两边与水印纸设计版图的要求偏差应在±5mm之内；满版水印纸水印图文在可见光透射条件下应清晰可辨。

传统水印产生原理：水印防伪纸主要是在造纸机的网案部完成制造的。一般在长网纸机网案部安装有专用的具有特殊图案的水印辊或采用刻有图案的圆网笼，利用上网成形技术，在纸页刚交织成形时，通过特殊工艺，使湿纸页部分纤维组织变位，形成不同的标识、图案、文字等；或在丝网上安装事先设计好的水印图文印版，通过印刷滚筒压制而成。由于图文高低不同，使纸浆形成厚薄不同的相应密度。成纸后因图文处纸浆的密度不同，其透光度有差异，故透光观察时，可显出原设计的图文水印。

现在全世界几乎所有国家的纸币、护照、有价证券、票据等都有水印，水印不能用静电复印机、扫描仪等再现，故其防伪效果甚受重视。但由于技术通用，仿制门槛降低，也可以使用水印油墨通过印刷形成水印纸一样的水印效果，使得其防伪效果优势不再，现已被广泛滥用于证件、票据、合格证、说明书等水印纸品的造假。因此单独用其作为防伪功能前景不容乐观，必须和其他的防伪功能并用。

2. 安全线防伪纸

安全线防伪的表现形式有全埋和开窗两种，开窗又分为开白窗和黑窗，全埋安全线纸可以在纸机上一次成型，也可以通过复合成型。安全线可以有不同的宽度、厚度、颜色，也可以增加文字、印刷等，安全线的选择既要满足使用要求又要体现不同的特性。安全线与纸应结合牢固，在裁切和非破坏性试验时，安全线不应与纸发生剥离，裁切端应整齐、无翘起。开窗式安全线间隔应均匀；安全线上承载的防伪信息借助专用仪器应能准确无误的识别。目前常用的安全线有：字母微缩安全线、磁性安全线、金属安全线、全息激光图案安全线、荧光安全线、热敏材料安全线、带窗口安全线、宽带安全线等。

安全线防伪纸的防伪原理：在抄纸阶段利用特殊装置和手段，将安全线嵌入纸页特定位置，因为安全线和纸页颜色在视觉上相差较大，并且安全线具有一些特殊性能，从而达到防伪效果。

安全线防伪纸的传统生产方法通常是在纸的生产过程中，采用圆网笼将安全线或带引入纸浆中，并且使线或带靠在纸网上，在纸的成型过程中，使线或带嵌入纤维构造中。实际生产过程中，在安全防伪线所在的区域纸浆朝着纸网的流动速率明显变化或减小，被嵌入的安全线越宽，这种影响就越大。为了保证有足够好的纸幅质量，对安全线的宽度有限定（不超过1～4mm）。一般造假者不容易模仿制造安全线防伪纸，因为生产该纸种的设备投资较大，且生产工艺比较复杂。其安全线本身的制造过程也具有较高的技术含量，有的并不是单纯的一种技术所能完成，有的所记录的信息具有很高的专业特性，因此它是一种较为可靠安全的防伪技术。由于其辨别简单、可靠安全，因此，在纸币的制造过程中，世界各国几乎都采用了安全线防伪纸技术

3. 纤维防伪纸

纤维防伪的表现形式是多种多样的，包括有色纤维、纹理纤维、颗粒物形状纤维和其他形状的纤维等。有色纤维又分为不同颜色、不同直径或荧光反应等种类；纹理纤维也有片状和针状之分。纤维的分布可疏可密，可加入一种或多种，一般以用户要求决定分布状态，其目的是要做到别具一格，特点突出。

纤维防伪纸的防伪原理：在纸浆中加入彩色纤维或荧光纤维，或同时按一定比例混入彩色纤维与荧光纤维（或在纸张抄造过程中组合成具有特定图形、文字等），在可见光下纸张中的各种标志呈现隐藏状态，但在紫外光的照射下，由于纤维的多样性及分布的灵活性，会发出各种颜色的荧光（或特定的图形文字等就会显示出来），从而达到防伪的目的。

制造荧光纤维工艺比较复杂，技术含量高，防伪可靠性能较高，在特定设备下检验的准确性可以达到百分之百，因此，这是一种安全性极高的防伪纸。彩色纤维防伪纸的加工方法比水印防伪纸简单，选用两种以上色彩鲜艳的不同颜色的纤维丝，如棉、麻等天然纤维或丙纶、腈纶等合成纤维，切成2～4mm，在调浆箱内加入即可。然后送到纸机进行抄造，从而形成均匀分布有彩色纤维的防伪纸。该技术目前已得到应用，如钞票、名牌香烟包装等。

（三）防伪纸的生产过程

1. 水印防伪纸

水印防伪纸的生产过程有4个阶段：

设计：根据用户要求对防伪特征进行设计，包括水印类别、文字形式、图案大小、排列方式等所有防伪信息。

制版：根据设计好的图案刻制最小单元的模具，模具的尺寸大小必须精准，不允许偏差。

制网：将多个模具单元排列组合成完整图案并压制成网，其结果应能达到设计要求，满足生产需要。

造纸：完成前面三个阶段的设想、意图，除了要保证最终产品的质量，同时要保证水印的完整、清晰、准确。

2. 安全线防伪纸

安全线防伪纸的生产过程包括3个阶段：

设计：设计是基础，对安全线的排列方式、植入方法和定位要求进行设计。

制网：对安全线进行定位，对最终产品定型，是生产过程的关键和核心。

造纸：既是制造产品的过程，也是对前两个阶段进行检验的过程，必须严格控制工艺条件，做到安全线线距合理，开窗干净利索。

3. 纤维防伪纸

纤维防伪纸的生产分为两个阶段：

设计：首先选择识别物，确定纤维的种类、颜色、尺寸等信息，然后确定纤维的加入方式和分布状态，同时考虑是否便于生产，并根据密度要求计算纤维用量。

造纸：和普通纸张生产没有太大区别，只要按照工艺和设计要求并加入识别物便可进行生产，重点是要保证纤维合理的分布状态和密度要求。

（四）影响防伪纸质量的关键指标

1. 水印防伪纸

根据生产实践经验和防伪纸的特点，水印防伪纸生产的技术难点主要表现在如下 3 个方面：

① 定位水印。从设计阶段的科学计算到造纸阶段的严格控制，基本的要求就是精准，如何掌控这个精准度是关键。

② 水印层次感。主要追求的是一种质感和美感，关键是要控制好制网的深度和角度，保证水印有整齐的边缘和丰富的层次。

③ 不间断的连续水印。和普通单一水印相比，无论是制网或生产都有相当的难度，除了要保证独立水印的清晰、完整，也要保证整体水印的连贯并界限分明。

2. 安全线防伪纸

安全线防伪纸生产的技术难点主要表现在 3 个方面：

① 制网。在安全线防伪纸生产中，制版制网的作用相当于水印防伪纸中的水印定位作用，核心是保证线间距的精准。

② 放线装置和植入方法。放线装置的取材和结构因地制宜，植入方法的核心是必须保证放线的稳定性和连续性，同时防止线的伸缩变形。

③ 线边距的定位。当整体线间距确定后，要保证线间距的稳定性，关键在于成品分切阶段对线边距的控制。

3. 纤维防伪纸

纤维防伪纸生产主要有两个技术难点：

① 纤维分布的均匀性。除了设计阶段准确地计算纤维加入量，生产中要合理地控制工艺条件和操作程序，保证纤维均匀的分布状态。

② 纤维的牢固性。这是最大的难点，尤其是加入较大的识别物时，要保证纤维不脱落，在生产中有很大的难度，为了使纤维和纸张有足够的亲和性，生产中需要采取特殊的手段和技术，来保证纤维的牢固性。

第二节　工农业用特种纸

工农业的范围极广，对某些特殊专用纸的需求也比较大。如农用的育苗、育果、保温保墒用纸，建筑用的建筑纸板（如壁画纸板、绝缘纸板、消声纸板）等，还有其他特殊纸种，如阻燃纸、玻璃纤维纸（过滤空气）、陶瓷纸、云母纸、活性炭纸、电磁波屏蔽纸、抗菌纸、软复合包装纸等。

本节主要以卷烟纸、烟草薄片、绝缘纸、地膜纸和育果套袋纸为代表，对这 5 种纸的制造工艺及质量控制进行介绍。

一、卷　烟　纸

（一）卷烟纸简介

1. 卷烟纸的用途

卷烟是主要的烟草制品，卷烟辅料包括卷烟纸、丝束、接装纸、成型纸等。卷烟纸作为卷烟的主要辅料之一，虽然质量仅占整支卷烟质量的 5%，但在卷烟制造过程中是必不可少的原料之一。众所周知，所谓吸烟其实就是抽吸烟丝燃烧后产生的烟气，而其中卷烟纸就是烟丝的载体。

在卷烟的燃烧过程中，卷烟纸是除烟丝以外唯一直接参与燃烧的组分，卷烟纸在参与燃烧的过程中对卷烟燃烧外观、烟气组分和抽吸品质有着直接影响，主要表现在：卷烟纸组分或卷烟纸燃烧后组分对烟气流有着直接影响；烟气组分通过卷烟纸的扩散；烟气组分与卷烟纸组分的反应；对烟气气流速度的影响；未燃烧段过滤效率的变化。

2. 卷烟纸的发展历史

我国最早的卷烟纸生产厂家是始于 20 世纪 30 年代的浙江民丰，一家英国下属公司。新中国成立后，随着卷烟产业的发展，卷烟辅料产业也随之发展，其中卷烟纸主要由浙江民丰、杭州华丰、山东造纸、牡丹江造纸、安徽淮南造纸五家卷烟纸厂家提供，当时号称中国的五大卷烟纸厂。但当时生产设备较为落后，卷烟纸产量也较低，不能满足国内需求；而且产品质量差，高档卷烟纸主要依靠国外进口。

改革开放后，卷烟产业迅速发展起来，卷烟的年产量更是达到了 3300 万～3400 万箱。随着卷烟产业的发展，卷烟纸的需求量也随之增长，国内各纸厂瞄准此商机，也纷纷配置卷烟纸生产机器。20 世纪 90 年代初，卷烟纸产量大幅度上升，但卷烟纸几乎都停留在低透气度的水平，难以达到降焦的效果，高档卷烟纸市场主要由法国摩迪、奥地利 Wattens 等厂家所占领，致使国产卷烟纸大量积压。为提高竞争力，杭州华丰在 1993 年引进法国 Allmand 公司的先进设备及技术，生产出了具有高透气度的优质卷烟纸。在市场经济的推动下，国内其他卷烟纸生产企业也纷纷加快技术改造的力度，先后引进国际先进的卷烟纸生产设备，使卷烟纸厂家在技术装备、工艺控制、产品质量等方面都有了较大的提高，目前我国卷烟纸的质量基本上达到了国际一流水平，卷烟纸产量已基本满足国内需求。目前我国的卷烟纸重点生产企业有中烟摩迪纸业、牡丹江恒丰纸业、云南红塔蓝鹰纸业、四川锦丰纸业、杭州华丰纸业、嘉兴民丰纸业等。

目前对卷烟纸的研究主要从以下几个方面进行：

① 纤维原料的基础研究。法国摩迪和奥地利的特伦伯都配有独立的纤维实验室，进行木浆配比实验以生产出满足客户需求的产品。

② 填料和化学添加剂的研究。通过对填料的组分、结晶形式、粒径等的优化选择，以生产出具有良好外观的卷烟纸。

③ 纤维处理状况及方法的研究。法国摩迪目前全部采用双盘磨处理纸浆，而奥地利特伦伯则采用多台锥形精浆机和大锥度疏解机串联处理纸浆。

④ 卷烟纸助剂对卷烟燃烧性能、包灰性能以及吸味问题的影响研究。

3. 卷烟纸的主要物理指标

（1）外观

作为评价卷烟纸的直接标准，外观是人们对卷烟纸的最初的评价标准。卷烟纸的外观主要表现在以下三个方面：

① 均匀度。即纸张中纤维及填料交织或分布的均匀程度，是纸的一个重要物理指标。均匀度取决于定量不均匀点的面积及其相对平均定量的偏差，受纤维原料配比、纤维形态参数、化学助留剂、填料及网部脱水元件等的影响。提高卷烟纸匀度时需全面权衡匀度与其他物理参数，才能从真正意义上提高纤维及填料的分散性，抄出均匀度好的纸。研究表明，原料的选择起着重要的作用，选择疏松多孔且柔软度低的纤维、平均粒径在 $1.5\text{-}2.0\mu m$ 且粒径频数分布窄的 $CaCO_3$ 填料以及适量的瓜儿胶作助留剂，可有效提高卷烟纸的均匀度。

② 不透明度。就本质来说是纸张"光学均一性"结构对光散射的结果。影响不透明度的因素很多，主要是纤维与填料。纤维素是一种具有单斜晶系结构的物质，能透过各种色光，当纸张的紧度低时纤维之间存在着孔隙，内部的空气对光线产生漫反射而使不透明度增加，当纸张紧度大时纤维间的光学接触面积增加，分散光线降低，从而导致纸张的不透明度降低。一般认为，麻类纤维含量高、细长、强度高且弹性好，因此用麻类造的纸柔软细腻，不透明度高；阔叶木浆纤维细小且比表面积大，因此反光折光效果好，抄得的纸不透明度高。填料在纸中对纸张的不透明度有着极大的贡献，不同折射率、粒径的填料对纸张不透明度的影响不一。

③ 白度。白度是纸的一个重要物理性指标。生产时可通过减少原料中带有颜色的木质素及半纤维素或添加增白剂使纸张白度增加，目前纸中常用的填料 $CaCO_3$ 也起到调节白度的作用。

（2）抗张强度

抗张强度用于表征卷烟纸抵抗破坏的能力，直接影响高速卷烟机卷接香烟的效率。影响卷烟纸抗张强度的主要因素是纤维，包括：a. 纤维间的结合强度，可通过提高打浆度（尤指纤维的分丝帚化）增加纤维表面羟基以达到提高成纸强度的目的；b. 纤维长度，纸张抗张强度与纤维平均长度的平方根成正比；c. 纤维交织情况，纤维交织好能增加纤维间的交接位点，提高成纸的抗张程度；d. 纤维本身强度，一般的纸张中的结合力大都是纤维内部的氢键结合，仅有少量的纤维间氢键结合，因此纤维本身的强度对成纸的抗张强度有着重要的影响作用。抗张强度、透气度、匀度间存在相互依存的关系，因此单纯提高任一项指标都会造成另外两个指标的下降。因此，选择合适的纤维原料，添加适量的 $CaCO_3$ 以优化抗张强度、透气度、匀度三者关系成为各大生产厂家需要考虑的一个大问题。

（3）透气度

透气度用于表征空气透过卷烟纸的能力。卷烟纸直接参与卷烟的燃烧过程，其透气度对卷烟的燃烧特性有着重要的影响。

提高卷烟纸的透气度可降低抽吸时气流速度，增加烟气与烟丝等的接触概率，从而提高过滤效率，降低主流烟气中焦油及烟碱等有害物的含量；提高卷烟纸透气度，通过卷烟纸进入的空气量加大，燃烧产生的烟气散发出去的量也增加，从而提高燃烧效率以减少 CO 的生成及增加 CO 向外的扩散；提高卷烟纸透气度，还可以减少抽吸口数，降低燃烧区的温度，从而减少有害裂解产物产生。但透气度不宜过高，透气度过高时卷烟纸的质量变化可能超出消费者所能接受的范围。研究表明，透气度为 70CU $[cm^3/(min \cdot cm^2)]$ 左右的卷烟纸降焦的效率最高，透气度小于 30CU 时，增加卷烟纸透气度以降低烟气中有害成分苯并芘含量的作用最为明显；但透气度超过 80CU 时不仅降焦效果不明显反而降低抽吸时的味觉感受。

（4）燃烧性能

与其他卷烟辅料相比，卷烟纸最大的特点在于直接参与卷烟燃烧的过程，并对燃烧产生的烟气组分有直接的影响。研究表明，木浆卷烟纸裂解产物中苯、多环芳烃及酚类的含量在相同条件下高于亚麻浆卷烟纸。究其原因，亚麻浆中纤维含量高，而苯与多环芳烃产物不同有可能是由不同浆料中纤维素中的单糖聚合度及种类不同引起的，而酚类则是由木质素及纤维素裂解生成。另外，卷烟纸的阴燃速率与烟丝阴燃速率是否匹配也十分重要，卷烟纸的阴燃速率大于烟丝阴燃速率时，则在烟支燃烧处，烟丝爆口不能成灰；卷烟纸阴燃速率小于烟丝阴燃速率时，则烟头缩进卷烟纸内，烟丝因缺氧而使烟支熄火。因此，质量好的卷烟纸应该具有良好燃烧性能，一方面要求卷烟纸燃烧时不产生有毒的烟气组分；另一方面要求卷烟纸的静燃速度与烟丝燃烧速度一致。

（二）卷烟纸的生产技术

1. 纤维原料

卷烟纸内部是多孔的网络结构，长纤维在其中构成网络的基本结构并使之有一定的强度，短纤维和填料起着补强与填充的作用，改变网络的多孔性以改善卷烟纸的透气度、不透明度、白度及匀度等特性。另外，添加少量的助剂可改变卷烟纸的燃烧性能及包灰性能。

纤维作为卷烟纸重要的生产原料之一，含量占卷烟纸总质量约 60%，对卷烟纸的各种物理性能有着重要的影响作用。卷烟纸的纤维原料有木浆及麻浆，木浆种类有针叶木浆、阔叶木浆，麻浆有黄麻、亚麻及红麻等。

2. 填料

$CaCO_3$ 在卷烟纸中的加填量高达 30%～40%，其最主要的目的在于提高卷烟纸白度，改善卷烟纸的性能，并降低生产成本。造纸时如果不添加填料，那么纸张表面就会粗糙，均匀度低，这主要是由于纤维交织时会产生许多细小的空隙，而填料可以将这些空隙填平，从而提高纸张的均匀度并改善纸的手感。纸张的不透明度由光线折射力决定，纸质疏松则折射面积大，光线发生多次折射，纸张不透明度高；而纸结构紧密时折射面积小，光线折射次数小，纸不透明度低。填料的折射率和白度比纤维的要高，能有效地提高纸张的不透明度和白度。填料的种类、形状、粒径对填料的散射系数也有着重要的影响作用。另外，卷烟纸中添加填料可以调节卷烟纸的阴燃速率，使之与烟丝的阴燃速率一致，防止烟丝爆口或卷烟熄灭。

目前常用的卷烟纸填料主要是 $CaCO_3$，少量卷烟纸中还添加镁、锌的氧化物及碳酸盐。$CaCO_3$ 作为卷烟纸的填料对卷烟的影响有：

① 增加卷烟纸的白度；

② 提高纸张折射率，从而提高卷烟纸的不透明度，使烟丝不露底色；

③ 调节卷烟纸的阴燃速率，使之与烟丝的阴燃速率一致，避免烟丝爆口或卷烟熄灭；

④ 改善卷烟纸的包灰性能；

⑤ 调节卷烟纸的透气度，在保证卷烟吸味的基础上降低烟气中焦油含量。

3. 助剂

卷烟纸直接参与卷烟的燃烧，将直接影响卷烟的燃烧性能。卷烟纸中的添加剂主要为燃烧调节剂、灰分调节剂及少量吸味调节剂。

燃烧调节剂是卷烟纸中重要的助剂，调节卷烟纸的燃烧性能，对卷烟的燃烧速率、主流烟气、静燃时的侧流烟气等均有影响。

研究表明，卷烟的自由燃烧速率随助燃剂添加量的增加呈现先增大后减小的规律。卷烟燃烧速率过快会引起燃烧锥内部缺氧，产生有害成分，因此助燃剂的成分必须在综合考虑各方面因素后才能确定。目前助燃剂用量一般为卷烟纸质量的 0.5%～3%。研究表明，卷烟燃烧的温度高会使燃烧点邻近区域中的有机物质分解，使烟气中的焦油含量增加。

吸味调节剂在卷烟纸中起着保持或改善卷烟吸味的作用。为改进卷烟纸的外观，改善卷烟燃烧性能以减少卷烟对人体及环境的危害，卷烟纸中常添加不同的添加剂，但任何添加剂的应用需至少不影响卷烟原有吸味为前提。目前专门针对卷烟纸吸味调节的助剂较少，一般是在某些添加剂的功能性较为突出但对卷烟吸味有负面作用时，复配能掩盖该添加剂负面吸味效果的助剂。

灰分调节剂用于改善卷烟纸的包灰性能，减少对环境的污染，改善卷烟的燃烧外观。包灰性能可通过对卷烟燃烧后的灰分颜色及包灰的牢固性分析进行研究。影响卷烟纸包灰效果的因素有灰分含量、助剂种类及含量等因素。当其他的因素已经无法满足卷烟纸包灰性能要求时，具有包灰功能的助剂便成为研究的方向。

几种助剂中最主要是燃烧调节剂，包括碱金属酒石酸盐、碱金属乙酸盐、碱金属磷酸盐、碱金属硫酸盐、碱金属碳酸盐、碱金属苹果酸盐等，其中碱金属盐能产生白色灰分，并能增加静态燃烧速率；灰分调节剂（如磷酸二氢铵）只改变灰分外部特征而不改变静态燃烧速率。助燃剂除使烟支燃烧速率加快、焦油量相应该减少外，还可以通过降低燃烧温度改变烟气化学成分，因此，卷烟纸中助燃剂的含量测定及品质控制对于改善吸食品质具有重要作用。

（三）影响卷烟纸质量的关键因素

1. 卷烟纸的纤维原料对卷烟纸性能影响

在木浆中，针叶木的纤维细长柔软，打浆时易细纤维化，成纸纤维间结合强度较大。因此，使用针叶木浆抄纸对成纸的强度有着积极的影响。阔叶木的纤维相比较短，细胞壁厚胞腔小，不易细纤维化，成纸时纤维间形成自然的空气通道。因此，在卷烟纸抄制时配用阔叶木浆，成纸的松厚性好，透气度好。在麻浆中，亚麻浆用作卷烟纸原料居多，也有使用大麻浆、剑麻浆等作为原料。麻浆纤维具有强度高、弹性好、纤维细长的特点，用于卷烟纸生产具有一定优势。而在麻浆中，亚麻浆的透气性能最好，用亚麻作卷烟纸原料能够大幅度提高成纸的透气度，随着亚麻浆使用比例的增加，卷烟纸的透气度也更高，并有利于提高卷烟纸的燃烧性能，而对卷烟纸白度影响不大。但使用亚麻浆会降低卷烟纸的抗张强度和不透明度，其影响程度随着亚麻浆所占比例的增加而增加。对于这种不足，可通过技术手段来调节。一般认为，相比木材类纤维，麻类纤维由于长度更大、长宽比更大且胞腔小胞壁厚，因此抄出的纸强度大、柔软性好且细腻，适用于高档卷烟纸的抄制。过去卷烟纸生产用的原料有全木浆、全麻浆，也有用草浆、木浆、麻浆配抄卷烟纸。目前我国卷烟纸生产厂家大多采用的是阔叶木浆及针叶木浆按一定比例配抄，少量高档卷烟纸中添加麻浆，另外，高档卷烟纸中有以全麻浆作为原料的。

卷烟纸用的浆料中纤维含量大小排序：亚麻浆＜大麻浆＜阔叶木浆＜针叶木浆。研究表明，造纸中添加亚麻浆在一定程度上可以改善卷烟的吸味，半纤维素中的糖可能是影响吸味的因素之一。对卷烟纸裂解产物进行研究表明，吸烟时产生的苯及多环芳烃主要来自于卷烟纸纤维素的高温裂解，这可能是由于构成木浆和麻浆纤维素的单糖聚合度及种类的不同而造成的，其中木浆做原料成纸裂解产物中酚类的含量高于麻浆卷烟纸，酚类则是由木素和纤维素在较高温度下裂解产生的，木素本身亦是酚类聚合物。一般而言，酚类物质对卷烟烟气感官质量有负面作用，这也说明了亚麻浆卷烟纸在吸味方面优于木浆卷烟纸的原因。由于麻浆价格远高于木浆，因此目前仅有少量的高档卷烟纸中配加了麻浆。

2. 碳酸钙粒径对卷烟纸质量的影响

碳酸钙粉体根据平均粒径（d）的大小，可分为微粒型（$d > 5\mu m$）、微粉（$1\mu m < d < 5\mu m$）、微细型（$0.1\mu m < d \leqslant 1\mu m$）、超细型（$0.02\mu m < d \leqslant 0.1\mu m$）和超微细型（$d \leqslant 0.02\mu m$）。根据生产方法的不同，可以分为重质碳酸钙、轻质碳酸钙、胶体碳酸钙和晶体碳酸钙。根据晶型的不同，还可以分为纺锤体、立体型、圆柱体、针状络合体等。不同粒径、晶型的碳酸钙作为填料对卷烟纸的透气度、燃烧效果以及燃烧包灰和香烟吸味都具有不同的影响。研究表明，相比其他晶型的碳酸钙，纺锤体状碳酸钙作为填料更利于改善卷烟纸的性能（如表 5-17 所示）。究其原因，纺锤体状碳酸钙在纸中具有搭桥效应，形成自然的孔隙，相比其他晶型的碳酸钙更利于卷烟纸的透气度、白度及不透明度等。$CaCO_3$ 粒径选择对卷烟纸的性能也有着重要的作用，添加的 $CaCO_3$ 粒径大时在卷烟纸中形成的自然孔隙大，有利于提高卷烟纸的透气度，但不利于卷烟纸的均匀性，而且透气度的波动性也大；添加的 $CaCO_3$ 粒径小时对卷烟纸纸均匀性有利，但会堵塞卷烟纸的自然孔隙，不利于卷烟纸的抗张强度及透气度。$CaCO_3$ 粒径对卷烟纸的均匀度及透气度变异系数的影响，$CaCO_3$ 平均粒径在 $1.5 \sim 2.0\mu m$ 且粒径分布窄时卷烟纸的均匀度最佳。粒径在 $4.0 \sim 4.2\mu m$ 纺锤体状液体 $CaCO_3$ 用作卷烟纸填料时，卷烟纸的透气度变异系数小，其他物理性能参数达到要求。卷烟纸中 $CaCO_3$ 的添加量大时，纸容易掉粉且对纸的物理性能有着不利影响。

表 5-17　　　　　　　　　碳酸钙的结晶形状对卷烟纸性能的影响

	结晶形状							
	纺锤体			针状络合体	立方体		柱状体	
粒径/um	0.15	0.30	0.50	2.50	0.15	0.30	0.1×0.8	0.25×2
定量/(g/m²)	26.0	25.6	26.7	27.5	26.4	26.5	26.2	25.7
灰分/%	18.9	18.3	18.8	18.5	18.7	18.8	18.1	18.4
不透明度/%	85.5	85.3	82.5	82.1	84.3	85.2	85.7	87.5
白度/%	87.5	87.5	89.5	87.5	87.3	87.0	89.5	90.0
抗张强度/(kN/m)	1.22	1.23	1.18	1.17	1.17	1.10	1.20	1.10
透气度/[μm/(Pa·s)]	0.53	0.51	0.76	0.34	0.36	0.34	0.17	0.63

3. 生产设备对卷烟纸质量的影响

卷烟纸生产设备的配置过去一直比较陈旧，普通槽式打浆机、长网多缸纸机目前仍用于普通卷烟纸的生产。槽式打浆机打浆控制比较灵活，适于处理麻浆、长纤维针叶木浆，但间歇打浆的自身特点决定了成浆的均一性将受到影响。所以，卷烟纸生产厂家陆续以双盘磨取代槽式打浆机，针对所用纤维原料特点，通过优化盘磨配置、齿形的选择等措施，使浆料处理满足卷烟纸生产要求。近年来，为提高国产卷烟纸的竞争力，满足卷烟行业对高档卷烟纸的需求，各生产企业纷纷加大技改力度，竞相引进国外设备与技术。引进设备从主体设备、复卷机、分切机直至自动控制系统等，大幅度提高抄造水平及生产能力，从根本上解决卷烟纸物理指标不稳定，透气度变异系数大，外观质量不均一，盘纸分切水平低等问题，缩短了国产卷烟纸与进口卷烟纸间的差别，为生产高档优质卷烟纸提供了保障。

二、烟草薄片

（一）烟草薄片简介

烟草薄片是以烟末、烟梗、碎烟片等作为原料，采用特定的加工工艺制成片状或丝状的再生烟草，又称"烟草薄片"，其理化性能与烟叶近似。烟草薄片起源于 20 世纪 50 年代，按照其加工工艺的不同分为辊压法、稠浆法、造纸法三类。烟草薄片在卷烟中的应用价值主要体现在：

① 烟草资源再生利用；

② 有效降低卷烟单箱消耗；

③ 有效降低卷烟焦油释放量；

④ 替代部分低次烟叶原料；

⑤ 调控烟丝部分化学成分，如总糖、烟碱；

⑥ 调控卷烟的吸味，如劲头、烟气浓度等。

1. 辊压法

按烟草薄片原料配方要求，将烟末、烟梗等原料粉碎后与天然纤维混合，加入胶黏剂、水和其他添加剂混合均匀后经辊压和干燥制成烟草薄片的加工方法，称为辊压法。辊压法最早出现于 1948 年，是一种传统的烟草薄片制造方法，生产工艺与设备结构简单，具有投资少、见效快、耗能耗水少、便于操作及维修、适宜少量生产等特点，但所加工的产品品质往往逊色于另外两种方法，产品品质与耐加工性能较差，焦油释放量与烟叶相当甚至高于烟叶，一般只能在中、低档卷烟配方中作填充料使用，主要目的纯粹是为了烟草资源的再生利用、降低卷烟生产的耗丝率。在世界范围，特别是中低等发达国家，辊压法烟草薄片产品的应用较为普遍。

2. 稠浆法

按烟草薄片原料配方要求，将烟末、烟梗等原料粉碎后与水、胶黏剂及其他添加剂等按一定比例混合并搅拌均匀，形成浆状物，均匀地铺在循环的金属带上，再进行干燥、剥制成烟草薄片的加工方法，称为稠浆法。目前，稠浆法生产技术主要有三种形式，单层稠浆法烟草薄片生产技术、双层稠浆法烟草薄片生产技术和 BAT 稠浆法烟草薄片生产技术。其中，双层稠浆法比单层稠浆法在生产中的铺装后工序增加一道烟粒铺撒工艺，所生产的烟草薄片表面黏有大量碾碎的烟草粉粒。该产品的吸味通常比单层稠浆法有很大提高，木质气甚至比造纸法烟草薄片还轻。BAT（British American Tobacco p. l. c.）稠浆法技术出现于 20 世纪 60 年代，该技术的主要特点在于充分利用烟草原料自身的理化特性，产品生产中不需再添加木质纤维和胶黏剂，而以烟梗纤维及处理烟草原料所析出的果胶来代替，这样也有利于提高烟草薄片的抽吸品质。

3. 造纸法

造纸法又称湿法，是利用卷烟过程中产生的烟梗、烟末以及烟碎等作为原料通过造纸的方法制成接近烟叶的薄片，然后切丝直接用于卷烟生产。造纸法是借助于造纸技术和设备，先将烟末、烟碎和烟梗等卷烟过程产生的废料用温水浸泡萃取，将可溶物与纤维及不溶物分离，可溶物经过浓缩后加入一定比例的香精香料制成烟草涂布液，纤维和不溶物经过打浆后，用造纸机抄造成烟草基片，然后将已经制备好的烟草涂布液均匀地涂抹在烟草基片上，经干燥后分切成烟草薄片成品。造纸法的工艺与设备较上述两种均复杂，是迄今为止技术含量最高、国内外应用最广泛、产品使用效果最好的一项烟草薄片制造技术。

（1）造纸法薄片国内外发展

随着人们对安全性的重视，国外在 20 世纪 70 年代开始系统研究造纸法薄片工艺技术，造纸法又称奥地利薄片工艺，是由奥地利 PGT 公司于 1972 年开始与挪威奥斯陆大学合作于 1975 年研究成功，由于这种方法研究较早，世界大多数卷烟公司，像美国和欧洲大多数卷烟公司均采用此法。

我国在 20 世纪 90 年代末才开始对造纸法烟草薄片进行系统的研究，"十五"期间国家烟草总公司开始要求降低香烟焦油含量至 15mg/支，部分烟厂开始进口国外造纸法生产的烟草薄片，达到降低焦油和烟气有害成分的目的，并取得良好效果，国内开始注重造纸法烟草薄片的生产技术和烟草质量改进的研究。在国家和中烟集团的关注下，通过吸取国外经验和自主研发，我国造纸法烟草薄片生产迅速发展，目前，造纸法烟草薄片技术基本成熟，在全国不同区域已有 14 家企业，几十条生产线生产，中烟集团成立了 4 个烟草薄片研究室，极大地推动我国造纸法烟草薄片的研究开发。

（2）造纸法烟草薄片的优点

造纸法烟草薄片与辊压法、稠浆法薄片相比具有其独特的优点：

① 质地疏松，密度小，提高了填充值和燃烧性；

② 柔韧性好，耐机械加性能好，成丝率高；

③ 焦油释放量低，能有效起到降焦减害的作用。

④ 内在评吸质量好。薄片的抽吸质量在很大程度上取决于烟草原料的质量，辊压法和稠浆法薄片的质量受原料质量影响很大，造纸法有较大可塑性，可以用档次较低的原料生产出质量较好的薄片，并可根据实际需要对薄片物理性能和内在化学指标如烟碱、总糖等进行人为调控，进而起到天然烟叶不能起到的灵活调整卷烟配方的重要作用。

（二）烟草薄片的加工技术

1. 辊压法烟草薄片加工技术

辊压法技术特点是：工艺简单，对生产设备要求不高，生产规模小，生产成本低，能耗少，基本不产生污染物，适合烟厂使用。但是辊压法与造纸法相比缺点明显：a. 辊压法的生产中必须加入胶黏剂。b. 为了减少造碎、改善薄片色泽、提高薄片的保润性和耐水性，生产过程中必须加入薄片胶等用于增强薄片的抗张性能。c. 辊压法生产的烟草薄片的填充性能和有效利用率、燃烧性能及内在品质都较造纸法差，如图 5-8 是辊压法烟草薄片生产流程图。

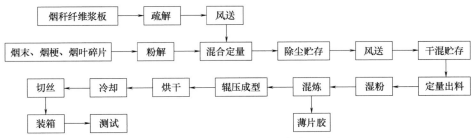

图 5-8　辊压法烟草薄片生产流程图

2. 稠浆法烟草薄片加工技术

生产工艺如图 5-9 稠浆法烟草薄片生产流程图所示：

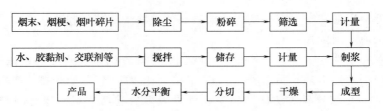

图 5-9　稠浆法烟草薄片生产流程图

稠浆法主要在美国和西欧应用，其工艺主要包括备料、制浆和成型三个部分。备料包括干料制备和湿料制备，干料制备是将烟梗、碎丝、梗签和烟尘等按一定比例混合均匀后用皮带运输，经过除杂、研磨和筛选后，筛分成烟粒和精粉各占 50％，此比例的精确控制是最关键的技术。湿料制备包括纸浆解纤和胶黏剂的制备。制浆部分是按一定比例将精粉和胶黏剂混合，混合均匀后与保润剂、水和 pH 调节剂一起送入制浆罐中，每条生产线中都配比两个制浆罐，一个负责储存、搅拌，一个负责均匀出浆。浆料均匀铺展在一条环形不锈钢带上烘干成型，回潮后将烟草薄片从不锈钢带上剥落下来，二次干燥后就可以直接分切成烟草薄片成品。

3. 造纸法烟草薄片加工技术

造纸法烟草薄片生产工艺主要有一步法和两步法两种，一步法工艺是将烟草薄片原料经浸泡、打浆后获得的高浓度浆料直接送到特殊设计的抄纸机上，经脱水、烘干、分切后制得烟草薄片。因其生产环节难以控制，目前很少有厂家采用一步法工艺。

两步法工艺是原料用水浸泡后，将可溶物与不溶物萃取分离，不溶物一般会与木浆纤维混合打浆，采用抄纸机制得片基，而可溶物萃取液经过浓缩加料制得涂料，利用特殊的涂布方式将其涂于片基之上，经过干燥、分切制成烟草薄片。两步法烟草薄片生产工艺是世界上应用最广泛的生产工艺，国内新兴的造纸法烟草薄片厂家的生产工艺基本上是两步法，如图 5-10 所示。

图 5-10　两步造纸法烟草薄片生产流程图

也有部分厂家将典型的两步法略做改进，烟末和烟梗分别用不同的工艺萃取（烟末用有机溶剂萃取，烟梗用水萃取），萃取后的烟末烟梗经混合打浆处理后，将浆料送到抄纸机上抄造成形，两种萃取液合并后经过浓缩等手段处理后分两次涂布到薄片片基上，如图 5-11 所示。

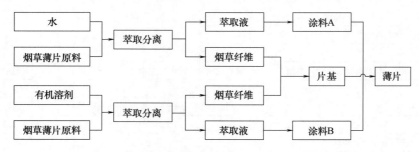

图 5-11　改进型两步造纸法烟草薄片生产工艺流程图

（三）影响造纸法烟草薄片质量的因素

1. 不同目数等级的烟末对烟草基片物理性能的影响

松厚度是评价造纸法烟草薄片质量的重要技术指标之一，直接影响烟草基片浸渍涂布时的吸液量和卷烟的燃烧性能。烟草薄片较高的松厚度，能够改善卷烟时的填充性及卷烟燃烧时的燃烧性能，因此有助于降低一氧化碳等有害物质的生成。

由于烟末中非纤维物质、表皮细胞含量较高，添加烟末会阻碍纤维的结合，使得纸张变的疏松。随着烟末目数的增加（烟末粒径的降低），烟草基片的松厚度明显降低。当烟末粒径降低时，过多的烟末会填充在纤维交织的网络里，使松厚度降低，直接影响了烟草薄片的填充性和燃烧性能，使得焦油、一氧化碳等烟气成分的释放量增加，对烟草薄片的感官品质产生重要负面影响。

2. 烟梗的磨浆方式对烟草基片物理性能的影响

传统造纸法烟草薄片生产过程中，一般将预处理（水抽提）后的烟梗和烟末，按一定的比例混合后采用高浓盘磨机进行磨浆。然而由于烟末与烟梗组成的差异性，决定了烟末的不同制浆特性。烟末的主要成分为蛋白质，经水解和进一步转化生成烟草香气物质的前体物质，此外还含有大量的氨基酸和糖类等物质，几乎没有纤维成分。与烟梗相比，烟末更易磨损，磨浆后烟末随水流失严重、有效利用率低。同时烟末经磨浆形成了较多的细小组分，使得浆料留着率和滤水性能下降，并对烟草基片的松厚度也产生负面影响。在混合磨浆过程中，对烟梗的解纤作用也较大，浆料的均匀性较差（表5-18）。

表 5-18　　　　　　　　　　　　烟梗的磨浆方式对烟草基片物理性能的影响

编号	烟梗磨浆方法	松厚度/(cm³/g)	弯曲挺度/mN·m	抗张指数/(N·m/g)
1#	高浓梗末混磨	2.00	0.0942	10.68
2#	高浓磨浆	2.17	0.0508	8.16
3#	低浓磨浆	2.24	0.0397	6.30

从表5-18中可看出，与烟梗高浓磨浆（2#）相比，烟梗采用低浓磨浆（3#）时，烟草基片的松厚度有所改善；弯曲挺度降低了21.9%柔软性得到明显改善。同时抗张强度略有降低，但是此条件仍能满足纸机对烟草基片强度的要求，保证正常的生产。产生变化的原因是高浓磨浆和低浓磨浆后的烟草浆纤维形态存在明显的差别，高浓磨浆以纤维的分丝帚化为主，纤维长度较长，但粗度降低，有利于纤维之间的紧密结合；而低浓磨浆则以纤维的切断为主，磨浆后纤维的粗度较大对改善烟草基片的松厚度有利。

3. 烟梗的磨浆方式对烟草基片卷烟烟气中有害物质的影响

卷烟烟气中的一些有害物质，如一氧化碳、苯酚等物质，都是由于烟草卷烟产品的不完全燃烧产生的。提高烟草基片的松厚度，其疏松的结构有利于烟丝充分燃烧，从而可以达到降低有害物质的目的。烟梗的磨浆方式对烟草基片的松厚度产生了不同的影响，进而影响了有害物质的生成量。从表5-19中可看出，烟梗采用低浓磨浆可有效地降低烟草基片卷烟烟

表 5-19　　　　　　　　　　　　烟梗的磨浆方式对烟草基片有害物质的影响

	一氧化碳/(mg/cig)	苯酚/(μg/cig)	氨气/(μg/cig)	巴豆醛/(μg/cig)	NNK/(Ng/cig)	苯并芘/(ng/cig)	HCN/(μg/cig)
湖北中烟样品	13.1	2.00	4.10	25.9	4.8	7.6	32.3
烟梗高浓磨浆	10.12	0.77	2.97	19.35	4.4	6.8	31.8
烟梗低浓磨浆	8.67	0.61	2.88	17.30	4.1	6.5	29.9

注：NNK—甲基亚硝胺吡啶基丁酮；cig-cigarett的缩写，表示每支烟含量。

气中的有害物质。例如，与烟梗高浓磨浆相比，采用低浓磨浆的烟草基片的卷烟烟气中一氧化碳含量降低 14.3%，苯酚含量降低 20%，巴豆醛含量降低 10.6%。

三、绝　缘　纸

（一）绝缘纸简介

纸作为电气设备的绝缘材料已有悠久的历史。20 世纪以前，绝缘材料基本上都是来自天然材料或其制品。为了提高其耐水性等，采用虫胶等天然树脂与植物油、沥青进行浸渍。20 世纪初，由于有机合成和高分子化学的发展，人类制得了第一个合成聚合物——酚醛树脂，它也是绝缘材料领域中的重要发明。20 世纪 50 年代后合成聚合物和树脂的种类大大增加。这些聚合物广泛用于电机中，提高了电机耐热等级、电性能及安全性。

1. 绝缘纸的分类

（1）植物纤维绝缘纸

松杉科的针叶木材纤维素含量高且纤维较长，是用于抄造绝缘纸的主要原料，此外，也有关于棉短绒添加特定添加剂制备绝缘纸的研究。

从 19 世纪 90 年代开始，天然纤维素绝缘纸就被广泛应用于各种油浸式电力设备中了。20 世纪 60 年代后，升级绝缘纸在美国开始使用。升级绝缘纸是利用化学方法对纤维素进行改性，或者通过添加热稳定剂制备得到的。对纤维素改性包括氰乙基化、乙酰化、接枝聚合和烷基化等，但氰乙基化、乙酰化使纤维素中羟基含量减少，纤维素绝缘纸的机械强度将大大降低。向绝缘纸中添加胺类稳定剂既抗老化又不降低绝缘纸机械性能，采用添加热稳定剂的这种方法简单易行，目前已经被广泛使用。

后来，出现了复合植物纤维绝缘纸。如日本日立公司将聚甲基戊烯（PMP）纤维和纤维素纤维混合制备成绝缘纸板，相对介电常数只有 3.5，与传统绝缘纸板垫片相比击穿电压提升了 30%；美国 CooperPower Systems 公司在 2001 年开发了一种在纤维素母体里加耐高温合成纤维的绝缘纸（HTFR 纸），抗张强度、撕裂度、耐破度均有所提高。此外，还研制了各种复合纸。如 PPCP——聚丙烯木纤维复合纸，PML——聚 4-甲基戊烯木纤维复合纸，FEP——氟化乙丙烯共聚物纤维复合纸等。这些纸明显地改善了合成纤维纸的浸渍性和油容性，其机械性能与天然纤维纸相近，而电性能大大地提高了，因此发展得很快。

近年来，随着纳米技术的发展，纳米绝缘材料取得了很大的发展。以针叶木纤维为原料，以 MMT（Montmorillonite 蒙脱土）、纳米 Al_2O_3 为改性添加剂制备的绝缘纸，绝缘性能有明显的改善。虽然现在绝缘材料有了较大的变化和进步，但纤维素绝缘纸具有价格低、机械强度大、尺寸容易控制、浸油后电气性能优良、环境友好等诸多优点，仍然是油浸变压器的首选绝缘材料。植物纤维绝缘纸最大耐温极限为 130℃，作为 B 级绝缘纸，广泛用于电机马达，变压器，绕线管，电容器等。

（2）矿物纤维绝缘纸

矿物纤维绝缘纸是矿物纤维或无机物经热熔抄制而成，可分为云母纸、玻璃纤维纸等。云母纸本身强度较低，在实际应用中通常添加黏结剂或其他纤维提高云母纸的强度，常用的是有机硅黏结剂。云母混合其他纤维解决了需要使用黏结剂的问题，例如，芳香族聚酰胺纤维与云母复合造纸既具有芳香族聚酰胺材料的机械强度，又具备云母的耐电晕性能和高绝缘性能。可广泛地应用于导线绝缘、电动装置的线圈匝间绝缘、变压器绝缘等，显著地提高绝缘体的热稳定性和抗疲劳性能。云母纸经过与薄膜、玻璃布等补强材料复合后，可以制成具有更高拉伸强度和绕包工艺性的云母带，已成为目前高压电机和大电机制造中不可替代的主绝缘材料。

用于电器绝缘的玻璃纤维通常是无碱玻璃，玻璃纤维具有耐高温、抗腐蚀、强度高、比重和吸湿低、延伸小及绝缘好等一系列优异特性。但玻璃纤维表面光滑，提高玻璃纤维纸强度的方法如下：a. 轻度打浆，加胶黏剂，或者配加部分化学木浆，也可以添加一些硅胶或胶态矾土；b. 采用具有绝缘性能比较好的化学纤维（如聚酯纤维、聚芳砜纤维、聚二噁唑纤维）与少量的玻璃纤维混合以湿法抄造性能优良的绝缘纸或绝缘纸板；c. 制备复合玻璃纤维纸，复合型玻璃纤维纸可使用玻璃纤维布、无纺布、桑皮纸等多孔薄型材料玻璃纤维纸进行单面或双面复合。按《JB/T 2197—1996 电气绝缘材料产品分类、合格及型号编制方法》可分为八大类，而与玻璃纤维相关的就占了六大类。可见，玻璃纤维在现代电工绝缘材料的生产中具有十分重要的作用。

（3）合成纤维绝缘纸

20 世纪 90 年代后，出现了用聚酰亚胺纤维制造耐热纸的研发热潮。2001 年日本人发明了一种新型聚酰亚胺浸渍纸。该纸具有优良的耐热性、尺寸稳定性及电气特性，并具有较高的机械强度。2011 年日本公开了用聚酰亚胺短纤维制造聚酰亚胺耐热纸的发明。美国专利US6294049B1 提出，将聚酰胺酸溶液经湿法纺丝制得聚酰胺酸沉析纤维，通过湿法造纸技术得到聚酰胺酸湿纸，最后经过化学环化或者热环化处理制备出聚酰亚胺纸。但该方法得到的产品强度不高。美国 US20070084575A1 提出，将聚酰亚胺纤维分散在聚四氟乙烯粉末的悬浮液中，并加入添加剂如聚酰亚胺树脂或环氧树脂。但因聚四氟乙烯粉末具有不黏性，易造成纸张表面缺陷与分层等问题。

用于耐高温绝缘纸的聚噁二唑纤维（POD）是芳香族聚噁二唑纤维。由于优良的耐高温和绝缘性能以及低廉的成本，目前也越来越被广泛地应用。聚噁二唑纤维在强碱性条件下耐降解性能很好，但耐酸性却相对较差。聚噁二唑/聚酯纤维绝缘纸采用聚噁二唑浆料与聚酯纤维混合抄制而成，该绝缘纸单独或与电工薄膜复合后，可用于电机、电器中的衬垫绝缘、匝间绝缘、相间绝缘和槽绝缘，可部分代替 Nomex 绝缘纸。相对于其他高性能芳杂环聚合物，如 Nomex、Kevlar、PI、PBO 等，芳香族 POD 更有着原料易得、合成简单、加工容易等优势，有较好的工业化前景。

涤纶纤维与其他具有耐高温性能和电绝缘性能的合成浆料混合抄纸，可制成一种具有优良的耐热性能、机械性能和电绝缘性能的涤纶纤维绝缘纸。涤纶纤维绝缘纸具有耐温性能好、电气性能优良及价格低廉等优点，可以提高电机绝缘等级，使电机体积缩小，使用寿命延长，节省原材料，主要在 B 级和 F 级电机电器中用作衬垫绝缘、匝间绝缘、相间绝缘和槽绝缘。

2. 绝缘纸的性能要求

由于绝缘纸的特殊用途，要求其必须具备一些不同于其他纸种的特性，主要包括机械性能、电气性能和电阻率等。

（1）机械性能

绝缘纸在使用过程中会受到各种外力的影响，如高压大容量发电机所用的绝缘纸要能承受高速旋转、起动停止以及突然短路造成的很大机械应力，因此要求有较高的机械性能，主要包括抗张强度和断裂伸长率。不同的电气设备对绝缘纸的要求不同，如《QB/T 2692—2005　110kV～330kV 高压电缆线》规定厚度为 75m 的 110～300kV 高压电缆纸的撕裂度

（横向）不低于 500mN；而《QB/T 4250—2011　500kV 变压器匝间绝缘纸》规定相同厚度的 500kV 变压器匝间绝缘纸的撕裂度（横向）不低 525mN。

（2）电气性能

绝缘纸的电气性能主要包括介电强度、介电常数、介质损耗等。介电强度是试样被击穿时，单位厚度承受的最大电压；介电强度越大，绝缘性能就越好。电介质在电场作用下的极化程度用介电常数 ε 表示，在交流电压作用下的损耗程度用物理量损耗角正切 $\tan\delta$ 表征。理论上来说，作为电网络各部件的互相绝缘，介电常数 ε 越小，绝缘性能就越好；作为电容器的介质（储能），介电常数 ε 越大，绝缘性能就越好。同时，电介质材料一般要求具有尽可能低的 $\tan\delta$，因为 $\tan\delta$ 值过大则会引起严重发热，使绝缘材料加速老化，甚至可能导致热击穿。

（3）电阻率

电阻率是表征绝缘材料阻止电流通过能力的参数，绝缘材料应该具有很大的电阻。此外，热稳定性也是绝缘纸很重要的一个指标，是产生低压绝缘老化的一个主要因素，决定其使用寿命。绝缘纸长时间在温度比较高的环境下使用，会因热老化而发脆，逐步丧失其机械性能和电气性能。国际电工委员会（IEC）绝缘系统技术委员会（TC98）根据绝缘纸的使用寿命，把电机绝缘系统按耐热性能分类为 Y、A、E、B、F、H、C、N 和 R 等 9 级，对应极限温度分别为 90、105、120、130、155、180、200、220 和 250℃。

3. 绝缘纸的发展趋势

随着运行电压等级与系统容量不断升高和加大，受运输及现场安装条件以及经济技术指标等因素的限制，各种电机趋于小型化、大容量化和使用环境多样化。为满足电机电器对电绝缘材料的要求，开发和研究新型绝缘纸有着重要的意义。绝缘纸未来发展趋势主要表现在以下几个方面：

① 发展高介电性能与高力学性能的绝缘纸。工作场强的高低是电气产品绝缘结构先进与否的标志。我国正进一步加强高电场用新型绝缘纸的开发与产业化工作。

② 发展高耐热性和高耐腐蚀的绝缘纸。耐热绝缘材料是现代绝缘材料产品的重点发展方向之一。根据中国国情，加强现有 F、H 级绝缘材料的推广应用，开拓新用途。并在此基础上发展价格适中的新型 F、H 级新型耐热纤维纸。

③ 发展高环保性能及节能型绝缘纸。开发少、无污染和资源保护型的高环保性能绝缘材料是我国和世界绝缘材料界在生产与应用中面临的跨世纪课题。

（二）绝缘纸的生产技术

1. 纤维原料

绝缘纸广泛用于电气和电子工业，一般采用未漂硫酸盐针叶木浆为原料，也有采用破布浆、麻浆制成，最近研究中也有用到阔叶木纤维原料。即使是以未漂硫酸盐针叶木浆为原料，不同产地的针叶木纤维原料抄造出的绝缘纸性能也不同。用韧皮纤维中的大麻、亚麻、洋麻抄造的纸，纸质均匀，有良好的抗张强度和撕裂度，满足电气绝缘纸物理性能的要求，这是因为这些麻类纤维的长宽比都比较大，甚至超过了红松，木素含量比木材少，纤维素含量也比较高。但麻浆灰分含量高，绝缘纸对灰分的要求严格，因此需要对麻浆进行灰分处理。天丝纤维在特种纸方面经常使用，它具有独特的性能，如良好的机械强度、热稳定性，并且耐化学腐蚀、阻隔绝缘性能好等。

2. 蒸煮

蒸煮的目的是除去原料中的木素、树脂等，木素除了影响纸张的物理性能外，作为极性分子它还影响着绝缘纸的电气性能，特别是介质损耗。

绝缘纸纸浆主要采用硫酸盐蒸煮方法制备，一方面硫酸盐法比亚硫酸盐法制备的浆料成纸的强度高；另一方面硫酸盐浆中的硫元素也有利于提高绝缘纸的耐热性能。为保证纸浆的强度，在蒸煮过程中控制用碱量、硫化度、蒸煮温度以尽量减少纤维素链的断裂和剥皮反应的发生。提高绝缘纸浆料的质量除了控制用碱量、硫化度且原木去盘头、刮表皮外，保温温度的选择也很重要，最高温度不超过162℃。韧皮纤维用作绝缘纸原料时多采用氧碱法蒸煮，但这种方法制备的浆的灰分含量比较高，对绝缘纸的性能影响很大，必须要对浆料进行纯化处理。

3. 酸处理

高纯度的绝缘纸浆料是制备高性能绝缘纸的前提，因此对原材料进行化学提纯精制在绝缘纸的生产中很重要。纸浆中的灰分分为附着灰分、交换灰分和惰性灰分；附着灰分含量最大，交换灰分含量最小，而惰性灰分最难除去。蒸煮工序完成后的纸浆中的灰分含量还很大，经过洗涤、精选过程能够除去一部分灰分，并且洗涤次数越多效果越好。500kV变压器匝间绝缘纸的灰分含量要求小于0.21%，特高压绝缘纸中灰分含量要求更低，而一般未漂硫酸盐浆的灰分含量达不到要求，需要对纸浆进行处理以提高纯度，采用无机酸对纸浆进行提纯，可以去除纸浆中的导电性物质，并且随着用酸量的增加，灰分去除效果更加明显。

4. 打浆

打浆对绝缘纸性能有很大影响，随着打浆度的提高，绝缘纸和油浸绝缘纸的工频击穿强度以及油浸绝缘纸的冲击击穿强度都提高。对于同一种打浆方式来说，打浆度的高低表明了纤维切断和分丝帚化的程度，同样紧度的纸张若打浆程度不同电气性能也不同，这是因为纤维内部细纤维化在干燥过程产生不可逆的氢键结合，这种耐水性的分子结合不仅表现出对水分扩散及渗透的强烈抵抗，也成为高电场下被加速电子、离子的有力的屏蔽。根据游离状打浆和粘状打浆的特点，组合打浆方式不但可以缩短打浆时间，降低能耗，而且使成纸匀度提高。

细小纤维组分含量的上升使得纸张的匀度和透气度产生变化，匀度和透气度影响着绝缘纸的电气性能，根据匀度和透气度指标的变化来设计打浆工艺，不但可以获得所需要的纸张性能而且还能提高纸机的产量，降低成本。

5. 干燥

水分是影响绝缘纸老化的重要因素之一，绝缘纸中的纤维素容易发生水解反应，引起绝缘纸性能变化。研究表明，油浸绝缘纸中初始所含的水分越多，对绝缘纸降解的促进作用也就越强。油浸纸绝缘系统中，油中含水量应为5～15mg/kg，绝缘纸含水量0.3%～0.5%。当油的含水量增加到40mg/kg，绝缘纸中含水量增加到2%时，绝缘纸强度受影响不大，若绝缘纸含水量超过2%，绝缘纸强度将急剧下降。干燥过程中除了脱除湿纸幅中残留的水分，还能使纤维间进一步结合，提高纸张强度，增加纸张平滑度。

在造纸生产中，最常见的干燥方法是采用烘缸组进行干燥，干燥过程中根据纸种的不同控制烘缸干燥曲线的变化，对于电气绝缘纸来说，干燥温度不但要低而且升温曲线也要平缓。

6. 压光

对成纸进行压光主要是来提高纸张的平滑度、紧度、气密性，这些指标均对绝缘纸电气性能有影响。用超级压光机对绝缘纸进行压制，利用压辊间的压力和摩擦影响纸张的性能，增加压力能够提高纸张的紧度，从而提高绝缘纸的击穿强度。

绝缘纸板一般采用热压工艺，在实际生产中严格控制压制的温度、时间、压力能够保证绝缘纸板的性能，尤其要控制压制的温度，原因是温度是影响绝缘纸热老化性能的主要因素之一，直接影响着绝缘纸的质量。热压之后，绝缘纸板的水分下降，紧度得到提升。

（三）影响绝缘纸的关键因素

1. 生产用水的净化

生产用水纯净度是影响绝缘纸电气性能和水抽出液电导率的重要因素之一。绝缘纸通常用优质的未漂硫酸盐针叶木浆为原料，木片的蒸煮、打浆、抄造过程都需要大量水，生产绝缘纸用的水纯度要求很高，而一般工厂水的来源有河水、湖水、自来水等，这些水中含有大量的阳离子和阴离子，电导率也通常大于 $100\mu S/cm$，影响着绝缘纸的电气性能。

脱盐水处理工艺有离子交换法工艺和膜法工艺，膜法工艺比离子交换工艺更具有综合优势，首先膜法工艺厂房占地面积只有离子交换法工艺的 50%，其次膜法工艺出水水质稳定可靠性高，不用酸碱再生，更为环保，特别是超滤、反渗透、EDI（电去离子净水技术）等以高分子分离膜为代表的膜分离技术作为一种新型的流体分离单元操作技术。

2. 生产环境的控制

外来的灰尘、杂质等主要影响绝缘纸电气性能，所以生产绝缘纸产品要严格控制生产环境，为防止外来粉尘，生产环境要封闭，使用粉尘监控系统确保生产环境的降尘量不大于 $0.5mg/m^3$，另外，降温采用水膜式净化空调，换气通风采用正压鼓风。生产过程中也要避免金属物质的掺杂，绝缘纸如果掺杂了金属会出现局部放电、电阻率下降、绝缘能力下降等现象，严重时绝缘纸会被击穿，从而引起变压器故障的发生。所以在生产中必须严格控制金属物质的掺杂，在拆除进口木浆时，为防止包装用的铅丝进入碎浆机，要对剪下的铅丝进行收集；另外造纸设备在运行中不可避免地会磨损，为防止磨损产生的金属粉末进入绝缘纸中，要选择优质不锈钢、聚酰胺、陶瓷等材料的设备，易磨损部件要选用耐磨材料并定期更换。同时，电力工业在不断发展，变压器等级已达到 1000kV，并且还在增加，生产高纯度的绝缘纸更要注意生产过程的清洁，不但使产品质量稳定，还能使企业获得利益。

四、地 膜 纸

（一）地膜纸简介

在农业生产中，为提高农田生产条件，常采用铺膜技术，将不同材料制成的膜覆盖于土壤表面，以达到保墒保水、积温灭草的目的。1000 余年前，农民用石块、砂砾、卵石、火山灰和灰渣等石材作为地膜，这种方法不仅降低了土壤水分的蒸发，还减小了土壤的风蚀和地表径流。自 20 世纪 50 年代塑料被应用于农业生产以来，使用量急剧增加，我国作为一个农业大国，农用塑料地膜的使用量居世界首位，是其他国家使用量总和的 1.6 倍。我国地膜覆盖技术应用带来的累积经济增产值在 800 亿元以上，可见地膜已成为现代农业发展的重要的农用产品。随着塑料地膜的大面积推广应用，塑料残留物对环境的危害也日益加剧。目前世界上处理塑料废弃物的方法有填埋、焚烧、回收和降解，而这些方法存在一些弊端，如填埋虽然操作简单经济，但是降解速率低；焚烧会产生大量的二氧化碳及有害气体，易形成温室效应和酸雨；回收再利用难度大，成本高且再加工后的塑料制品性能明显下降，因此必须从源头做起，大力开发和推广环境可降解的高分子材料。

1. 地膜纸的发展状况

日本是较早研究可降解农膜的国家之一。日本研制出不同用途的地膜纸，如纤维网型地膜纸，它是以植物纤维为主要原料，使用后用翻耕机将其简单埋入土壤，土壤中的细菌就能将其分解；有机肥料型地膜纸是在普通地膜纸中混有天然的有机磷肥和天然抗菌物质，适用范围广泛，可与不同种类作物配合使用；生化型地膜纸是在地膜纸中加入含有壳聚糖及纤维素等成分，能促进对农作物生长有利的土壤细菌的繁殖，对病毒病害的传播具有控制和自然防治作用。但由于地膜纸价格偏贵，使用较少。

新西兰 Murray Cruick shank 公司研制开发的 Eco-Cover 地膜纸于 2004—2006 年先后在新西兰、美国、加拿大、德国等 21 个国家获得专利。地膜纸的强度和使用寿命因膜的厚度而异，完全降解时间在 6～24 个月之间，可根据生产需要改变产品性能。该地膜纸的主要原料为废纸，因而可 100% 的被生物降解，覆盖可减少水分蒸发 75%，有效抑制杂草，减少水土流失，增加土壤肥力，促进植物生长。应用该地膜纸覆盖的试验结果表明，西红柿、胡椒等作物产量比塑料地膜覆盖的增加 30% 以上。

近 10 年来，我国有很多机构利用天然废弃植物纤维如麻、棉、甘蔗渣等研制地膜纸。产品具有保温、保湿、可降解、促进农作物生长发育等特点。

2. 地膜纸生产应用存在的问题

植物纤维农膜相对于其他类型的可降解地膜，地膜纸的巨大优越性就在于它的生物可降解性，而且降解产物还可以增加土壤的有机肥质，符合"生态农业"的要求。但是地膜纸的技术还很不成熟，综合性能还存在不少缺点，离实用化还有一定距离。存在的问题主要有：

① 成本较高，推广使用比较困难，地膜纸的原料成本和制造成本比塑料地膜的成本高很多，很难推广使用。

② 品质有待改良，地膜纸的湿强、断裂伸长、透光等性能指标和塑料地膜相比还需要进一步改进。

（二）地膜纸的生产技术

1. 地膜纸纤维原料

目前，在造纸工艺中所选择的纤维素原料类型较多，包括草类纤维如龙须草、荻、苇，农业秸秆纤维如玉米秆、棉秆等，也有采用麻类、木材、废纸等纤维素原料。不同类型的纤维直接影响最终产品的性能和价格，如草类纤维和农业秸秆纤维，不但来源丰富而且价格便宜，但是纤维强度较低，不利于提高增强地膜纸的机械强度，不利于机械化操作。麻类纤维的纤维长度和强度均好于普通秸秆纤维，但是原材料来源和成本是限制其推广应用的基本因素。纤维原料的制浆方法包括化学浆法、机械制浆和生物制浆等。

2. 地膜纸的生产工艺

地膜纸生产过程一般采用常规抄纸、分切原纸、涂布助剂、烘干等基本加工工艺，其中涂布采用的方法包括浸渍、滚筒式单面涂布、喷涂、刷涂等涂布方法。另外，在两层纤维原纸中间喷涂麦饭石（长石质饭状安山岩，粒度为 100～6000 目粉末），经压榨合成，压光打孔，切割成能够改良土壤的地膜纸，而且因为麦饭石能够释放多种养分，因此该地膜纸具有改良土壤的作用。为了提高普通纸的伸长率，在造纸生产工艺上增加一个后烘缸（生产工艺类似于皱纹纸），后烘缸的温度控制在 95～105℃，压力为 0.2MPa，能够增加普通纸的伸长率，生产的地膜纸有利于机械铺设，同时地膜的透气率有一定的改善。

（三）影响地膜纸质量的关键因素

1. 制浆添加剂

制浆工艺中添加化学助剂的主要目的是提高得浆率，改善纸浆的物理强度、柔韧性，提高透明度，增强其防腐和抗分解能力。在目前地膜纸的加工处理中，除使用部分已经加工好的具有良好韧性及较薄的白纸，如拷贝纸、美纹纸等薄型白纸以外，一般都需要对纸浆进行处理，例如为提高得率，一般会添加一定量的蒽醌（0.05％）；为增加地膜纸的干湿强度、干裂断长和撕裂指数等基本指标，在打浆过程中一般会添加湿强剂或其他合成纤维素。例如在打浆度52～58°SR 的条件下，通过添加聚酰胺环氧氯丙烷树脂（PAE）、羧甲基纤维素（CMC）、水溶性聚乙烯醇纤维（PVA）和聚丙烯纤维，用量比例分别为 1.5％、0.1％、1％和5％。结果表明，地膜纸的各项指标满足地膜覆盖的要求，可替代塑料地膜。为提高纸浆的透明度，打浆时采用次氯酸盐和过氧化氢的一种或混合为漂白剂，一般加入量为植物纤维原料量的 1.5％～12％；为了提高纤维的柔软性和强度，在打浆过程中可以加入 1.5％的羧甲基纤维素钠（CMC）作为纤维的润胀剂，当打浆度达到53°SR 时，加入1％的水溶性聚乙烯醇（PVA），以增强其吸湿性；为了提高地膜纸的抗降解程度，在纸浆中加入 5％～8％的防水剂，4％～6％的增强剂或 0.05％～1.5％的 8-羟基喹啉酮用以增强其防腐作用。

2. 涂布助剂

在制造出一定规格的原纸基础上，为使地膜纸的基本性能达到普通塑料地膜所要求的机械性能、透水性、保温、保湿和抗分解的能力，通常在纸张表层涂布一定量化学助剂。涂布方法通常采用浸泡、滚涂、喷涂、刷涂等技术方法，涂布助剂类型相对较多。在纸张表面涂布有机硅油、聚丙烯酸乙二酸丙三酯、石蜡系聚合物、生物胶等化学助剂，以提高地膜纸的防水性能、撕裂指数等。选择醇酸清漆和 200♯汽油的混合液（8∶2）作为涂布剂，其中醇酸清漆是由动植物油炼制而成，可以被微生物分解，不会产生二次污染。在纸张表面施加1.5％的壳聚糖湿强剂（20℃，pH＝7），纸的强度可以增加 40％左右。为制造复合多功能地膜，在地膜纸的表面喷淋不干胶，然后涂布一层黏虫剂，用来防止爬虫和飞虫侵入，同时需要额外的薄膜对黏虫剂进行保护。

五、育果套袋纸

（一）育果套袋纸简介

1. 育果套袋纸及其分类

育果套袋技术最早产生于日本，简单地说，即是在果品生长发育全过程中对其采取套袋保护的一种技术，发展至今已有一百多年的历史。20 世纪早期，日本果农为了防止害虫危害，主要在葡萄和梨上进行育果套袋，几年后才推广到苹果上使用。通过生产实践表明，育果套袋既可以防止害虫危害，又具有使果实表面光洁没有锈斑、着色好、售价高等优点。因此，育果套袋技术成为了日本常规的水果栽培技术。日本在 1965 年前主要采用废旧报纸制作育果纸袋，目的是预防病虫害。其后，采用了主要目的为促进果实着色的育果套袋，因而颇受果农欢迎，又研制开发了两层或三层育果套袋纸、多品种和多种类的育果套袋纸。

育果袋纸是一种高技术、高附加值的农业技术用纸，为果实生长发育提供绿色、稳定生长环境，可用于苹果、梨、葡萄等水果以及蔬菜。采用套袋技术后，可以大大提高果实的着色度、洁净度、完整度、商品果率和果品贮藏时间，增加果品的市场竞争力，还可调节成熟期，套袋可避免农药的大量残留，生产出的水果色泽鲜艳、无疵点、个大形正。果实套袋技术是生产优质、高档、名牌、无公害果品的一项行之有效的措施，能显著提高果农的经济效益。

根据水果树种、品种的不同，育果袋分为单层袋和双层袋，梨、猕猴桃等多采用黄、褐色单层纸袋，葡萄多采用白色加蜡纸袋；而苹果育果袋多采用双层纸袋，是由外袋纸和内袋纸两部分组成。外袋纸具有保护功能，阻止雨水冰雹的侵袭及虫害，一般在果实成熟前大约15d将其摘掉，其内侧为黑色，具有遮光性能，外侧多为泛黄色或淡色，具有反射光线的能力。内袋纸根据果实上色需要需具有较好的透光度，一般为红半透纸，在摘掉外袋纸后，日光中红色光线穿过红半透纸照射到果皮表面，使其均匀上色。苹果袋的主要规格有 200mm×150mm、180mm×155mm 两种。

2. 育果套袋纸的用途

（1）提高果实的完整度

给果实进行育果套袋后，可阻隔其与外界的接触，免受日晒雨淋，减轻病虫危害。育果套袋可防止金龟子、食心虫、卷叶虫、棉铃虫和桃小食心虫等害虫对果实的危害，也可减轻刺吸式口器害虫的危害，还能预防煤污病和霉心病交叉感染和蔓延。对育果套袋内袋纸进行药剂处理，可防止炭疽病、红点病、轮纹病和褐斑病等部分果实病害。另外育果套袋还可减轻野鸟和冰雹的危害，防止枝条对果实的磨损，保证果实表面的完整无缺（见表 5-20）。

表 5-20　　　　　　　　　　　育果套袋防虫和防叶磨的对比调查

项目	红富士		新红星	
	育果套袋	未育果套袋	育果套袋	未育果套袋
叶磨损果/%	0.00	7.00	0.00	8.00
病虫害果/%	0.02	5.00	0.00	5.00

（2）提高果实的洁净度

进行育果套袋后，阻隔了果实与外界的接触，病菌入侵机会大大降低。果实梗洼以及果实表面无果锈、光洁、细腻，色泽鲜丽美观，果粉浓密完整，还可减少外界环境中灰尘的污染。果实进行育果套袋后，还可减少农药的喷洒次数（减少 2～4 次）以及农药直接喷洒到果实上，减少果实的直接污染，降低了农药的残留量，缩短农药的残留期，保障食用者免受农药的危害，保证身体健康。有相关检测表明，育果套袋后的果皮和果肉中甲基对硫磷残留量比未育果套袋果（对照样）分别减少了 39.8% 和 56.7%。水铵硫磷的残留量也分别比未育果套袋果的果皮和果肉降低了 81.96% 和 84.15%，因此，育果套袋是如今开发绿色果品栽培不可缺少的有效途径之一。

（3）提高果实的着色度

红色果实表面颜色鲜红，最受消费者的欢迎，因而商品价值高，育果套袋给果实提供了一个黑暗的、透气的、具有保护性的生长发育环境，抑制果实表面叶绿素的生成，减色了果实表面的底色，因而在着色期内可减轻叶绿素对红色素形成的影响，使果实色泽鲜艳。在果实成熟前一定时间内解除育果套袋，果实即可纯正着色，果实完整优美。特别是一些难以着色的水果品种，着色率显著提高，并且色泽鲜艳。有对比实验表明：育果套袋的红富士苹果着色面积达 62.6%，而未育果套袋的红富士着色面积只有 24.3%，在渭北黄土高原自然条件下，育果套袋与其他有效措施密切配合，达到全红果实是完全有可能的。

（4）提高果实的光泽度

对于绿色水果，育果套袋可提高果实表面的光泽度。我国的辽东半岛与山东半岛是我国主要的苹果种植地区，常年受海风影响较大，易导致果实表面粗糙，形成很多果锈斑点，严重影响水果的外观，育果套袋就可以从根本上减除这种弊端。

（5）提高商品果率和经济效益

由于育果套袋的果实完整无缺，果实表面干净美观，着色面积大大增加，从而商品果率随之显著上升。对于易破裂的果实，育果套袋可以防止裂果的产生，显著提高了栽培的经济效益。育果套袋前必须配合疏果，基本上无残次果，因而显著提高果实的等级品率。此外，育果套袋还有利于对生长期及成熟期不一致的果品品种分期采收，不易受病虫危害，而且还能迅速增大果实的大小，使果品等级及商品价值得到提高（见表5-21），增加经济效益。经市场调查研究显示，育果套袋的红富士苹果比未育果套袋的售价高1～2倍。育果套袋提高了果品的质量，从而使其在水果市场中具有较强的竞争能力，提高了销售单价，并且还可以到国际市场中参与竞争，出口到国际市场，增加了外汇收入，有显著的社会效益和经济效益。

表5-21　　　　　　　　　　　　　　育果套袋对水果质量的影响

项目	品种	硬度/(kg/cm²)	可溶性固形物含量/%	平均单果质量/kg
未套袋	新红星	7.6	14.2	217
套袋	新红星	7.9	13.6	280
未套袋	红富士	8.6	15.0	263
套袋	红富士	8.8	14.8	305

（6）提高果实的贮存期

由于育果套袋可以减少病虫侵染果实，因此在储藏期时病害大大降低，增加了果实的储存性能。根据调查显示，在苹果储藏的120d内，未育果套袋的烂果率是14.2%，而育果套袋的烂果率是0.8%，相比降低了13.4%。用育果套袋的果实的鲜度能保持长久，增强了其储藏能力，一般未育果套袋的果实只能储藏2～3个月，而育果套袋的果实可储藏3～5个月。

（二）育果套袋纸的特点及其性能指标

育果套袋纸是一种用于保护、培育果实生长的保护性农业技术用纸，果实品质和生产条件对纸的性能有一定的要求，不同种类的水果套袋纸均要求有一定的透气度、遮光性、抗张强度、抗水性、柔软度等，以保证从套袋到摘袋，在果实生长长达3个月左右的时间里，为果实提供一个安全、阴暗、稳定、透气的生长环境。

1. 透气性

育果套袋纸的透气性对于果实的生长至关重要，良好的透气性能才能保证果实在一个相对通风、开放的环境中生长。因为在果实生长过程中，白天，果树通过强烈的蒸腾作用将根部吸收的水分以蒸汽的形式散失掉，透气性差的果袋会因为不能将水蒸气排除而给果实造成一个高温的生长环境；晚上，蒸腾作用减弱，袋外温度降低，透气性差的果袋不能及时将水蒸气排出袋外，以至于水蒸气冷凝成水珠积存在袋内造成高湿环境；高温高湿环境都不利于果实的生长发育，而且还可能造成残留农药的二次润湿，加重果害；时刻进行的呼吸作用需要外界不断的供应氧气，同时呼出排放掉二氧化碳，只有透气性能良好的果袋才能保证袋内外气体的交换，温度的平衡，保证果实进行正常的新陈代谢，否则会造成高温高湿的环境，不利于果实的生长。

2. 遮光性

育果套袋纸具有遮光性主要是为果实生长提供一个阴暗的环境，减少强烈日光对果实的照射，降低日烧病的可能性。同时，从农林技术相关的生理学角度来看，红色苹果果皮中的色素是由呈绿色的叶绿素、呈黄色的类胡萝卜素和呈红色的花青苷组成，叶绿素和类胡萝卜素的形成主要在果实生长发育的前期，而花青苷的形成是随果实的逐渐成熟开始的，是果实成熟的标志，而光照是花青苷合成的必要因素，套袋后果皮中光敏色素含量提高，叶绿素含量降低，光敏色素含量的升高会直接促进花青苷的形成，从而有利于光敏色素对花青苷形成的调控，摘袋后，花青苷迅速形成，在较短的时间内，使果实迅速均匀着色，色调鲜明，增加了果实的色相。育果套袋纸的遮光性主要是以纸张的不透明度为指标的，反映了光束照射到纸面上透射的程度。

3. 物理强度

育果套袋纸的使用环境是完全开放的自然环境，在果实生长发育的 3 个月时间里，育果套袋纸在树上需要经受住风吹、日晒、雨淋等复杂气候的综合作用，同时还要保证基本不变形、不破损、不发脆，因此在综合考虑育果套袋纸其他性能的同时，纸张需具有一定的强度，主要是抗张指数、撕裂指数和耐破指数。从目前市场上的各类育果套袋纸张的性能调查结果看，我国育果套袋纸产品强度指标都基本达到国家 A 类标准，有的甚至远远超过其标准，问题在于关注强度性能的同时，忽略了纸张的透气性能，因为强度指标和透气性能是一对相对矛盾的指标。因此从实际使用的情况来看，育果套袋纸应以透气性为前提，强度指标只要满足制袋过程和套袋期间的使用要求即可。

4. 抗液体渗透性

育果套袋纸要求具有良好的抗液体渗透性能，因为在漫长的果实生长发育过程中，天气的变化是人类力量所不能及的，阴雨天气时有发生，甚至可能会有暴风雨等恶劣性天气，从果袋外部环境讲，良好的抗液体渗透性能在一定程度上增加育果套袋纸的抵抗风雨的能力，当雨水掉落到育果套袋纸上时，疏水性差的果袋能够会迅速被润湿，从而降低其强度性能、抵抗力减弱，容易破袋，优质的育果套袋纸能增加雨水的润湿时间甚至是不会被润湿，从而保护果实的生长；而从果袋内部环境来看，果树蒸腾作用产生的水蒸气在没有及时排除袋外的情况下，冷凝形成的水珠可能沉积在果袋底部，良好的抗液体渗透性能能抵御水珠的润湿，使其慢慢挥发掉，不至于迅速破袋。而普通的纸张多是由植物纤维抄造而成，纤维间相互交叉形成多孔性，且纤维结构中具有亚纤维毛细管，而纤维素分子本身就具有亲水性的羟基，与水接触后，能够被迅速的润湿，水分子通过纤维间的孔隙和毛细管的吸收作用向纸张内层结构中渗透，减弱了纤维与纤维之间的氢键结合，纸张的力学强度性能减弱，果袋容易破裂，因此需对育果套袋纸进行抗水性处理，提高其抗液体渗透性能。通常在检测育果套袋纸抗液体渗透性能时多采用 Cobb 值法和抗液体渗透性法两种检测手段，从吸收与抵抗两种角度来表征纸张的抗水性能。

5. 柔软性

育果套袋纸需要有一定的柔软度，其原因在于，在果实套袋过程中，柔软的果袋较易撑开，易于操作，且在套果实时，不易划伤幼果果面。刮风时，柔软性好的育果袋较易缓冲树枝间的划擦，减少对果面的擦伤。

6. 抗老化性能

基于育果袋需要在自然环境下经受风吹、日晒、雨淋 3 个月左右，其纸张的强度性能、抗水性能、遮光性能、柔韧性能都需要保持 3 个月以上，这就是纸张的抗老化性能即耐久性能，它是一个综合性的指标，最主要的是考察育果袋的强度抗老化性和抗液体渗透能力的耐久性，其中，抗液体渗透能力的耐久性能是关键。耐久性良好的抗液体渗透性能与良好的透气性能协同作用，可以保证育果袋在较长的时间内抵抗外界环境的润湿作用，从而减小对纸张强度性能的破坏程度，因此，提高纸张抗液体渗透性的持续时间可以间接的保证纸张强度的耐久性能。

7. 绿色安全性

由于育果套袋纸是直接应用在果实上面，果实上的病虫害直接会影响到人类的健康，虽然套袋后可以减少农药的喷洒量和病虫的残害，但其前提是，纸张也是绿色安全性的，因此，其生产过程中应尽量避免添加有毒有害的化学药品，保证果袋的绿色安全性能。目前，我国对于食品的安全包装方面具有十分严格的要求，如果食品的包装材料里含有对人体有害的成分，那么在与食物的长时间接触中，这些有害物质会有发生迁移的机会，随之慢慢进入到食物本身。而育果套袋纸在果实生长的过程中，事实上也相当于一个食品包装材料。所以，同理，育果套袋纸的生产过程中也应避免有害物质的添加，在经过多年的实践和考核下，我国制定的育果套袋纸国家标准《GB 19341—2003 育果袋纸》中就明确指出铅含量不得大于 5mg/kg。

（三）育果套袋纸的生产方法

套袋纸的制造工艺相对简单：在纤维原料的选择上以长纤维原料为主，根据不同品种、不同地区的具体需要可适当配加短纤维原料；采用半粘状打浆工艺，以保证育果套袋纸的强度和透气度；添加适量的施胶剂和湿强剂以保证果袋具有一定的抗液体渗透性能及良好的湿强度。主要生产方式有以下几种：

1. 层合法

层合法是国内大多数育果套袋纸采用的主流生产工艺。层合法是通过将外袋纸黄面与黑面分别抄造，在半湿状态下将两者层合压榨干燥成单张纸的一种方法。早期纸张抄造的原料为纯木浆，但其透气效果较差，且成本较高；近些年多以本色木浆配以部分废纸浆来抄造，可以保证成品纸的强度性能，也能使成纸的孔隙率增加，透气性上升，成本还会降低。外袋纸内面呈黑色是经过浆内染色而成。这种黑色层染料是一种耐强酸、强碱、强氧化剂、不溶于水的惰性物质，一般用炭黑或乙炔黑。炭黑是一种着色性好、遮盖性高、化学性质稳定的黑色粉末状物质，被炭黑染色的纸张在日光的长时间暴晒下也不容易褪色。工厂一般将炭黑加入到打浆槽中与纤维一起打浆，这样可以使炭黑与纤维进行充分的结合，着色度高且牢靠，抄出的纸张表面平滑度高且有一定的光泽。但由于普通炭黑密度低、粒径小（10～500μm），直接加入到纤维浆料中一般漂浮在浆面上，炭粉轻扬、扩散到空气中易造成严重的粉尘污染，因此使用前一般先用固色剂和分散剂将炭黑在水中搅拌分散均匀。育果套袋纸外层颜色多根据不同地区气候光照差异及客户的需求进行调色。

层合法工艺可采用双长网纸机、双圆网纸机、单长网加小叠网纸机进行抄造，目前多采用圆网，一般为双层层合抄造技术，也有用三层层合法的。当采用三层层合时，多是利用其每层纸的纤维结构不同，来赋予纸张相关的特性并且使成本和性能最优化，通常里层和芯层多为废纸浆料，可以保证成纸具有一定的透气性；炭黑在抄造里层时加入，赋予纸张一定的遮光性；为使育果套袋纸获得基本的使用强度性能，在配浆时可加入一些木浆原料。

2. 涂布法

涂布法是在原张表面涂布一层黑色涂料，其生产工艺包括碎浆、配浆、网部成形、压榨脱水、干燥、涂布（制备涂料）、烘干、卷取和分切复卷。涂布法工艺一般是在纸机上连续进行的，也可以分为原纸抄造和涂层涂布两部分。将炭黑分散到高岭土中配成涂料涂布于纸张表面，可使育果套袋纸获得良好遮光性能并且不易掉黑、耐久性好，同时能够保持较好的柔软性和一定的通透性能，炭黑用量少、利用率高。干燥后期再涂上抗水剂使抗水性满足使用要求。与层合法相比具有生产工艺简单、成本低、污染少等优点。对于涂布法工艺，涂料的制备是关键。一般来说，涂料配制包括颜料分散、水溶性胶黏剂调制与涂料配合物调和三部分。涂料为现配现用，涂布量为 $5g/m^2$ 左右。

涂布法生产采用的纸机机型可以是圆网纸机也可以是长网纸机；既可以在原有纸机上增添涂布装置，也可以将原纸抄造好后，单独进行涂布和干燥作业。

3. 印刷法

在层合法和涂布法之后，提出一种育果套袋纸外袋纸的生产新方法——印刷法，其优点是生产工艺简单。因为育果套袋纸印刷油墨的作用就是为了获得遮光性，所以，其所需油墨并非印刷纸张那么高的要求。可专门研究成本低的油墨来降低最终育果套袋纸的成本费用。相比层合法，印刷法避免了添加炭黑这种极细小的粉末到浆内容易对人与环境造成污染的问题。另外，印刷法生产效率高，造纸过程更容易在长网纸机上操作。研究发现，使用油墨在外层印刷后，提高了纸张的抗液体渗透性能，而产品所需的其他特性很大程度上都是取决于原纸自身的质量。目前，印刷法仅停留在实验室研究阶段，还未应用到实际生产。

4. 层合与涂布相结合的新工艺

采用涂布法与层合法工艺相结合生产育果袋外袋纸，采用三层层合抄造技术，里层炭黑加龙须草纤维抄造以保证遮光性和透气性，芯层以废纸为原料进行抄造以降低成本并提高透气性，外层以木浆和废纸浆配合抄造，并添加湿强剂和抗水剂以保证抗水性及其耐久性。之后用涂布机对原纸进行表面涂布，涂料液为表面抗水剂。在保证产品具有高的遮光性和抗水性的同时，解决层合法工艺同时要求高抗水性和高透气性及耐久性提升的技术难题。

（四）影响育果袋纸质量的关键因素

1. 打浆的影响

育果袋纸外袋一般采用长纤维浆，视情况配加部分短纤维浆。长纤维的打浆工艺很重要，兼顾透气度与强度，一般采用半黏状打浆工艺，打浆度控制在 40°SR 至 50°SR。半黏状打浆是在纤维湿重较缓慢下降的情况下，打浆度升高。考虑到成纸匀度，湿重必须降至较为合理的程度，随着打浆度升高，浆料的保水值也较高，强度比较容易达到所需指标，但会影响透气度。过分强调强度，会使纸变得挺硬，柔软性差。半黏状打浆后，要保持较高透气度，需配较多短纤维浆。影响打浆的因素很多，如浆种、浆浓、打浆比压、打浆时间、疏解时间、加压方式、打浆温度等都影响成浆质量。以打浆度、湿重这两个打浆工艺控制量分析对强度、透气度、施胶度这三个成纸质量指标的影响。

（1）打浆度对成纸性能的影响

从表 5-22 可见，打浆度达到 46°SR 时，透气度已降至 $2.35\mu m/(Pa \cdot s)$，在此范围内，随着打浆度上升，成纸的透气度剧烈下降，强度增加，施胶度略有增加。在对浆料切断作用不强的情况下，打浆度的上升主要靠纤维的细纤维化，而随着细纤维化的加强，会影响浆料的滤水性，降低透气性，改善纸页的强度。

表 5-22　　　　　　　　　　　　打浆度与透气度、施胶度、强度的关系

打浆度/°SR	定量/(g/m²)	湿重/g	保水值/%	透气度/[μm/(Pa·s)]	施胶度/s	断裂长/m
19.0	49.8	9.75	127	15.83	61	1776
25.5	50.2	9.45	131	10.40	63	2908
31.0	49.7	9.35	135	6.54	60	3524
39.5	50.0	9.30	136	3.48	64	3786
46.0	50.6	9.00	140	2.35	67	4125

（2）纤维长度（湿重）对成纸性能的影响

表 5-23　　　　　　　　　　　　湿重与成纸透气度、施胶度、强度的关系

定量/(g/m²)	湿重/g	打浆度/°SR	保水值/%	透气度/[μm/(Pa·s)]	施胶度/s	断裂长/m
51.2	5.80	40.0	145	2.55	55	3825
50.5	7.20	40.0	138	2.95	59	4320
50.0	9.30	39.5	134	3.55	65	3752
49.5	11.50	40.0	130	3.85	67	3568
51.0	13.00	40.5	127	4.25	72	3490

由表 5-23 可以看出随着湿重的降低，即随着纤维长度的降低成纸的匀度越来越好，纤维与纤维之间的结合点越来越多，且在高的细纤维化条件下，纤维之间的结合强度也很好，所组成纸透气度降低的很快，但成纸强度曲线有一折点，即说明随着纤维长度的降低，强度先增加，但是随着纤维长度切断至一定限度后，成纸强度降低。湿重越小，纤维越短，施胶度越低，这也是由于纤维长度越短，纤维之间结合点越多，需要更多的施胶剂来填充这些结合点，相当于实际用胶量降低，施胶效果也随之降低。

2. 化学助剂对育果袋纸抗水性的影响

育果袋纸是在水果生长全过程中对其实施生理保护的一种特殊农业用纸，需要完全暴露在自然环境中三个月以上，并且要经受住风吹雨打还能保证性能满足继续使用的要求，这就需要育果袋纸具有高的抗水性及耐久性，主要体现在三个方面：

① 具有抗水润湿性高的特性。体现在当雨水落在纸上而不润湿纸面，而是以水珠状滚下，在夏天的时候这一性能显得非常重要。因此在夏季多雷雨天气时，若育果袋纸被水润湿了，在雨下大时会被快速湿透，导致强度降低，易被随之而来的大风刮破。

② 具有抗水渗透性高的特性。在下雨的天气和湿度高的夜晚，若育果袋纸的抗水渗透性低，则雨水和湿度高的空气很容易将其浸湿，使得育果袋内的湿空气量增多，恶化了水果的生长发育环境。

③ 具有湿强度高的特性。在水果生长发育的整个过程中，不可避免地会碰到连续的阴雨天气，在这种环境下，育果袋纸会变湿同时仍要求其具有高的湿强度，以便育果袋纸能在雨天安全度过，不被破坏。

第三节　生活装饰类特种纸

生活装饰类特种纸指的是个人家居、外出等所使用的且区别于传统生活用纸的特殊纸

种，主要包括装饰纸、耐磨纸、皮革离型纸、水溶性纸、防黏纸、和纸、吸尘器套袋纸等。是人们生活中不可或缺的纸种之一，并且随着生活水平的提高，这类纸的作用越来越突出，应用前景也越来越广泛。

本节以装饰纸、耐磨纸、皮革离型纸和防黏纸为代表，对其生产工艺及质量控制进行系统介绍。

一、装　饰　纸

（一）装饰纸简介

1. 装饰纸分类

装饰纸作为一种无污染、易回收处理的环保性和多功能性纸逐渐被人们看好，它不仅可以用作家具的面层贴合材料，而且可以装饰墙面。装饰纸按定量分可以分为三种：一种是定量为 $23\sim30g/m^2$ 的薄页纸，主要适用于中纤板及胶合板基材；另一种是 $60\sim80g/m^2$ 的钛白纸，主要适用于刨花板及其他人造板；第三种是 $150\sim200g/m^2$ 的钛白纸，主要适用于板件的封边。

装饰纸按纸面有无涂层可分为两种：一种是表面未油漆装饰纸；另一种是预油漆装饰纸，仅表面涂油漆而内部未浸树脂时，原纸为薄页纸，内部也浸有少量树脂时，原纸为钛白纸。

装饰纸按背面有无胶层可分为两种：一种是背面不带胶的装饰纸，用于湿法贴面；另一种是背面带有热熔胶胶层的装饰纸，用于干法贴面。

2. 装饰纸的重要指标

评价装饰纸质量的性能指标主要为：耐光照性能，热稳定性，油墨的黏结力，吸收性，耐磨性，翘曲性，耐液性等。优质的装饰原纸具有优良的覆盖性、吸收性、湿强度、适印性、平滑性、均匀性、耐光性和耐药品性等。

（二）装饰纸生产工艺

新型装饰原纸工艺流程如图 5-12 所示：

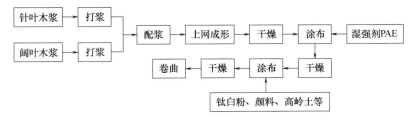

图 5-12　新型装饰原纸工艺流程图

涂布液成分主要包括：颜料、胶黏剂、添加剂。由于装饰原纸的独特的遮盖性能，钛白粉是必须要加的；此外高岭土和颜料也应根据品种需要适量加填；在涂布胶黏剂中，由于装饰原纸具有较高的吸水性，能使纸浸胶均匀适量，所以涂布胶黏剂应尽量少用具有防水性能的胶黏剂，可将阳离子淀粉和聚乙烯醇混合使用。

新型装饰原纸的钛白粉等填料只需在涂布时涂在表面，可实现 100% 留着，发挥了钛白粉的遮盖性能，大大幅节约原料成本，而且原纸的强度、透气度以及吸水性大幅提高，从而降低了湿强剂用量。由于在抄纸过程中没有加入任何助剂和填料，从而使纸张抄造及压榨过程中离子和杂质极少，使造纸废水更容易处理和回用，节约水资源，降低环保压力。由于

PAE 湿强剂的加入也采用涂布方式进行，使湿强剂没有流失，因而再次降低了 PAE 湿强剂的用量。

（三）影响装饰纸质量的关键因素

影响装饰纸质量的主要因素有：原纸性能、树脂性能、印刷油墨性能。

1. 原纸性能对装饰纸质量的影响

装饰原纸是生产装饰板的基本材料，因此装饰原纸的性能一方面要满足装饰板材生产过程的需要，即具有一定的湿强度及良好的吸收性；另一方面要有好的外观质量，即较高的白度，优良的覆盖性及表面平整性。

① 原纸的均一性是指纵横向上的定量、厚度、水分、纤维组织等的均一性程度。装饰原纸均一性不好，不但会影响到印刷质量，而且在浸渍树脂后会有不饱和区存在，导致鼓泡分层和透底现象的发生。原纸均一性好是保证最终产品质量稳定性和均一性的基础。

② 纸张的定量控制对装饰纸最终属性起到决定性的影响，如原纸的定量较大，意味装饰纸的纸张较厚、颜色遮盖能力强；而定量较小，则意味相同重量的装饰纸面积较大且浸渍时渗透时间短。降低原纸定量，既能提高原纸本身透明度，又能相对增加其树脂含量，改善浸渍后的透明度。此外由于装饰原纸其结构主要分三层：上面是透明的表层纸，下面是隔离纸和平衡纸，在实际生产中需要对这几种原纸进行组合选用。如果耐磨纸胶纸重（$m_{耐磨纸}$）加上装饰纸胶纸重（$m_{装饰纸}$）之和与平衡纸胶纸重（$m_{平衡纸}$）相差较大，即：$\Delta m = m_{耐磨纸} + m_{装饰纸} - m_{平衡纸}$ 偏离零点，就会导致装饰纸翘曲。

③ 浸渍纸的吸水性和浸渍树脂的速度受 pH 的影响较大。有关研究结果表明，pH 为 6.8~7.5 时，浆料形成的纸页吸水高度最大，这可能与纤维在碱性条件下获得较好的润胀有关，而在酸性条件下吸水性能显著下降。在用三聚氰胺甲醛树脂胶料浸渍过程中，浸渍纸的 pH 为 7.5~8.0 时浸渍效果最佳，浸渍纸与胶料产生良好的胶合作用。此外原纸表面 pH 低的纸，纸质脆、易返黄；原纸的 pH 较低且不均衡，它影响到浸渍原纸中树脂的预固化程度，进而影响浸渍纸的贮存期限和压贴产品的质量。原纸的 pH 对调胶有一定的影响，一般 pH 低，加入的固化剂要少些，所以应控制纸的 pH 为中性偏碱性为宜。

④ 对于表层原纸而言其定量较低（30g/m²），必须具有一定干强度，才能使成纸达到耐磨性的要求，另外可以减少原纸在抄造过程中的断纸。原纸的湿强度是影响浸渍纸生产的首要因素（用湿断裂长度表示）。由于引进的浸渍纸生产线都是干燥段较长的卧式悬浮式浸胶干燥机，因此要求原纸有较高的湿强度。保证原纸具有一定的湿强度，才能在浸胶压板过程中不断纸。此外装饰原纸的干强度和湿强度的大小会影响到浸渍速度的快慢。薄页装饰纸抗拉强度质量指标：纵向抗拉强度 2.27N/1.5cm，横向抗拉强度 0.78N/1.5cm，纵向湿状抗拉强度 0.26N/1.5cm。

⑤ 在纸中保持适当的水分是必要的（一般含水率为 5%~6%），如果原纸水分太低，纸会再次吸收湿空气而产生气孔。原纸的水分太大会影响浸渍树脂的吸收量和浸渍速度，增加浸渍干燥的负荷和生产成本。装饰纸在浸渍树脂、热压贴面的过程中要经受高温（170℃）的考验，在高温下不应有褪色、变黄的现象。

⑥ 原纸的透气度对浸渍来说具有重要意义，众所周知，纸是具有多孔性结构的，再加上它的亲水性就有了吸液性能。纸页本身的透明度对纸页浸渍树脂后的透明度影响不大，而决定加工后透明度高低的是纸页的树脂吸收量。表层原纸具有良好的吸水性，可以保证纸页在浸胶过程中吸胶均匀，压板成形后高度透明。纸页的紧度越大，吸水性越低，原纸在浸渍

树脂过程中吸胶量越低，成纸透明性下降。

⑦ 平滑度的好坏在一定程度上会影响装饰纸产品的质量，如纹理细腻程度、饱满程度、层次感和颜色覆盖率等。一般情况下，光泽度下降 3 度之内肉眼是分辨不出来的。如果偏差过大就会导致批次之间地板存在色差。原纸有色差，就会导致成品产生色差。

⑧ 隔离纸在装饰纸中主要起提供装饰图案和防止基材透视（即防止芯层胶层渗透）的覆盖作用，以保证产品表面美观和图案清晰。钛粉纸质量的好坏，将直接影响成品的外观和内在质量。填料的增加有利于提高纸张的遮盖力，但是钛白粉和其他无机颜料随着加填量的增大吸收性降低，钛白粉及其他无机颜料的加填量一般控制在 30％～40％范围内。氧化铁颜料有较强遮盖力可以部分替代钛白粉，替代量为每加入 10％氧化铁颜料可以替代 6％～8％的钛白粉，但应注意生产装饰原纸时不可完全用氧化铁颜料替代钛白粉，因为氧化铁颜料的光折射率散射系数不如钛白粉高，其覆盖能力不如钛白粉，其化学稳定性亦不如钛白粉。

2. 树脂性能的影响

在利用树脂对装饰原纸进行浸渍时，单独使用三聚氰胺树脂浸渍低定量纸易在纸的表面留下气孔。因此在三聚氰胺树脂中须加入脲醛树脂来解决这一缺陷。加入脲醛树脂还可在热压时降低基材表面和浸渍纸之间的张力，从而缓解装饰纸表面产生裂纹和弯曲的倾向。此外，脲醛树脂与三聚氰胺树脂还有很好的互补作用，特别是生产浅色装饰纸时，脲醛树脂的不透明组分会增强浸渍纸在热压后的遮盖力，避免透底现象的发生。但由于脲醛树脂抗物理和化学腐蚀性能较差，因此应用两段浸渍工艺时，在已经浸了脲醛树脂或脲醛树脂与三聚氰胺树脂的表面有必要再涂一层纯三聚氰胺树脂。

三聚氰胺树脂的选用：脲醛树脂的不透明性会增加浅色装饰纸的遮盖能力，但黑色纸或者深色装饰纸则不需要脲醛树脂的不透明性，而且使用脲醛树脂还会使纸表面发白，在压贴过程中易出现白色条纹或者板面发白的现象，因此在黑色或深色纸浸渍过程中最好使用纯三聚氰胺树脂。

3. 印刷油墨性能的影响

① 耐光照性能是指装饰纸抗紫外光照射的能力。耐光照性能好的装饰纸在油墨中加入了抗紫外光的原料，颜色几年不变，如夏特生产的装饰纸耐光照性能达到了 8 级，在超高光照条件下，曝晒 700h 不变色，而 3 级产品照 10h 即有明显的褪色。

② 印刷油墨应能牢固地将颜料固定在纸上，好的油墨在浸渍、热压时颜料不流散、不掉色，但如果黏结力差，浸渍时颜料会脱离油墨进入胶槽，热压时颜料也会黏在垫板上，甚至压成后的产品表面还会有浮色。油墨的黏结力差还会造成鼓泡、分层、崩边等缺陷。

③ 用于浸渍纸制造的装饰纸除原纸要求有很好的吸收性外，还要求印刷后能基本保持原有的吸收性能，否则易造成吸收树脂不均匀，板面产生斑点等缺陷，也容易产生鼓泡、分层、崩边等缺陷。一般来讲，用进口油墨印刷的装饰纸能基本保持原有的吸收性。此外如果印刷所用油墨的耐水性差，原纸在浸胶时部分油墨溶于树脂液，致使装饰图案失真，易造成花纹污染。

④ 装饰纸上的印刷图案最好在各种光源下都能基本上保持原有的颜色，但差的装饰纸光源变颜色也变，影响室内装饰效果。此外为了减少色差，务必固定使用同一印刷厂的印刷纸，同时要求印刷厂尽量保持与原纸一致。

二、耐　磨　纸

（一）耐磨纸简介

1. 耐磨纸耐磨原理

表层耐磨纸即为强化木地板的外表层，通常是耐磨原纸经三聚氰胺树脂浸渍而成。强化木地板的耐磨性能主要取决于表层耐磨纸。而表层耐磨纸之所以具有耐磨性能，主要是由于在纸表面或纸中附有耐磨材料——Al_2O_3。Al_2O_3俗称刚玉，是硬度第 4 位的物质。其颗粒经三聚氰胺树脂浸渍后会变透明。Al_2O_3的含量和耐磨层厚度决定了耐磨的转数。每平方米含 Al_2O_3 30g 左右的耐磨层转数约为 4000r（转），含量为 38g 的约为 5000r（转），含量为 44g 的应在 9000r（转）左右。含量和厚度越大，转数越高，也就越耐磨。

2. 耐磨纸的重要指标

目前表层耐磨纸没有统一的产品标准，国外生产企业仅制定自己的企业标准。由于耐磨纸的耐磨性能只有被复合成木地板时才能检测，故一般不单独检测耐磨纸的耐磨性能。耐磨纸的其他重要物理指标有定量、紧度、白度、裂断长、湿强度、纵向吸水高度和灰分。其中纸张的吸水高度决定着耐磨纸的浸胶性能和吸胶量。一定的湿强度则保证纸张在浸胶时不断头并具有一定的尺寸稳定性。纸张灰分主要是指耐磨纸中 Al_2O_3 的含量，一般情况下灰分越大，耐磨性能越好（复合成木地板后耐磨转数越大）。国外某进口纸的物理指标如表 5-24。

表 5-24　　　　　　　　　　　　　　进口耐磨纸物理指标

项　目	指　标	项　目	指　标
定量	44.7g/m²	湿强度纵向	2.15km
紧度	0.39g/cm³	吸水高度纵向	42mm/10min
白度	79.6%	透气度	21.7s/400mL
不透明度	59.4%	灰分	29.5%
裂断长（横向）	2.69km	耐磨转数	5238r
裂断长（纵向）	5.07km		

（二）耐磨纸的生产工艺

表层耐磨纸一般采用漂白针叶木浆抄造，含有 30% 左右的耐磨颗粒，主要成分是刚玉，即 Al_2O_3。耐磨纸的耐磨性能主要取决于 Al_2O_3 的含量和分散度，Al_2O_3 是一种高硬度无机材料（莫氏硬度为 9，仅低于金刚石和少数特种陶瓷材料），原料来源丰富，在耐磨纸中 Al_2O_3 含量越高，分散越均匀则耐磨性越好，但 Al_2O_3 加入量过高，会造成成纸外观质量下降，分散困难等问题。生产中将加入 Al_2O_3 后制备的纸页称为"耐磨原纸"。经浸渍改性三聚氰胺树脂后成为耐磨纸，可与装饰层完成层合加工。耐磨层纸厚 0.2～0.8mm，定量一般为 38g/m²，45g/m² 和 60g/m²。根据对耐磨性能的要求不同和使用的场合不同，可以选择不同定量的耐磨纸。目前耐磨层制造工艺分两类：普通耐磨工艺和液体耐磨工艺。其中普通耐磨工艺是广泛应用的成熟技术，而液体耐磨是近期刚开发的新工艺。

1. 普通耐磨工艺

普通耐磨工艺是指原纸表面或内部已附有 Al_2O_3，将原纸在三聚氰胺树脂中浸渍后即制成耐磨层。因 Al_2O_3 存在的部位不同，耐磨原纸可分两类：Al_2O_3 在纸面，Al_2O_3 在纸内。

（1）Al_2O_3 在原纸表面

Al$_2$O$_3$ 颗粒均匀地分布在耐磨原纸的单面，这类产品主要是通过涂布或其他表面处理方式来实现。涂布方式主要是以 Al$_2$O$_3$ 为基准颜料，配制适当的涂料悬浮液，对原纸进行单面涂布。由于 Al$_2$O$_3$ 颗粒密度较大，易沉积，涂料中还须加入适量的悬浮剂，以形成稳定的悬浮液。涂布量、胶黏剂种类和 Al$_2$O$_3$ 粒径均对耐磨纸的耐磨性能有影响。Al$_2$O$_3$ 粒径的大小对耐磨纸的耐磨性能起决定性作用。一般来讲粒径越大，耐磨性能越好。但随着 Al$_2$O$_3$ 粒径的增加，颗粒在纸上的粘接性能下降，所需胶黏剂用量就增加。胶黏剂的增加会影响耐磨纸的吸水性能，从而影响纸张的浸胶性能。据有关资料介绍，配制涂料时，Al$_2$O$_3$ 的粒径在 30～40μm 时一般可获得较好的耐磨性能。美国 Mead 公司生产的耐磨纸即为单面具有 Al$_2$O$_3$ 的耐磨纸。

（2）Al$_2$O$_3$ 在纸内

法国摩迪公司（PDM）成功开发出全新概念的强化表层耐磨纸。该纸具有独特的多层结构：纤维表层、三氧化二铝层和纤维主层。其中纤维表层为一层很薄的纸（定量约 5～10g/m^2）。纸张的大部分重点集中在纤维主层。两纤维层之间为 Al$_2$O$_3$ 层，Al$_2$O$_3$ 的含量一般为 10％～40％。

这种多层结构的耐磨纸具有很多优点：在浸渍过程中不会丧失 Al$_2$O$_3$；生产车间里无粉尘；由于 Al$_2$O$_3$ 在原纸夹层，在后续处理时可防止对其他设备的损伤，如浸渍压辊、热压板等；可实现 Al$_2$O$_3$ 在耐磨层的均匀分布。

2. 液体耐磨工艺——Al$_2$O$_3$ 在浸渍耐磨纸表面

耐磨原纸本身不含 Al$_2$O$_3$，Al$_2$O$_3$ 预先均匀地分布在浸渍树脂中，然后被施涂到原纸表面（单面）。这种耐磨的形成方式被称为"液体耐磨"，以区别于普通耐磨工艺。"液体耐磨"是一种新开发的制造工艺，该工艺目前还未在实际生产中广泛应用。与普通耐磨工艺相比，"液体耐磨"可实现 Al$_2$O$_3$ 的均匀分布；由于颗粒与树脂胶之间可实现充分的润湿，所以浸渍后具有清晰度高、色泽均匀一致等优点。但液体耐磨工艺（图 5-13）对胶黏剂（三聚氰胺树脂）的质量要求很高，胶黏剂黏度不能太高，能保证 Al$_2$O$_3$ 均匀的分散，并且不易沉降。

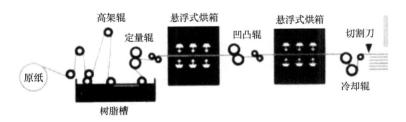

图 5-13　液体耐磨工艺示意图

（三）影响耐磨纸质量的关键因素

耐磨纸的耐磨性能和透明度毫无疑问是其关键的技术指标，影响耐磨性和透明度的主要因素包括 Al$_2$O$_3$ 的含量，粒径分布，在纸页中的分布状况，与纤维结合的程度以及胶黏剂的使用等多个方面，这些也是耐磨纸生产技术的难点。耐磨纸的物理检测指标一定程度上反映了耐磨纸的性能，各项工艺参数直接影响成品性能。

从表 5-25 中试验数据可见，涂布量、Al$_2$O$_3$ 粒径、吸水高度、胶黏剂种类和用量等工艺参数均对产品性能不同程度地产生影响：

表 5-25   耐磨纸涂料配方对纸张性能的影响

配方编号	Al_2O_3用量/g		胶黏剂用量/%		涂布量 /(g/m²)	吸水高度 /(mm/min)	强度/(kN/m)		耐磨转数 /r
	20μm	30μm	I	II			干	湿	
1	0	4	20	0	17.5	3.30	1.20	0.32	2900
2	0	4	20	0	20.2	3.11	1.18	0.27	3000
3	5	0	20	0		3.25		0.26	2450
4	0	5	10	30		2.50		0.31	7500
5	0	5	0	50		2.32		0.17	6600
6	5	0	0	50		5.01		0.21	1750

1. 涂布量

根据表中数据，当涂布量从 17g/m² 提高到 20g/m² 时，产品耐磨转数仅从 2900r（转）提高到 3000r（转），即涂布量提高约 15％ 而耐磨转数仅提高约 3％，因此认为涂布量的增加对于耐磨转数未必有明显的提升效果，反而造成透明度下降，影响产品外观。

2. 胶黏剂种类

胶黏剂在涂料中主要起到黏结作用，将氧化铝颗粒黏结在纸张表面，另外由于涂料液为多种化学品复配后制备的一种复杂的悬浮液系统，因此各个组分之间的相容性对于悬浮系统最终的稳定性影响很大，因此，胶黏剂的种类与其他化学品（如树脂等）的相容性对于氧化铝颗粒的黏结性能，与氧化铝颗粒和纤维表面的润湿性能等均有影响，故改变胶黏剂的种类将会对产品的耐磨性能产生明显的影响，在表 5-25 数据中，配方 4、5 改变了两种胶黏剂 I 和 II 的配比和用量，明显地增加耐磨纸的耐磨性能。

3. 氧化铝粒径的影响

由表 5-25 中配方 5、6 数据的比较可以看出：在其他条件基本相同时，所使用的氧化铝粒径从 20μm 提高到 30μm 可大幅度提高纸张的耐磨性，因此可以认为，氧化铝粒径的大小对耐磨性能的影响起着决定性作用。但是余晓华等人利用 X-射线衍射仪和扫描电镜对国外某品牌的复合木地板耐磨层进行产品剖析发现：该产品所添加的氧化铝粉末晶型完整，粒度分布在 0.2μm 和 5μm 之间，含量也不高。因此认为耐磨纸的耐磨性能的好坏，是氧化铝的含量、粒径和所采用的热固性树脂的种类与用量综合作用的结果，相互间结合性能好，在不同的氧化铝颗粒粒径范围内均有可能获得良好的耐磨性能，需通过更多的试验研究，方能获得最优化配比。

4. 吸水性能的影响

原纸经过涂布以后，由于胶黏剂的作用，其纸张吸水性能明显下降。吸水性能与纸页的浸渍吸胶量有关，吸水性能越高则越有利于获得好的浸渍加工效果，提高耐磨纸的透明度。在表 5-25 所示的试验结果中，耐磨性能较好的 4♯ 配方涂布后的吸水性达到 2.5mm/10min，被认为可以满足生产需要，但是如前所述，国外的一些产品吸水性能可达到 45mm/10min。吸收性指标除了受到涂布量和涂布化学品种类的影响之外，与原纸的吸水性能也有着直接的关系，因此，在生产中应注意控制各部分工艺条件，保持原纸松厚度指标，尽量获得高的原纸吸水性能，以便保证后期加工质量。

5. 湿强度的影响

耐磨纸必须保证一定的湿强度才能够确保顺利地完成浸渍处理，国产装饰原纸的湿强度与进口产品相比较低。由于引进的浸渍纸生产线的干燥段都比较长，生产过程中纸在整个干燥段又处于悬浮状态，因此，对原纸的湿强度的要求较高，一般要求纵向湿强度要达到450m，横向要求在350m以上。如果原纸的湿强度太低，生产时纸在浸胶以及预压定量和随后的干燥过程中都极易断裂，影响产品合格率和生产效率。据高淑兰的分析和计算，以引进的24m干燥段的卧式悬浮式浸胶干燥机为例：每断纸1次，干燥机内的24m原纸损失，再加上浸胶段的原纸和重新引纸的损失，产生损纸110m至300m以上，平均浪费原纸22.5kg/次，胶液65kg/次，因此，湿强度指标应该引起浸渍纸生产者足够的重视。

6. 灰分

一般耐磨纸灰分主要是指耐磨纸中 Al_2O_3 的含量，灰分越大，纸页含有的刚玉成分越多，耐磨性能也越好，在复合木地板成品检测中体现为耐磨转数越大，但灰分过高则往往导致透明度的下降，造成板材装饰图案清晰度下降，影响外观。

7. 定量

耐磨纸的定量实际上是其耐磨层厚度的一个体现，在一定条件下，定量越高的耐磨纸厚度也越大，单位面积内 Al_2O_3 的含量也越高，因此所制备的成品耐磨转数也随之增加。每平方米含30g左右 Al_2O_3 的耐磨纸产品耐磨转数约为4000r（转），含量为38g的约为5000r（转），含量为44g的应在9000r（转）左右。

三、合成革离型纸

（一）合成革离型纸简介

离型纸（Release Paper）又名转移纸，是转移涂层加工不可缺少的载体材料，是一种在基纸上涂布一层防黏性树脂，表面光滑的涂布纸。皮革离型纸是离型纸的一种，由纸基和离型涂料层构成，表面有凹凸状的花纹结构。离型纸用量的90%以上主要用于合成革的生产，少部分也用于真皮的二层皮表面覆膜。

1. 合成革的分类

合成革分为两种，聚氯乙烯合成革（PVC革）和聚氨基甲酸酯合成革（PU革）。传统制造工艺需要模具，将糊状树脂涂布于钢辊模具上，等冷却固化后将合成革从钢辊上剥离下来，即制成所需花纹的产品，这种方法机器笨重，花纹形式单一，不能满足需求，而且钢辊雕花和压纹耗能多。因此，合成离型纸应运而生，取代了笨重的钢辊雕花，而是在离型纸上进行雕花，大大降低了成本，花纹可以随意地改变，离型纸可以反复使用几十次，灵活性、经济性好。另外，由于钢材与皮革的脱离性能不好，钢辊雕花制品的花纹不清晰，与之对比，合成革离型纸上的雕花易与合成革贴合，产品花纹清晰，还可以制备出超薄的、手感很好的制品。

2. 合成革离型纸分类

合成革离型纸的种类按用途可分聚氯乙烯用和聚氨酯用两大类；离型纸按剥离膜表面的光亮程度分为高光、光亮、半光、半消光、消光等六七个等级。离型纸可以是平光的，也可以是轧纹的，轧纹模仿的对象有牛皮、羊皮、鹿皮、猪皮等各种动物皮。按产地分有美国纸、英国纸、意大利纸及日本纸。按离型纸加工制造方法分涂敷法、转移膜法和电子硬化法。按使用温度分：高温纸和低温纸，高温纸最高能耐受200~230℃，低温纸最高耐受130~140℃。按离型纸表面树脂材料划分是常用的方法，可分为硅树脂、PP聚丙烯树脂（部分添加PE）和电子硬化树脂三类。

3. 离型层分类

对于离型层，可以分为两类，硅系离型层和非硅系离型层，早期制作离型纸都是直接在原纸上进行硅酮涂布，还有很多种硅系涂料可以做离型层，如醇酸树脂、丙烯酸树脂等，非硅系离型层材料有甲基丙烯酸型或脂肪酸型聚丙烯树脂、聚甲基戊烯树脂（TPX）和其他特殊树脂如氨基醇酸树脂、环氧树脂等。早期的硅酮树脂涂布有很大的缺点，主要是硅酮可以渗透到纸张中，对纸张有侵蚀作用，而且由于硅酮的渗透，使离型层涂料用量提高，增加了成本。解决方法是在离型层与基纸之间涂一层防渗透的补强层或者称为底涂层，一般使用聚乙烯醇（PVA），为提高效率又发展到热塑性树脂涂布，其固化方法包括热固化、紫外固化和电子束固化等。前两种固化方法使离型纸的生产分为两步，先是涂层在纸张上的固化，之后再在涂层上压纹，效率和效果都不是很好。电子束固化法使涂层形成的同时形成花纹，制备的离型纸花纹最清晰，因为液态的涂料可以完全地与雕刻好的花辊贴合，使离型纸真实地转移了压花辊上的花纹，而且固化成型是在一瞬间完成的，效率很高。这种固化方法对设备要求很高，涂层较脆，对使用次数影响较大。非硅系离型纸虽然在花纹方面比不上硅系离型纸，但涂层较好，生产简单，对设备要求低，很有市场。

4. 离型纸使用工艺流程

离型纸法生产合成革的原理是将不同性能的面、底层配合液通过逆转辊涂法或辊衬刮涂法涂布于运动的离型纸上，通过烘箱进行干燥固化，冷却后再涂覆上黏合层底料，随后层合于基布上并加以完全固化，经过干燥、冷却后进行剥离，合成革与离型纸分别成卷。图5-14为离型纸使用工艺流程图。

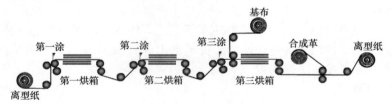

图 5-14　离型纸使用工艺流程图

合成革可分为 PU 合成革、PVC 合成革和半 PU（PU/PVC 混合）合成革三类，其中 PVC 合成革主要用于地板革生产，目前正在萎缩，所用离型纸也主要为平面纸，用量小。因此，PU 合成革将是合成革发展的主要方向。

（二）皮革离型纸的重要指标

离型纸载体转移的特点：纹理的保持是永久性的，只有后处理加热压印温度接近或超过转移温度时，纹理才会消失；纹理细致，能取得直接压印所不能取得的效果；不会损坏微孔结构；适用树脂溶液范围非常广泛；降低废品率（与印刷比）。

1. 耐热性

离型纸要在较高温度下使用，同时反复经受烘箱中的高温和冷却滚筒的冷却。如果耐热性不好，经高温后将因强度降低而撕裂，导致生产中断；或者表面树脂与涂膜黏结，无法剥离。所以要求离型纸要具有较高的耐热性。PU 革用的离型纸要求能耐 140℃高温，PVC 革用的离型纸要求能耐 200℃高温。

2. 力学性能

离型纸本身要有足够的强度、刚度、弹性。转移涂层联合机连续运行时，离型纸要承受一定的张力，卷放时要受到弯折作用，与基布复合时要受到一定的压力。要求离型纸在作用力下仍需保持平整的状态，不断纸、不变形，并且能多次重复使用。离型纸还必须要有一定的柔韧性，尤其是耐折度一定要高，这样可提高离型纸重复使用次数，也避免离型纸上花纹受到损坏。

3. 耐溶剂性

离型纸对合成革涂层剂的溶剂有抵抗能力，尤其是 PU 革生产过程中常要用到有机溶剂，如二甲基甲酰胺（DMF）、甲苯（TOL）、丁酮（MEK）等。工艺要求离型纸不能因溶剂而受到影响，要做到既不溶解又不溶胀。

4. 离型性能

离型纸的离型层对合成革涂层膜有一定的黏附能力，如果黏附能力太小，剥离强度太低，加工过程中涂层膜会自行从离型纸表面脱落或卷曲，使下一步涂层加工无法进行，这种疵病称为预剥离；反之，如果黏附能力太大，即剥离强度太大，在与基布复合后，涂层膜不能顺利地从纸上剥离而转移到基布上，造成成膜不连续及撕破离型纸等现象，严重时会使产品报废，剥离太困难还会影响到纸的重复使用次数。另外，纸与合成革涂层膜之间的剥离强度还应保持稳定，不能随着重复使用次数的增多而增加太快，即离型纸要有一定的离型稳定性。

5. 离型层的表面性能

离型纸的离型层表面状态（光雾度，花纹深浅及清晰度）应均匀一致，无论是高光或消光的，光泽必须均匀。如果是压纹纸，花纹的深度也必须均匀清晰。经多次重复使用后，离型纸仍必须保持均匀状态。

（三）合成革离型纸生产工艺

皮革离型纸离型层技术的发展大致经历了四种技术：直接硅酮涂布、底涂加离型层涂布、热塑性树脂涂布及新型技术。其中新型技术包括基于辐射固化离型层的技术和基于铸涂法的生产技术。直接硅酮涂布已经被淘汰；底涂加离型层涂布和热塑性树脂涂布应用广泛。

1. 底涂加离型层涂布

在原纸上先涂一层底涂，固化后再涂上硅系离型层，并固化，纸张在涂层固化后进行压纹，如图 5-15 所示，离型原纸在完成底涂和干燥之后进入凹式涂布压花工艺，涂料槽内的离型涂料的主要成分为电子束固化型树脂，涂布辊将离型涂料转移至纸上后，离型纸由于紧贴压花辊，压花辊上的花纹被直接复制到离型纸上。当离型纸通过电子束干燥

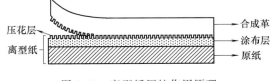

图 5-15 离型纸压纹作用原理

区域时，离型涂料即发生快速固化。此工艺将离型纸的离型层涂布、压花和干燥。三个阶段依次完成，操作简单且效率高。

2. 热塑性树脂涂布

如图 5-16 所示，在高光泽度的原纸表面进行热塑性树脂（聚-4-甲基-1-戊烯树脂）的挤出涂布形成剥离层，还通过在剥离层和冷却滚筒之间介入剥离薄膜，以保护冷却滚筒及其高镜面性。基材原纸表面光滑度一定要大于 100s，采取超级压光或涂布高岭土涂料等。这种方法生产出的离型纸耐热性高，且表面光泽度高。

3. 基于辐射固化离型层的技术

在原纸上先挤出涂布厚约 $30\mu m$ 的聚丙烯树脂层，再涂布定量为 $5g/m^2$ 的电离辐射固化

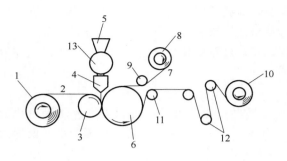

图 5-16　离型纸生产工艺

1—原纸传递辊　2—原纸　3—压辊　4—T字头
5—热塑性树脂　6—冷却辊　7—离型膜　8—剥
离薄膜传递辊　9—张紧辊　10—卷纸辊　11—离
型辊　12—张力辊　13—挤出涂布涂料槽

树脂层，然后再在电离辐射固化树脂层上涂敷一层定量为 $0.5g/m^2$ 热塑性硅树脂层，经压花、紫外光固化可得到成品，得到了一种多层结构的脱模纸，其中的聚丙烯树脂层更是可以采用双层挤出涂布来达到多层目的。所生产出的产品耐热性良好，压纹赋形性也良好。

4. 基于铸涂法涂布离型层的技术

皮革离型纸的离型层即铸涂层，主要由颜料、胶黏剂和离型剂组成。胶黏剂可以是含有羧基或羟基的水溶性树脂或固含量 $\geq 85\%$ 的丁苯胶乳类的共聚物乳液，或者是聚丙烯酸和聚乙烯醇的共聚物乳液。产品的显著特点是离型层表面强度高，抗溶剂性好，重复使用次数多。

（四）影响皮革离型纸质量的关键因素

1. 原纸

离型纸对原纸（即纸基层）有较高的要求，不仅要求其具有较高的强度，而且在耐热性、松厚度、水分等方面也有严格的要求。在原纸定量方面，一般选用 $125g/m^2$ 以上的纸张。其生产技术难点在于对原纸松厚度和耐热性的控制，在松厚度方面，一般选用针叶木浆与阔叶木浆配比抄造的方式来控制；在耐热性方面，需要在浆料中添加耐热剂来增强纸张的耐热性能。

2. 离型涂层

离型涂料层可分为两大类，即硅系离型涂料层和非硅系离型涂料层。硅系离型材料包括硅酮树脂和改性硅酮树脂（用醇酸树脂、丙烯酸树脂等来改性）；非硅系离型材料包括铬络合物（甲基丙烯酸型或脂肪酸型）、聚丙烯树脂、聚甲基戊烯树脂（TPX）和其他特殊树脂（氨基醇酸树脂、环氧树脂等）。

不同类型的离型涂层，各自具有不同的特点，比如硅酮树脂型涂层具有优良的剥离性能和耐热性能；络合物型涂层耐溶剂性较差；聚丙烯型涂层具有较高的光泽度，但耐热性能较差。不同类型的离型涂层，其技术工艺也有所不同，硅系离型涂料一般采用辊式或刮刀式的涂布方法，且要求所用的原纸要先进行一层底涂，底涂的主要目的是为了提高平滑度和抗硅系涂料渗透的能力；聚丙烯树脂和聚甲基戊烯树脂型涂层主要通过挤压涂布的方式，它所用原纸可以不进行底涂，其涂层中的其他添加成分通过挤压涂布机的进料槽进料。这些离型涂层技术工艺都涉及涂层剥离强度的控制，这也是其技术难点所在，因为这又涉及剥离力控制剂的选择及其对离型涂层其他性能的影响。

3. 压花

离型纸上的花纹一般是用压花辊来压制的，其压花工艺可分为常规压花工艺和特殊压花工艺。其中常规压花工艺又分为采用传统的压花辊压制花纹工艺和采用"齿轮传动式"压花和承压辊，即辊被同步驱动的压花工艺；特殊压花工艺主要是指凹式涂布压花工艺，此工艺用以制造花纹层次清晰而逼真的高级离型纸，目前只有美国 Sappi 华伦公司采用，此工艺中使用的离型涂料为电子束固化型树脂。

四、防　黏　纸

（一）防黏纸简介

防黏纸是指用做不干胶纸防护衬层的纸。该纸经化学处理或涂布后很容易和有黏性的压感胶黏面分离开。20世纪80年代初，我国还没有防黏纸的专用基材，除进口以外多用晒图原纸等来代替。发展至今，防黏纸的种类很多，其基材也各不相同。防黏纸基材经超低定量（一般$0.5 \sim 1.0 \mathrm{g/m^2}$）的有机硅涂料涂布成为防黏纸，如此低的涂布量也使得防黏纸的生产对基材的性能尤其是表面性能提出了较高的要求。

1. 防黏纸的基材

防黏纸的基材主要包括预涂纸和特种纸两大类。预涂纸可以分为3种：第一种是在原纸表面上预涂成膜物质（如PVA、CMC），并经超级压光处理，既适用于溶剂型有机硅，又适用于乳液型有机硅；第二种是聚烯类塑料薄膜挤压涂布纸，即通过层压复合的方法将硫酸盐浆纸与聚烯类塑料薄膜复合在一起的复合纸，这种原纸湿变形小，非常适合于溶剂型有机硅。用于防黏涂布的有低密度聚乙烯、高密度聚乙烯、聚丙烯、聚苯乙烯、聚酯及尼龙等。多少年来，预涂纸是硅酮防黏剂的主要涂布基材，已有很长的使用历史，用量也很大。主要有3种：一种是原纸与聚乙烯用挤压层合的方法复合在一起的复合纸，常用于溶剂涂布工艺上；第二种是表面涂布一些成膜物质（如聚乙烯醇、醋丙共聚乳液、羧甲基纤维素、聚乙烯醇缩醛等）的涂布纸，对溶剂涂布及乳液涂布都适应；第三种是陶土涂布后经过超级压光的涂布纸，适合于水乳涂布工艺。在美国常用第三种，在欧洲偏向于第二种（特别是用聚乙烯醇预涂），而在日本则大量使用第一种。但对压敏牛皮纸胶带，则大多使用聚乙烯复合纸作为基材。第三种是超级压光的陶土涂布纸，其原纸类似铜版原纸，适用于溶剂型和乳液型有机硅。

在特种纸方面，主要有羊皮纸、半透明纸、高紧度超压牛皮纸及特殊表面处理纸等4种。羊皮纸和半透明纸的涂层具有优越的平滑性和覆盖性，所以能完满地进行溶剂和无溶剂涂布加工，而对乳液涂布是不合适的，因为容易因吸收水分而产生变形。使用这两种纸，在溶剂涂布和无溶剂涂布时，往往不需要预涂布，可直接把防黏涂料涂在纸面上。但是价格昂贵，撕裂度差以及对湿度敏感等问题，是这两种纸的致命弱点。高紧度超压牛皮纸，一般是指紧度大于$1.05 \mathrm{g/cm^3}$、平滑度在600s以上的纸，是在高湿润、高线压和较高的辊温下进行超级压光的一种纸。这种高紧度、高平滑度的纸，表面吸收性、渗透性以及湿变形都较小，而湿强度较大，因此，无论是溶剂涂布、无溶剂涂布，或是乳液涂布，都不需要预涂布，可直接涂布硅酮涂料，得到高光泽度、高均匀度和连续性好的硅酮膜层，制备成的防黏纸质量好。另外，该原纸价格比较便宜。

近些年，国际上应用最多的防黏纸基材是格拉辛纸，格拉辛纸又称半透明玻璃纸，是由格拉辛专用原纸涂布加工后再经超级压光而成的具有极佳内部强度和透明度的特种纸。但与半透明纸不同，格拉辛纸并不需要高粘状打浆，而是半游离状打浆后经超级压光的纸。其紧度一般大于$1.10 \mathrm{g/cm^3}$，平滑度在600s以上，撕裂度、湿强度较高，湿变形和表面吸收性较小。

2. 防黏纸的防黏剂

防黏剂的种类很多，最好的是硅酮防黏剂，有突出的抗粘接性。硅酮防黏剂是硅橡胶的一种，是二甲基聚硅氧烷物质，在链的两个终端都有活性的羟基或乙烯基团，这种基团能与原硅酸酯或甲基含氢聚硅氧烷等物质起交联反应，形成三维结构的网状交联物，具有非常好的防黏性能。现在，硅酮防黏剂已从缩聚交联型的聚硅氧烷化合物向加成交联型发展，并促进了防黏纸的有机溶剂涂布工艺和乳液涂布工艺逐步转向无溶剂涂布工艺。

绝大部分的防黏纸是硅酮涂布的，采用有机溶剂涂布、水性涂布及无溶剂涂布。

3. 防黏纸的用途

防黏纸是压敏胶标签纸中重要的组成部分，起到隔离、保护压敏胶的作用。防黏纸用途在不断扩大，品种日益增多，需求量越来越大。目前，防黏纸的用途已扩大到许多方面，主要有：

① 自黏标签纸用的底层纸。它是防黏纸中质量要求最高的一种，需要极小的剥离值，高的平滑度和良好的耐老化性能。

② 自黏装饰薄膜用的底层纸。由于装饰薄膜应用很广，并且薄膜容易伸长，因此对防黏纸的质量要求也很高。

③ 纸基和膜基自黏胶带背面的防黏层防黏性能根据胶带的粘接性能不同而不同，对双面胶带所用的双面防黏纸，它的两面的防黏性能应该有差别。

④ 防黏纸和防黏膜用于自黏地毯砖、吸音材料和绝缘材料。对于这类材料，防黏纸的剥离不需要非常小，但防黏层绝对不许有转移现象。

⑤ 聚氯乙烯和聚氨酯人造革生产用的离型纸，这种防黏纸的剥离力也不需要很小，但在生产过程中应能重复使用，并能承受 220℃高温。由于它还需经过再压花，故硅酮膜要有高伸展性和与基材良好的附着性。

⑥ 层合产品的防黏纸用于装饰树脂板、电气工业用的层合制品方面，要求能在较长时间内抗高温，对各种热固性树脂不敏感。

⑦ 转移纸是一种两面防黏性能不一样的双面防黏纸，用来转移胶黏剂。或是一种单面防黏纸，用于纺织和皮革工业的转移热印工艺，剥离强度不要求很小，但需耐高温。

⑧ 纸、纸板和金属包装材料的硅酮防黏涂布用于包装非常黏的物质，这种防黏涂布用于包装松香、沥青和热熔胶等高黏性物质。因为采用热熔灌装，所以要求有好的防黏效果，能耐高温和没有气孔。

⑨ 现代流行的手提包、衣料等合成革制品的制作离不开防黏纸，在防黏纸上涂以氨基甲烷（脉烷）或氯乙烯树脂及胶黏剂，与背衬布黏合再从防黏纸上剥离后即成合成革。

⑩ 香甜可口的糕饼、点心的制作过程中也需使用防黏纸等。

4. 防黏纸的重要指标

① 要有较好的透明度，以满足自动感光贴标生产流水线的需要及客户对产品外观的需求。

② 有较好的抗油性能（耐油脂和溶剂性能），在涂布时就可以消耗较少的硅油，从而节约成本。

③ 有较好的平滑度和光泽度，以提高其印刷效果。

④ 有较高的紧度，以便获得更高的耐油脂性能和较低的伸缩率。

（二）防黏纸的生产工艺

1. 涂布隔离层的工艺路线

如果采用缩聚反应型硅酮防黏剂，由于其黏度大，在涂布时必须把硅酮用溶剂（有机溶剂或水）稀释，黏度降低到能适应涂布头的要求，才能涂布。由于硅酮已被有机溶剂或水稀释到较小浓度，涂料中含大量溶剂（或水），若直接涂布，涂料向纸里渗透，造成纸张大量吸收硅酮涂料造成浪费；同时干燥和固化时间延长，生产效率降低，甚至还会出现干燥和固化不完全而造成防黏纸的防黏性能达不到要求的情况。为了解决上述问题，需要在涂布缩聚型硅酮防黏剂之前，先在防黏原纸上涂布一层隔离层。隔离层又叫作预涂层或底层，是由一些成膜性物质形成的。常用的成膜性物质有聚乙烯（用挤压涂布的方法，把聚乙烯挤出复合在纸的表面上）、聚乙烯醇（用它的水溶液涂布于纸面上）、聚醋酸乙烯酯（用它的水乳液涂布在纸面上）或其他的一些丙烯酸共聚乳液等。有了隔离层，再涂硅酮时，涂料就只涂布在隔离层表面，减少了渗透，涂布量下降，成本降低，干燥和固化的时间缩短，固化完全，质量好。一般来讲，硅酮防黏纸表面硅酮的涂布量在 $0.8 \sim 2.0 \mathrm{g/m^2}$，其工艺流程如图 5-17 所示。

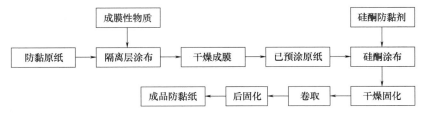

图 5-17 隔离层和防黏层的涂布工艺流程图

这种工艺路线缺点较多：它是复合聚乙烯的，聚乙烯膜的表面张力较小，在其表面涂布水溶性的涂料或水乳性的涂料较困难，涂布不匀，只能采取有机溶剂涂布。把硅酮用有机溶剂溶解，制成有机溶剂涂料涂布在聚乙烯膜的表面上。常用的有机溶剂有 120 号溶剂汽油、甲苯和卤代烃等物质。这些有机溶剂虽然表面张力很小，但有毒、易燃易爆或污染环境。后来出现了不燃烧的有机溶剂，如某些卤代烃化合物（如二氯乙烯和四氯乙烯），但仍然存在污染环境的问题。也有底层涂布不用聚乙烯的做法，用表面张力较大的或亲水性好的成膜物质（如聚乙烯醇）来代替，使水乳涂布得以发展，但水乳涂布有它的不足，发展较慢。

2. 不涂隔离层的工艺路线

不涂隔离层的工艺流程如图 5-18 所示。

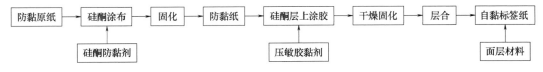

图 5-18 不涂隔离层的工艺流程图

采用了加成反应的硅酮防黏剂，不再需要后固化。如果涂布机能够两次涂布或三次涂布一次完成（涂布机中同时有两个或一个涂布头和两个或一个干燥槽），那么自黏标签纸的防黏层涂布和胶黏层涂布就可以在一台机器上一次完成。

（三）影响防黏纸质量的关键因素

1. 基材原纸的选择

涂布基材有纸类、织物类、薄膜类，广泛应用的是纸类，占 60% 以上。用途不同，对基材原纸的要求不同。如封箱带、离型载体纸等需要较高的强度，而卫生巾用纸需要较高的白度。因此要根据用途来选择原纸。

2. 原纸的预处理

为了减少防黏剂的浸润，降低防黏剂的用量，提高纸基强度和表面平滑度，就要对原纸进行预涂处理。为了满足某些特殊要求，提高装饰性能，可对原纸进行印花、压纹、染色等。

3. 涂料适用期及涂布量的控制

生产过程中，涂料的适用期很重要，为了防止涂料过早固化影响生产和涂布质量，可在涂料中加入适量的抑制剂，以延长涂料的适用期。涂布量 $0.3g/m^2$ 的防黏纸已具有很好的防黏效果，考虑到涂布设备较难达到这个要求，溶剂型、水乳型防黏纸，涂布量控制在 $0.45\sim 0.75g/m^2$ 较好；无溶剂型防黏剂，涂布量控制在 $0.7\sim 1.2g/m^2$ 为宜。

4. 防黏纸涂层结合强度的控制

对一般防黏纸表面防黏层结合强度没有严格的要求，但对于某些重复使用的防黏纸和某些防黏纸复合制品，其防黏涂层需要完全固化和添加适量增强剂，以提高防黏涂层结合强度，防止防黏涂层有机硅迁移而影响防黏涂层的剥离力和复合纸胶黏层的粘接性能。

5. 防黏涂层剥离值及表面张力的控制

防黏涂层的剥离值应与胶黏剂粘接性能相适应，即要黏得住，剥得开。剥离值过大，剥离比较困难，剥离值过小，易于分层脱离。防黏涂层的表面张力必须与胶黏剂的浸润性、流平性相适应，表面张力应控制在 $0.018\sim 0.021N/m$。可用接触角测定仪测定接触角的方法测定。接触角越大，表面张力越小，反之表面张力越大。

6. 防黏纸涂布机的涂布方式

防黏纸的硅酮涂布层涂布量很小。不管何种涂布工艺（溶剂的、水乳的或无溶剂的），硅酮、交联剂等的总涂布量不会超过 $2g/m^2$。涂布量小，要求很精确，采用溶剂涂布工艺，最好采用凹版辊式的涂布方式。凹版辊网纹的目数最好在 $80\sim 120$ 目的范围内（具体决定于防黏涂料的浓度）。采用水乳涂布工艺，凹版辊式的涂布方式也是很好的一种形式。如果水乳硅酮涂料的浓度较大，可使用空气刮刀涂布。至于无溶剂涂布工艺，则需要用专门的涂布器来严格并精确涂布。

第四节　包装特种纸

包装是产品由生产转入市场流通的一个重要环节，在市场经济的大环境下，每一个企业都在探索自己的产品进入市场、参与流通与竞争的手段和方法，产品包装以其所处的地位，已成为人们越来越重视的经营环节。在各种包装材料中，纸制品包装因其质地轻巧柔韧，易于加工，造型结构多样，成本低廉，便于印刷、商品展示、运输、储存、环保及回收，而成为应用最广泛的一种商品包装形式。

本节以真空镀膜纸、食品包装纸、透析纸等为代表，对包装类的特种纸进行系统介绍。

一、真空镀膜纸

（一）真空镀膜纸简介

真空镀膜纸是纸张经过真空镀膜后形成的一种特殊加工纸，实际上属于气相涂布。以往的真空镀膜纸，成膜材料一般为金属，如铝、金、银、铜、锌、铬等，其中铝是最常用的。纸张经过真空镀膜后，表面涂盖上一层金属层，这样就使纸张表面"金属化"，纸张的防护性能，特别是防水、防潮、气体阻隔性能明显提高。同时，涂上金属膜后，纸的表面平滑，有金属光泽，包装装饰效果良好，适用于食品、卷烟、胶片、化妆品等高档消费品的包装。

另外，采用真空镀膜技术在纸表面涂盖的铝层薄且均匀，与铝箔复合纸相比较，铝的用量可以大量减少，而其作业性能却明显提高，印刷及层合性能得到改善。但其防护性能与铝箔、铝箔复合纸相比均较差。

与铝箔复合纸和镀铝 PET 复合膜纸相比，真空镀铝纸的主要优点有以下几点：

（1）耗铝量小，有利于节约资源，降低成本，提高效益

铝箔复合纸是将铝箔与纸复合而形成的一种复合卡纸，即在复合机中，利用胶黏剂将压延铝箔与基纸贴合在一起。真空镀铝纸则是在高真空条件下，使铝材蒸发，铝分子冷凝沉积在经预涂布的纸张上，使之形成一层光亮的铝膜而形成的。与真空镀铝纸相比，铝箔复合纸的耗铝量是它的 200 多倍，可以大大地降低成本。

（2）有利于环境保护、废物处理和资源的再生利用

铝箔复合纸的压延铝箔厚度一般为 $6 \sim 7 \mu m$，而真空镀铝纸铝膜厚度仅为 $0.02 \sim 0.04 \mu m$。所以，真空镀铝纸作为包装用纸回收处理时，其铝箔在碱性溶液中溶解所需的时间较复合铝箔纸短，并且在自然环境中，真空镀铝纸比复合铝箔纸更容易被土壤中微生物降解，并被土壤吸收。真空镀铝纸生产所用原辅材料无气味、无毒，符合美国 FDA 标准，具有卫生性。镀铝 PET 复合膜纸是镀铝膜和纸张的复合产品，由于塑料膜不能降解，也不利于环保。

（3）可以进行激光防伪处理

PET 膜经模压处理，再经镀铝后转移到纸张上，使真空镀铝纸表面显现出光芒四射、耀眼的激光防伪图案。这些图案可根据客户的要求制作成文字、线条和图像，有利于客户推广品牌和形象。全息激光防伪纸张制造投资大，工艺难，小规模公司难以仿制，具有一定的防伪效果，还符合国际包装行业对包装材料提出的时效性、美观性、识别性、通用性、经济性五项指标。

（4）印刷适用性比较广泛

适用于胶印、凹印、柔印、丝印及组合印刷等印刷常用工艺。

1. 真空镀铝纸的应用

（1）环保型真空镀铝卡纸

环保型真空镀铝卡纸是用转移法生产的，具有 $150 \sim 400 g/m^2$ 多种定量规格，有普通喷铝卡纸、金银喷铝卡纸和全息激光卡纸等多种形式，被广泛地应用于各类中高档香烟、酒类、食品、医药、化妆品、礼品等纸盒包装，还可以面纸形式直接加工成 A 型、B 型、E 型、AB 型瓦楞纸板包装成品。

（2）真空镀铝烟衬纸

真空镀铝烟衬纸是用直接法生产的，包括环保普通型和环保全息防伪型，应用于烟包领域，不仅提高了商品的档次，增加了商品的附加值，而且还能打击假冒伪劣商品、保护生产厂家利益、维护消费者合法权益。

（3）真空镀铝酒标纸

真空镀铝酒标纸是用直接法生产的。由 $70 g/m^2$ 左右防水纸加工而成，包括直接法普通型和直接法全息防伪型，有银/金酒标纸、银/金色压纹纸、激光/亚光酒标纸等多种规格。主要应用于可印刷并可回收的玻璃瓶的标签（包括身标、背标和颈标等）。

（4）真空镀铝包装纸

真空镀铝包装纸是用直接法生产的，由低定量包装纸加工而成。主要包括食品包装纸、

礼品包装纸等类型。主要应用于口香糖、巧克力、饼干、糖果等食品包装领域，以精巧的造型、美观的图案、漂亮的色彩、优美的文字说明，让人感到内在产品具有上好质量的同时，也集商品包装、商品标志、企业形象、广告宣传和艺术欣赏于一体。

（5）真空镀铝礼品包装纸

真空镀铝礼品包装纸是目前国际上最流行的礼品包装纸，广泛应用于各种喜庆场合的礼品包装，如春节、圣诞、生日、贺喜等日子，并且能加工成各种精美的包装手提袋。

（6）激光真空喷铝防伪包装纸

激光真空喷铝防伪包装纸是通过模压的方式将激光全息的图案或文字信号加载到喷铝纸的表面而成，其激光亮度比普通激光透明膜的亮度强几倍，且激光图案擦不掉。主要用于防伪全息激光卡纸，防伪全息激光薄纸，防伪全息激光双向拉伸聚丙烯薄膜（BOPP）、双向拉伸聚酯薄膜（BOPET）、双向拉伸尼龙薄膜（BOPA）、未拉伸聚丙烯薄膜（CPP）等塑料，防伪全息激光包装标签材料。

（7）不干胶（90g/m² 左右铜版纸）银/金纸、银/金色压纹纸

为赋予纸一种高雅的效果，可用表面压花的办法，整个平面的花纹使标签有一种特殊的魅力。这种表面花纹的处理使标签更有价值。通过压花还会使标签更加柔韧，在贴标签过程中及其以后的清洗过程中，其使用性能会更好些。

2. 真空镀铝纸的原理

真空镀铝法又称真空蒸镀法或真空镀膜法，它是在高度真空的条件下加热某种低熔点的金属蒸镀材料（例如铝）使其迅速蒸发、扩散并沉积到被镀部件的表面上，从而完成薄膜镀层的过程。真空镀铝刚开始主要用于光学仪器，做光学镜片的透明膜和反射膜、微型天线电线路的真空蒸发电路等。

真空镀铝纸是真空蒸镀技术在造纸行业中应用的产品。真空蒸镀设备装置由真空抽气和电器控制系统及蒸发镀膜室组成，其中真空镀膜机是关键设备。加工时将经底涂处理的纸基材料放在镀膜机内的架子上，将很高纯度的 99.7% 含量的标准铝丝放在架上的电热丝上，然后合上密封罩，在高真空度和一定温度下，铝丝通电加热熔化，迅速由固体熔为液体，蒸发的铝分子在底材上沉积重新结聚，从而在纸基材上形成一层薄薄的光亮金属铝膜。由于铝是一种化学性质活泼的金属，在高温条件下游离的铝分子在空气中会迅速被氧化，阻碍铝膜的形成。而在一定真空条件下，铝分子与氧气反应的机会大大减少，同时分子间的碰撞概率也减少，使铝分子的自由行程增加，提高了形成铝膜的速度和光亮度。因此，镀膜机内真空度的高低，直接影响着镀铝质量和生产效率。

3. 真空镀铝纸的重要指标

由于真空镀铝纸的用途不同，对镀铝原纸的性能要求也有所不同，它将会影响真空镀铝纸的质量，比如：对于用作香烟、口香糖及泡泡糖内衬的食品包装真空镀铝纸，首先要求镀铝原纸无毒、无味，符合食品卫生方面的要求；啤酒瓶商标要求真空镀铝纸应该具有良好的耐温、耐水性能，以避免使用过程中出现掉铝脱色的质量问题；对印刷包装行业，特别是卷烟包装行业而言，纸张的物理性能要求主要分为以下 4 大类：

① 基本性能：厚度、定量、密度、水分均匀；

② 外观性能：白度、色调、光泽度、平滑度、印刷性、油墨吸收性；

③ 强度性能：挺度、内键力、z 向张力、耐折度、抗张强度；

④ 加工性能：压模性、胶合性、弯曲度、印刷包装运作性能。

同时，原纸还要求外观质量好，纸面平整，不应有褶子、皱纹、裂口等影响使用的外观纸病。表 5-26 是真空镀铝纸的质量指标。

表 5-26　　　　　　　　　　　　　　　**真空镀铝纸的质量标准**

检测项目	单位	标准值	检测项目	单位	标准值
定量	g/m²	73±3	相对纵向伸长率	%	≤0.2
耐碱浸渍性	分钟、次、块	≥20、≥30、≤2	纵向干抗拉强度	N/15mm	≥50
碱液渗透性	s	≤50	横向干抗拉强度	N/15mm	≥31
卷曲性	s	≥12	纵向湿抗拉强度	N/15mm	≥21
背面吸水值(Cobb)/吸水率	g/m²	10～30	厚度	μm	78±8
相对横向伸长率	%	≤2.0			

（二）真空镀铝纸的生产技术

1. 真空镀铝纸的生产工艺

真空镀铝纸主要由原纸、涂层和铝层组成，按生产工艺可分为直接蒸镀法和转移蒸镀法。

直接蒸镀法是预先对纸表面进行涂覆处理，以提高纸张表面平整性、光亮度，然后将卷筒纸装到真空镀铝机上直接镀铝，这种工艺对纸张有较高的要求，适用于薄型纸。直接法镀铝层和纸面纤维的疏松结构相吻合，表面会呈细微孔状，平滑度也相应较差，并且对配套设备精度、涂层质量要求甚微苛刻。

转移蒸镀法是先在卷筒状的聚酯或聚丙烯塑料薄膜上镀铝，然后再将铝膜通过胶黏剂转移到纸基上去，最后把塑料薄膜剥离。这种工艺对纸张要求不高，还可用于厚纸，剥离的塑料薄膜可重复使用。转移蒸镀法可生产 40～450g/m² 以上的纸或纸板。与直接法相比，转移法的突出特点是：a. 可生产任意厚度的纸或纸板；b. 可充分利用薄膜的平整度使纸面的金属光泽更加明亮；c. 可以生产任意图案、任意文字的镭射防伪真空镀铝纸或纸板。缺点是：a. 转移多次使用后的废弃薄膜处理是一个问题；b. 工序较多，人工成本比较高。工艺流程如图 5-19 所示。

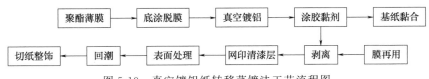

图 5-19　真空镀铝纸转移蒸镀法工艺流程图

2. 真空镀铝纸生产所需设备

由于生产工艺的不同真空镀铝纸所需设备也有所不同。直接蒸镀法工艺所需主要设备有镀铝前/后专用涂布设备和高质量、高真空度的纸张镀铝机。转移蒸镀法所需设备有：涂布设备——用于涂布分离层、色层、胶粘层、塑料镀铝机、复合机和剥离机。

其他辅助设备包括：细分切机——用于香烟内衬纸等的分切加工；横切机——用于镀铝酒标纸和转移镀铝金/银卡纸的横切加工。

（三）影响真空镀膜纸质量的关键因素

1. 原纸

纸张的选择主要根据产品用途。无论何种用途，纸张都必须具备一个共同的特点，就是表面必须有良好的铝吸附性。获得这种性质比较经济的方式是通过造纸过程来实现，另一种方式是在纸张表面涂上透明涂层来获得。

镀铝纸对纸张的耐湿强度特性并没有绝对要求，但在不同的应用中有其不同的特性要求，例如在冷藏期间要改善标签的黏合能力并阻挡水渗透。耐湿强度的大小由打浆程度和添加剂的添加量来决定，但亦可以在涂布工艺中加以补足；纸张的耐磨性和爆裂强度特性在具体的产品应用中有需要。例如：高档压花的烈酒标签要求高韧性和高硬度；用于人造黄油、巧克力或糖果包装的纸张需要得到食品卫生和医药管理机构的认可，人造黄油和黄油的纸包装要具有油脂阻隔性。

2. 涂布

镀铝的纸张在镀铝前必须先预涂布来获得平滑的表面和光洁度，通过蒸镀铝在涂布表面上获得金属反射亮度。涂布工艺不提供铝蒸镀所需的挺度特性，但却能满足印刷油墨的要求，纸张镀铝后的挺度不同，油墨印刷在表面的效果不同。透明镀层用量的多少取决于产品的最终用途，例如是否需要印刷。印刷可以分成高档印刷和低档印刷，精品店的礼品包装所用的镀铝纸要求高质量的凹版印刷，而预算较低的百货商店只需柔版印刷设计。

一般真空镀铝后要涂布保护层防止铝镀层表面的氧化，镀后涂布应在镀铝后 24h 内完成。另一个关键问题是应用溶剂涂布料时，溶剂的残留量。特定的产品如香烟内衬，茶叶系高吸附产品，必须降低残留至最低，以阻止烟草、茶叶吸收残留的溶剂气味，从而减弱香烟、茶叶的味道。

3. 镀膜环境

纸张表面的清洁对真空镀膜工艺很重要，基片进入镀膜室前应进行认真的镀前清洁处理，达到去油、去污和脱水的目的。经过清洗处理的清洁表面，不能在大环境中存放，要用封闭容器或保洁柜贮存，以减小灰尘的沾污。

保持室内高度清洁是镀膜工艺对环境的基本要求。空气湿度大的地区，除镀前要对基片、真空室内各部件认真清洗外，还要进行烘烤除气。要防止油带入真空室内，注意油扩散泵返油。

4. 运输和储存

在运输过程中须使用塑料膜来保护镀铝纸，采用上下板、护角板等保护措施防止镀铝纸产生褶皱和翘角，避免因叠放而影响平整度。在储存方面要选择具备恒温恒湿条件的库房存放，室温控制在 25℃ 左右，湿度达到 $60\%\sim70\%$。

现在的真空镀膜技术有了很大进步，成膜材料已不局限于金属，而是扩展到氧化铝、氧化硅、氧化钇等氧化物以及某些有机物，从而真空镀膜纸的性能也多样化了，使真空镀膜技术成为纸张功能化的一个有效的手段。典型的有机物镀膜是采用丙烯酸类单体，在真空或大气压下，使丙烯酸类单体的蒸气凝结在纸张等基材表面，然后用电子射线或紫外线使之硬化，便形成了丙烯酸类树脂膜。

为了获得更好的保护性能，又出现了二次镀膜技术。比如在氧化铝或氧化硅镀膜后，再用丙烯酸类单体二次镀膜，或者相反，可以使保护性能得到进一步提高。再比如二氧化硅膜具有很低的氧气透过率，但它与基材的黏附力很低，如果用氧化铝或氧化钇做一次镀膜，而用二氧化硅做二次镀膜，就可以克服二氧化硅膜的缺点。

二、食品包装纸

（一）食品包装纸简介

食品包装是包装工业的大户，占整个包装业的 70% 左右。近些年来，开发食品包装纸已成为食品和包装行业的共识。纸质食品包装这一"绿色包装"方式正以其环保性成为不可降解包装的最佳替代品，在食品包装领域的优势越来越明显。顺应这种趋势，国内外市场已逐步禁止使用塑料食品包装，规定今后食品必须要用无毒、无害的纸制品进行"绿色包装"。因此纸质食品包装已成为国内外消费市场上炙手可热的包装新宠。

与塑料食品包装相比，纸质食品包装的多种优势主要体现在：

① 良好的卫生性和原料来源的广泛性；

② 易降解和可回收利用性；

③ 良好的温度耐受性；

④ 独特的多孔结构使纸材料具有优异的可再加工性；

⑤ 优异的可塑性；

⑥ 由于纸材料对水溶性胶水和水性油墨具有良好的亲和性，使纸包装具有环保性。

另外，纸和纸制品质轻，有良好的挺度和易成型性，可制成各种不同功能和途径的食品包装制品。

根据食品包装纸使用功能的不同，已经或即将开发应用的新型食品包装纸主要有以下几种：

① 纸杯原纸。经单面淋膜 PE 后制杯（热杯），用于盛放即食的饮用水、茶水、饮料、牛奶等；经双面淋膜 PE 后制杯（冷杯），用于盛放冰淇淋、冷饮料等；

② 餐盒原纸。经单（双）面淋膜 PE 后制作快餐盒，用于盛放一次性快餐米饭、菜肴等；

③ 面碗原纸。经碗身单面淋膜、碗底双面淋膜 PE 后制作方便面碗，用于盛放和泡制方便面条等；

④ 餐桶原纸。经双面淋膜 PE 后制作餐桶，有圆形、方形两种桶，用于盛放膨化食品和快餐食品等；

⑤ 防油食品卡。经制盒，用于盛放经过油炸的油性快餐食品等；

⑥ 牛奶卡原纸。经双面淋膜 PE 后制作屋顶包或奶杯，用于盛放新鲜牛奶、酸奶或鲜奶饮料等；

⑦ 液体无菌包原纸。经双面淋膜 PE、单面覆铝后制作无菌利乐包（砖包），用于盛放无菌液体食品碳酸饮料、常温乳制品、植物蛋白、果蔬汁等；

⑧ 单面涂布食品卡。经制作包装盒、食品便当盒、汉堡盒或餐盆，用于盛放固体食品、糕点等；经单面淋膜 PE 后制作包装盒，用于盛放小包装冷冻食品等。

（二）食品包装纸的基本要求

所有与食品接触的材料及其制品都必须通过测试确认产品已经达到食品级安全的要求。这些测试包括物理测试（主要包括密度、抗张强度、裂断长、伸长率等）、化学测试（迁移测试、重金属含量测试等）和生物测试（各类微生物检测等）。

食品包装纸因其与食品直接接触，且其包装物大部分都是直接入口的食品，所以食品包装纸最基本的要求是必须符合食品卫生的要求，其次根据食品包装纸使用要求的不同，还必须达到相关的技术标准。

1. 食品包装纸的卫生要求

在我国，食品包装纸必须按照《GB/T 5009.78—2003　食品包装用原纸卫生标准的分析方法》的规定进行检测。成品必须符合《GB 4806.8—2016　食品安全用国家标准　食品接触用纸和纸板材料及制品》中规定的各项卫生指标要求，包括感观指标，理化指标（见表 5-27），微生物指标（见表 5-28）。

表 5-27　　　　　　　　　　　　　食品包装纸的理化指标

项　目	指　标	项　目	指　标
铅（以 Pb 计）/（mg/kg）	≤5.0	荧光性物质 254nm 及 365nm	合格
砷（以 Pb 计）/（mg/kg）	≤1.0	脱色实验（水、正己烷）	阴性

表 5-28　　　　　　　　　　　　　食品包装纸的微生物指标

项　目	指　标	项　目	指　标
大肠菌群/（个/100g）	≤30	致病菌（系指肠道致病菌、致病性球菌）	不得检出

通常食品包装纸还必须按照美国食品药品监督管理局联邦法规第二十一章 176 节 170 款——与水性及油性食品相接触的纸和纸板的成分（FDA21 CFR 176.170（d））的规定进行检测。成品中可萃取物的量必须符合 FDA 对食品相接触的纸与纸板的要求（见表 5-29）。

表 5-29　　　　　　　　　　FDA 对食品相接触的纸与纸板的要求

萃取剂和条件	最大允许限值/（mg/in）	萃取剂和条件	最大允许限值/（mg/in）
蒸馏水在 250°F 提取 2h	0.5	50%乙醇在 150°F 提取 2h	0.5
8%乙醇在 150°F 提取 2h	0.5	正庚烷在 150°F 提取 2h	0.5

注：$1in=2.54cm$，$℃=（℉-32）\times\dfrac{5}{9}$。

此外，对于出口的食品包装纸来说，还必须符合进口国对与食品接触的材料及其制品食品级安全的要求。

2. 食品包装纸的技术要求

根据不同的品种，制定相应的产品技术标准。主要技术要求有：

（1）基本指标：定量、厚度、紧度、交货水分等。

（2）强度指标：挺度、抗张强度、伸长率、耐折度、耐破度、撕裂度、内结合强度等。

（3）印刷适性指标：印刷表面强度、印刷表面粗糙度、油墨吸收性、光泽度等。

（4）外观指标：亮度（白度）、色度、平滑度、尘埃度等。

（5）抗液体渗透指标：表面吸水性、热水边渗水、乳酸边渗水、过氧化氢边渗水、耐脂度等。

（三）食品包装纸的发展趋势

1. 卫生环保化

快餐食品的包装用原纸最基本的要求是必须符合卫生要求。在我国，该类原纸必须符合 GB 4806.8—2016 中规定的各项卫生指标，同时，该类包装的辅助材料，如油墨、光油、糊盒胶水等也必须满足食品卫生与环保要求。

众所周知，造纸的主要原料有木浆、棉浆和草浆，使用的化学辅助原料包括硫酸铝、纯碱、亚硫酸钠、次氯酸钠、松香和滑石粉等，这些原料如果不洁、变霉，将会使食品包装制品带有大量对人体有害的霉菌。而且由于造纸工序较多，如果造纸设备被油垢、尘埃等不卫生物质沾黏，也会有损包装制品质量。因此在制备过程中需改进原有生产条件，以提高产品质量达到生产要求。

在传统的印刷油墨与光油中，不可避免地都掺杂着苯等有害物质的溶剂，虽然其中绝大多数都在印刷过程中挥发出去，却总有少量残留物质会在包装和使用过程中继续散发。目前解决该问题最好的方法就是采用柔性版印刷，该印刷方式采用水性或醇性油墨与光油溶剂，基本无毒，而且挥发彻底。在美国和加拿大，柔性版印刷在包装印刷中的比重更高达70%左右，可见其发展潜力和深受欢迎的程度。

一般的柔性版印刷都是卷筒轮转印刷，可以联机模切，有的甚至可以联机糊盒、制袋等，特别适用于食品生产企业的自动化包装机生产。从食品卫生的角度讲，柔性版印刷是最合适的包装印刷工艺。

2. 功能多样化

长期以来，食品包装大量应用塑料制品，由于塑料极难自然降解，造成严重的环境污染。因此，一些发达国家已部分限制塑料包装的使用，开发功能性食品包装纸已成为食品和包装行业的共识。

（1）防油、防水性

快餐食品纸包装由于其内容物大都含有油性，必然要求快餐食品纸包装产品具有防油性。这类纸是采用抗油性物质涂布浸渍纸张，或采用表面张力很低的物质（如氟树脂、蜡等）涂布纸表面而成。凡是表面张力大于这种物质的液体均不能透过，从而达到了防油目的。另外，防油纸还可依靠打浆的方法来实现，这种方法之所以使纸张具有防油性能，是因为随着打浆度的升高，纸的空隙半径显著减少，因此也就越来越不透油。

欧美国家在食品专用包装纸方面已领先了一步，如全新的100%纯纸浆 PLMEX 食品专用纸，不含荧光剂和危害人体健康的化学物质，具有防水、防油、抗黏、耐热（可耐200～250℃）的特点，使用方便、清理简单、安全卫生，符合美国 FDA 和德国 BGA 食品卫生标准。这种食品专用纸使用后经清水清洗又可回收，并可反复使用50次。食品纸有成卷的，也有压制成各种纸杯形状的，不管是用于蒸制还是烘烤、微波加热，都不会变形和褪色。

（2）热封性

热封性包装纸具有热封性、通气性，并且耐油、耐水性好，安全无害等特点。为了使包装纸具有良好的热封性，要在热封树脂纸的表面覆以涂层或用聚乙烯黏合使其具有热封性，无须进行二次加工以获得通气性，它的通气性可根据用户要求加以控制。用这种具有通气性的包装纸包装的食品，可用电子波加热，包装内并无蒸汽，这样可以保持食品表面的清爽。由于它具有以上特征，热封性包装纸可期待作为用电子波加热的冷冻食品的包装材料，目前已用它来包装汉堡包。

（3）保温性

保温纸能将熟食包装后保持香、鲜、热度，供人们在不同的场合方便地食用，以适应当今人们生活快节奏的需求。这种保温纸的原理是像太阳能集热器一样，能够将光能转化为热能。通常人们只需把这种特制的纸放在阳光能照射的地方，该纸包围的空间就会不断有热量补充进去，从而使纸内的食物保持一定的热度，以便人们随时吃到香热适口的美食。

（4）可食性

日本一家研究所利用新技术，以豆渣为原料，制成了一种遇热能熔，有一定营养价值且可食的包装纸。该包装纸适合快餐面调味料的包装，吃时可一同食用。英国开发出的胡萝卜纸以胡萝卜为基料，添加适当的增稠剂、增塑剂、抗水剂，利用胡萝卜的天然色泽，制成价廉物美的可食性彩色菜纸。这种产品可用作盒装食品的个体（内）包装或直接当作方便食品食用，既可减少环境污染，又能增强食品美感，增加消费者的食趣和食欲。胡萝卜纸是一种可食性的彩色纸，具有较强的柔韧性和一定的防水性，具有包装功能和食用功能。若能进一步提高强度和可塑性能，改善表面（质感），制成各种形状（盒、碗等）的产品，则可进一步扩大其用途，更好地保护环境，并为蔬菜深加工提供途径。

（5）高质量、低价格

快餐食品包装最初所使用的包装材料是聚苯乙烯包装纸，这种包装纸易于制造，并且能够对食品起到有效的保温作用，但不足之处是聚苯乙烯对空气有污染且不能为生物所分解。因而随着环境保护意识的增强，快餐食品包装工业不得不另寻新品。快餐食品包装纸材料由聚苯乙烯转向了纸板。但是，纸板的缺点仍然甚多，例如：造价较高，制造工序比较烦琐，运送不方便等，尤其是不能对食品进行有效的保温。

三、医疗包装纸——透析纸

（一）透析纸简介

高档医用透析纸表面经过凹印、涂布热塑树脂，或者直接与塑料复合，进行热封制成具有透析功能的纸塑包装袋，用于医疗器械用品的防菌包装。包装医疗器械、手术用品的透析纸袋，直接在高温或环氧乙烷下进行消毒，方便卫生，消毒后的透析纸袋可以防止微生物进入，保持器械无菌状态。透析纸袋也可以用于药品及分装药品的包装，为一次性纸塑包装材料，卫生安全可靠。目前我国这一产品技术已经达到世界先进水平。

1. 透析纸的应用及优势

相比于全塑包装袋，用医用透析纸制成的纸袋具有环保、安全两大优势。纸塑包装袋可以实现器械包装后灭菌，减少与器械直接接触的中间环节，而全塑包装不可能做到，因此纸塑包装对病人更安全，同时医护人员在器械拆包后，不会受袋内可能残留的消毒药物的侵害。

2. 透析纸的重要指标

医用透析纸的特性如下：

① 较好的强度，防水性好，有湿强度。透析纸必须有良好的抗张强度、耐破度及撕裂度，防水性好。考虑到蒸汽灭菌的需要，纸张需要湿强度。

② 有一定的透气度，良好的匀度，防护性好。用于消毒必须保障一定的透气度，但是为了安全卫生，需要具有良好防护性，因此要求纸张匀度好，要求透析纸有较小的最大孔径，防止杂质、微生物进入。

③ 不含荧光物质，灰分含量低。不含荧光物质，生产中不能随意添加增白剂等化学助剂。

④ 纸质中性，离子含量低。透析纸袋直接在蒸汽或环氧乙烷下进行消毒，要求纸张必须是中性，并且对 Cl^-、SO_4^{2-} 的含量有严格限制。

⑤ 开启无纸屑。包装医疗器械的透析纸袋在使用时，开启不能产生纸屑纸毛，否则会影响医疗器械的使用。为了开启时不产生纸屑，达到理想的剥离效果，要求纸张具有良好的表面强度。

进口医用透析纸质量标准如表 5-30 所示。

表 5-30　　　　　　　　　　　　　　　　进口医用透析纸质量标准

指标	单位	国外标准	指标	单位	国外标准
定量	g/m²	60±5%	横向撕裂指数	mN·m²/g	≥10.0
耐破指数	kPa·m²/g	≥4.5	灰分	%	≤1.5
透气度	μm/(Pa·s)	≥1.0	荧光性	Sp/(100cm²)	≤2
吸水性	g/m²	≥13	pH		7
纵向抗张指数	N·m/g	≥89	氯离子(Cl⁻)	%	≤0.05
横向抗张指数	N·m/g	≥56	硫酸根离子(SO₄²⁻)	%	≤0.25
纵向撕裂指数	mN·m²/g	≥9.2			

（二）透析纸的生产技术

1. 纤维原料的选择

医用透析纸是一种强度要求高的纸张，并且灰分低，所以一般选用100%进口硫酸盐漂白针叶木浆为原料。

2. 打浆方式

打浆方式决定成纸的性能，从医用透析纸要求良好的透气性这一特性考虑，不能采用粘状打浆，但游离打浆又无法满足较高强度和良好匀度的要求，为了兼顾到这一矛盾的两个方面，拟定长纤维半粘状打浆方式，并严格控制打浆度和纤维长度，保证成纸的质量要求。

3. 添加化学助剂

为了达到中性纸及 Cl⁻ 与 SO₄²⁻ 含量低的质量要求，采用 AKD 中性施胶代替酸性白色松香胶，并采用 PPE 湿强剂代替酸性的三聚氰胺湿强剂，采用阳离子淀粉与阴离子聚丙烯酰胺代替硫酸铝做施胶剂的助留剂。不加填、不添加荧光物质及其他物质。

4. 保证系统的清洁

医用透析纸是医药卫生用品，对生产过程及生产环境的清洁度要求高，管道、浆池、网槽等要清洗干净，防止各种杂质进入纸张，影响产品质量，车间要按生产卫生产品的要求设计，工作人员进入车间要经过风淋室，进行严格的清洁净化等。

（三）影响透析纸质量的关键因素

1. 透气性

目前，国内对于灭菌包装材料的灭菌方式主要是 ETO 环氧乙烷灭菌法及高温湿热蒸汽法，因此医用透析纸需具备一定的透气性，同时具有较小的孔径，从而使制备的灭菌包装能够阻隔细菌和尘埃进入，允许环氧乙烷气体或蒸汽透过，达到对包装物医疗器械和物品灭菌的目的。影响透析纸透气性的因素有以下几点：

（1）湿强剂的影响

部分医用灭菌包装在使用前需要通过高压蒸汽灭菌，这就要求医用透析纸具有一定的湿强度，生产中通过添加湿强剂的方法提升纸张的湿抗张强度等强度指标，PAE 是目前应用最广泛的湿强剂。

（2）干强剂的影响

常用的干强剂主要是阴、阳离子淀粉、阳离子聚丙烯酰胺、两性聚丙烯酰胺或接枝共聚物，加入干强剂后，干强剂上的活性基团（如羟基、羧基及胺基等）能够与纤维上的羟基形成氢键，阳离子基团够与带负电荷的纤维发生静电吸附，从而增加纤维间的结合，同时，干强剂能够起到分散剂的作用，使纸浆中的纤维分布更加均匀，改善纸页成形。

（3）施胶的影响

由于医疗行业对医疗器械灭菌包装产品使用时的特殊要求，灭菌包装在开启时需洁净开启，即灭菌包装产品开启时无纸毛，且剥开结构应连续、均匀，开启后不污染医疗器械。因此需保证热封合强度适中（0.80～8.00N/15mm），同时也需进一步提升医用透析纸的内结合强度及表面性能，表面施胶是常用的提高表面性能的方法之一。

（4）压光的影响

最大等效孔径作为医用透析纸重要的指标之一，对医用灭菌包装材料的阻菌性能有很大影响，ISO 11607、EN 868 系列以及 GB 19633 等标准中均提出：10 片纸的平均孔径≤35μm，任何一片不应≥50μm 的要求。压光能够提升纸张的表面性能（如光泽度、平滑度以及表面强度等），降低纸张厚度，使纸张中多孔的结构被挤压，孔径有所降低，透气度也会下降。

2. 阻菌性

透析纸的好处是可以进出蒸汽，但不透水。透析纸阻菌性能的好坏是评价透析纸的重要指标之一。所谓阻菌性，是指透析纸能够阻止外界环境中的细菌透过，避免造成医疗器械灭菌过程或灭菌后细菌感染的性能。透析纸阻菌性能的好坏对于灭菌产品的有效存放尤为重要。

习题与思考题

1. 无碳复写纸的常用显色剂有哪些？

2. 请说明无碳复写纸用微胶囊的结构特点及组成成分。

3. 简述热敏记录纸的生产工艺流程。

4. 影响热敏纸记录纸的质量的关键性因素有哪些？

5. 请说明特种印刷纸的生产工艺流程。

6. 什么是卷烟纸？简述卷烟纸的主要性能。

7. 简述烟草薄片的生产工艺方法和各自特点。

8. 简述造纸法烟草薄片的优势。

9. 简述地膜纸的发展现状。

10. 简述育果袋纸的种类和生产工艺方法。

11. 请说明装饰纸的分类及重要指标。

12. 试论述影响装饰纸质量的主要因素。

13. 什么是耐磨纸？试述其生产工艺。

14. 什么是皮革离型纸？试述其作用原理。

15. 为什么要对防黏纸的原纸进行预处理？

16. 再找出一种真空镀膜纸，并详细介绍它有哪些应用？优点是什么？

17. 利用课余时间调查周边快餐店所使用的包装有哪些。纸质食品包装大约有多少？

18. 寻找一种医用透析纸并分析其性能。

19. 试述高性能抗水防油食品包装纸的关键技术。

参 考 文 献

［1］　刘映尧，陈港. 无碳复写纸微胶囊生产技术［J］. 造纸科学与技术，2012（1）：27-29.

［2］　王际德. 无碳复写纸的发展趋势［J］. 中华纸业，2007，28（10）：41-44.

［3］　赵英. 无碳复写纸生产过程中的熟化［J］. 中国造纸，2012，31（10）：73-75.

［4］　Ya-Bing Fan；Yuan Liu；Jing Yu；Xiang-Feng Wang；Hai-Ling Liu；Meng-Xia Xie. Distinguishing and dating carbonless copy papers by ultra-high-performance liquid chromatography and mass spectrometry［J］. Dyes and Pigments. 2015：618-626.

［5］　White，Mary Anne；Kauffman，George B.. The chemistry behind carbonless copy paper［J］. Journal of Chemical Education. 1998，Vol. 75（NO. 9）：1119-1120.

［6］　董元锋，刘温霞，蒋秀梅. Production and Familiar Problems of Carbonless Copy Paper［J］. 国际造纸 . 2006，（No. 3）：51-54.

［7］　Björnsdotter MK；de Boer J；Ballesteros-Gómez，Ana. Bisphenol A and replacements in thermal paper：A review.［J］. Chemosphere. 2017：691-706.

［8］　Kang-Hoon Choi；Hyun-Jin Kwon；Byeong-Kwan An. Synthesis and Developing Properties of Functional Phenolic Polymers for Ecofriendly Thermal Papers［J］. Industrial & Engineering Chemistry Research. 2018，Vol. 57（No. 2）：540-547.

［9］　Hong，S（Hong，Sungwook）［1］；Seo，JY（Seo，Jin Yi）［1］. Chemical enhancement of fingermark in blood on thermal paper.［J］. FORENSIC SCIENCE INTERNATIONAL. 2015：379-384.

［10］　Simo P. Porras，Milla Heinälä，Tiina Santonen. Bisphenol A exposure via thermal paper receipts.［J］. Toxicology Letters. 2014，Vol. 230（No. 3）：413-420.

［11］　刘映尧，陈港，唐爱民，等. 浅谈热敏纸的生产与技术［J］. 造纸科学与技术，2010，29（6）：65-68.

［12］　仝册，王明召. 热敏纸揭秘［J］. 化学教学，2012（4）：75-77.

［13］　唐杰斌，赵传山. 热敏纸的特性及生产要求［J］. 华东纸业，2009，40（5）：38-42.

［14］　刘梵岩，曹兴芳，赵春霞，等. 热敏纸中双酚A迁移转化的研究［J］. 中国环境科学，2013，33（5）：917-921.

［15］　李锦花，张蕾，陈丹超. 高效液相色谱法测定热敏纸中双酚A含量［J］. 理化检验（化学分册），2013，49（9）：1070-1072.

［16］　王际德. 热敏纸发展近况和推进建议［J］. 中华纸业，2010，31（23）：45-48.

［17］　王进，郭勇为，周金涛，等. 热敏纸褪色原因及稳定性能改善的研究［J］. 中国造纸，2010，29（4）：45-47.

［18］　马恒全. 轻型纸生产工艺探讨［J］. 中国造纸，2009，28（8）：73-74.

［19］　马丽. 轻型纸松厚度对纸张性能的影响［J］. 华东纸业，2011，42（1）：31-35.

［20］　阴润社，刘汉利，严安. 轻型纸市场及生产工艺探讨［J］. 中华纸业，2013（2）：70-73.

［21］　张永洋，陈亮. 轻型纸印刷的图书书页发长问题的分析与对策［J］. 中国造纸，2017，36（4）：66-70.

［22］　张建平. 改性云母钛用于装饰纸生产［J］. 福建纸业信息，2017（9）.

［23］　林鹏，徐建峰，张明志，等. UV油墨改性及其对装饰纸耐光变色性能的影响［J］. 木材工业，2017，31（5）：18-21.

［24］　李康，张毛毛，杨忠，等. 基于神经网络的人造板装饰纸表面色泽特征分类研究［J］. 林业工程学报，2018，3（1）：16-20.

［25］　王唯诚，高岭，顾勇，等. 钛白粉在装饰纸体系中的耐光性研究［J］. 中华纸业，2017，38（8）：17-20.

［26］　郭广颂，陈良骥. 一种装饰性墙壁纸智能选型系统研究［J］. 科技通报，2017，33（11）：108-112.

［27］　张琴琴，韩小帅，蒲俊文. 超声波杨木浆配抄装饰原纸的研究［J］. 造纸科学与技术，2017（2）：19-21.

［28］　张婷. 浅析装饰壁纸在住宅空间氛围营造中的作用［J］. 绿色环保建材，2017（8）：241-241.

［29］　Claude P，Cyril B. Method of Producing Decorative Paper and Decorative Laminate Comprising Such Decorative Paper［J］. 2017.

［30］　Chen W，Shuai L，Feizbakhshan M，et al. TiO₂-SiO₂ nanocomposite aerogel loaded in melamine-impregnated paper for multi-functionalization：Formaldehyde degradation and smoke suppression［J］. Construction & Building Materials，2018，161：381-388.

[31] 汤正捷. 三聚氰胺甲醛树脂薄木浸渍工艺及性能 [J]. 林业工程学报，2018，3（06）：32-37.

[32] 李群. 表层耐磨纸生产技术浅析 [J]. 天津造纸，2006，28（2）：8-12.

[33] Hu Z J，Zhang X J. Research on Coating Dispersion of Liquid Wear-Resistant Decorative Paper [J]. Advanced Materials Research，2012，413：241-245.

[34] 项秀东，万小芳，黄春柳，等. 硅丙细乳液聚合物在皮革离型纸中的应用研究 [J]. 造纸科学与技术，2013（6）.

[35] 黄小雷，刘文，刘群华. 皮革离型纸的特性及研究进展 [J]. 中国造纸，2011，30（8）：68-72.

[36] 范云峰，王莉，王小记，等. 皮革离型纸及其制造工艺细分 [J]. 信息记录材料，2011，12（3）：28-31.

[37] 姜亮，张素风. 皮革离型纸原纸制备及工艺技术优化的研究 [J]. 黑龙江造纸，2011，39（1）：13-17.

[38] 徐红霞. 纹路仿真的人造皮革用离型纸生产设备及其制作方法 [J]. 中华纸业，2016（12）：100-101.

[39] 张瑞娟，刘金刚，庄金风. 压敏胶标签防黏纸的发展与应用 [J]. 中国造纸，2016，35（8）：65-70.

[40] 黄小雷，刘文. 防黏纸离型性能研究 [J]. 中国印刷与包装研究，2012，04（2）：57-61.

[41] 王承佳，刘城镇，刘胜涛，等. 配抄黄色防黏原纸用化机浆生产工艺优化 [J]. 中华纸业，2013（8）：62-64.

[42] Jiang W，Fan Z，Liao D，et al. A new shell casting process based on expendable pattern with vacuum and low-pressure casting for aluminum and magnesium alloys [J]. International Journal of Advanced Manufacturing Technology，2010，51（1-4）：25-34.

[43] Vacuum Aluminum Coated Paper a new kind of environmental protection pockage material received huge purchase orders [J]. Environment，2007.

[44] He F，Zhang F，Wang B，et al. Research on Migration of Lead in Food Wrap Paper [J]. Applied Mechanics&Materials，2015，733（6）：245-248.

[45] Rudra S G，Singh V，Jyoti S D，et al. Mechanical properties and antimicrobial efficacy of active wrapping paper for primary packaging of fruits [J]. China Printing&Packaning Study，2013，3：49-58.

[46] Zhang H，Liu J，Zhao-Shang X U. Preparation and Quality Analysis of Edible Paper of Bean Dregs [J]. Food Science，2008.

[47] 夏银凤. 透析纸阻菌性及孔隙结构影响因素的研究 [D]. 指导教师：王志杰，池东明，陈建斌. 西安：陕西科技大学，2012.

[48] 周文春，宋连珍，叶一心. 高档医用透析纸的试制 [J]. 纸和造纸，2014，33（9）：56-59.

[49] 季剑锋，刘文，胡江涛，等. 医用透析纸透气性能的研究 [J]. 中国造纸，2015，34（9）：21-26.

[50] Xin-Ping L I，Yan L. Introduction on Fruit Preservation Methods and Fresh-keeping Corrugated Box [J]. Packaging Engineering，2007.

[51] CHEN Xian fei WANG Wei LIU Yan jun. Preparation and Application of the Hydrophobic Acrylate as the Waterproof Agent for Paper [J]. China Pulp&Paper，2010.

[52] Tiitu M，Laine J，Serimaa R，et al. Ionically self-assembled carboxymethyl cellulose/surfactant complexes for anti-static paper coatings [J]. Journal of Colloid&Interface Science，2006，301（1）：92-97.

[53] Zheng Q，Cheng Z G，HUI RONG L I，et al. Effects of Cigarette Paper on Deliveries of Seven Harmful Components in Mainstream Cigarette Smoke [J]. Tobacco Science&Technology，2010，49（11）：66-73.

[54] 缪应菊，刘维泗，刘刚，等. 烟草薄片制备工艺的现状 [J]. 中国造纸，2009，28（7）：55-60.

[55] 凌秀菊，吴正奇，万端极. 造纸法生产烟草薄片的新工艺研究 [J]. 湖北造纸，2007（2）：21-23.

[56] 廖瑞金，唐超，杨丽君，等. 电力变压器用绝缘纸热老化的微观结构及形貌研究 [J]. 中国电机工程学报，2007，27（33）：59-64.

[57] Arinaga K，Iwatsuki H，Kunii Y，et al. Deterioration Characteristics of Insulating Paper for Pole Transformer at Higher Temperature Loading [J]. Ieej Transactions on Fundamentals&Materials，2018，138（1）：36-41.

[58] 于洋. 全植物纤维地膜纸在水稻栽培中的应用 [J]. 农民致富之友，2017（9）：47-47.

[59] Wei J，Qi X，Fan C，et al. The Effect of Double-paper Bag on the Skin Pigment，Fruit Sugar and Acidity of Red Fuji Apple [J]. Chinese Agricultural Science Bulletin，2006.

[60] Dong X T，Cao H B，Zhang F Y，et al. Effects of Shading Fruit with Opaque Paper Bag on Carotenogenesis and Related Gene Expression in Yellow-flesh Peach [J]. Acta Horticulturae Sinica，2015.

第六章 非植物纤维基特种纸

第一节 概　　述

一、非植物纤维基特种纸的定义及分类

1. 非植物纤维基特种纸的定义

非植物纤维包括合成纤维、人造纤维、无机纤维、动物纤维、金属纤维、合成浆粕等纤维原料。凡是采用非植物纤维原料或者添加非植物纤维改善纸张性能而抄造的纸都被称为非植物纤维基特种纸。

目前，国际上对这类材料更通用的名称是湿法无纺布（wet-laid nonwoven）。它是以非植物纤维（可以添加部分植物纤维改善抄造性能、降低成本等）为原料，以水为分散、流送介质，根据需要可添加一些功能或过程助剂，经过类似造纸的抄造技术制造成形。

而对于干法造纸，因最近 40 年无纺布、湿法无纺布（采用造纸成形方式）发展迅速，国际上已很少提及此概念，在大多数场合将其并入干法无纺布的范畴。由于其成形技术和制造设备与造纸相去甚远而与干法无纺布接近，因此本书不就此内容展开论述。合成纸（synthetic paper）主要采用塑料薄膜的加工技术和设备，并不是造纸工作者的研究范畴，因此本书也不对合成纸加以论述。

2. 非植物纤维基特种纸的特点

同样是纤维薄幅材料，非植物纤维基特种纸相对布和干法无纺布的优点如下：

① 生产效率高，制造成本低。造纸设备的运行速度和幅宽一般都比较大。

② 可利用廉价的合成纤维、人造纤维废料。最早利用合成纤维造纸的主要动机之一就是利用合成纤维的不合格品或者边角料。

③ 工艺灵活性强，理论上可以任意种类、任意比例混杂各种纤维，制造出性能独特的新型材料。这为材料的结构和功能设计提供了无限的空间。

④ 纤维分布均匀，可制造出更均匀、孔径小、孔隙丰富的过滤与分离材料。

⑤ 良好的"纸感"，同样的纤维采用湿法无纺布工艺制造的材料更加挺硬，特别适合制造蜂窝芯材和材质要求挺硬的材料。

与传统造纸技术路线相比，由于非植物纤维在水中一般易于絮聚缠绕，因此流送和分散成为关键技术也是技术瓶颈。此外，非植物纤维之间基本上没有形成氢键结合的能力，纤维之间的增强必须依靠别的手段。因此，非植物纤维基特种纸的技术难点主要存在于以下三个方面：分散流送、抄造成形、增强剂以及增强工艺和设备。

通过对纤维的选择和组合，可以设计制造出传统植物纤维纸性能远远达不到的纸张，特别是通过混杂复合还可以大大降低材料成本，从而使材料具有很高的性价比。总的说来，非植物纤维基特种纸的价格要比传统植物纤维纸高，普通的相差几倍，以吨为单位销售；更高附加值的则以公斤、克甚至毫克为单位销售。附加值最高的非植物纤维基特种纸的价格远远超过黄金，因此这类产品的产量并不大，虽然其产值和利润并不低。正因如此，其设备和厂

房投资相比传统造纸较低。我国改革开放 40 年来，在此领域的非植物纤维制造、特种树脂开发、特种制造设备的研制以及造纸技术等方面都积累了一定的经验，针对这类小批量、多品种、高附加值的产品领域，面对复杂的国内市场，具有低成本和适应市场的灵活优势。但目前我国这几方面的研发单位和人员缺乏长期稳定的交流合作，科研和生产状况大多尚处于闭门造车的阶段，所以还只能仿制发达国家一些中低档产品。

3. 非植物纤维基特种纸的分类

发达国家基本上已趋统一把非植物纤维基特种纸称为湿法无纺布，因我国长期的习惯原因在本书中还称之为非植物纤维基特种纸，但这种命名国际上已非常少见。非植物纤维基特种纸具体的分类方法主要有两种。

第一种：如果以一种纤维原料为主制造的非植物纤维基特种纸，可以按纤维原料种类分类，如玻璃纤维纸、芳纶纸、碳纤维纸、石棉纸、皮糠纸等。

第二种：根据纸张使用的行业习惯分类方法，按使用功能分类，如隔热纸、导电纸、绝缘纸、过滤纸、电池隔膜、白细胞分离材料、纸基摩擦材料等。

二、非植物纤维基特种纸的性能和应用

天然植物纤维的几何形状、物理化学特性具有一定局限性。比如，它的直径大多在 $10\sim50\mu m$ 之间，长度大多在 $1\sim6mm$ 之间，并且外形为扁带状；它的主要化学成分为纤维素，这些导致以植物纤维为主要原料生产的纸张的结构及性能有一定局限性。

而非植物纤维的几何形状可以按照需要灵活设计。目前纤维的直径可以实现从几十纳米到几百微米；长度受切断技术限制一般难以达到一毫米以下，但上限却没有限制；截面可以实现圆形、椭圆形、星形、三角形、中空等各种各样的形状；纤维可以加工成具有一定卷曲度，并且卷曲可以为二维波浪也可以为三维螺旋。这些特性为控制非植物纤维基特种纸的结构提供了丰富的手段。

非植物纤维最初引入纸张最主要的目的如下：

① 提高机械强度。耐折度可提高至 $10000\sim2000000$ 次；抗张强度在理想条件下最高可提高 10 倍；撕裂度可提高 $3\sim5$ 倍；纸张湿强度可提高 $85\%\sim100\%$；纸基增强塑料复合材料弯曲强度可增加 3 倍，而冲击强度可提高 $20\sim30$ 倍。

② 提高材料耐溶剂性。

③ 改善材料老化性能、耐酸碱、耐腐蚀性。

④ 改善植物纤维耐水性和防潮性，降低材料吸水性并使材料具有更好的尺寸稳定性。

但这些动机在非植物纤维基特种纸领域的作用已变得不那么突出。合成纤维最初引入造纸领域的主要动机之一是纺织纤维边角料或者次品的再利用，但随着各种高新技术纤维、新型化学品和新制造技术的引入，非植物纤维对纸张性能的贡献已经不再是辅助性质，而是充分利用各种非植物纤维制造具有独特的热、电（磁）、力、声、化学以及过滤与分离特性的新型纸张材料。此领域在发达国家已经成为研究热点并且还在持续升温。

黏胶纤维是最早应用于造纸的人造纤维。由于其亲水性好，在水中易于分散，抄造性能良好，因此广泛应用于造纸。值得注意的是，为了使黏胶纤维的生产更环保而发明的天丝纤维，因其可用造纸传统的打浆技术细纤维化，通过打浆可制造直径从几十纳米到几百纳米的微细纤维，这样既可以显著提高纸张的抄造性能，又可以制造孔径非常小而透气性良好的纸张，近年来在过滤与分离材料方面的应用发展迅速。醋酸纤维在造纸的应用近年来越来越

少。聚酯纤维和尼龙纤维主要用于提高纸张撕裂度、耐折度、抗张强度和形状稳定性。相对聚酯纤维，同样形状的尼龙纤维可实现更高的撕裂强度。具有一定卷曲度的聚酯和尼龙纤维可使纸张有非常高的松厚度和柔软性，在卫生用品和过滤分离材料方面有着广泛的应用。

聚丙烯腈纤维有较低的吸湿率、良好的耐酸性能和高的介电强度，因此可以用于制造绝缘材料。

聚丙烯和聚乙烯纤维密度比水还小，虽然这一特性给纸张的抄造带来困难，但却为纸张的轻质化带来很大的好处。因此，这类纤维很早就应用于轻质化纸张特别是国际特快专递用信封，既可显著降低邮寄费用，又有很好的防水防油性能以及较高的力学性能。通常还利用这类纤维熔点低、价格便宜等特性，用于制造茶叶袋纸、咖啡滤纸、吸尘袋纸等。

聚乙烯醇纤维有两种：水溶和水不溶。水溶纤维大多用作黏结纤维，它是利用在干燥过程中，当纸页温度超过纤维在水中的溶解温度后，纤维将迅速溶解，随着水分的挥发，溶解后的聚乙烯醇起到胶黏剂的作用将其余纤维材料黏结在一起。水溶温度大多在 $40 \sim 115 ℃$ 的范围。此类纤维具有良好的亲水性和耐碱性，因此广泛用于制造碱性电池隔膜，特别是能很好满足碱性电池无汞化所发展起来的碱锰类电池的使用要求，近年来发展迅速。

高性能合成纤维具有高的模量和强度，并且一般还具有良好的耐热性、介电性能以及优异的化学稳定性。这类纤维包括芳纶、聚四氟乙烯、聚苯并咪唑纤维、聚对苯撑苯并二噁唑（PBO）纤维、聚苯硫醚纤维等。虽然在国内只有芳纶-1313 产业化成功，芳纶纸产业化技术已取得进展，但是在高端绝缘材料领域一直未能实现对进口产品的替代。但是发达国家利用这些高性能纤维生产高性能纸已经有几十年的历史，主要用于绝缘材料、隔热材料、印刷电路板基材、透波材料、航空航天船舶用大刚性次受力结构件蜂窝芯材、耐腐蚀耐高温过滤材料等。这类特种纸技术含量高、附加值大、用途广，在国际上被少数几家大公司垄断。

无机纤维有非常好的耐热性、耐候性和耐化学腐蚀性，不燃烧、不吸水并且有很好的介电性能。在所有用于造纸的非植物纤维中玻璃纤维是用途最广、用量最大的一个种类。由于其耐热、耐水、耐油、耐候、防霉菌等性能良好，主要用于屋顶板、地板覆盖物、铅酸电池隔膜、耐高温耐腐蚀过滤材料、高精度过滤材料等。玻璃纤维主要有两种形式，短切玻璃纤维和玻璃棉。目前国内生产的短切玻璃纤维直径最小为 $6\mu m$，长度可根据产品需要而控制；玻璃棉与短切玻璃纤维制造工艺不一样，它是在熔融状态下吹制出来的，直径大多在 $0.1 \sim 5\mu m$ 之间随机分布，长度也是随机分布。目前没有成熟的办法表征玻璃棉的长度和直径，主要靠打浆度来粗略表征。但打浆度接近的玻璃棉直径、长度分布差别可能比较大，由此带来纸页结构性能差别也比较明显。陶瓷纤维、石英纤维因为有比玻璃纤维更优越的综合性能，在制造更为恶劣环境下使用的隔热纸和耐腐蚀、耐高温过滤纸等方面有重要应用。特别有意思的是，石英纤维可用纸模塑的方法制造小型导弹头，它既有非常优异的耐高温性能，又有非常突出的介电性能，因此它可满足下一代武器具有的精确打击、超高音速、抗干扰等技术要求。

碳纤维是一种连续细丝碳材料，直径范围在 $6 \sim 8\mu m$ 内，仅为人的头发丝的 1/3 左右，具有轻质、高强度、高弹性模量、耐高温、耐腐蚀、X 射线穿透性和生物相容性等特性，在导电纸、静电屏蔽纸、纸基摩擦材料、音响振膜等方面有着广泛的应用。但潜在意义更加巨大的应用是碳/碳纸，它主要用作燃料电池的气体扩散层，目前可以称之为特种纸中的明珠。它以碳纤维为主要原料抄造成原纸，然后浸渍具有适宜炭化率的树脂增强，经过热压后干燥，最后再经过炭化而成。其关键技术指标是导电率、透气率、表面平整度、韧性等。该材料的制造系统集成碳纤维、炭化（包括石墨化）技术、增强树脂控制炭化率技术、碳纤维造纸技术等高新技术，具有技术密集程度高、难度大，附加值非常巨大的特点，目前市面价格与黄金相当。当然附加值更高的是用纳米碳管制造的纸张，目前只见美国报道用作电池材料，工艺路线和具体用途还不得而知。碳/碳纤维纸是以克为单位定价，而碳纳米管纸是以毫克为单位定价，价格昂贵可想而知。

矿物纤维中用于造纸比较普遍的是石棉纤维，主要用于隔热纸和耐高温耐腐蚀过滤纸领域。

羊毛纤维用于音响振膜改善低音效果和音质，蚕丝用于制造特殊质感的纸张。而在动物纤维用于造纸的种类中，用途最广、用量最大的是动物皮中的胶原蛋白纤维，以其为原料制造的纸张叫皮糠纸。最早利用动物皮造纸的主要目的是皮鞋、皮包、家具等使用剩下的边角料的再利用，生产的产品多属低档。但与高性能的化学品和其他纤维原料复合后，皮糠纸的性能就可以突破真皮的局限。如中空纤维、海岛纤维等可以使材料的柔软性、透气阻水、质感等都实现真皮难以达到的效果。目前皮糠纸不仅可以替代真皮，还可以生产价格和附加值远远超过真皮的产品。

金属纤维在特种纸领域的应用大多利用其导电、导热性以及摩擦性能，如导电纸或静电屏蔽纸。值得注意的是，耐磨铜纤维在纸基摩擦材料中有重要应用，它可以同时显著提高材料的导热性（提高材料的热性能，降低材料摩擦性能的热衰变）、提高材料强度、改善材料的摩擦磨损性能。

合成浆粕的应用将在下面相关章节论述。

表 6-1 为非植物纤维基特种纸在不同领域的应用举例。

表 6-1　　　　　　　　　　**非植物纤维基特种纸应用领域举例**

应 用 领 域		举　例
生活用品	服装	服装衬布、垫布、垫肩；棉絮套、运动服衬里、旅游内衣、鞋垫、鞋底、拖鞋、帽子
	床上用品	被套、棉胎罩、枕套、床单
	卫生用品	纸尿布、纸尿垫、卫生巾、化装纸、湿巾、抹布
	日用包装	提兜、衣罩、防虫罩、杂物袋、包袱皮、购物袋
	生活杂品	吸水纸、烹调纸、书套、除臭纸、芳香纸、黑板擦、材料袋、工艺品、桌布、水具垫片
防护品		工作服、白大衣、防尘服、防尘防毒面具、安全鞋、防护手套
医疗卫生		手术衣、盖布、产褥、床单、手术帽、口罩、纱布、棉棒、橡皮膏、绷带、眼罩、白细胞分离材料、人造皮肤
建筑		屋顶铺敷材料、针刺地毯基布、防露纸版、壁板、隔音材料、吸震材料、排水材料、隔水材料、遮水材料、水泥增强材料、防腐材料、沥青覆盖层、保温材料、防火材料
家具与室内用品		地毯、沙发和椅垫、家用电器罩、遮帘、壁纸、绢画、纸花
过滤材料		空气过滤器、高温燃气过滤器、液体过滤器、水处理过滤器、气体吸附过滤器、离子交换型过滤器等的过滤介质
交通器具		汽车内壁的整个装饰层、包括门的封边，椅罩、头枕、吸音和防震材料、滤油及换气过滤器等。飞机、火箭及航天飞机的轻质高强材料
农业		育苗纸、大棚保温帘、防霜帘、遮光帘、防草纸
皮革		人造革基布、合成革基布
包装		保鲜剂、干燥剂及芳香剂用透气性袋、茶叶及咖啡等用透过性袋

续表

应 用 领 域		举　　例
工业	电气	导电纸、绝缘纸、印刷线路板、绝缘胶带、电池隔离板、电磁波屏蔽纸、电容器纸、防静电材料
	热功能	绝热纸、热导纸、蓄热纸、发热体、热交换器用纸、耐高温纸、耐热冲击纸、耐热垫片、远红外线反射材料
	化工	耐腐蚀过滤纸、吸油纸、脱水材料、耐腐蚀垫片、挤液辊、催化剂载体、填料塔填料、药品槽基材
	印刷	宣传画、广告纸、书皮纸、商标纸、军用地图、海图、精品印刷、特种说明书、抗老化高级文献、辞典纸
	其他	三角带、运输带、研磨材料、抛光材料、X 射线遮蔽材料、放射线遮蔽纸、不燃纸、抛物面天线、包装缓冲材料、复合材料的基材

三、非植物纤维基特种纸的发展概况

造纸术已有 1900 多年历史了，但非植物纤维基特种纸还是近代的事情。1928 年才出现第一个用黏胶纤维造纸的专利。第二次世界大战前，德国发明用石棉纤维和西班牙草浆复合制造防生化武器的防毒面罩过滤材料，很快美国联合英国成功仿制该材料。由于这两种材料均须进口，二战后美国政府非常担心战时的补给，所以下令研究替代这两种纤维原料的方案，并成功地运用玻璃棉替代石棉纤维。非常幸运的是，尽管此时还未认识到石棉纤维对人体的危害，但是因为上述原因，20 世纪 50 年代后"三防"过滤材料不再使用石棉纤维，从而无意识地避免了对人体的危害。1941 年，出现用陶瓷纤维造纸的专利。

20 世纪 50 年代，采用玻璃纤维制造屋顶用沥青毡、过滤纸、隔热纸的技术迅速推广；用醋酸纤维和硝酸纤维造纸的专利也出现了。随着合成纤维工业的发展，新发明的合成纤维也陆续成为造纸的新原料。到 1955 年，出现了用 100％合成纤维抄造的聚酯纤维纸、尼龙纤维纸、聚丙烯腈纤维纸和氯乙烯、丙烯腈共聚纤维纸。

20 世纪 60 年代出现芳纶纸的专利，随后出现聚苯并咪唑（PBI）纤维纸的专利。1968 年，DuPont 公司正式推出芳纶纸的产品用作绝缘材料。后来广泛应用于飞机尾翼、舱门、隔板、地板、整流罩等大刚性次受力结构件所用蜂窝芯材，这是高性能纤维用于制造高性能纸的一个里程碑。聚苯并咪唑纤维纸据报道 1983 年投产，主要用作耐高温绝缘材料。

20 世纪七八十年代，出现纸基摩擦材料的专利和报道，主要用于轻型轿车的刹车片和离合器，以及直升机、起吊机摩擦片等。20 世纪 90 年代，美国福特公司将芳纶纤维、碳纤维、金属纤维等引入纸基摩擦材料以改进其综合性能。

20 世纪 90 年代以前，过滤病毒主要依靠膜过滤，但是这种技术的过滤阻力大。美国威斯康星州 20 世纪 90 年代初自来水物理消毒系统失灵，导致重大人员生病以及死亡事故。因此急迫需要一种过滤阻力低也就是生产速度快的具有过滤病毒能力的过滤材料。据此，20 世纪 90 年代后期发明了用活性炭纤维制造高性能过滤纸的技术。它对 20nm 的球状病毒有很高的过滤效果，从而克服了一直以来纤维过滤材料对尺寸 30～300nm 范围内的杂质过滤难题。

20 世纪 90 年代，氢能源作为清洁能源的重要方式成为全世界的研究热点，特别是燃料电池以及燃料电池电动汽车是美国科学学会预测的 21 世纪 100 大新技术之一。燃料电池其中的一个关键材料扩散层是采用碳纤维制造的碳/碳纸。

2001 年，华南理工大学开始研究用号称"21 世纪纤维之王"的 PBO 纤维制造高性能的 PBO 纸。2002 年后美国、日本出现相关专利和研究报道。

2007 年，美国出现制造碳纳米管纸用作电池材料的简要报道，但制造工艺和具体用途未见报道，也没有专利出现，其中原因不清。

2009 年，美国科研人员以多壁碳纳米管为原料通过悬浮液过滤法制备了碳纳米纸。由碳纳米管制备的碳纳米纸的性能更加突出，兼具碳纳米管的力学性能和物理化学性能外，与聚合物形成复合材料过程中不会发生团聚现象。

2009 年，澳大利亚学者利用真空抽滤法制备了石墨烯纸，并将其应用于锂电池阴极材料中，证明其比石墨材料更好的电池性能。

2012 年，我国研究人员将氧化石墨烯溶液冷冻干燥，经高温还原得到石墨烯气凝胶，再通过机械压制得到石墨烯纸，用作锂离子的无黏结电极材料。

2013 年，日本学者将硝酸预处理碳纳米管分散至纳米纤维素悬浮液中，超声均质后倒入聚四氟乙烯模板中，干燥后得到了柔软透明、适印性良好的碳纳米管/纳米纤维素复合纸。该材料具有较高的电导率和机械强度。

2015 年，芬兰研究人员利用纳米纤维素和还原氧化石墨烯的悬浮液制备复合纸，发现在高湿度条件下显著改善了纸张的机械性能。此材料在导体材料、抗静电涂层和电子封装等方面有着潜在优势。

2017 年，我国研究人员以纸纤维为基体，多壁碳纳米管为导电剂，采用真空抽滤法制得碳纳米管导电纸，并将其作为正极集流体代替铝箔应用于锂硫电池。

传统纸张主要包括书写印刷用的文化用纸、包装用纸和生活用纸，目前这类产品的技术发展已趋于稳定。但非植物纤维基特种纸却是发达国家非常活跃的研究领域。最近 40 年来，新的纤维原料、新的化学品和新的制造加工技术为此领域的迅猛发展提供了无穷的动力。但在我国由于传统造纸的观念根深蒂固，对于非植物纤维和新的化学品给特种纸性能方面带来的革命性变化缺乏认识；对于通过纤维的复合或者混杂，对各种纤维材料的特性取长补短实践和认识都较少；因此在该领域发展缓慢，只能生产部分种类的中低档产品，相当部分种类甚至全部依赖进口。

第二节　非植物纤维原料

一、合　成　纤　维

合成纤维（Synthetic fiber）是以石油、天然气、煤焦油及农副产品等物质为起始原料，经化学聚合、纺丝成形及后加工而成。

根据使用性能需要，可以对组成合成纤维的聚合物化学结构、相对分子质量进行控制，配合各类不同的纺丝和后加工工艺。合成纤维种类繁多，且性能、形状、尺寸都可根据需要来设计，为纸张的生产提供了一大类丰富的原材料。

常用合成纤维的主要品种包括涤纶、锦纶、腈纶、丙纶、维纶和氨纶六类。20 世纪六七十年代，Dupont 公司先后推出牌号 Nomex、Kevlar 的芳纶纤维，新一代高强高模纤维芳纶、芳砜纶、聚苯并咪唑纤维等陆续问世，耐化学性能优异的聚四氟乙烯纤维，具有特殊光、电、磁性能的智能纤维等为提高纸页的功能性和扩大应用范围提供可能。另一方面，纤维纺丝技术的进步使得超细、海岛等各类差别化纤维实现商业化，它们对于控制纸页结构具有重要作用。本节对常用纤维、高性能纤维、差别化纤维的结构性能及其在造纸上的应用作简单介绍。

1. 聚丙烯纤维

聚丙烯（polypropylene，PP）纤维是以丙烯聚合得到的等规聚丙烯为原料制备的合成纤维，我国简称为丙纶。1954 年，Ziegler 和 Natta 发明了配位催化剂并制成具有较高的立构规整性的聚丙烯，称全同立构聚丙烯或等规聚丙烯。聚丙烯纤维是由熔融纺丝法制得的，一般情况下，纤维截面呈圆形，纵向光滑无条纹。

等规聚丙烯的分子结构虽然不如聚乙烯的对称性高，但具有较高的立体规整性，因此，较容易结晶。聚丙烯纤维性能具有以下特征：聚丙烯纤维的密度为 $0.90 \sim 0.92 \mathrm{g/cm^3}$，在所有化学纤维中是最轻的；聚丙烯纤维大分子上不含极性基团，纤维的微结构紧密，因此吸湿性是合成纤维中最差的一种，吸湿性低于 0.03%；对酸、碱及氧化剂的稳定性很高，耐化学性优于一般化学纤维；聚丙烯纤维是一种热塑性纤维，玻璃化温度 -15℃，熔点 186℃，因此，加工和使用时，温度不能过高。

丙纶因为具有相对密度小，强度好，耐酸、耐碱、耐化学溶剂性能优越于其他大部分合成纤维的特点在湿法非织造布领域获得了广泛应用：如过滤材料、医用材料、家用装饰材料、食品工业的复合包装材料、电池隔膜材料等。

2. 聚酯纤维

聚酯（polyester）通常是指以二元酸和二元醇缩聚而得的高分子材料，其基本链节之间以酯键连接而得名。聚酯纤维品种很多，如聚对苯二甲酸乙二醇酯（PET）、聚对苯二甲酸丁二醇酯（PBT）、聚对苯二甲酸丙二醇酯（PPT）等。我国将聚对苯二甲酸乙二酯含量大于 85% 的纤维简称为涤纶，俗称"的确良"。

在涤纶的形态结构方面，采用熔纺制得的常规涤纶纤维表面光滑，纵向均匀而无条痕，横截面为实心圆形。

涤纶的基本物质组成 PET 的分子结构如下

$$\mathrm{H\text{---}(OCH_2CH_2O\text{---}C\overset{O}{\underset{}{\|}}\text{---}\langle\text{benzene}\rangle\text{---}C\overset{O}{\underset{}{\|}})_n O\text{---}CH_2CH_2OH}$$

PET 的分子结构具有以下特征：PET 是具有对称性芳环结构的线性大分子，没有大的支链，因此，分子线形好，易于沿着纤维拉伸方向取向而平行排列，具有高度的立体规整性，分子间紧密结合形成结晶，使纤维具有较高的机械强度和形状稳定性。PET 分子链中的苯环基团刚性较大，因此，纯的 PET 熔点较高。涤纶在几种主要的通用合成纤维中的耐热性最好。涤纶在 170℃ 下短时间受热所引起的强度损失，在温度降低后可以恢复。在温度低于 150℃ 下处理，涤纶的色泽不变。在 150℃ 下受热 168h 后，涤纶强度损失不超过 3%，在 150℃ 下加热 1000h，仍能保持原来强度的 50%，而在相同条件下，其他纤维如锦纶受热 5h 即变黄，纤维强度大幅度下降，所有的天然纤维和再生纤维素纤维在 70～336h 内将完全被破坏。涤纶有良好的热塑性能。软化点 230～240℃，熔点 258～267℃。涤纶纤维除了大分子两端各有一个羟基（—OH）外，分子中不含其他亲水基团，另外，涤纶结晶度高，分子链排列很紧密，因此，吸湿性差，在标准状态下的吸湿率只有 0.4%。易产生静电。在涤纶分子链中，苯环和亚甲基均较稳定，结构中存在的酯基是唯一能起化学反应的基团，另外，纤维的物理结构紧密，所以化学稳定性较高。涤纶的耐酸性较好，涤纶在碱的作用下发生如下水解：

$$
\overset{O}{\underset{\|}{-C}}-O-\ +\ H_2O\ \xrightarrow{\ OH^-\ }\ \overset{O}{\underset{\|}{-C}}-OH\ +\ -OH
$$

涤纶因为耐热性能优良，在高温过滤和电器绝缘方面的特种纸上获得了应用。

3. 聚乙烯醇纤维

聚乙烯醇纤维（polyvinyl alcohol，vinylon）是合成纤维的重要品种之一，它可以分为两类：一类未经缩甲醛处理，根据其醇解度、相对分子质量的不同，具有可控制的不同温度下的水溶性；一类是常规产品聚乙烯醇缩甲醛纤维，国内简称维纶，日本称维尼龙，经过缩醛化处理后，使纤维具有良好的耐热水性能和机械性能。

缩醛化处理主要利用甲醛适当封闭纤维无定形区内的部分羟基，以降低其亲水性，提高其耐热水性，使原来在水中的软化点（90℃）提高到110℃以上。缩醛化以硫酸为催化剂，甲醛为醛化剂，主要在分子内构成相邻羟基的内缩合，极少一部分也发生分子间缩合。反应如下：

$$
\cdots\!-\!CH_2\!-\!CH\!-\!CH_2\!-\!CH\!-\!\cdots\ +\ HCHO\ \longrightarrow\ \cdots\!-\!CH_2\!-\!CH\!-\!CH_2\!-\!CH\!-\!\cdots\ +\ H_2O
$$

分子内缩合

$$
\cdots\!-\!CH_2\!-\!CH\!-\!\cdots\ +\ \cdots\!-\!CH_2\!-\!CH_2\!-\!\cdots\ +\ HCHO\ \xrightarrow{\ H^+\ }\ \cdots\ +\ H_2O
$$

分子间缩合

缩醛化反应的程度常以缩醛化度来表示，即参与反应的羟基占全部羟基的百分数（摩尔分数），一般缩醛化度为 30%～36%。

聚乙烯醇纤维作为湿法非织造布的原料主要有两种类型：一种是在热水中不溶纤维，主要用于提高强度和非织造布的透气性，如汽车过滤器用材、医用绷带基材、育苗用布等；另一种是热水溶纤维，与其他纤维掺用后湿法成网，经过烘缸表面加热，当纸张中热水和纤维温度超过溶解温度，纤维溶解后对其他纤维产生黏结作用。这类纤维在热水中有不同的溶解温度，如 35℃、60℃、90℃、120℃等，可供使用者选择。聚乙烯醇纤维具有良好的吸湿性、亲水性，与植物纤维有着很好的亲和性，甚至可以无须添加任何分散剂即可上网成形，而且加工后具有很好的湿强度，既可提高产品的强度，又可提高单位产量。

4. 聚酰胺纤维

聚酰胺纤维（polyamide fibers，PA），锦纶，是指其分子主链由酰胺键（—CO—NH—）连接起来的一类合成纤维。锦纶不仅是最早进入市场的合成纤维，也是继人造纤维素纤维之后最早被应用于无纺布的合成纤维之一。它的突出优点在于耐摩擦性能。我国称聚酰胺纤维为锦纶，美国和英国称"Nylon"（尼龙或耐纶），苏联称"Kapron"（卡普隆），德国称"Perlon"（贝纶），日本称"Amilan"（阿米纶）等。

锦纶的结构有以下特征：聚酰胺的分子是由许多重复结构单元（链节）通过酰胺键连接起来的线形长链分子，在晶体中为完全伸展的平面锯齿形结构。聚酰胺聚集态结构和涤纶相似，都是折叠链和伸直链晶体共存的体系。聚酰胺分子链间相邻酰胺基可以定向形成氢键，这导致聚酰胺倾向于形成结晶。锦纶的结晶度为 $50\%\sim60\%$，甚至高达 70%。

锦纶是经过熔融纺丝制成的，截面接近圆形，纵向无特殊结构。在电子显微镜下可以观察到丝状的原纤组织。锦纶 66 的原纤宽度为 $10\sim15nm$。

聚酰胺纤维具有诸多优良性能，如其耐磨性是所有纺织纤维中最好的；断裂强度较高；回弹性和耐疲劳性优良；聚酰胺纤维相对密度小，是除乙纶和丙纶外的最轻的纤维；吸湿性低于天然纤维和再生纤维，但在合成纤维中其吸湿性仅次于维纶；染色性能好等。聚酰胺纤维也有一些缺点，如耐光性较差，在长时间的日光或紫外照射下，强度下降，颜色发黄。另外，聚酰胺纤维的初始模量比其他大多数纤维都低，因此，在使用过程中容易变形。

5. 聚丙烯腈

聚丙烯腈（polyacrylonitrile，PAN）纤维通常指含丙烯腈在 85% 以上的丙烯腈共聚物或均聚物纤维，我国简称腈纶，美国称 "Acrilon"（阿克利纶）和 "Orlon"（奥纶）。丙烯腈的含量在 $35\%\sim85\%$（质量分数）的共聚物纤维则称为改性聚丙烯腈纤维或改性腈纶。

在腈纶的形态结构方面，聚丙烯腈纤维的截面随溶剂及纺丝方法不同而不同。用通常的圆形纺丝孔，采用硫氰酸钠为溶剂的湿纺聚丙烯腈纤维的截面是圆形的，而以二甲基甲酰胺为溶剂的干纺聚丙烯腈纤维的截面是花生果形或腰子形的。聚丙烯腈纤维的纵向一般都较粗糙似树皮状。

在腈纶的聚集态结构方面，由于侧基氰基的作用，聚丙烯腈大分子主链呈螺旋状空间立体构象。在丙烯腈均聚物中引入第二单体、第三单体后，大分子侧基有很大变化，增加了其结构和构象的不规则性。

通常认为聚丙烯腈中没有真正的晶体存在，而只是具有侧向有序的结构，称为蕴晶（或准晶）。它没有严格讲的结晶部分，同时无定形部分的规整程度又高于其他纤维的无定形区。聚丙烯腈纤维具有许多优良性能，如纤维柔软，保暖性好，广泛应用于代替羊毛，制造膨体绒线、腈纶毛毯、腈纶地毯，故有"合成羊毛"之称，特别是腈纶复合纤维的发展，改进了纤维的弹性，在针织工业方面的用途日益扩大。另外，聚丙烯腈纤维具有优异的耐光性和耐辐射性，但其强度不高，耐磨性和抗疲劳性也较差。随着合成纤维生成技术的不断发展，各种改性聚丙烯腈纤维相继出现，如高收缩、抗起球、亲水、抗静电、阻燃等品种均有商品生产，使之应用领域不断扩大。聚丙烯腈纤维的价格比涤纶和锦纶低，这也促进了腈纶的发展。

6. 聚氨酯纤维

聚氨酯弹性纤维（polyurethane elastic fiber）是指以聚氨酯甲酸酯为主要成分的一种嵌段共聚物制成的纤维，简称氨纶。国外商品名有美国的 "Lycra"（莱卡）、日本的 "Neolon"、德国的 "Dorlastan" 等。

一般的聚氨基甲酸酯均聚物并不具有弹性。目前生产的聚氨酯弹性纤维实际上是一种以聚氨基甲酸酯为主要成分的嵌段共聚物纤维。其结构式如下

$$\sim\!\!\!\!O\!\!-\!\!\overset{\overset{O}{\|}}{C}NRNHC\!\!-\!\!NHR'NH\!\!-\!\!\overset{\overset{O}{\|}}{C}NHRNHC\!\!-\!\!O\!\!\!\sim$$

在嵌段共聚物中存在两种链段，即硬链段和软链段。其中一部分链段是比较容易产生内旋转的脂肪族的低相对分子质量聚酯或聚醚组成的，由它构成了长链分子中的软链段，另一部分链段则是由刚性比较大，链段间作用力较强的芳香族二异腈酸酯链段组成，它是长链分

子中的硬链段，正是这种软硬链段镶嵌共存的结构才赋予聚氨酯纤维的高弹性和强度的统一。可见，聚氨酯纤维是一种性能优良的弹性纤维。

7. 氟化纤维

虽然氟聚合物纤维很昂贵，但由于它们的极端化学惰性，确保其在对温度和化学稳定性要求很高的过滤应用中找到用武之地。这类中最有名的代表是聚四氟乙烯（PTFE），其他还包括如聚氟乙烯（PVF）、聚偏氟乙烯（PVDF）和各种氟化乙烯聚合物（FEP）类。表6-2汇总了这些纤维性能，它们经常可以以连续长丝或短纤两种形式存在。

表 6-2　　　　　　　　　　　　　　　　　含氟聚合物纤维

种类	实例	制造者	强度 /（N/tex）	断裂应变 /%	熔融温度 /℃	软化温度 /℃	最高温度 /℃	极限氧指数/%O₂ （体积分数）
PTFE	Teflon	DuPont	0.14	20	347	177	290	98
	PTFE	Lenzing	0.08～0.13	25	327	200	280	98
	PTFE	Albany	0.13	50	375	93	260	98
PVF			0.19～0.39	15～30	170	100	150	—
PVDF	Kynar	Albany	0.43	25	156	100	149	44
	Solef	Solvay	—	40	178	150	160	—
	Trofil	Dynamit		10～50	165	—	120	—
FEP	Halar-ECTFE	Albany	0.3	25	241	149	180	48
	Teflon-FEP	DuPont	0.05	50～60	290	—	—	—
	Tefzel-ETFE	Albany	0.3	25	271	177	195	—

氟化纤维以在远高于100℃的各种化学环境下卓越的化学稳定性闻名。由于氟化纤维中存在高密度极性 C—F 键，内在的稳定性、聚合物链结构的不活泼性以及与分子间力和链有序的综合结果，使得氟化纤维具有优异的化学稳定性。以下是氟化纤维的用途：

① 耐高温和耐化学性，用于热介质过滤或者特殊化学过滤；

② 低摩擦系数，用作纸基摩擦材料；

③ 优异介电性能，用作印刷电路板基材。

8. 差别化纤维

"差别化纤维"（differential fiber）一词源自日本语，泛指对常规纤维品种进行化学或物理改性后赋予特殊性能的纤维。这种纤维的化学组成主体上仍是常规品种，但可能由于化学组成中添加了少量其他组分，或纤维横截面的大小、形状不同，或纤维的加工工艺不同，导致纤维的性能与原有纤维有不同程度的差异。因此，"差别化纤维"一词并不是指一个具体的品种，也没有严格的定义，只是与普通纤维相对的一个概念。

"差别化纤维"涉及的范围很广，有数十种乃至上百种之多，但真正为市场接受、实现产业化、并形成一定规模的品种并不多，主要有超细纤维、异形纤维、染色改性纤维、高收缩纤维、低熔点纤维等。本文就其在造纸领域具有广泛应用前景的品种进行介绍。

（1）超细纤维

通常认为单丝线密度 $\rho_L > 1.0$dtex 以上为常规细度，线密度 $\rho_L = 1.0～0.3$dtex 为微细纤维，线密度 $\rho_L < 0.3$dtex 为超细纤维。目前产业化的超细纤维主要有聚酯、聚酰胺、聚丙烯等。超细纤维生产方法主要有：采用复合纺丝技术先制得双组分复合纤维，通常为海岛型纤维和橘瓣型纤维，然后分离双组分，形成超细纤维，如图6-1、图6-2所示。对于海岛型纤维，采用溶解法溶去"海"组分，留下的"岛"组分即为超细纤维，细度可达到0.0011～

0.11dtex；对于桔瓣形纤维，可采用机械方法分离两组分，分离后两组分均为超细纤维，细度可达到 0.11～0.44dtex；橘瓣形纤维也可采用碱减量处理方法，其中一个组分（通常是聚酯）被溶去。采用熔喷非织造技术，直接得到由超细纤维构成的非织造材料，平均纤维直径为 2～5μm。

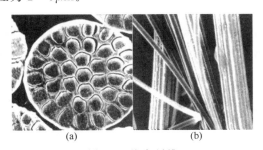

图 6-1　海岛纤维

（a）分离前　（b）分离后

图 6-2　橘瓣形纤维

（a）分离前　（b）分离后

　　超细纤维在过滤分离领域具有重要的意义，通过加入超细纤维，可以有效降低纸页的孔径，提高过滤与分离的精度。如纸口罩，为了有效拦截病毒，需加入一定尺寸的超细纤维。在电池隔膜材料中添加超细纤维，可有效减少内部短路。超细纤维可显著提高纸张柔软度，因此在制造柔软性较好的纸张如人造麂皮等领域有重要应用。

　　（2）异形纤维

　　化学纤维的纺丝通常采用完整圆形喷丝孔眼，得到的纤维基本上是圆形横截面。相应地，所谓异形纤维就是采用异形喷丝板纺丝、制得非完整实心圆形横截面的纤维，如图 6-3 所示。横截面形状的改变，使纤维的光泽、触感、蓬松性、吸湿性以及纤维相互摩擦力等性能都与相同组成的常规纤维不同。异型纤维的加入可以帮助控制纸页的孔结构参数，也有研究者通过扁平纤维，提高纸页的抄造性能。

图 6-3　各类异型纤维的截面

　　（3）复合纤维

　　根据喷丝孔或纤维横截面的几何结构，已产业化的复合纤维主要有并列型、皮芯层、海岛型等，如图 6-4 所示。复合纤维在纸页中的应用，主要是热黏合的作用。熔点低的部分熔融黏结，熔点高的部分保持纤维的形态和强度。

　　广泛应用的双组分纤维如 ES 纤维，它由聚丙烯和高密度聚乙烯复合

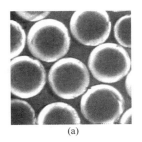

图 6-4　复合纤维的截面

（a）皮芯结构的复合纤维截面　　（b）并列结构的复合纤维截面

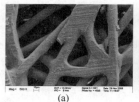

图 6-5　镍氢电池隔膜纸的扫描电镜照片

（a）表面　（b）截面

而成，其中高密度聚乙烯作为热熔黏结成分，有芯壳式和并列式两种结构，常用结构为皮芯，可用于热黏合增强纸页。在茶叶袋纸、医用口罩床单等都有广泛应用。一些聚丙烯的双组分纤维材料被应用于镍氢电池隔膜材料，如图 6-5 所示。还有 Kurary 公司生产的聚酯双组分黏结纤维，皮层和芯层分别采用熔点不同的聚酯材料。

二、人 造 纤 维

人造纤维通常被称为再生纤维素纤维，它是以天然纤维素为原料，采用一定工艺将其溶解后，再经纺丝加工而成的纤维，与合成纤维相比，其最突出的特点在于亲水性和可降解性。目前市场上常见的人造纤维主要有黏胶纤维、Lyocell 纤维、Modal 纤维、Viloft 纤维等。其中黏胶纤维在特种纸领域中应用已久，天丝纤维的应用起步不久，而其他人造纤维的应用则还处于研究阶段。

1. 黏胶纤维

黏胶纤维是最早实现工业化的人造纤维，于 1909 正式投入工业化生产。它以天然纤维素为原料，经碱化、老化、磺化等工序制成可溶性纤维素磺酸酯，再溶于稀碱液制成黏胶，最后经湿法纺丝而制成。采用不同的原料、纺丝及改性工艺，可以分别得到普通黏胶纤维、高湿模量黏胶纤维、高强力黏胶纤维、异形截面黏胶纤维以及阻燃黏胶纤维等不同的差别化及功能化黏胶纤维产品。传统黏胶纤维的生产过程中有"三废"物质产生，因而如何实现黏胶纤维生产工艺的无污染化一直都是黏胶纤维生产技术革新的重要推动力。

普通黏胶纤维的纵面相对非植物纤维较平直，但没有合成纤维均匀，表面有一定沟槽，并有少量的分丝现象。图 6-6 为黏胶纤维的扫描电镜照片。黏胶纤维的亲水性、耐热性、耐光性和耐碱性相对较好，具有一定的耐蛀特点，而耐磨性、耐酸性和弹性较差。黏胶纤维的组成物质是纤维素，但其大分子的聚合度不高，大分子间排列不紧密，所以它具有较好的吸湿性，在一般大气条件下回潮率达 10% 以上。在特种纸领域中黏胶纤维主要应用于一些电器用纸、过滤纸及卫生用纸的生产。

2. Lyocell 纤维

Lyocell 纤维由奥地利兰精（Lenzing）公司在 20

图 6-6　黏胶纤维的扫描电镜照片

世纪 90 年代正式投入生产，其注册商品名为 Tencel，在国内通常被称为天丝纤维。天丝的原料主要来自于 3～5 年生的速生植物，它以 N-甲基吗啉—氧化物（N—Methyl Morpholine Oxide，简称 NMMO）的水合物为溶剂，最后纺丝而成。NMMO 溶剂可被回收精制而重复使用，整个生产系统形成闭环回收再循环系统，没有废物排放，对环境无污染，这是相对于传统黏胶纤维产品的一个显著优势。天丝纤维具有较强的单丝强度和在湿态下的高模量保持率。在其纺丝过程中，无须裂解，纤维素原有的晶体没有遭到破坏，纺丝后形成含原纤明显的超分子结构，因而聚合度高，可达 500～550，结晶度达 50%。同时由于天丝纤维的牵伸主要在干态下进行，因而其取向度高，即使在无定形区，天丝纤维也有相当程度的取向。

天丝纤维有特殊的皮芯层结构（其结构示意图见图 6-7），从图中可以看出，天丝纤维内部的原纤间排列十分规整。同时，由于高度结晶、取向以及湿态下溶胀的特性，使得它在湿态的机械作用力下非常易于原纤化，因而可以通过传统的造纸打浆方式来控制天丝纤维的结构形态，图 6-8 分别为不同打浆度下的天丝纤维扫描电镜照片。从图中可以看出未经打浆处理的天丝纤维表面光滑［图（a）］，随着打浆度的提高，纤维从表面逐渐开始出现原纤化的现象，程度逐渐加剧［图（b）和图（d）］。

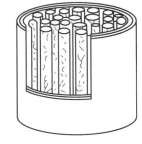

图 6-7　天丝纤维的结构图

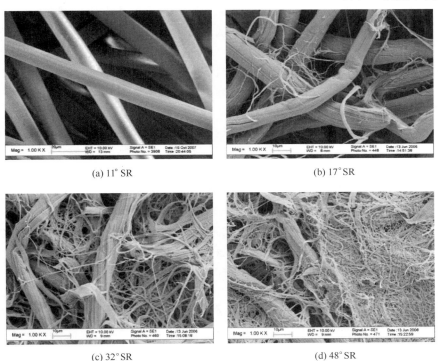

(a) 11°SR (b) 17°SR

(c) 32°SR (d) 48°SR

图 6-8　不同打浆度的天丝纤维扫描电镜照片

天丝纤维具有高度的原纤化特性，且成纸具有一定抗张强度，这使天丝纤维在特种纸领域有着巨大的应用潜力。例如在过滤领域中，将高度原纤化的天丝纤维与无交织强度的超细纤维混抄，就可能解决无交织强度的超细纤维纸的强度问题，同时又不影响这种纸的过滤精度；此外，大量天丝纤维纳米级原纤的出现意味着天丝纤维纸将可能拥有纳米级孔隙结构，这就有可能实现纳米级精度的过滤，从而在一些领域内取代膜过滤；与此同时，如果将其他纳米材料复合在具有纳米级微孔的天丝纤维纸上，就有可能制备出一些具有独特性能的新型材料。

三、动 物 纤 维

动物纤维可分为两大类，一类是动物毛绒类纤维；另一类是动物胶原蛋白类纤维。

动物毛绒类纤维的种类较多，常见的主要有绵羊毛、山羊毛、山羊绒、兔毛、骆驼毛、牦牛毛等。动物毛纤维是由鳞片层、皮质层、髓质层三部分组成。毛纤维一般粗而挺直，有光泽，富弹性，色泽深浅不同，各类不同的动物毛纤维的鳞片形态结构区别明显。动物绒纤维是由鳞片层及皮质层组成，绒纤维细长、均匀、柔软、弹性好、光泽柔和、保温性能好，是其共同的特点。但因品种不同，鳞片形态结构存在明显差别。这些独特的形态结构正是用来区分不同种类动物毛绒纤维的依据。

动物毛绒类纤维有着其独特的外形特征，但由于价格较贵，随着各种新型高性能合成纤维的不断问世，动物毛绒类纤维在特种纸领域的应用越来越少，目前只有羊毛还在使用。羊毛的主要成分是含硫蛋白质，直径为 $10\sim70\mu m$ 不等，同一根羊毛的直径也存在不均匀现象，往往呈扭曲和卷曲状态，纤维断面近于圆形。羊毛的耐酸性较好，但耐碱性差，耐热性能也较差。羊毛的亲水性较好，但纤维间结合力较差。羊毛可以作为某些特种纸的配抄原料，比如超级压光机和轧花机的纸辊，其原纸一般为硫酸盐浆（棉或麻）和羊毛混抄而成的。混入羊毛，可增加纸辊的弹性和变形性，从而保证超级压光和轧花的效果。一般羊毛的配入量增高，弹性和变形性增强，但辊子的硬度和耐热性降低。一般文化用纸用的超级压光机的纸辊，其原纸中羊毛配入量为 $10\%\sim25\%$。在音响振膜（喇叭纸）也经常见到羊毛的应用，主要是用于改善音质和低音效果。

动物胶原蛋白类纤维可分为动物皮胶原蛋白纤维和再生胶原蛋白纤维。前者以纤维的形态存在于动物皮中，而后者是由动物皮、骨、肌腱等组织中的胶原经酸、碱、酶等处理后再生成为纤维形态的。胶原蛋白纤维可生物降解，是一种环保纤维。再生胶原蛋白纤维目前在造纸领域的应用还处于研究阶段，而动物皮中的胶原蛋白纤维作为特种纸的一种重要原料，应用已久。

动物皮胶原蛋白纤维中含有羧基、氨基和羟基，与纤维素中的伯、仲羟基和羧基等活性基团可通过化学方法结合在一起，其在特种纸领域中主要用于与其他种类的纤维通过化学和物理复合的方法形成具有特殊风格特点和用途的复合材料，应用于包装材料、多孔吸附性材料、复合生物降解材料等方面，其中皮糠纸是目前动物皮胶原蛋白纤维最主要的用途。

皮糠纸亦称再生皮（革）、是将动物真皮（通常是皮类加工的边角料）、交联纤维、树脂与其他助剂混合通过造纸的方法制备一种特种纸。在皮类制造业，皮糠纸已是中高档皮具、皮鞋不可缺少的衬垫材料。在中间夹层，皮糠纸以其无与伦比的质感、坚韧度、弹性强、抗湿能力和加工适应性取代了传统的纸板。在面料方面，皮糠纸上粘贴真皮或高级人造皮（PU）作为优化面皮使用，有广阔的用途。皮糠纸虽然价格较纸板贵，但由于其优良的性能正被越来越多的重视质量的国内皮具厂家和加工出口皮具的工厂所接受，目前我国每年还需进口大量的高质量皮糠纸。

在皮糠纸的制备过程中动物真皮首先被粉碎成一定尺寸的原料，粉碎的机械作用主要是打散动物真皮的立体编织网络，将纤维束撕开变细和变短，胶原纤维束是由若干胶原纤维紧密黏接所组成的，胶原纤维又由若干微纤维组成，经过粉碎作用后并没有使纤维束分离成游离的胶原纤维或微纤维。实际上，将胶原纤维束中的纤维或微纤维完全分离，不是用化学或物理方法能轻易实现的。被粉碎后的胶原纤维束与化学交联纤维、树脂和其他原料进行混合，经成形、干燥和表面处理后得到最终产品。

四、金属纤维

采用特定的方法将一些延展性较好的金属加工成为的纤维状材料，被称为金属纤维，常见的金属纤维有不锈钢纤维、铜纤维、铝纤维、铅纤维、钨纤维等。金属纤维是近几十年发展起来的新型软态工业材料，是现代材料科学的一个重要领域。

金属纤维的性能取决于所采用的金属材料性质及加工方法与工艺。目前，金属纤维的生产方法主要有四种：单丝拉拔法、刮削法、熔抽法、集束拉拔法。单丝拉拔法是常用的制造金属线材的方法，可制取直径为 $20\mu m$ 左右的不锈钢纤维，直径为 $150\sim380\mu m$ 的铜、铝、钨、钼等纤维。刮削法是一种利用机床与高速转动的刀具之间的摩擦使得切屑从基体材料上分离出来的加工工艺，多用于加工 $35\mu m$ 以上的纤维。熔抽法是由熔融金属直接制取纤维的方法，纤维最小当量直径可达 $25\mu m$。集束拉拔法将多根线材集成一束，外加包覆材料，再进行拉拔。目前主要用于不锈钢纤维、高温合金纤维等高强、超细纤维的生产，纤维最小当量直径可达 $1\sim2\mu m$。

金属纤维具有植物纤维所不具备的物理、化学性能以及某些特殊的功能，如导电、导热、防静电、防射线辐射、抑菌、抗污染等性能特点。在特种纸领域中，金属纤维可应用于以下几个方面：

① 防伪材料。利用每一种金属纤维特有的侦测信号，将金属纤维与植物纤维混合制备成特种纸张，可用于银行账单和票据、有价证券、单位信函用纸、护照、信用卡等方面的防伪识别。

② 电磁屏蔽材料。利用不锈钢纤维等金属纤维可吸收电磁波的特性能制备具有电磁屏蔽效果的特种纸，可应用于军用装备的"隐身"技术，也可用作民用电磁辐射防护材料、电缆屏蔽材料等。

③ 抗静电材料。具有导电性能的金属纤维与其他纤维混合制备的特种纸具有抗静电性，可应用于一些对静电敏感度较高的领域、如易燃易爆作业的粉尘过滤、炼油、炸药制造和煤矿等行业。

④ 抑菌材料。镍纤维具有优异的抑菌效果，镍纤维与其他纤维混合抄造的特种纸，可用于医药、卫生及包装领域。

五、合　成　浆　粕

20 世纪六、七十年代，伴随着石油工业的兴起，聚合物科学的突破性发展，以及植物资源相对于需求的短缺，产生了以合成聚合物材料造纸的研究及应用热潮。合成浆的研究正是产生于这一大背景下。

虽然时至今日，以石油产品制备的合成聚合物纸并没有如当时预期的那样，成为造纸行业的主流产品。但是合成纤维、合成浆在特种纸功能纸领域扮演着越来越重要的角色。人们在采用合成纤维造纸时遇到的问题是，合成纤维的表面光滑，大多数不亲水，因此分散困难，而且由于不能形成有效的物理缠结，抄造的纸页强度非常低，传统的造纸工艺及设备不能满足合成纤维纸的生产要求。为了解决这一问题，人们开始根据植物纤维的一些形态结构特点，设计制造合成浆。

合成浆制备方法的代表性研究包括：DuPont 公司的 Morgan、Parrish 等人采用将聚合物溶液在剪切力下沉析工艺制备的沉析浆粕（fibrid）；帝人芳纶公司通过喷射纺丝工艺制备的 jet-spun 浆粕（jet-spun fibrids）；聚乙烯或聚丙烯通过闪蒸纺丝等方法制备的细纤维化浆粕（fibril）；具有多重原纤结构的聚合物纤维如 PPTA 等，通过原纤化处理制备的高度原纤化浆粕（fibrillated pulp），如 DuPont 公司的 Kevlar® 浆粕、帝人公司的 Twaron® 浆粕，等等。

合成浆的结构特点是呈现膜状或纤维状，比表面积大，由于能产生有效的物理缠结，使得纸具备抄造所需的强度，能在常规的造纸上抄造成纸。部分合成浆还可以通过热压，熔融黏结实现纸页的增强。

本文就几种代表性的合成浆的形态结构特点，制备工艺等进行介绍。

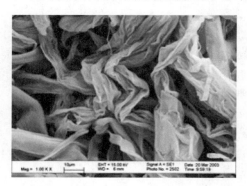

图 6-9　沉析浆粕的扫描电镜照片

1. 沉析浆粕

这一类是 DuPont 公司最早在美国专利中公开的，称之为"fibrid"。国内的译法，有称之为沉析纤维，或沉析浆粕。该方法是将聚合物溶液添加到高速剪切的设备中沉析成型。这类浆粕的形态特点是纤维状或是薄膜状（如图 6-9 所示），在水悬浮液中变得"柔软"，同时会产生物理缠结。

DuPont 采用芳纶纤维和芳纶沉析浆粕作为原料制备的芳纶纸，是代表性的合成纤维纸之一。如图 6-10 所示，沉析浆粕与纤维有效的缠结在一起实现抄造，并且可以根据用途的不同控制后加工工艺。如应用于绝缘用途时可以在高温下热压使得沉析浆粕熔融，将纤维黏结在一起形成紧密的纸页结构。

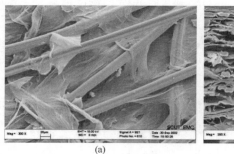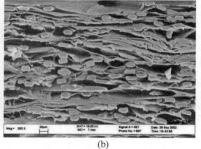

(a)　　　　　　　　　(b)

图 6-10　沉析浆粕增强纸页的扫描电镜照片

(a) 表面　(b) 截面

在美国 Morgan 的专利中详细叙述了 130 例以上的沉析纤维原料的制造方法，并介绍了 30 个用沉析纤维制造的成品及性能的例子。但是并非所有的聚合物都可以通过此方法制备浆粕。在沉析浆粕成形过程中受两个显著因素影响，即物理化学因素和机械因素。物理化学因素主要涉及聚合物溶液的特性以及浓度、溶剂的特性以及浓度、沉析剂的特性及浓度和溶液体系的温度等。Morgan 等人根据上述影响因素提出沉析系数这个概念，沉析体系根据沉析系数可以分为"快"沉析和"慢"沉析，必须将沉析系数控制合适的范围，否则制备的浆粕有可能会形成块状、颗粒状的结构，比表面积和均匀性大大降低。以此浆粕制备的纸页的均匀性和性能也会大大降低。

2. Jet-spun 浆粕

Jet-spun 浆粕（jet-spun fibrids）是帝人芳纶公司的专利技术。Jet-spun 浆粕具有膜状结构，如图 6-11 所示，这种膜状结构能提高纤维间交织能力，从而提高合成纤维纸张的抄造性能，多用于特种纸如绝缘纸、芳纶蜂窝纸等领域。这类浆粕最具代表性的是帝人的对位芳纶 Jet-spun 浆粕，商品牌号 Twaron® D8016，性能如表 6-3 所示。

表 6-3　Twaron® jet-spun fibrids type D8016 性能

	打浆度/°SR	纤维长度/mm	干度/%
D8016	50-70	0.6-1.0	80-95

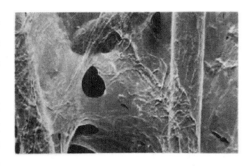

图 6-11　jet-spun fibrids type D8016

3. 聚烯烃细纤维化合成浆

聚乙烯和聚丙烯树脂制备的细纤维化的合成浆（fibril），引起了人们广泛的研究兴趣，20 世纪 60 年代，伴随合成纸的研究热潮，大量的关于聚烯烃的合成浆的专利技术出现，其中代表性的有 CrownZellerbach 公司、Solvay&Cie 公司、Unioncarbide 公司、Dupont 公司、Mitsui Petrochemical 公司等，发展了包括闪蒸纺丝（flash-spun）、沉析等数种制备技术。但是聚烯烃合成浆，并未像预期那样，获得大规模、广泛的应用。目前，代表性产品主要是 Mitsui Petrochemical 的 Fybrel®（如表 6-4 所示）。

聚烯烃的细纤维化合成浆的特点是呈现大量细纤维化，具有高的比表面积，因为部分进行过表面处理或者含有 PVA 等亲水树脂，具有良好的可分散性，可与植物纤维混合制备均匀纸页。

表 6-4　Fybrel® 聚烯烃细纤维化合成浆的性能

种类	型号	滤水因子/(s/g)	加拿大标准游离度/mL	筛分长度/mm	含水量/%（质量分数）	纤维直径
E	E790	0.5	650	1.6	50	粗
	E400	2.0	500	0.9	62	标准
	EST-8	2.5	450	0.9	60	细
	E620	6.0	300	1.3	64	标准
UL	UL410	2.0	500	0.9	55	标准
Y	Y600	0.2	700	1.0	60	很粗

聚烯烃合成浆具有优良的热封性能，可热压加工性，在水中表现出一定的尺寸稳定性和抗水性，因此它的用途主要集中于电池隔膜、食品包装、过滤、茶叶袋纸等领域作热封材料。聚烯烃合成浆的制备方法中代表性的有闪蒸纺丝法（flash spinning）。闪蒸纺丝法是将聚烯烃溶解于挥发性溶剂中，将聚合物溶液在处于溶剂沸点以上的温度和高压下经喷丝板挤出而达到常压。纺丝时当丝条挤出喷丝板后，由于压力突然下降，溶剂急剧蒸发，由此得到极细的丝条。所得纤维具有取向的微纤结构。可以是浆状的纤维或者丝束。然后通过机械作用将其分裂成纤维，制备合成浆。除了闪纺的方法，复合纺丝、沉析法以及从聚合过程中直接制备浆的方法在专利中都有表现。

4. 原纤化合成浆粕

原纤化的合成浆粕（fibrillated pulp）是指一些具有高度取向的原纤结构的纤维，如对位芳纶（PPTA）、聚对苯撑苯并二噁唑（PBO）、聚丙烯腈（PAN）等，通过打浆产生分丝，大量的原纤和原纤束暴露，形成毛羽丛生，具有大的比表面积的结构，如图 6-12、图 6-13 所示。

常见的几种商品化 PPTA 浆粕分别为 DuPont 公司 Kevlar® 浆粕、荷兰 Akzo 公司 Twaron® 浆粕以及上海兰邦公司的金蜘蛛® 浆粕，PAN 浆粕则有 CFF®。

这一类合成浆在特种纸上的应用主要包括，空气或水的过滤材料、摩擦材料、蜂窝结构材料等。这类合成浆粕的制备工艺要求首先纤维须具备多重原纤结构，以 PPTA 纤维说明，

图 6-12　PAN 浆粕

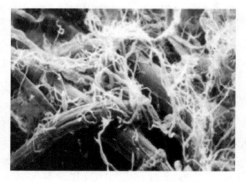

图 6-13　PPTA 浆粕

PPTA 纤维内部分子之间通过范德华力和氢键结合，如图 6-14 所示。PPTA 大分子内旋转位能相当高，分子链节呈平面刚性伸直链，结晶时，往往形成伸展链片晶，使得 PPTA 纤维容易形成高度取向的多重原纤结构。这种多重原纤结构，按尺寸大小分别为基原纤（1～3nm）、微原纤（10～50nm）、原纤（100～500nm）、巨原纤（1500nm）。其中，基原纤是原纤中最小的结构单元，一般由几根以至十几根长链分子，相互平行地结合在一起组成的大分子束，并具有一定的柔曲性。而微原纤间、原纤间存在着一些缝隙和孔洞，这些缺陷区域是所有聚合物纤维成型阶段都会产生的，也是形成多重原纤结构的原因之一。

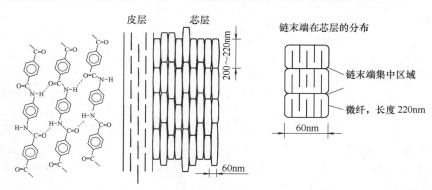

图 6-14　分子间结合方式及微纤结构模型

　　机械法制备的原纤化浆粕是指利用一些具有高剪切作用的设备，如槽式打浆机、盘磨机等造纸常用磨浆设备，对短切纤维进行磨浆，制备原纤化的 PPTA 纤维。可通过不同的磨浆工艺制备不同用途的浆粕，例如需要原纤化程度较高的摩擦材料；分散性较好并且保持一定纤维强度的增强材料。机械法制备 PPTA 浆粕的发展过程，包括磨浆设备的改进，寻找具有更合适机械力作用的磨浆设备以控制好 PPTA 纤维的原纤化程度；在纤维成型过程中添加其他聚合物改变纤维的结晶结构，使其更容易产生原纤化和降低磨浆能耗；以及利用一些易原纤化的纤维混合磨浆，改善磨浆过程中纤维流动性同时，完成 PPTA 纤维原纤化，保护 PPTA 纤维的长度和强度。

六、高性能纤维

1. 芳族聚酰胺纤维

20 世纪 60 年代，Dupont 公司推出 Nomex® 间位芳族聚酰胺纤维及 Nomex® 纸，在热

和电绝缘领域打开了新的眼界，1971 年，强度和模量更高的对位芳族聚酰胺纤维 Kevlar®
商品化。Kevlar® 的出现标志着人们在高强高模纤维领域的突破性进展，高强高模纤维的理
想结构模型是 Staudinger 在 20 世纪 30 年代初第一次提出，它的模型是完全伸展的分子链相
互间紧密堆积。Kevlar® 分子结构的特点和液晶溶液纺丝技术，使得纤维的结构更接近这一
理想模型。其后，荷兰的 Akzo 开发了对位芳族聚酰胺纤维 Twaron®，日本的 Tenjin 实现
了芳香族共聚酰胺纤维 Technora® 的商品化。

Nomex 的化学式为：

Kevlar 的化学式为：

Technora 的化学结构：

从分子结构上看出，kevlar 的酰胺和芳香基之间存在着共轭共振，因此刚性大，并呈现
金黄色。Nomex 纤维的间位构形中不存在这一情况，所以是白色，Technora 共聚酰胺纤维
呈现金褐色。

Nomex 纤维，亚苯基和酰胺单元在间位上链接，于是产生不规则的链构象，相对 Kev-
lar 结晶度低，并对应于较低的拉伸模量。Kevlar 纤维，酰胺基沿线性大分子主链以规律的
间隔出现，有利于相邻链间形成大量侧向氢键，引发有效的链堆砌和高结晶度。而 Techno-
ra 纤维存在大量非晶区，模量小于 Kevlar。

Kevlar 纤维具有典型的皮芯结构。由于采用液晶纺丝技术，纤维外层在成形时冷却速
度快，形成伸直链大分子均匀排列、结晶度较低的皮层结构，对位芳族聚酰胺（PPTA）纤
维内部分子之间通过范德华力和氢键结合。PPTA 大分子内旋转位能相当高，分子链节呈平
面刚性伸直链，结晶时，往往形成伸展链片晶（伸展链片晶指的是长链分子在晶片中成充分
伸展的形态），使得 PPTA 纤维容易形成高度取向的多重原纤结构。正是具有这种特殊的结
构，使得 Kevlar 可以通过打浆实现原纤化，制备浆粕。

各类芳纶纤维的性能如表 6-5 所示。Technora 在吸湿性上有突出的优势，研究者解释，
共聚酰胺纤维通过超倍牵伸所带来的链延伸和取向，改变表面的亲水性酰胺基密度和结晶
度，阻止小分子的迁移，提高了表面耐化学作用。以芳纶纤维制备的芳纶纸是高性能纤维纸
的突出代表，相关内容见第四节。

2. 聚酰亚胺纤维

聚酰亚胺纤维（Polyimide，PI）继承了聚酰亚胺材料所有的优良特性，是一种典型的高

表 6-5			芳族聚酰胺纤维的性能比较			
品种	密度 /(g/cm³)	强度 /(mN/tex)	初始模量 /(N/tex)	断裂伸长率 /%	吸湿率 /%	热分解温度 /℃
Kevlar 29	1.44	2030	49	3.6	4.5	550
Kevlar 49	1.44	2080	78	2.4	3.5	550
Kevlar 149	1.47	1680	115	1.3	1～1.2	550
Nomex	1.46	485	7.5	35	4.5	485
Twaron	1.44	2100	60	3.6	4.5	>500
Twaron 高模量	1.45	2100	75	2.5	3.5	>500
Technora	1.39	2200	50	4.4	3.0	500

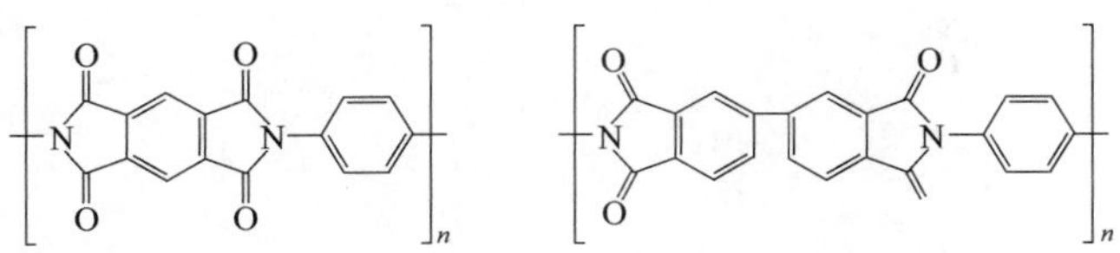

图 6-15　两种常见的聚酰亚胺化学结构

性能纤维。图 6-15 为两种常见的聚酰亚胺化学结构。聚酰亚胺纤维的大分子链中含有苯环和含氮五元杂环结构，同时芳杂环结构与碳氧双键产生共轭效应，使主链分子间键能变大，作用力变强，在受到外界条件的作用下表现出优异的性能，从而赋予聚酰亚胺纤维高强高模、低介电、耐高低温、耐辐射、阻燃和吸水率低等性能。除此之外，聚酰亚胺纤维还具有较好的化学稳定性，能够经受强酸的腐蚀；在经过一定强度的电子照射后，其性能还能保持在 90% 左右，远远超过其他纤维；聚酰亚胺纤维的极限氧指数在 35% 到 75% 之间，其发烟率比较低，属于自熄性材料。

聚酰亚胺纤维的制备根据原理的而不同主要有两种路线，一种是利用聚酰亚胺前体（聚酰胺酸）溶液纺丝后进行纤维的酰亚胺化，通过牵伸得到成品聚酰亚胺纤维；另一种是直接利用聚酰亚胺溶液进行纺丝得到纤维制品。

聚酰亚胺纤维的研究工作最早开始于 20 世纪 60 年代的中期和美国和苏联，同时我国和日本也开始了一定的研究工作，主要是通过聚酰亚胺酸溶液进行纺丝，再在高温或脱水剂的环境下进行酰亚胺化，最后得到具有一定机械性能的聚酰亚胺纤维，但是由于当时纺丝技术的不成熟，纤维合成成本过高，聚酰亚胺纤维没有得到迅速推广和应用。直至 20 世纪 80 年代，法国 Kermel 公司使用二甲基酰胺（DMF）和苯二甲酸盐为原料，经过湿法纺丝制备出聚酰亚胺纤维，商品名为 Kermel。1984 年以前，Kermel 仅供应法国军队和警察部队，被用于制造耐高温防火服。直到 20 世纪 90 年代才开始小规模全球市场供应。

现今，随着现代工业对新型纤维的需求，越来越多的学者投入了对聚酰亚胺纤维的研究和开发，主要集中在高温分离，高绝缘产品，新型生物材料等领域。目前，聚酰亚胺纤维已经被广泛被应用在航空航天、电气电机绝缘、车辆工程、电子通信、个人防护等众多领域。

3. 聚对苯撑苯并二噁唑纤维

聚对苯撑苯并二噁唑（Poly-p-phenylenebenzobisoxazole，PBO）纤维是目前商业化有机高性能纤维中具有最高强度、模量和耐热性的"超级纤维"。PBO 是一类芳香族杂环刚性棒聚合物，分子结构式如下。

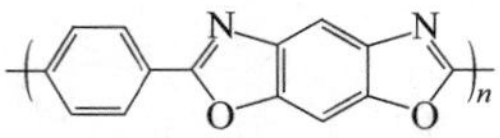

1991 年，美国 DOW 化学公司与日本 Toyobo 公司联合开发 PBO 纤维纺丝技术，并最终在 Toyobo 公司实现商业化生产，注册商标为 Zylon®。Toyobo 公司的 PBO 纤维产品有 AS 标准型和 HM 高模型两种，性能如表 6-6 所示。HM 型纤维是由 AS 型纤维通过高温拉伸制成。PBO 纤维的热分解温度达到 650℃，在 300℃ 空气气氛中处理 100h 后，拉伸强度保持率为 40％ 以上；500℃ 时可以短期使用。

表 6-6　　　　　　　　　　　**Zylon® AS 型纤维与 HM 型纤维的性能**

纤维	强度 /(cN/dtex)	模量 /(cN/dtex)	断裂伸长率 /％	密度 /(g/cm³)	吸湿率 /％	LOI /％	热分解温度 /℃	热膨胀系数
Zylon® AS	37	1150	3.5	1.54	2.0	68	650	—
Zylon® HM	37	1720	2.5	1.56	0.6	68	650	-6×10^{-6}

PBO 纤维表现出优异阻燃性能，极限氧指数（LOI）为 68％，是有机纤维中最高的，按照垂直法燃烧实验（JIS L1091 A-4）进行评价，炭化长度几乎为零。PBO 纤维在 750℃ 燃烧时，产生的 HCN、NO_x 和 SO_x 等有毒气体与对位芳纶纤维相比非常少。

PBO 纤维有典型的皮芯层结构，表面是一层致密的区域，内部是由直径为 10～15nm 的微原纤组成，这些微原纤是由沿纤维轴向高度取向的 PBO 刚性棒分子排列而成，微原纤间有毛细微孔。这种多重原纤结构使得 PBO 纤维可以通过造纸打浆工艺实现原纤化，制备具有纳米直径的浆粕材料。研究者已经对 PBO 原纤化浆粕的制备工艺、表征技术开展了大量研究工作。以 PBO 纤维制备的功能纸基复合材料可以作为摩擦材料、耐热材料、电池隔膜、蜂窝夹层复合材料等应用于航空航天、新能源等尖端科技领域。

4. 超高相对分子质量聚乙烯纤维

超高相对分子质量聚乙烯纤维（ultra high molecular weight polyethylene fiber，UHM-WPE），又称为高强高模聚乙烯纤维，是用相对分子质量在 100 万～500 万的聚乙烯所纺出的纤维，与芳纶、碳纤维称为世界三大高科技纤维，是 20 世纪 70 年代发展起来的一种高性能纤维。UHMWPE 纤维外观为白色，是高性能纤维中密度最小的纤维，也是唯一一种能够在水面上漂浮的纤维，具有优秀的物理机械性能。

UHMWPE 纤维的优越性能是由于其具有亚甲基相连（—CH_2—CH_2—）的超分子链结构，没有侧基，结构对称、规整，单键内旋转位垒低，柔性好。相关研究表明，在 −150℃ 的环境，该纤维仍保持良好的耐挠曲性，无脆化点。由于 UHMWPE 纤维规整的大分子链结构，使纤维沿轴向取向度高、结晶度高，因此具有优良的力学性能。UHMWPE 纤维模量较高，具有突出的抗冲击性和抗切割性能，抗拉强度是相同线密度钢丝的 15 倍，比芳纶高 40％，是普通纤维和优质钢纤维的 10 倍，仅次于特级碳纤维。由于 UHMWPE 纤维的分子结构—CH_2—CH_2—不含有易与接触物质发生反应的羟基、芳香环等基团，因此具有化学和光学惰性。研究表明，强酸、强碱及有机溶剂均对 UHMWPE 纤维强度没有影响，其化学稳定性较好；在经 1500h 日晒后，纤维强度仍高达 80％，耐候性、耐紫外性能均较优越，该纤维还具有良好的耐磨性与生物共存性。UHMWPE 纤维的分子链结构单一，因此该纤维耐蠕变性差，在长时间受外力作用时，分子链之间易滑移，产生蠕变。此外，该纤维还具有表面加工困难、不易染色、不易与其他材料黏接等不足。

目前，熔融纺丝和凝胶纺丝（又称冻胶纺丝法）是 UHMWPE 纤维工业化生产的主要方法。由于熔融纺丝法制得的纤维性能比凝胶纺丝法差，因此未得到更大发展。目前，UHMWPE 纤维较成功的工业化生产方法是凝胶纺丝——高倍热拉伸工艺，主要生产商为荷兰帝斯曼（DSM）、美国霍尼韦尔（Honeywell）、日本三井物产（Mitsui）和我国公司。

UHMWPE 纤维除具有高强度、高模量的特性之外，它还具有优良的耐气候、耐化学腐蚀、耐海水、耐冲击、耐疲劳、耐切割、耐低温性能以及优良的绝缘性能、射线透过性能等特点。出色的性能使其在国防、航空航天、体育休闲、海洋工程和生物医疗等领域得以广泛应用。UHMWPE 纤维主要用于制作软质防弹衣、防刺服、轻质防弹头盔、雷达防护罩、导弹罩、防弹装甲、舰艇及远洋船舶缆绳、轻质高压容器、航天航空结构件、渔网、赛艇、帆船、滑雪橇，以及牙托材料、医用移植物等。

5. 玻璃纤维

玻璃纤维（glass fiber，GF）是最早开发的一种性能优异的无机非金属材料，已有数十年的发展历史，种类很多，技术已较成熟。玻璃纤维优点是绝缘性好、耐热、抗腐蚀，机械强度高，但缺点是性脆，耐磨性较差。玻璃纤维最主要成分是二氧化硅，按其原料的组成，又可分为碱性玻璃纤维和无碱玻璃纤维。表 6-7 是特种纸中常用玻璃纤维的化学组成。无碱玻璃纤维是应用较多的一种，由于电绝缘性较好，也称为 E 玻璃纤维。低硼玻璃纤维主要针对洁净室的严格要求，减少纤维中含硼物质释放而引起的污染。475 玻璃纤维能够广泛应用于许多领域，包括气体和液体过滤。

表 6-7　　　　　　　　　　　　常用玻璃纤维的化学组成 *　　　　　　　　　　单位：％

化学组成	无碱玻璃纤维	低硼玻璃纤维	475 玻璃纤维
SiO_2	50.0～56.0	69.0～71.0	55.0～60.0
Al_2O_3	13.0～16.0	2.5～4.0	4.0～7.0
B_2O_3	5.8～10.0	＜0.09	8.0～11.5
Na_2O	＜0.60	10.5～12.0	9.5～13.5
K_2O	＜0.40	4.5～6.0	1.8～4.0
CaO	15.0～24.0	5.0～7.0	1.0～5.0
MgO	＜5.5	2.0～4.0	＜2.0
Fe_2O_3	＜0.50	＜0.20	＜0.25
ZnO	＜0.02	＜2.0	2.0～5.0
BaO	＜0.03	—	3.0～6.0

注：＊来自德国 Lauscha 国际纤维公司。

玻璃纤维的生产方法是把玻璃球在约 1500℃ 下熔融，然后利用拉丝或高压熔喷的方式加工为纤维状材料。拉丝得到的纤维直径较为均一，通常被称为玻璃纤维，有人将其形象得称为粗玻纤，图 6-16 是玻璃纤维的扫描电镜照片。而熔喷得到的纤维直径较细，形成了一种棉状的玻璃短纤维，通常将其称作为玻璃棉。玻璃棉的直径由于具有一定的分散性，很难准确表示出其平均直径，实际应用中经常用打浆度来反映玻璃棉的直径，打浆度越高，玻璃棉的直径就越小。也有人使用比表面积和手抄片透气度来表征玻璃棉的直径。图 6-17 是打浆度为 29°SR 的玻璃棉的扫描电镜照片。

玻璃纤维外表呈光滑的圆柱状，其截面呈完整的圆形。这是由于纤维成形过程中，熔融玻璃被牵伸和冷却为固态的纤维前，在表面张力作用下收缩成表面积最小的圆形所致。玻璃纤维表面由于光滑，所以纤维之间有效结合面积非常小，但是对气体和液体通过的阻力小，因此是制作过滤材料的理想原料。玻璃纤维的弹性模量低于金属合金，但高于合成纤维。玻璃纤维的弹性伸长率很低，一般在 3％ 左右。这说明玻璃纤维只存在弹性变形，是完全弹性体。这较一般的天然纤维、合成纤维的伸长率低得多，因而玻璃纤维表现出一定的脆性。在玻璃纤维过滤纸中，脆性就是影响材料性能的一个重要因素，它可能导致材料在使用过滤中

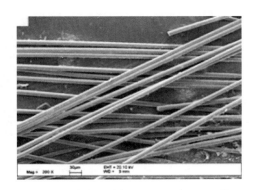

图 6-16 玻璃纤维的 SEM 照片（200 倍）

图 6-17 玻璃棉的 SEM 照片（1000 倍）

出现玻璃纤维脆断脱落的问题。

玻璃纤维的相对密度较大，在水中易沉降，因而分散是影响玻璃纤维在特种纸中应用的一个重要问题。如果玻璃纤维只是特种纸的原料之一，且用量不多的话，可以与其他纤维一起进行分散，以取得玻璃纤维的良好分散效果，但必须注意的是要防止在分散过程中玻璃纤维因脆性而被打断。如果是以纯玻璃纤维为原料的话，则需要采用特殊的分散与制备方法，详见第四节玻璃纤维纸部分。

6. 碳纤维

碳纤维是一种丝状的碳素材料，具有轻质、高强度、高弹性模量、耐高温、耐腐蚀、X射线穿透性和生物相容性等一系列优异的特性，备受工业界的重视，被誉为第四类工业材料。碳纤维广泛应用于航空、航天、国防、交通、能源、医疗器械以及体育休闲用品等领域。

碳纤维是以有机纤维为原料经过高温炭化而得到的，其含碳量在90％以上，含碳量高于99％的称石墨纤维，是国际认可的现代高科技领域典型新材料的代表，在国际上有着"黑色黄金"之称。根据前驱体的不同，碳纤维可以分为三大类：PAN 基碳纤维、沥青基碳纤维以及黏胶基碳纤维。根据力学性能可将碳纤维分为：超高模量碳纤维、高强度碳纤维、高模量碳纤维、超高强度碳纤维、高性能碳纤维和通用碳纤维，其中超高模量碳纤维的模量需大于450GPa，超高强度碳纤维的强度需大于4000MPa。根据丝束可分为1～24K 的小丝束纤维和48～480K 的大丝束纤维。碳纤维在国外的发展较为迅速，其中以日本东丽、德国SGL、三菱丽阳、台塑集团以及日本帝人为主，这些集团掌握了碳纤维研发生产的关键技术，实现了碳纤维制造的规模化生产，成为碳纤维制造生产和对外输出的主要供应商。

目前的商品化碳纤维中约有80％～90％是 PAN 基碳纤维，PAN 自身的物理化学特性、结构特点及制备工艺使 PAN 基碳纤维具有优异的强度性能，综合性能最好；而沥青基碳纤维虽然在强度方面不如 PAN 基碳纤维，但它模量高、导热性高、成本较低，有一定的市场需求；黏胶基碳纤维具有优良的耐化学腐蚀性、润滑性和柔软性，但生产工艺复杂，成本高，一般仅限于军事领域作为耐烧蚀高技术产品应用。图 6-18 是 PAN 基碳纤维的扫描电镜照片，PAN 基碳纤维的表面形貌与 PAN 原丝的纺丝工艺相关。现有的纺丝工艺多为湿法和干湿法两种。当采用湿法纺丝工艺时，最终制备出的碳纤维表面通常呈树皮状，并有明显深浅不一的裂隙、沟槽；而采用干湿法纺丝时，碳纤维表面一般光滑平整，无明显的沟槽。碳纤维经特殊加工后可制成具有高吸附性的活性炭纤维，可广泛应用于分离与过滤领域，图6-19 是活性炭纤维的扫描电镜照片，从图中可以看出，与碳纤维相比，活性炭纤维的比表

图 6-18　碳纤维的 SEM 照片（2000 倍）

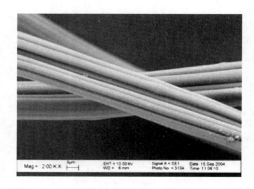

图 6-19　活性炭纤维的 SEM 照片（2000 倍）

面积有显著的提高。

　　在应用中，碳纤维一般很少直接应用，大多是经深加工制成中间产物或与树脂形成复合材料使用。最早应用于航空航天及国防领域，如大型客机、军用飞机、无人战斗机及导弹、火箭、人造卫星等；碳纤维及其复合材料作为结构材料及功能材料，在工业领域具有广泛的应用，如汽车、电缆、风能发电、海洋产业、电子器件、工业器材和土木建筑等；碳纤维在体育休闲用品领域也有着广泛的应用，如自行车、钓鱼竿、网球拍、高尔夫球杆和游艇等。碳纤维在特种纸领域中一般都需与其他纤维原料混合抄造来得以应用。目前，碳纤维纸主要应用于电磁波屏蔽材料、加热元件、燃料电池电极、扬声器纸盆等，随着复合技术的不断提高，碳纤维纸的应用领域必将得到进一步的拓宽。有关碳纤维纸的应用详见第四节。

图 6-20　玄武岩纤维 SEM 图（放大 1500 倍）

　　7. 玄武岩纤维

　　玄武岩纤维（Basalt fibers，BF）是将纯天然玄武岩矿石原料经破碎、熔融，通过喷丝板拉伸而成的一种无机纤维，是继碳纤维、芳纶和超高相对分子质量聚乙烯纤维之后的又一种高技术纤维，如图 6-20 所示。玄武岩纤维是由复杂的多种氧化物组成，主要包括 SiO_2、Al_2O_3、Fe_2O_3/FeO、CaO、MgO、TiO_2、Na_2O、K_2O 等。随产地的不同其成分也有所差异。其中 SiO_2 是玄武岩中最主要的氧化物，属于纤维结构骨架部分，质量分数在 50％左右，SiO_2 质量分数增高时有利于提高纤维的弹性、机械强度、化学稳定性和熔体的黏度，也有利于拉伸长纤维，同时也增加熔融的难度；Al_2O_3 也属于主要的骨架网络成分，质量分数 15％左右，其作用和 SiO_2 相似；铁氧化物质量分数约为 10％，使纤维成古铜色，它的增加能提高纤维的耐高温性能；CaO、MgO 为碱性氧化物，质量分数较低，其存在有利于原料的熔化和制取细纤维；TiO_2 质量分数很低，熔融时能提高熔体的表面张力和黏度，有利于形成长纤维，同时也能提高纤维的化学稳定性和力学性能；另外，Na_2O、K_2O 等成分，可提高纤维的防水性和耐腐蚀性。

　　玄武岩纤维的密度较高，硬度很高，因而具有优异的耐磨、抗拉增强性能。玄武岩纤维为非晶态物质，使用温度一般在 -269～$700℃$（软化点为 960℃），耐酸耐碱，抗紫外线性能强、吸湿性低、有较好的耐环境性能。此外，还有较好的绝缘性、高温过滤性、抗辐射和良好的透波性、热振稳定性、环保洁净性以及其结构性能与结构质量的比值优良等优点。目前，全世界能生产玄武岩纤维的有俄罗斯、乌克兰、美国、加拿大和中国等少数几个国家。由于玄武岩纤维性能优异，因此具有十分广泛的用途。在国外，连续玄武岩纤维最初用于军工领域，如军事工程建筑材料、飞机机身材料以及导弹、坦克等武器装备材料等，目前已拓展到输油管道材料、车用轻量化材料、耐高温过滤材料等工业领域。在国内，作为增强材料已应用于道路建设、绿色保温建筑材料等。

8. 碳化硅纤维（SiC）

碳化硅纤维是指纤维结构中主要含 Si、C 两种以有机硅化合物为原料经纺丝、碳化或气相沉积而制得具有 β-碳化硅结构的无机纤维，属陶瓷纤维类。碳化硅纤维是一种以碳和硅为主要成分的高性能陶瓷材料，从形态上分为晶须和连续碳化硅纤维，具有高温耐氧化性、高硬度、高强度、高热稳定性、耐腐蚀性和密度小等优点。与碳纤维相比，在极端条件下，碳化硅纤维能够保持良好的性能。碳化硅纤维从形态上分晶须和连续纤维两种。晶须是一种单晶，碳化硅的晶须直径一般为 $0.1 \sim 2\mu m$，长度为 $20 \sim 300\mu m$，外观是粉末状。连续纤维是碳化硅包覆在钨丝或碳纤维等芯丝上而形成的连续丝或纺丝和热解而得到纯碳化硅长丝。连续丝于 1973 年由美国阿芙科公司投产，长丝则于 1980 年由日本碳公司建成试生产装置，美国埃克森化学公司和日本东海碳素公司等则生产晶须。碳化硅纤维的制备方法主要有先驱体转化法、化学气相沉积法（CVD）和活性炭纤维转化法 3 种。

由于碳化硅纤维具有良好的性能，在航空航天、军工武器装备等高科技领域备受关注，常用作耐高温材料和增强材料。此外，随着制备技术的发展，碳化硅纤维的应用逐渐拓展到高级运动器材、汽车废烟气收尘等民用工业方面。碳化硅纤维可用作高温耐热材料以及作为增强材料增强树脂、金属、陶瓷基体制造复合材料。

9. 氧化铝纤维

氧化铝纤维（alumina fiber，AF），又称多晶氧化铝纤维，属于高性能无机纤维，是一种多晶陶瓷纤维，具有长纤、短纤、晶须等多种形式。氧化铝纤维以 Al_2O_3 为主要成分，并含有少量的 SiO_2、B_2O_3、Zr_2O_3、MgO 等。与碳纤维、碳化硅纤维等非氧化物纤维相比，氧化铝纤维具有高强度、超常的耐热性和耐高温氧化性的优点，可以在更高温度下保持很好的抗拉强度，长期使用温度在 $1450 \sim 1600℃$；而且表面活性好，易与树脂、金属、陶瓷基体复合，形成诸多性能优异、应用广泛的复合材料；同时还具有热导率小、热膨胀系数低等优点。氧化铝纤维一直被认为是最具有潜力的高温材料。

目前，氧化铝纤维的制备方法主要有溶胶—凝胶法、浸渍法、熔融抽丝法、游浆法等。从 20 世纪 70 年代开始，各国先后研制出了许多品种的氧化铝基纤维。氧化铝纤维主要以短纤与长纤两种产品形式应用于一般工业领域与高科技领域。在工业高温领域，氧化铝主要以短纤维形式应用，凭借其突出的耐高温性能被用作绝热耐火材料，广泛应用在冶金炉、陶瓷烧结及其他工业高温炉等领域。在增强复合材料领域，氧化铝纤维主要用作金属、陶瓷、树脂基复合材料的增强，其中最令人瞩目的应用是增强金属或陶瓷基复合材料。氧化铝纤维增强金属基复合材料已在航空航天飞行器及汽车活塞槽部件中得到应用。氧化铝纤维增强陶瓷基复合材料，可用作超音速飞机及火箭发动机的喷管材料。

第三节　非植物纤维基特种纸的抄造

整体上看非植物纤维基特种纸的制造工艺流程和传统造纸几乎是一样的，但在原料配方、纤维分散、流送成形、压榨干燥、后加工等具体方面却有很大的区别。特别是在纤维分散、流送成形两方面相差甚大。非植物纤维一般而言容易絮聚，需要添加大量的稀释水分散纤维并控制纤维絮聚速度和尺度。传统造纸抄造浓度为 0.5% 以上，而非植物纤维抄造浓度一般在 0.005%～0.05% 之间。由于非植物纤维滤水速度一般都比纸浆快得多，因此其脱水成形设备和传统造纸迥异。

一、纤维在水中的分散絮聚机理

纤维是长度远远大于截面直径的物体，在纸浆流送和成形过程中随着水的运动，纤维之间发生碰撞，然后缠绕在一起，形成纤维絮聚块。而水的湍流又会使纤维絮聚块分散开来。在造纸过程中纤维絮聚块是随时产生随时消失的。最理想的成形方式是单根纤维不受其他纤维干扰随机沉积在网上，纸张成形实际上不可能是这种理想状态，而是无数个纤维絮聚块随机叠加结合在一起的过程。当纤维絮聚速度大于分散速度时，纤维絮聚规模增大，絮聚块的数量增加，从而导致纸页匀度恶化。因此，任何有利于纤维分散的因素都会使絮聚块的数量和规模减小，从而改善纸页的匀度。

部分研究工作者在纤维分散絮聚方面开展了大量的研究并提出一些数学模型。但实际纤维在水中的分散非常复杂，任何一种模型只能比较好地模拟某种环境下某类纤维的分散絮聚情况。因此本部分内容只介绍分散影响絮聚的一般原理，并不企图建立一种普适的理论或公式。显而易见，任何增加纤维碰撞概率、增加纤维絮聚块稳定性都会使絮聚块规模增大，絮聚块数量增加。

第一个明显的因素是纸浆或者纤维的浓度。浓度增加，显然纤维之间的碰撞概率增大，从而导致匀度下降。最常见最有效改善匀度的办法就是降低纸浆浓度，但这会带来能耗增加以及其他一些问题。

纤维长度和长径比是影响纤维絮聚最重要的因素之一，非植物纤维难以分散在大部分情形里都是因为其长度比传统植物纤维更长或长径比更大造成的。如果纤维长度增大，纤维随着水的湍流碰撞概率大大增加，并且碰撞后形成稳定的缠绕趋势更大。实验表明，纤维长度增大将会使纤维絮聚块形成的时间大大缩短，絮聚块规模增大。如果合成纤维切断不好，有部分过长的纤维，那么这类纤维将在水中成为其他纤维缠绕的"种子"。纸页成形后纸面上出现大的浆疙瘩中大都含有一根或者数根这样的过长纤维。

纤维表面物化特性对纤维的絮聚分散也有很大的影响。一些合成纤维如丙纶、涤纶、碳纤维等因憎水性较强，这些纤维在水中易形成比植物纤维更稳定的絮聚块，并且难以随着水的湍流分散开来，因此如果不改变其亲水性，在造纸过程中难以很好地分散、流送、成形的。玻璃纤维和陶瓷纤维，由于其化学成分是二氧化硅和金属氧化物，表面一些局部带负电荷而另一些局部带正电荷，因此纤维在水中形成的纤维絮聚块因电荷吸引稳定性得到提高，难以分散。所以一般用强酸如硫酸将纸浆悬浮液的 pH 调到 2～4，用于洗去纤维表面的金属氧化物，从而使纤维表面的电荷趋同，降低纤维之间的吸引力，达到改善分散减少絮聚的目的。

纤维的湿模量即纤维在水中充分浸泡后的弯曲模量，纤维湿弯曲模量越小，在水中越容易缠绕絮聚。植物纤维的干燥状态模量并不很低，但在吸水润涨后模量急剧下降。马尼拉麻浆是一种常见用于特种纸的优良纤维原料，它纤维长度较长，约 3～6mm，强度高，直径较细，所造纸张强度高、挺硬。在干燥状态马尼拉麻浆较挺硬，但在水中纤维吸水后较柔软，再者由于纤维长度较长，在造纸过程中如未经打浆切断则极易絮聚。而对于另外一些纤维，如玻璃纤维、涤纶（改性后亲水性较好）在水中的模量和干燥状态相差不大，因此即使长度达到 6mm，只要玻璃纤维直径大于 $6\mu m$、涤纶纤维直径大于 $15\mu m$，即纤维具有较高湿模量的条件下，其在水中的分散性能比马尼拉麻浆好得多。这也表明纤维的湿模量对纤维在水中的分散絮聚有非常重要的影响。

纤维的密度和比表面积直接影响纤维的沉降速度。纤维的密度越大、比表面积越小（一般即是纤维直径越大），沉降速度越快。沉降速度太快，也就是水的湍流对单根纤维的作用较小，这样纤维的分散性就会大大降低。当然这也会在成形过程中带来致命的问题，即不同密度的纤维分层分布，带来纸页严重的两面差。基于以上两个原因，纤维必须有合适的沉降速度，特别是对于密度大的金属纤维这点就更为重要。解决此问题最有效的办法就是减小纤维的直径，即增大纤维的比表面积，但这会受到技术和成本的限制。因为金属纤维直径小到 $10\mu m$ 以下，加工难度和成本都非常高。

为改善非植物纤维在水中的分散性能通常添加一些所谓分散剂的化学药品。但要特别注意的是，化学药品在某个纤维体系也许是分散剂，而在另一个体系也许就是絮凝剂。所以在使用过程中一定要针对具体的纤维分散絮聚特性而对症下药。

最常见的分散剂原理是借鉴古代造纸技术中的纸浆增稠原理。最早主要是在中国和日本广泛使用，在使用较长的纤维抄造纸张的过程中添加黏草、黄蜀葵等植物黏液，后来又采用刺梧桐树胶和槐豆胶等树胶类物质改善纸张的匀度。其基本原理是：由于这些黏液是高分子水溶物，当其溶解在水中后，可使溶液黏度明显提高。溶液黏度提高带来两个效应：一是使纤维彼此接近以及自由缠绕运动的阻力增加；二是水湍流对纤维的分散特别是对絮聚块的破坏作用提高。日本有学者认为这些高分子化合物使纤维表面裹上一层由分散剂形成的水化膜，可以防止纤维互相接触，增加纤维之间的滑动，从而改善纤维的分散性。实践表明，大部分情形其改善纤维分散的机理主要在于溶液黏度的提高，所以凡是对溶液有显著增稠效果的天然高分子或合成高分子都能明显改善长纤维的分散效果。目前使用最多的合成高分子有聚氧化乙烯、聚丙烯酰胺，以及聚丙烯酸钠、羧甲基纤维素、聚乙烯醇及藻朊酸钠等。但纸浆悬浮液黏度的增加会导致湿部脱水能耗明显增加，在实际使用中就必须综合考虑是通过降低浓度还是增加黏度来改善分散效果，它们都可以改善纸页匀度，但都会增加能耗。

一些能改变纤维表面物化特性的化学品也能用作分散剂。如表面活性剂可用于改善涤纶、丙纶、乙纶、碳纤维等原料亲水性，以达到改进分散效果的目的。无机酸和 $CaCl_2$ 等电解质可用来改变无机纤维特别是玻璃纤维电荷，降低纤维之间的吸引力来促进纤维的分散。

采用泡沫成形法也能很好地分散纤维。呈细微分散的大量小气泡聚集在一起时，具有较高的黏度，类似于高黏度的水溶液，可以用来分散纤维并防止纤维絮聚。当空气不停地冲击水介质，就会形成大量的气泡。一般都会添加表面活性剂以提高泡沫的稳定性和控制泡沫的大小。也有添加聚氧化乙烯和聚丙烯酰胺以改进泡沫性能并可以增强纸页。当纤维均匀分散在泡沫中并在网部由真空箱脱水成形，就可以形成匀度良好的纸页。

二、非植物纤维备料

大部分非植物纤维不能采用传统打浆的方式控制纤维长度，而主要依靠纤维生产商通过切断的方式控制长度。人造纤维和合成纤维如果切断不好常出现如下三种缺陷：

① 纤维束，纤维两端相连在一起的多根纤维，但它们的连接并不是由于切断时热熔造

成的，因此通过良好的分散措施和流送系统，这种缺陷可以大大减少。

② 热熔黏结的纤维束，主要是切断纤维时产生的热使纤维热熔，并使纤维黏结在一起。这种缺陷在造纸过程中不仅不会被削弱，只会造成其他纤维以此为絮聚的"种子"，形成更大的纤维絮聚块。因此这是要尽力避免的缺陷。

③ 浆疙瘩，这是由于切断不好，有过长的纤维造成的。中等过长的纤维两端会"诱捕"其他纤维而形成哑铃状的纤维絮聚块，这和马尼拉麻浆造纸出现的"眼镜状絮聚块"形成原因是一致的。而更长的纤维将会"诱捕"大量的纤维而形成非常巨大的浆疙瘩，这是必须要避免的。

玻璃纤维和陶瓷纤维不能通过打浆方式切断，这是由于它们的脆性在挤压和剪切的作用下将生成大量的碎渣。但玻璃棉和陶瓷棉因为纤维细到 $3\sim5\mu m$ 以下，纤维的强度和韧性都较好，打浆过程中的挤压和揉搓并不会过分破坏纤维，只有比较强烈的剪切力才能切断纤维，因此可以通过打浆的方式来控制纤维长度。并且主要采用槽式打浆机来切断纤维，这是因为盘磨机对纤维的揉搓作用更强，易产生大量的碎渣。

可以原纤化的合成纤维、人造纤维的打浆原理和普通植物纤维非常类似，因此也可以通过打浆的方式切短，并且几乎可以适应所有传统的打浆方式。纤维原纤化的原理和有关知识见合成浆部分。

三、非植物纤维基特种纸的纸料制备及流送

除了可以打浆的非植物纤维，纤维一般在水力碎浆机分散后直接进入浆池。而在更多的时候可以直接加入浆池里，利用浆池的搅拌作用就可以很好地分散纤维。纤维长度如果比较长，由于水力碎浆机中间的漩涡有强烈的"搓绳"作用，将会形成一束一束的纤维絮聚块，并且在以后的流程中很难得到分散。所以对于比较长的纤维不能添加到水力碎浆机，而一般直接添加到浆池中。

普通植物纤维浆池浓度为3%左右。为避免严重的纤维絮聚，非植物纤维浆池浓度通常为1%。而在上网前，浓度通常要稀释到0.005%～0.05%之间。

总而言之，因为非植物纤维非常容易絮聚，每一个设备或操作单元都可能出现新的纤维絮聚，而且有时候严重的絮聚一旦形成就很难再将其分开，所以纸料的制备、流送的工艺和设备要尽可能简单。并且化学助剂的选用要尽可能少，这是因为化学品的选用常常会导致泡沫问题和白水循环使用方面的问题。

要尽可能在纤维的制备过程中控制过长纤维的出现，并且在纸料的制备过程中防止大的纤维絮聚团的出现，从而可以避免采用筛选设备。因为筛选设备本身就容易挂浆，形成纤维絮聚块。

净化设备一般不能利用离心原理如锥形除渣器，可以采用简单的沉沙沟。如果有可能，最好是沉沙沟也不要。特别是锥形除渣器，中间稳定的漩涡将会产生强烈的"搓绳效应"，形成一根根难以再分散的纤维束。

在很长一段时间里像浓度、流量检测和控制都是尽可能不选用，而通过其他更为简单的方式控制浓度、流量，其原因和筛选设备一样。很幸运地的是，现在已有很好的技术和设备解决这方面的问题，如激光检测技术。但相关设备一般需要进口，国内还未见这方面成熟的技术和设备。

流送是非植物纤维造纸的瓶颈技术之一，但是又常常被造纸工作者轻视，这是国内目前

几条非植物纤维基特种纸生产线即使采用进口设备也不能保证生产出合格产品的根本原因。

在纸料的制备和流送过程中还需要注意如下几点：

① 在浆池、浆泵、管路的设计方面，一定要考虑在这些部位不能形成稳定的漩涡，否则这些漩涡导致的"搓绳"效应引起纤维的严重絮聚，因此如上所述诸如锥形除渣器等形成稳定漩涡的设备都不能在流送中被采用。

② 合成纤维、无机纤维等在剧烈湍流状态下会产生稳定的泡沫，这些泡沫根据尺度不一将会引起纤维絮聚在泡沫上、泡沫在管壁絮聚、泡沫破裂导致纸病、脱水成形不稳定等多种问题。因此浆料流送最好封闭，避免剧烈搅拌。

③ 较细长的纤维非常容易在流送元件管壁上挂浆，因此管壁材料要尽可能选用合适的不锈钢、提高光洁度以及改善相关元件接口的平滑性。输送用泵的内壁应光滑，防止挂浆。尽可能不采用离心泵，最好用容积泵，比如螺杆泵。

四、非植物纤维基特种纸的成形工艺及设备

非植物纤维造纸设备的原理、流程和传统造纸大致相同。但是在大部分情形下，无论是流送、湿部、干部，具体而言都有较明显的区别，主要是因为非植物纤维有如下特点：

① 在水中絮聚速度很快，因此要求成形区或者说成形时间尽可能短，从而减轻刚从流浆箱出来的分散状态良好的纤维迅速絮聚。

② 动态滤水速度比较快，原因有几点：a. 纤维湿模量比较大，无论是成形初期还是结束时纸胎较疏松，因此滤水阻力小；b. 部分纤维憎水；c. 纤维截面一般都呈圆形或者椭圆形，这比扁带形的植物纤维的滤水阻力小得多。

③ 未增强的纸页无论是在潮湿状态还是干燥状态，强度较差，纤维容易黏网、黏缸、黏辊，纸页转移较为困难。

流浆箱将纸浆均匀分布到网上脱水成形，纸浆主要受到如图 6-21 所示三种作用力影响，并进而影响纸页的结构和匀度。

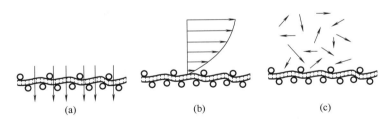

图 6-21　纸浆在网部的流体力学特性

（a）"过滤效应"示意图　　（b）定向剪切作用力示意图　　（c）湍流作用力示意图

图 6-21（a）是所谓"过滤效应"，即水分穿过成形网和已形成的"纸胎"。在已成形的纸胎里，部分区域纤维多而另一部分区域纤维少。纤维少的地方过滤阻力小，随后的脱水就更多，就会在此区域沉积更多的纤维。反之亦然。因此，"过滤效应"对纸页的匀度有非常重要的作用。特别是对于长网纸机，必须充分发挥此效应才能制造匀度良好的纸张。

图 6-21（b）是定向剪切作用力，它主要来源于浆网速差造成的剪切力。一般说来，浆网速比相同时匀度最好。

图 6-21（c）是湍流作用力。成形过程纸浆一般都呈湍流状态，而湍流状态对纤维在纸页中的均匀分布有很大的作用。

非植物纤维造纸机有 3 种：长网造纸机、圆网造纸机、斜网造纸机。长网造纸机控制匀度这三种作用力都要充分利用。而圆网造纸机主要靠湍流作用力。斜网造纸机湍流作用很重要，但控制定向剪切力也即浆网速比显得比其他两种纸机都重要也更困难。具体理由见后面相关内容。

只有非植物纤维抄造性能接近植物纤维，长网造纸机才能满足使用要求。具体而言，即非植物纤维打浆度比较高，亲水性较好。满足此条件的纤维有玻璃棉，以及通过打浆充分原纤化的合成纤维或人造纤维。这样的原料无论是上网浓度、滤水特性、纸页紧度和纸页干、湿强度都接近传统造纸，因此长网纸机也可以满足部分产品的需要。

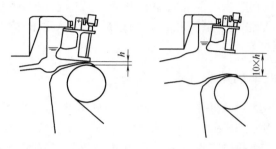

图 6-22　长网造纸机流浆箱唇口和网部示意图

如图 6-22 所示，当浆浓度发生变化时，纸浆的流量也会相应变化；为保证良好的成形，浆速和网速比必须固定在 1 左右，这样就必须调节唇口的开度以调整浆速。通过简单的计算可以知道，其他工艺条件都一样的情况下，浆的浓度降低到 1/10，唇口开度就必须增大到 10 倍，这样才能保证浆网速比不变。为保证某些非植物纤维的良好分散，纸浆上网浓度需要降低到传统造纸的 1/100，也即唇口开度要增大到 100 倍。显而易见，这样出来的纸浆将会是"洪水泛滥"，难以控制。因此为适应低浓度甚至超低浓度抄造，非植物纤维造纸设备一般采用圆网造纸机或者斜网造纸机。

非植物纤维圆网造纸机和传统圆网造纸机网部基本一样，由网笼、网槽和伏辊三部分组成，如图 6-23 所示。显而易见，无论纸浆浓度多低，纸浆流量多大，因为浆流被限制在圆网槽中，所以不会像长网造纸机那样难以控制。下面简单介绍非植物纤维圆网造纸机的发展历程。

图 6-24 是比较常见的顺流溢浆式网槽，它具有如下特点：在 a 点纤维分散均匀；在 b 点纸胎形成过程中；在 c 点由于大量水已

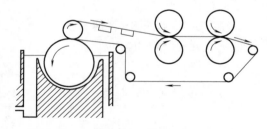

图 6-23　圆网造纸机示意图

经脱出，纸浆的浓度已经明显增加，导致纤维明显絮聚，从而降低纸页匀度。

活动弧形板式网槽的特点是有活动的弧形板，弧形板与网笼之间的距离可灵活调节以适应不同工艺条件下的浆速，如图 6-25 所示。

为进一步优化压力和浆速调节以及增加脱水能力，发展了名为"Rotoformer"的圆网成形器。如图 6-26 所示。

Rotoformer 成形器一个重要的发展如图 6-27 所示，它有一个可上下、前后调节的上唇板。这种结构对于浆速比、脱水曲线、纸页匀度和结构的优化都有非常积极的作用。因此它具有很大的灵活性，可以生产定量范围 15～1000g/m²，并且纤维原料配方从 100％植物纤维到 100％合成纤维或者其间任意组合都可以适应。

圆网造纸机因为占地小，固定投资省，工艺灵活性强，在世界范围内还是非植物纤维造纸的重要设备。但是由于浆网速比较大，成形匀度较差；脱水区较窄，并且由于圆网离心力

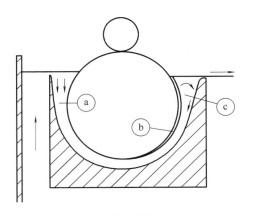

图 6-24　顺流溢浆式网槽

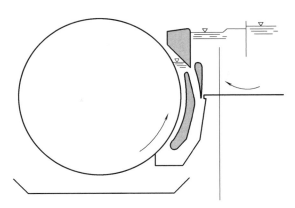

图 6-25　活动弧形板式网槽

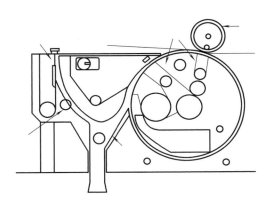

图 6-26　Rotoformer 圆网成形器

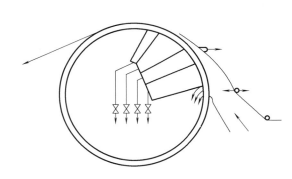

图 6-27　具有可调节上唇板 Rotoformer 成形器

的缘故，导致车速较慢、生产能力较低。针对絮聚倾向较大，成形浓度非常低的非植物纤维造纸，发展了名为斜网造纸机的成形设备，如图 6-28 所示。

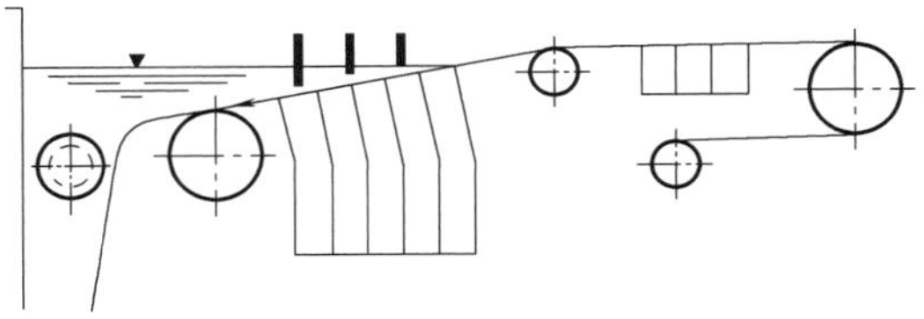

　　早期的斜网纸机只不过是将长网造纸机的网案稍稍抬高。目前国内还有一些此类纸机，不过基本上仅用于普通植物纤维造纸改善匀度而已。

图 6-28　斜网造纸机示意图

　　从图 6-29 中可看出，斜网纸机因为网案倾斜，所以上网浆速实际被降低，因此可以适应上网浓度比长网造纸机低得多的浓度。并且可以克服圆网造纸机的一些缺点。本纸机为敞开式堰池，网案角度固定，因此堰池无法控制。只能通过调节车速来调节浆网速比，因此生产局限性比较大。

　　敞开式堰池，但网案角度可调，并且主要用于调节浆网速比来控制成形。以上为第一代斜网成形器，如图 6-30 所示。它虽然相对当时的圆网造纸机抄造性能得到显著提高，但仍有如下缺点：网案角度不能连续可调，只有固定

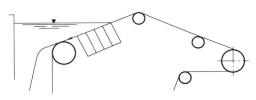

图 6-29　敞开式堰池，网案角度
固定的斜网造纸机示意图

的几个角度如 15°、30°、45°；另外纸页毯面纤维絮聚虽没有圆网严重但也比较明显。为克服这些缺点，很快发展出第二代斜网成形器，如图 6-31 所示。

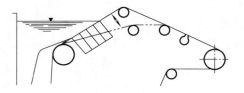

图 6-30　敞开式堰池，网案角度
可调的斜网造纸机示意图

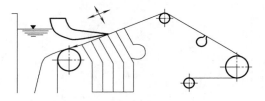

图 6-31　第二代斜网成形器

堰池上部有上唇板，通过对其前后上下调节可灵活连续地调节浆速、脱水曲线以及纸张的结构和性能。因此比第一代斜网成形器对各种性能迥异的非植物纤维抄造有更好的适应性。

单网双流浆箱如图 6-32 所示，可以制造双层复合纸张。这对于提高性能，降低成本有非常重要的意义。并且它和长网造纸机、圆网造纸机的多层复合相比，只需要一个网部即可。因此，设备、工艺都更简单、灵活，并且固定投资相对较低。

单网三流浆箱如图 6-33 所示，可实现三层复合成形。

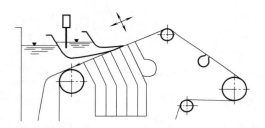

图 6-32　单网双流浆箱斜网成形器

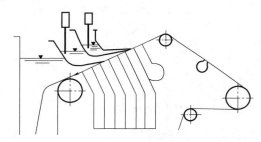

图 6-33　单网三流浆箱斜网成形器

水力式流浆箱技术的引入，使得斜网造纸机的速度更快，纸页的匀度和性能更好。如图 6-34、图 6-35、图 6-36 所示。

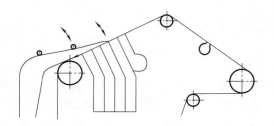

图 6-34　水力式流浆箱斜网成形器

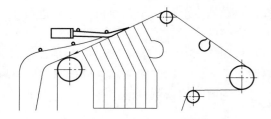

图 6-35　水力式流浆箱单网双
层复合成形网部示意图

三层复合成形纸机，如图 6-37 所示。最下面一层为斜网成形，中间为薄纱布也可以为其他无纺布，上面为长网成形，这样为材料的设计提供了极大的灵活性。

图 6-38 为有飘片的双流浆箱斜网成形器。虽然只有两种浆的流道，但它却可以制造三层复合纸张。当中间飘片位置非常接近成形网（如图下部所示），也即意味第一层基本完成

成形后再上第二层浆，那么这样成形的结果就是双层复合。如果将飘片的位置设置在远离成形网（如图上部所示），那么第一层还未完全脱水成形的部分纸浆流入第二个流道，形成一个中间混合层。这样实际上就可以实现三层复合成形。它有几个显著优点：

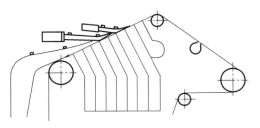

图 6-36　水力式流浆箱单网三层复合成形网部示意图

① 单网双流浆箱即可实现三层复合成形，设备简单，投资低；

② 层和层之间没有明显界限，层间结合强度高；

③ 如果产品是过滤与分离材料，这种连续梯度结构的性能非常优异。

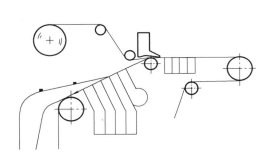

图 6-37　三层复合成形纸机

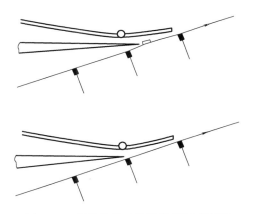

图 6-38　有飘片的双流浆箱斜网成形器

五、非植物纤维基特种纸的纸页增强和功能化

非植物纤维表面物化特性不同于传统的植物纤维，在干燥过程中纤维之间难以形成氢键结合，并且纤维之间较难形成致密的交织，因此纤维之间结合力较差。非植物纤维基特种纸页无论是抄造过程中湿态还是干燥后强度都较低，一般必须采用其他增强技术以满足最终使用要求。通常可采用以下几种方法来提高纤维之间的结合力。

① 添加胶黏剂增强。这是最常用也是行之有效的方法。目前采用的胶黏剂很多，主要分为无机胶黏剂和有机胶黏剂（即合成树脂类胶黏剂）。既可以采用浆内添加方式，也可以采用原纸干燥后通过涂布、浸渍、喷淋等多种方式添加。

② 采用具有热熔或水溶性质的黏结纤维。热塑性纤维在加热加压下可软化黏结其他纤维，因此可以利用较低热熔温度的热塑性合成纤维通过加热或热压形成良好的结合而不必采用胶黏剂。

③ 采用合成浆粕。通过适当方法制备的合成浆粕，比表面积比纤维大得多，并且极性增强，而且柔软性大大提高，如果合成浆粕可以热熔，通过热压也可使纸页显著增强。具体内容见第二节合成浆粕部分。

④ 溶剂增强。对纤维有部分溶解和溶胀作用的溶剂，在干燥过程中使纤维表面部分高分子溶解或者部分高分子链段溶胀，随着干燥进一步进行以及溶剂的最后脱除，这部分高分

子会起到胶黏剂的作用，使纤维相互产生黏接作用。

胶黏剂树脂作为一种"胶水"，牢牢地将非植物纤维结合在一起，树脂本身的性能很大程度上决定了非植物纤维基特种纸的性能。对不同性能的胶黏剂的选择，将赋予最终成品纸不同的性能。

非植物纤维基特种纸根据其应用领域的不同，需要满足的性能也不同。如抗张强度、挺度、耐折度、撕裂度等力学性能，摩擦性能，热性能，声学性能，电磁性能学等，以及抗化学品、抗氧、抗光、阻燃、亲水或憎水等。

为了满足不同应用领域对性能的要求，制造商们有针对性地选择不同性能的胶黏剂树脂，同时，也使用不同性能的树脂进行复配，以期获得综合性能满足应用要求的产品。

1. 树脂的分类及其在纸页增强和功能化中的应用

（1）树脂的分类

对于树脂的分类，目前还没有统一的标准。通常按照合成方法的不同，将其分为两大类。一类是各类聚合物乳液，它们一般采用乳液聚合的方法制备，包括：a. 丁二烯类聚合物，又称为不饱和聚合物，包括天然胶乳、丁腈、丁苯类聚合物以及氯丁二烯类聚合物；b. 丙烯酸类聚合物，又称饱和聚合物，包括各类丙烯酸酯类共聚物，苯丙、醋丙、硅丙乳液等；c. 乙烯基聚合物，包括聚醋酸乙烯酯、聚氯乙烯、聚乙烯醇、聚苯乙烯等。

另一类树脂胶黏剂是采用溶液聚合方法制备，制备的聚合物能溶解在有机溶剂或水中。主要包括：a. 聚氨酯，可制成有机溶液或水溶液，也可制成水乳液；b. 环氧树脂，可制成有机溶液或水溶液，也可制成水乳液；c. 酚醛树脂，可制成有机溶液或水溶液，也可制成水乳液；d. 氨基树脂，包括脲醛树脂，三聚氰胺甲醛树脂等；e. 聚酰亚胺，常常以高沸点非质子强极性有机溶剂溶解其中间体，再经过后期高温固化。

聚合物乳液体系包括聚合物本身以及其他成分，诸如水，乳化剂，保护胶，有时根据需要也添加其他功能助剂。这些其他成分，除了水外，在干燥的过程中都不能被除去，因而一方面影响着非植物纤维基特种纸的加工过程和加工工艺，另一方面也影响着最终成纸的综合性能。

聚合物溶液不同于聚合物乳液，它不是以乳胶粒的形式分散于溶液中，而是溶解在有机溶剂或水中。它的平均相对分子质量一般介于几千到几万之间，而乳液型聚合物的相对分子质量可以达到几十万。作为热固性树脂的聚合物溶液，例如氨基树脂、酚醛树脂、环氧树脂等，可以采用后期固化交联的方式以提高纸页的抗张强度、耐破度、挺度等性能，同时由于形成三维交联网络结构，亦能提高纸页的抗水性、耐热性、抗化学试剂性。

水乳液及水溶液胶黏剂的优势在于生产成本低、环境友好、生产工艺简化等，在重视生产安全及环境保护的今天，成为树脂生产的发展方向。目前，除了在一些有特殊应用要求的领域不得不使用溶剂型树脂外，水性树脂已经越来越成为发展趋势，其发展方向是通过结构和性能改性，提高这类树脂的性能。

（2）树脂的应用

目前聚合物树脂在造纸工业中和纸品加工中已成为不可或缺的化学品，为了增强非植物纤维基特种纸以及赋予其多种功能，聚合物树脂大量地被用作纸浆添加剂、纸张浸渍剂等，以提高纸的干/湿强度、撕裂强度、耐折强度及耐水耐溶剂性等，同时用以改善纸的外观及纸的可印刷性能等。

① 纸浆添加剂 41 水乳性和水溶性聚合物树脂广泛地用作纸浆添加剂。在打浆工序，将

非植物纤维均匀地分散在水中，形成纸浆，可将少量聚合物树脂（占绝干纸质量的 2%～5%）直接加入到打浆机中，或加入到打浆机下游的储浆池内，让树脂和纸浆充分混合，并设法使树脂均匀地分布在非植物纤维上，然后经过抄纸和干燥即可得到非植物纤维基特种纸。

② 纸张浸渍剂（包括涂布、喷淋等其他添加方式）。无论是水性还是溶剂性树脂都可较大量地用作纸张浸渍剂。纸张浸渍过程是让纸通过一个聚合物溶液浴，向纸内吸入并在纸表面上挂附上树脂，然后通过挤压辊筒使其均匀分布，再用刮刀将多余的树脂去掉，最后干燥即得树脂浸渍纸。通过浸渍加工，可显著地改善纸的性能，例如可大幅度提高非植物纤维基特种纸的拉伸强度、抗撕裂强度、耐折强度、耐磨性、断裂伸长率、柔韧性、耐水性、耐油性、干/湿强度、尺寸稳定性、防卷曲性、防伸缩性及耐热性等性能。

（3）常用树脂

1）丁二烯类聚合物

丁二烯类胶黏剂为从共轭二烯单体出发而获得的一类聚合物。因其聚合后分子链含有不饱和键导致分子链较为柔顺，具有较高的柔韧性。丁二烯类胶黏剂的典型代表为丁腈树脂和丁苯树脂，也包括聚氯丁二烯以及存在于自然界的天然胶乳。这类胶黏剂树脂由丁二烯与其他类不饱和单体反应制备，包括丙烯腈、苯乙烯，也有用甲基丙烯酸等。由于制备的聚合物分子链上仍然存在不饱和键，因而能够进一步进行硫化交联或同其他类单体进行交联提高其性能。但由于一般情况下交联反应不完全，分子链上仍然残留有双键，对氧比较敏感，因而制备的非植物纤维基特种纸的耐候性不理想，力学性能在使用过程中容易劣化变差。

① 丁腈乳液。这类聚合物具有优良的耐油性、耐溶剂性、耐磨性、耐热性等性能，且与纤维等极性物质有亲和力，与酚醛树脂、脲醛树脂等极性聚合物有良好的相容性。在共聚体系中，随着丙烯腈含量的提高，其制备的非植物纤维基特种纸的性能将变"硬"，同时其抗油、抗有机溶剂的性能也会有一定程度的提高。而由于丁腈共聚物具有很低的热塑性温度以及柔性的分子链结构，加工的非植物纤维基特种纸具有较佳的柔韧性和弹性。

② 丁苯乳液。丁苯胶乳是丁二烯、苯乙烯单体在一定聚合物条件下，以水为介质经乳液法聚合而成。当苯乙烯含量超过 50%，其树脂将具有热塑性且硬度增大，但其弹性相对丁腈共聚物较差。相比于天然胶黏剂和一般合成胶黏剂，能使非植物纤维基特种纸张涂层有更好的力学性能和物理性能，具有较好的耐水性，但耐候性相对较差。在造纸工业中，丁苯胶乳同样地用在浆内施胶以及纸张浸渍方面，用以提高纸页的力学性能，良好的外观及手感以及赋予纸张特殊功能。

2）丙烯酸类聚合物

丙烯酸系聚合物乳液是以丙烯酸系化合物为主要单体进行乳液聚合而制备的性能各异用途广泛的一大类工业产品。它是以丙烯酸酯、甲基丙烯酸酯、丙烯酸等为原料，辅以苯乙烯、醋酸乙烯酯、有机硅化合物等共聚单体，制备苯丙乳液、醋丙乳液、硅丙乳液等不同品种。制备的聚合物属于饱和聚合物，也可通过交联的方式提高浸渍纸页的强度、挺度、耐破度、抗水、抗油、抗化学试剂以及耐热性能。

① 苯丙乳液。聚苯乙烯/丙烯酸酯共聚乳液浸渍纸张后，纸页的物理机械强度较好，耐候性比浸渍丁二烯类胶乳优异。苯丙乳液成膜后耐水性主要受乳化剂种类、单体亲水性及交联剂等因素影响，其"硬段"苯乙烯在体系中的含量变化，也影响着树脂浸渍纸的综合性能。

② 醋丙乳液。醋丙乳液由醋酸乙烯酯与丙烯酸系单体采用乳液聚合技术共聚制备。外观为白色乳状物，黏合力好，具有较好的机械稳定性和储存稳定性，耐光、耐热性好，向醋酸乙烯乳液聚合物中引入丙烯酸酯链节可以改善其涂膜的耐水性、耐碱性、耐寒性及力学性能。在纸页的增强方面，醋丙乳液以其优良的黏结特性以及较低的生产成本获得广泛应用。为了解决其耐水性较差的不足，各种改性技术应用于醋丙乳液中，使醋丙乳液在造纸工业的应用范围进一步扩大。

③ 硅丙乳液。用有机硅改性的丙烯酸系共聚物乳液称作硅丙乳液。有机硅成分的加入，可以克服丙烯酸系乳液"热黏冷脆"的不足。硅丙乳液聚合物具有非常优异的耐候性、耐水性、抗污性、透气性、保光性、保色性、光泽性、抗粉化性等性能，同时具有良好的成膜性、黏接性及施工性，以及具有较长的使用寿命。在造纸工业中，硅丙乳液可用作防黏纸的防黏剂、印刷品的上光剂、纸张的防水剂等。

3）乙烯基类聚合物

乙烯基类单体包括醋酸乙烯酯、氯乙烯、偏二氯乙烯以及乙烯等，同丙烯酸类聚合物一样，乙烯基类聚合物也包含了很多品种，根据应用需求各品种之间性能迥异。这类聚合物大都采用乳液聚合的方式制备，其产品形式除了乳液以外，也包括粉末状，纤维状以及水溶液和有机溶液（聚乙烯醇，聚乙烯醇缩醛等）。

① 聚醋酸乙烯酯乳液。聚醋酸乙烯酯乳液俗称"白乳胶"，又有人称"白胶"，是目前大批量生产的聚合物乳液品种之一，在我国其产量仅低于丙烯酸系聚合物乳液，位居第二位。这种聚合物乳液黏接强度大，无毒，使用方便，价格便宜，已广泛应用在包括造纸工业的许多工业部门。但该类乳液聚合物的不足之处在于耐水性、耐热性、抗冻性及抗蠕变性差，长期以来，人们一直致力于聚醋酸乙烯酯乳液的改性研究，通过共聚、共混、交联、缩醛化等方法来克服其固有缺点。在造纸工业中，广泛应用于纸品加工、织物加工、无纺布制造、商品包装等许多技术领域，成为一种不可或缺的重要材料。

② 聚乙烯醇。聚乙烯醇（PVA）外观为白色颗粒状或粉末状，无味，它是一种水溶性聚合物，具有优越的黏接强度和成膜性，膜层透明而柔韧。聚乙烯醇除了溶于水、乙二醇和甘油外，不溶于其他有机溶剂。聚乙烯醇因聚合度不同，醇解度不同，而具有不同的性能。醇解度高的 PVA 不溶于冷水而溶于热水；相对分子质量越高的 PVA，其强度和柔韧性增强，但溶解性降低。PVA 的流动性能不好，不能配制成高固含量的水溶液。为了改善其抗水性、耐热性等性能，常常采用缩醛化反应进行改性，其产品聚乙烯醇缩醛丧失其水溶性而只能溶解在有机溶剂中。PVA 具有优异的黏合性能和成膜性能，同时对油、脂、溶剂和油墨具有排斥性，在造纸工业的应用中卓有成效。

4）聚氨酯树脂

聚氨酯树脂的应用涵盖了塑料、橡胶、纤维、涂料、胶黏剂等诸多领域。在造纸工业中，主要有两种形式的产品，一种是以 N，N-二甲基甲酰胺（NMF）为溶剂的聚氨酯溶液，也是其主要应用形式，随着 NMF 的挥发脱除，聚氨酯树脂聚集在纤维表面、纤维交织点等，起到增强纸页性能的作用；另一种是近 20 年来发展起来的水性聚氨酯溶液，其优点是使用方便、安全环保等，不足之处在于储存稳定性，尤其是耐电解质的储存稳定性较差，综合性能也弱于溶剂型聚氨酯溶液。聚氨酯聚合物分子中含有许多强极性的基团，黏接性强，几乎能黏合所有的材料，在造纸工业中，对非植物纤维基特种纸的增强方面也发挥着卓越的成就。除了黏合强度高，还具有较好的耐油、耐臭氧、耐化学药品及耐低温等性能。同时，根据非植物纤维的种类、性能以及应用领域的不同，可方便地调节聚氨酯树脂的组成、结构及使用配方，获得不同链结构、不同的嵌段结构、长度和软硬段比例的树脂，借以改变、调节和控制其性能，以适合不同材料黏合的需要。但这类聚氨酯胶黏剂的最大缺点是成本较高。

5）环氧树脂

近年来，在高性能非植物纤维造纸中，环氧树脂已经越来越受到人们的广泛关注，尤其是在高尖端的军事、航天航空、电子电器等方面，由于要用到高强、高模、耐高温及优异介电性能的非植物纤维造纸，因而对于开发高性能环氧树脂等热固性树脂的需求越来越大。环氧树脂因其自身优异的性能，在这些领域占有重要的一席之地，主要用来对玻璃纤维、膨纤维、碳纤维、芳纶纤维等高性能纤维进行增强处理。所得的纸基复合材料中，环氧树脂的含量可达 $10\%\sim35\%$ 之间。固化后的环氧树脂具有收缩率低、黏接性优良、坚韧、机械强度高、耐化学腐蚀等优点，常常和其他类树脂共混或共聚，改善自身的弹性，综合不同树脂的性能优点。和聚氨酯树脂一样，成本较高。

6）酚醛树脂

酚醛树脂在造纸工业中，主要应用在对纸页的浸渍增强上。虽然酚醛树脂有一个致命弱点，即游离醛的存在，因而环境不友好，但具有其他树脂尤其是乳液类聚合物不可比拟的特殊优势和性能，因而在造纸工业中，尤其是非植物纤维造纸中，仍然占据着很重要的一席之地。固化以后酚醛树脂具有优异的耐候性、耐温性、耐水性、阻燃性以及黏合强度高等特点，不足之处在于性能较脆，使用时需要经过物理或化学改性以提高其韧性。用其浸渍增强的纸页，比起乳液聚合型胶黏剂，具有更高的挺度、耐热性、阻燃性和抗水性等。同时，作为耐烧蚀材料的改性酚醛树脂，常常作为碳纤维纸的增强材料，广泛应用于航空航天等高科技领域。

7）氨基树脂

氨基树脂在胶黏剂领域有着广泛的应用，最重要的品种是脲醛树脂和三聚氰胺甲醛树脂。它经酸性催化剂或热的作用下，可转化为体型结构的聚合物。

① 脲醛树脂。脲醛树脂因其价格低廉，许多行业仍然继续沿用，但由于它的游离甲醛含量高，黏接强度不足，耐水性差，脆性大等缺点，性能远远不如三聚氰胺甲醛树脂，所以在胶黏剂、涂料等行业中，已经被三聚氰胺甲醛树脂所替代。

② 三聚氰胺甲醛树脂。三聚氰胺甲醛树脂由于其性能优异，具有高的黏接强度、抗水、抗化学试剂、耐高温、阻燃等性能，因此已经替代了脲醛树脂在胶黏剂领域的应用。和酚醛树脂类似，三聚氰胺甲醛树脂在加热或酸性条件下可相互之间缩合固化为三维网络状结构。在造纸工业中，可直接施加于纸浆内，加热干燥后可获得良好的纸湿强度，其湿强度可以提高到干强度的 50% 以上。同时，三聚氰胺甲醛树脂一般和其他类树脂（醇酸树脂，酚醛树脂，环氧树脂等）复配使用，用作纸张浸渍剂和涂布剂，使最终成纸具有高光泽、耐水、耐热、耐化学作用的性能。

8）聚酰亚胺

针对某些非植物纤维，包括芳纶、PBO 等芳杂环纤维，因其表面惰性以及化学惰性，因而纤维之间交织力弱，必须对纸页进行增强处理。针对芳杂环纤维本身的耐高温性能，以及航空航天等应用环境对耐温性的要求，需要选择高强、高模、耐高温的树脂作为纤维的黏结剂。聚酰亚胺因其优异的高温黏接性能、耐高低温性能、阻燃性能以及优异的介电性能等，在造纸行业，尤其是特种耐高温纸方面，广泛应用于航空航天等高科技领域。其不足之处在于使用的溶剂沸点高，成型需要较高的能耗。近年来也出现加成型聚酰亚胺应用于特种纸行业，使用醇类等易挥发溶剂，但相比缩聚型聚酰亚胺，其韧性需要进一步改善。

上述介绍了用于非植物纤维造纸工业的各类不同树脂，其性能各有优势，各有不足。在树脂的合成上，常常引入不同类型的其他单体进行共聚，以改善其性能。在造纸工业中，根据应用领域的要求，采用不同胶黏剂树脂进行共混或共聚来提高其综合性能。用这种方法处理的纸页，综合了两种或多种树脂的优势，弥补了各自的不足。例如，酚醛树脂柔韧性差，脆性大，黏接性相对较差，通过黏接性能优异的环氧树脂的改性，制备的酚醛环氧树脂体现了环氧树脂的黏接性能，也保障了酚醛树脂的耐热性能。同样，聚醋酸乙烯酯乳液抗水性差，用其浸渍增强的纸页相对较软，当用三聚氰胺甲醛树脂进行复配以后，在浸渍纸页干燥脱水的过程中，三聚氰胺的活性基团氮羟甲基与乳液聚合物分子链上的活性基团进行反应，生成交联网络状结构，大大提高了最终纸页的力学性能、阻燃性能以及抗水抗化学品的性能。

因此，采用胶黏剂树脂增强非植物纤维之间交织力，需要充分综合考虑纤维自身的性能、胶黏剂树脂的性能、两者之间的相容性、应用领域的需求，以及成本和环保等问题，选择最佳的树脂或树脂复配体作为纸张浸渍剂或纸浆添加剂，制备综合性能优良，满足使用要求的非植物纤维基特种纸。

2. 热压在纸页增强和功能化中的应用

压光过程是将纸页通过相互对压的两个旋转的辊，以提高纸张性能。压光的一个目的是改善纸张表面性能，如平滑度、光泽度和纸页表面孔结构。对于印刷用纸，光滑的表面是高质量印刷的关键。从纸机干燥部出来的纸张表面粗糙，凹孔尺寸在 $10\mu m$ 左右，导致印刷过程中油墨转移率和覆盖率较低。纸张表面的一些纤维不能够与内层紧密结合，在印刷过程中这些纤维可能被墨辊带出，影响印刷质量。通过热压能够增加纸张表面平滑度，修复纸页孔结构，保证印刷时的油墨转移。热压另外一个目的就是改善纸张厚度的均匀性，这对卷取及纸张后处理都十分重要。对于一些特殊的纸种，热压可以改善纸页光学性能，例如纸页透明度。透明描图纸是由高压力的多压区压光机压榨而成，其紧度非常高，纤维之间结合很紧密，使得纸页呈现透明状态。高温热压光是合成纤维纸如芳纶纸、PET 纸等增强的一项关键工序。通过超过 $280℃$ 的热压处理，芳纶浆粕将纤维黏结到一起，赋予芳纶纸平滑的表面、优良的机械性能及绝缘性能。

（1）热压机的种类

热压机主要包括硬压光机、软压光、超级压光机、多压区压光机和一些特殊压光机。每种压光机都有自己的特点和适用的纸种。

1）硬压光机

软硬压光机主要是靠压辊的材质来进行区别的。硬压光机的压光辊是非弹性的，主要由金属如铸铁或钢组成，因此表面非常坚硬。硬压光机主要用于不同种类的纸和纸板，分为两辊硬压光机和多辊硬压光机。两辊硬压光机主要用于在涂布前的预压和非涂布胶版纸的表面整饰。多压区硬压光一般包含 4~6 个辊，主要用于新闻纸、胶版纸和特种纸。影响压光效果的关键因素是压区压力和辊面温度。其中温度梯度压光和湿度梯度压光也属于硬压光的范围，两者利用在厚度方向上形成温度梯度和湿度梯度来达到足够的平滑度，同时又能保持纸张一定的松厚度。

2）软压光机

软压光机至少有一个软辊存在，一般来说，由一个软辊和一个硬辊组成。软辊是弹性的，主要由非金属材料制成或辊面包裹、涂覆聚乙烯或塑料等制品，辊面比较柔软。影响软压光的过程参数主要包括：线压力、车速、加热辊表面温度、蒸汽和软辊位置（与纸页表面还是背面接触）。

软硬压光对于纸张厚度的影响如图 6-39 所示。硬压光的纸张被压至一定的厚度，一些高定量的区域被压至和其他区域同一水平线。所以纸张的密度和孔隙率是不均一的。而软压光的纸张密度相对均匀得多，因为软辊和纸张有相似的柔软度所以会产生形变，热压后的纸张厚度仍然是不均一的。

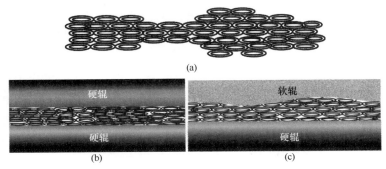

图 6-39　软硬压光的效果图

（a）未热压纸张　　（b）硬压光　　（c）软压光

由于软辊的变形，一般相同辊径的软辊比硬辊的压区面积要大，压力分布在较大的区域。热压后植物纤维纸强度的降低是由于纤维破坏和结合失败。

软硬压光的选择主要取决于所需的纸张表面状态。对于植物纤维纸来说，主要是由印刷技术决定的。例如，在凹版印刷中要求纸张与印刷辊要很好的贴合以保证印刷质量。纸张平滑度和压缩性是关键影响因素，因此硬压光是更好的选择。但是对于平版印刷来说，由于对于平滑度的要求较低，而对于紧度的均匀性和孔隙率的分布要求较高，所以较适用于软压光。而且软压光比硬压光更能赋予纸张印刷光泽度。对于合成纤维纸来说，芳纶纸对于纸张的力学性能和纸面平滑度的要求比较高，所以适用于硬压光。而 PET 纸和电池隔膜纸来说，由于对其内部的孔隙率的控制有一定的要求，因而使用软压光较为合适。

3）超级压光机

超级压光机是一类包含可更换软硬辊的多辊压光机，一般由 9～12 个辊组成。这些软辊能够保证纸张在较大的线压力下不出现黑化和斑点，从而获得更高的平滑度。影响超级压光的过程参数包括：下压区的线压力、加热辊的表面温度、软辊的材质和硬度、车速和蒸汽。

4）多压区压光机

直到 20 世纪 90 年代中期，几乎所有的压光都是靠软压光、硬压光和超级压光来实现的。其中多辊超级压光是主要的热压手段。但是随着纸机速度的提高，超级压光的纸粕辊受到限制。因此，聚酯辊应运而生。车速也得到了提高。市场上出现了三种用此新技术制造的热压机：Voith-Sulzer 的 Janus 热压机，Kusters-Beloit 的 Prosoft 热压机，还有 Valmet 的 OptiLoad 热压机。

5）特殊压光机

一些特殊用压光机主要包括：湿式压光机、半干式压光机、摩擦式压光机、刷毛式压光机、长压区的压光机和压花压光机。湿式压光机主要用于一些纸板的预压光，压光过程中通过薄膜对纸面加湿，从而使纸面压得比较致密，纸页内部保持干燥比较疏松，和湿度梯度压光有相似之处，其关键点是机器的运行能力。半干式压光机是位于纸机干燥部的一种硬压光，一般用于新闻纸，能够提供良好的平滑度和强度。但缺点是会牺牲松厚度。摩擦式压光机带有两个辊速不同的压辊，辊速不同带来的剪切力和滑动能提供较好的表面光泽度，但是由于其运行能力和难以控制等问题目前较少使用。刷毛式压光机也是用于提高纸面光泽度的一种压光方式，利用旋转的毛刷对纸面进行摩擦，由于没有实际的压区，平滑度几乎不受影响。长压区的压光机是利用较大辊径提供较长的压区，长压区热压技术可用于高松厚度的纸张，如图 6-40 所示履式压光机和带式压光机就是长压区的例子。履式压光机其中一个是刚性金属辊，另外一个是弹性聚乙烯或其他软的橡胶材料制成的辊。压力主要由下辊提供，压区长度是由下辊的长度决定的。带式压光机的压力是通过将一个辊与皮带接触后压到另一个辊上，通过转变辊与皮带间的夹角来改变压区长度。长压区另外一个优点就是可以用更少的辊数来达到同样的热压效果，因此能够提高压机的生产力减少操作。压花压光机与普通压光机赋予纸面平滑度和光泽度相反，它是用于在纸面产生特定形貌的一种压光技术，软硬压辊都可以实现。

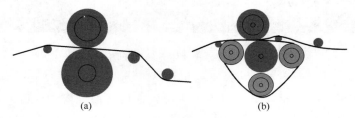

图 6-40　长压区概念图

（a）履式压光机　（b）带式压光机

热压机既可安装在纸机干燥部的后面在线热压，也可以脱离纸机作为单独的一部分。对于各种不同的纸种来说，技术的进步已能够实现高效热压从而减少断纸，使在线热压逐渐取代离线热压。在线热压不仅能够减少能耗和人工操作，同时能够实现高生产率。

随着国内外压光技术的发展，新式的压光机不但能够自由地改变压光辊的载荷或温度而不必停机，现在还设计出每个压区载荷都能单独调节而且可在运行中改变载荷的新式压光机。辊筒的中高可在运行中调整以校正大面积的厚度变化，而局部的变化能够用自动化冷风喷嘴来校正。压光热辊的热源为导热油，热辊表面温度可达过 200℃。同时，热辊在内部结构上具有温降补偿功能，最终使得热辊的表面温度差不高于 ±1℃，很好地保证了热辊在工作中的直径精度，从而保证了纸张的质量。日本 Tokuden 公司设计的热辊利用电磁感应线圈来加热辊子，辊内有一固定的使用交流电的感应线圈，当辊子外壳旋转时，辊子温度升高。这种加热方式有助于辊温的均匀控制，也不必连续补充传热介质，维护费用也低，辊温可达 400℃，将热辊温度上升到一个新的高度。再加上一些纸卷紧度、纸的厚度和粗糙度传感器等辅助设备在机上检查产品质量，并帮助造纸工作者在高得多的车速下生产更均匀的纸，使之更适应现代化的造纸规模化生产。

（2）压光作用原理

压光过程实际上是纸张和热压辊的彼此接触。热压带来的效果，如纸张表面性能的改善是通过压力和纸页表面的永久形变来实现的。目前，有两种基本的理论来解释通过压光提高纸张表面平滑度和光泽度的原理。一个是复制原理，一个是打磨理论。

复制原理认为纸张表面平滑度和光泽度的提高是由于热压辊的表面平滑度复制而成的。平板压机通常被认为在热压的过程中没有滑动即打磨现象的发生。单压区软辊压榨使纸页具备两面性。接触表面光滑的硬辊的那一面比接触橡胶辊的那面的平滑度和光泽度都要高。

抛光理论假设热压过程中辊和纸面之间有微小滑动，特别是软压区部位。对于单压区热压来说，电机只驱动橡胶辊，硬辊的旋转是靠与软辊之间的摩擦力来实现的。剪切力增大了摩擦力，软硬辊之间会发生滑动。这种剪切作用改善了纸面性能。刷毛式压光机就是一种可以用此种理论解释的对纸张表面整饰的方式。而且在抄纸过程中手抄片也可以通过玛瑙或光滑的石头来机械打磨平整。

（3）压光过程影响因素

压光过程用于改善纸页表面的平滑度和光泽度，最终提高纸张的强度。高平滑度的纸张是通过将纸张放置于两个旋转的辊之间压榨来实现的。由于其黏弹塑性，热压之后纸张会发生永久变形。实际上，任何影响纸张机械性能或热压辊的因素均会影响热压效果。此外，热压过程中线压力、压区停留时间、纸张可塑性和辊面的可复制性对热压效果也有着至关重要的影响。

图 6-41 是影响热压的几个参数。纸张的可塑性决定了它在热压过程中的柔韧性。它是由纸张本身的原材料、温湿度还有成形过程所决定的。对于涂布纸来说，涂层涂布量，黏合剂还有颜料都是影响纸张可塑性的因素。热压过程中的一些操作参数，如车速、线压力和辊径等对纸页的平滑度和厚度都有重要影响。

从工艺流程方面讲，热压的效果或者说是输出变量如纸张厚度，表面性能和结构变化等是受输入变量：纸张温度、湿度、成形、组分等以及热压过程中的热压速度、辊的材质和停留时间的影响。通过调节输入变量和过程参数可以优化热压效果。

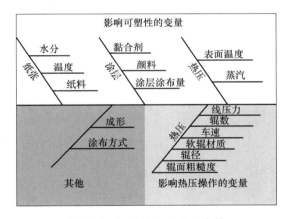

图 6-41　影响热压效果的参数

① 纸张可塑性。纸张的可塑性决定了它在热压过程中的柔韧性。它是由纸张本身的原材料、温湿度还有成形过程所决定的。一般来说，所有的聚合物都是黏弹性的，其形变会随着温度和水分的变化而变化。这和聚合物的玻璃化转变有关，当温度到达玻璃化转变温度时，聚合物进入高弹态，模量升高。对于涂布纸来说，涂层涂布量，黏合剂还有颜料都是影响纸张可塑性的因素。

② 纸张和加热辊的温度。通常，纸张中的聚合物都会随着温度的升高而逐渐软化。对于离线热压来说，进入压区纸张的初始温度一般在 30～40℃ 左右，而在线热压一般达到 100℃。在热压过程中，通过提高压辊温度来提高纸张温度，提高温度的纸张可以在更低的线压力下获得同样的压光效果。当纸张温度低于压辊温度时，纸页表面的纤维受到温度和压力的影响发生变形，中间的纤维温度没有提高，保持原来的形态和松厚度。这就是前面提到的温度梯度热压的概念。

③ 水分。水分对于纸张热压的影响主要在于水分能够降低聚合物的玻璃化转变温度，

因此，当纸张水分提高时，纸张会更易于产生变形。但是当聚合物的玻璃化转变温度过高时，可以忽略水分的影响，因为当温度过高时，纸页内部的水分很可能已经完全被蒸发。当线压力一定时，纸张水分越高，表面平滑度越好。但是压光过程中纸张的水分一般在 4%～9% 之间。通过对纸张表面喷洒蒸汽来提高纸面水分和温度。

④ 线压力。线压力表示施加到单位压区长度上压力的大小，线压力除以压区的宽度就是压区的压强，一般多压区和软压光的压强范围在 5～80MPa 之间，硬压光的压强甚至更高。线压力的大小也会影响压区的长度。软压光和多压区的压区长度一般在 5～15mm 之间。同样线压力的情况下，压区长度和压强取决于辊径、辊面材质以及纸张。对于硬压光来说，由于压辊不可变形性使压区宽度相对较小，导致压区的压力高于软压光和多压区压光。线压力最大程度上决定了纸张的厚度和平滑度，较高的线压力能够提高纸张的平滑度。

⑤ 压区数量。提高压光有效性的方法之一就是提高压区的数量，增加压区数量可以同时增加纸页在压区停留的时间而不会降低最大压强。

⑥ 车速。压光机车速在离线式压光机中是个可控的参数，车速越低，纸张在压区停留的时间越长，纸页的表面性能越好。而在线式压光机由于纸机速度或涂布机速度的限制，车速是受限制的。

⑦ 软辊辊面材质。在硬压光过程中，纸页在两个坚硬的不会变形的压辊中通过，纸张每一处都被压至相同的厚度。这就导致其密度的不均匀性。而软压光其中一个是可变形辊，因此热压出来的纸张密度较为均匀，同时也减少了斑点现象。可见软辊材质对压区压力的均匀性具有重要作用，压辊越软，压光效果越均匀。

⑧ 其他。除了上述影响压光效果的因素之外，纸料、涂料配方和辊面粗糙度对于压光效果也有重要作用。不同的纤维软化程度和坍塌特性，涂布纸涂层材料的塑性等都会影响纸张的压光效果。此外，根据压光的复制原理，加热辊的辊面光滑度也是影响压光效果的关键因素。

第四节　非植物纤维基特种纸的应用举例

一、芳　纶　纸

芳纶纸是指以芳纶纤维及浆粕为原材料，通过湿法成形技术抄造成纸，再经热压成型制得的复合材料。

1967 年，伴随芳纶纤维技术在 DuPont 公司的突破，以及 Morgan 和 Parrish 等人在沉析浆粕的研究工作上的进展，以间位芳香聚酰胺为原料的第一代芳纶纸 Nomex 问世。Nomex 的最初研制是为军事用途，主要是雷达罩的纸蜂窝透波材料，但很快因为突出的耐热和阻燃性能，Nomex 迅速在耐热和绝缘领域获得了推广，以其制备的蜂窝材料作为大刚性次受力结构部件，在飞机、舰船、高速列车上被广泛应用。1971 年 DuPont 公司推出了强度和模量更高的对位芳族聚酰胺纤维 Kevlar，Kevlar 相比于 Nomex 不仅具有更优异的力学性能，在耐温性能、尺寸稳定性、介电性能、吸湿率等方面有突出优势，以 Kevlar 为原料制备的芳纶纸 Thermount 在对介电和尺寸稳定性要求高的航空航天等领域的印刷电路板基材上获得了应用。在军事上，对武器和战机的性能的不断追求，促使新一代芳纶纸 Kevlar 问世，DuPont 一直对其技术及产品实现封锁，从仅有的有限的信息中我们得知该材料是以 Kevlar 为原材料，吸湿率远低于 Nomex，所以可以很好地解决蜂窝吸湿所造成的脱胶变形等问题。Kevlar 很快在先进战机和现代新型的民用大型飞机上如 airbus380、Boeing787 上获得应用。日本的 Tenjin 也和 DuPont 达成协议，共同推动芳纶及芳纶纸技术，他们也拥有芳纶纸制备的部分专利技术。下面就几种代表性的芳纶纸的结构性能及应用作简单介绍：

1. Nomex

Nomex 的结构如图 6-42 至图 6-45 所示，由芳纶短纤维和芳纶浆粕两种纤维原料制成。芳纶短纤维提供材料的机械强度。芳纶浆粕提供材料的电介质强度并作为纤维之间的黏结材料。

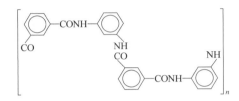

图 6-42　Nomex 分子式

图 6-43　浆粕及纤维

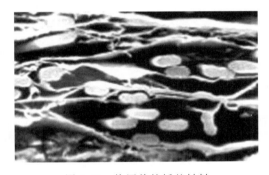

图 6-44　热压前的纸基材料

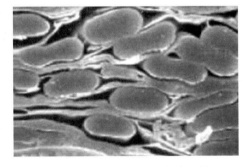

图 6-45　热压后的纸基复合材料

目前，DuPont 公司已经开发出 9 个型号的 Nomex 纸基材料，其性能如表 6-8、表 6-9 所示。其中常用型号为 type410，type411，type414，type418。

表 6-8　　　　　　　　　　　　　　　　Nomex 纸和纸板机械性能

型号	厚度 /mm	密度 /(g/cm³)	抗张强度 /(kN/m)		抗张强度 /(N/cm²)		伸长率 /%		初始撕裂度/N		单片撕裂度/N		300℃时收缩率/%		极限氧指数/%		150℃热导率/[W/(m·K)]
			纵向	横向	纵向	横向	纵向	横向	纵向	横向	纵向	横向	纵向	横向	25℃	220℃	
T410	0.05	0.72	3.9	1.8	7800	3600	9	6	11	6	0.8	1.6	2.2	0.1	29	22	0.094
T410	0.25	0.96	28.5	15.2	11400	6080	19	15	71	42	6.0	10.8	0.4	0.1	30	24	0.128
T410	0.76	1.10	84.1	59.5	11070	7830	17	13	251	200	—	—	0.2	0	32	25	0.178
T411	0.25	0.31	3.5	2.0	1400	800	3.4	5.2	13	8	1.9	2.5	—	—	29	22	0.103
T414	0.25	0.95	22.9	11.9	9160	4760	13	16	73	38	—	—	1.5	0.4	30	24	—
T418	0.25	1.15	11.1	7.8	4440	3120	3.8	3.8	34	24	4.9	6.3	0.1	0	63	52	0.092

（1）Nomex 特点

强韧的机械性能（很高的拉伸强度、撕裂强度，耐磨性良好，并具有良好的弹性和柔韧性，再加工性能良好）、优良的电介质强度（不添加其他树脂处理可承受 18～40kV/mm 的短

表 6-9 Nomex 纸和纸板电性能

型号	厚度/mm	介电强度/(kV/mm)	介电常数	耗散因数/10⁻³	型号	厚度/mm	介电强度/(kV/mm)	介电常数	耗散因数/10⁻³
T410	0.05	17	1.6	4	T411	0.25	9	1.2	3
T410	0.25	32	2.7	6	T414	0.25	29	2.7	8
T410	0.76	27	3.7	7	T418	0.25	38	4.1	6

时间电应力）、良好的耐高温性能（在 220℃条件下放置 10 年材料仍能保持良好的机械和电性能）、良好的化学稳定性和适应性（绝大多数溶剂对材料的性能没有影响，耐强酸强碱，防虫和霉变，能适应所有的油漆、胶黏剂、变压器油、润滑油、制冷剂、优异的低温性能（在−196℃条件下材料的拉伸强度比室温条件下高）、对潮湿环境不敏感（相对湿度 95％环境中材料能保持相当于干燥环境 90％的电介质强度，而机械强度有所增加）、抗辐射能力强（800MEGARADS 的离子辐射 8 次材料仍能保持有用的机械和电介质强度）、阻燃并且在高温条件下不会生成有毒物质。

（2）Nomex 的应用

① 航空航天。飞机、导弹、卫星宽频透波材料，大刚性次受力结构部件（用于机翼，整流罩，机舱内衬板，舱门、地板、天花板、货舱和隔墙）；

② 工业。发电机、马达、变压器绝缘材料，模压热压空压空调设备隔热材料，造纸压光辊等；

③ 汽车、战车。火花塞、耐高温软管等热防护材料，发动机隔热材料，辐射软管阻燃材料；

④ 公共设施。影剧院、宾馆的隔热阻燃材料，如背景幕、墙纸、聚光灯隔热材料、装饰材料等；

⑤ 日用产品。像羊皮纸的灯罩、扬声器振膜、声音感应线圈绝缘材料、袋式烟灰缸、雪橇、可折叠烹饪锅；

⑥ 交通。芳纶纸基材料制成 SANDWICH 复合结构材料用在船舶、汽车、飞机等交通工具上减轻质量。它可使相关结构强度提高 37 倍，而质量只增加 6％；

⑦ 电子。锂离子电池汇流条、微波炉、照相制版、激光打印等设备相关零部件；

⑧ 过滤。用在耐高温、腐蚀等特殊环境。

2. Thermount

Thermount 系列主要有 Thermount 与 Thermount RT 两种产品，Thermount 应用在航空航天电子设备、军队战斗系统和电信开关系统，它具有低的平面热膨胀系数、轻质和优异的尺寸稳定性；Thermount RT 则应用于电话和电脑中高电频数据传输线路用印刷电路板，它具有低湿含量、高剥离强度和优异的尺寸稳定性（表 6-10）。

表 6-10 Thermount RT 几个型号的典型性能数据

增强材料/单位	2.0N710	3.0N710	4.0N710	增强材料/单位	2.0N710	3.0N710	4.0N710
厚度/μm	48	72	97	抗张强度(N/cm)	20	31	47
定量/(g/m²)	31	49	68	平衡水分/%(@55％相对湿度)	1.6	1.6	1.6
在层压板或印刷电路板中							
厚度/μm	53	79	104	尺寸稳定性/%	0.02	0.02	0.02
剥离强度/(kN/m)	1.0	1.1	1.2	面内热膨胀系数/(×10⁻⁶℃)	11.0	10.5	10.5
介电常数/(@1MHz)	3.9	3.9	3.9	Z 向热膨胀系数/(×10⁻⁶℃)	97	100	100

3. Kevlar

Kevlar 纸蜂窝采用对位芳纶纤维纸和酚醛树脂制造，具有比 Nomex 纸蜂窝更低的吸湿率和更优异的力学性能。纸蜂窝的制备流程如图 6-46 所示。

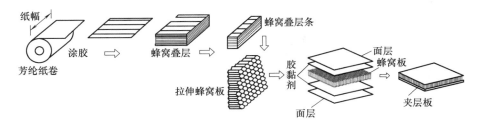

图 6-46　纸蜂窝材料的制备流程

二、电池隔膜纸

电池隔膜是电池（化学电源）四个主要组成部分之一，其性能对电池质量、放电容量和循环使用寿命有着至关重要的影响。隔膜的作用是在电池使用过程中隔离电池正负极材料，防止两极间直接接触形成电子通路，同时允许电解液中的离子自由通过。不论是何种电池，对隔膜材料都有相同的基本技术要求：耐化学腐蚀、吸收与保持电解液能力、厚度（要求薄且均匀）、有一定的均匀的孔径和孔率。应用于电池中的隔膜材料一般可以分为两大类：一类是材料本身具有离子导电功能的电解质隔膜，这类隔膜材料本身带有电荷，可以传输与膜材料本身所带电荷相反性质电荷的离子，如质子交换膜、碱性离子交换膜；另一类是材料本身不带电荷，它是靠大量吸附在材料中的电解质溶液来传导离子，如多孔塑料薄膜、纸、非织造布、编织布等。

随着电池多样化的发展，很大一部分高性能电池采用以合成纤维和无机纤维为原料用湿法工艺或干法工艺生产的无纺材料作为隔膜材料。而湿法工艺具有原料适应范围广，比如可以选择具有特殊性能的纤维来满足隔膜对某些特殊性能的要求；成形工艺调整余量大，可实现多种材料的复合成形，调整隔膜的孔隙结构；产品均匀性好、生产效率高等优点，因此大部分纤维制电池隔膜采用湿法工艺生产。用湿法无纺工艺生产的电池隔膜称为电池隔膜纸，典型电池隔膜纸的表面和截面结构如图 6-47 所示。

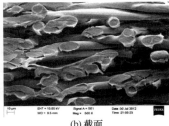

(a) 表面　　　　　　　　　(b) 截面

图 6-47　电池隔膜纸的扫描电镜照片

电池隔膜纸根据所应用电池的种类可以分为：锌锰电池隔膜纸（浆层纸），碱锰电池隔膜纸，镍氢电池隔膜纸，锂离子电池隔膜纸和铅酸电池隔板。电池的种类的不同，对隔膜性能的要求也不尽相同，例如，要求电池具有更大的容量，则要求隔膜的厚度尽量小，但从机械性能角度考虑，厚度越小，其强度则越差；要求电池的大电流放电性能好，则隔膜需要电阻小，吸液保液性能好；总体都是要求隔膜的性能更优以及成本更低，但应根据不同的电池的需求采用相应的隔膜材料。下面以碱锰电池隔膜纸（如图 6-48 所示）为例，简单介绍该类纸种。

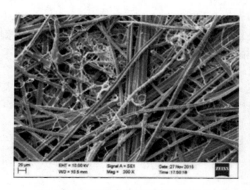

图 6-48　碱锰电池隔膜 SEM 照片

1. 隔膜基本要求

碱锰电池隔膜纸主要应用于一次性碱锰电池中，碱锰电池的电解液一般为质量浓度为 30%～40% 的氢氧化钾溶液，电池使用温度一般为 −20～80℃，因此要求其电池隔膜必须满足以下的性能要求：

① 电子绝缘，要求具有合适的孔隙结构作为离子通道，同时要防止正极和负极活性物质直接接触而发生内部短路。

② 机械性能及尺寸稳定性好，满足隔膜的加工装配要求，同时防止在电池被输送或运输时因震动和下落的冲击造成弯曲以致发生短路。

③ 厚度薄，当组合入电池内部时隔膜占据较少空间，以增加正极及负极活性物质的量，以延长电池的使用寿命。

④ 在电解液中保持尺寸和化学稳定性稳定性，保证电池在储存和放电过程正常使用。

⑤ 对电解液具有良好的可润湿性和优异电解液吸收性能，不含杂质，离子导电率高，可降低隔膜的电阻，同时提高电池装配过程的注液效率。

⑥ 厚度及其他性质均匀性好。

2. 隔膜原料

碱锰电池的隔膜常用的原料为合成纤维、黏结纤维及纤维素纤维。其中以耐碱的合成纤维（如维尼纶纤维、腈纶纤维、聚烯烃纤维或尼龙纤维）作为主体纤维，常用的黏结纤维是水溶性 PVA 纤维。表 6-11 是常见制备电池隔膜的合成纤维特性和纤维素纤维。

表 6-11　　　　　　　　　　　碱锰电池常用纤维原料

项目	尼龙纤维	维尼纶纤维	腈纶纤维	聚烯类纤维	黏胶纤维
成分	聚酰胺	聚乙烯醇	聚丙烯腈	聚乙、丙烯	纤维素
密度/(g/cm³)	1.14	1.26	1.16	0.9-0.96	1.50
强度/(cN/dtex)	4.1-5.9	3.6-5.8	2.2-4.9	2.7-7.9	1.6-2.7
伸长率/%	30-60	20-25	20-28	20-80	16-22
耐碱性	优	优	优	优	良
抗老化能力	较差	良	优	良	良
耐热性能	良	较差	良	良	良

3. 制备工艺

湿法无纺工艺制备碱锰电池隔膜的常用工艺路线为：

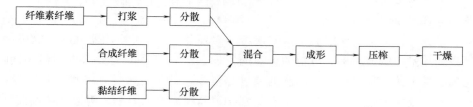

4. 基本性能指标

目前我国还没制定相关的国家标准，各个厂家检查的指标主要有：定量和厚度；机械强度（抗张强度）；孔径大小；耐碱性；吸液性能。表 6-12 给出了市场上常用产品的基本性能指标。

表 6-12　　　　　　　　　　　碱锰电池隔膜基本性能指标

性能指标	样品	测试标准	性能指标	样品	测试标准
定量/(g/m²)	30～45	GB/T 451.2—2002	抗张指数/(N·m/g)	55～75	GB/T 12914—2008
厚度/mm	0.08～0.13	GB/T 451.3—2002	吸液率/%	450～550	SJ—247—10171.7
透气度/(mm/s)	120～300	GB/T 5457—1997	平均孔径/μm	8～15	ASTM—F316-03

三、碳 纤 维 纸

碳纤维纸是以碳纤维（或活性炭纤维）与其他纤维（合成纤维、植物纤维等）为纤维原料抄造而成的一种功能纸。碳纤维纸性能及用途依碳纤维含量的多少、长短、混抄原料以及加工工艺的不同而有较大的差异，应用领域也较为广泛。如，具有导电性和多孔性而应用于燃料电池领域的扩散层炭纤维纸；具有较高吸附性而广泛用于气体、有毒物质、有机溶剂、贵金属分离的活性炭纤维纸；具有屏蔽性能而应用于精密仪器、信息保密场所、军工武器装备等领域的碳纤维屏蔽纸；具有比模量高、共振频率高而应用于音响领域中电声转换的碳纤维纸振膜等。

不同用途的碳纤维纸制备工艺差异较大，这里仅以燃料电池用碳纤维纸为例进行介绍。燃料电池扩散层用碳纤维纸在燃料电池系统中主要起到支撑催化层、作为气体和水的通道、作为电子的通道以及热的传输和分配的作用。在国际市场上碳纤维纸品牌主要有日本 Toray、德国 SGL、加拿大 Ballard、美国 F. tech 等。目前我国还没有成熟的商品生产，这也成为了制约我国燃料电池行业发展的瓶颈之一。

1. 碳纤维纸的应用

原料碳纤维的功能特性决定了碳纤维纸具有多孔、导电、耐水、耐蚀、机械特性好等优异性能，可用于多个领域。目前，在市场上碳纤维纸主要被用于以下几个方面：

（1）能源材料，主要用作燃料电池气体扩散层

近年，碳纤维作为扩散层材料用于质子交换膜燃料电池是碳纤维纸发展的一个重要方向。燃料电池发电是继水力、火力、核能发电之后的第四类发电技术，它是一种不经过燃烧直接以电化学反应方式将储存在燃料和氧化剂中的化学能转化为电能的发电装置。因具有高的能量转换效率无污染等优点，燃料电池技术的研究和开发备受各国政府与大公司重视，而碳纤维纸作为燃料电池的电极材料是现在各大高校研究热点，它具备以下作用：a. 支撑催化剂；b. 气体和水通道；c. 提供电子通道；d. 热的传递和分配；e. 较强的耐化学腐蚀性。

（2）电磁波屏蔽材料

碳纤维具有导电性和好的比强度的特性使其复合材料一直是电磁屏蔽材料的一个重要发展方向，通过控制碳纤维含量，可以研制出碳纤维屏蔽纸。电磁屏蔽的原理是利用屏蔽体的反射衰减等使得电磁辐射场源所产生的电磁能流不如被屏蔽区域，电磁波传播到屏蔽材料表面时，通常有吸收损耗、反射损耗、多重反射损耗三种不同机理进行衰减。

（3）发热材料

目前，就导电发热材料而言，有红外灯管、电加热暖气片、金属电阻丝等，这些导电加热材料在加热均匀度、安全性及热效率均不如碳纤维材料，通过控制碳纤维加入量，制作电

阻率在 $10^{-1} \sim 10^4 \Omega \cdot cm$ 的碳纤维纸，常用作面状发热材料，有以下优点：

① 利用纸本身的平面性，整个面都是发热面和散热面，因而发热均匀，且表面温度可达 $80 \sim 90 ℃$，热量易于传递、疏散，热辐射性能好。

② 热转化效率高，其热效率理论值高达 99.99%，在实际中应用一般可达 97%，比传统材料节能 $15\% \sim 30\%$，是一种先进的节能材料。

③ 它的远红外电热辐射对人体具有辅助助理疗保健作用，诸如促进血液循环，减缓类风湿关节炎疼痛等。

（4）抗静电包装材料

通过控制碳纤维加入量，制作电阻率在 $10^4 \sim 10^7 \Omega \cdot cm$ 的碳纤维纸，具有抗静电性能，用于需要抗静电要求的电子器件的包装材料。

除此之外碳纤维纸主要还应用于扬声器纸盆、吸附分离功能材料、航空航天材料等，随着复合技术的不断提高，碳纤维纸的应用领域必将得到进一步的拓展。

2. 碳纤维纸的制备工艺

燃料电池用碳纤维纸的简要制备工艺如图 6-49 所示，将能作为黏结剂的溶液（如聚乙烯醇）或其他能起到黏结作用的纤维原料（如水溶性聚乙烯醇纤维）与短切碳纤维混合，利用造纸技术在抄纸机上成形，干燥后使短切碳纤维互相黏结，然后用酚醛树脂等可炭化物质的稀溶液进行浸渍处理，经过固化、炭化工艺后可得到燃料电池用碳纤维纸。

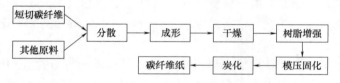

图 6-49 碳纤维纸制备工艺的示意图

与其他非亲水性纤维的抄造一样，碳纤维的分散也是制备碳纤维纸的关键，目前一般采用添加化学助剂的方法来进行改善。碳纤维纸成形的最佳设备为斜网成形器，为了取得良好的原纸匀度，成形浓度应尽可能保持在 0.25% 以下。碳纤维纸的抄造一般不需采用湿压榨脱水，干燥方式也具有较高的灵活性，烘缸和烘道均可，但以烘道为首选。碳纤维纸的原纸在干燥后需要进行树脂浸渍、模压固化以及炭化处理。树脂浸渍对碳纸起到了致密和增强的作用，树脂将碳纤维原纸的结构进行定位、连接成整体，使其在炭化中能保持一定的形状并成为能够承受外力的一个整体。浸渍的树脂都是热固性树脂，固化阶段常需采用加压热固化工艺。模压可使树脂有适当的流动性，使其更均匀地分布于纤维间。此外，模压对碳纸的厚度、密度也起到了决定性的作用。最后的一个工序是炭化，通常需要在惰性气体的保护下升温至 $1800 ℃$ 以上，在炭化过程中，非碳纤维的成分均会发生部分分解、挥发，导致碳纸质量、厚度的下降，而导电性能显著上升。图 6-50、图 6-51 是碳纤维纸的扫描电子显微镜照片，图中可以清晰地观察到碳纤维和树脂成分的存在，由于炭化过程中树脂部分挥发，从图中还可以看到树脂和纤维之间界面剥离的现象。

四、玻璃纤维纸

玻璃纤维纸是以玻璃纤维或玻璃棉为主要原料，通过湿法成形工艺制造而成的一类特种纸，具有优良的耐高温性、耐化学性和耐潮湿性，应用领域非常广泛，其中用量较大的主要有洁净行业过滤器用玻璃纤维纸、机械行业液压油用玻璃纤维纸、电子行业覆铜板用玻璃纤维纸等。

图 6-50　碳纤维纸的 SEM 照片（200 倍）

图 6-51　碳纤维纸的 SEM 照片（2000 倍）

玻璃纤维原料的分散是影响玻璃纤维纸性能的关键因素，最常用的方法是采用酸法抄造，控制浆料的 pH 在 2.5～3.0。目前对于酸性条件下玻璃纤维分散较好的原因尚未完全研究清楚，有的研究认为当 pH 为 2.5～3.0 时，玻璃纤维表面达到等电点，纤维更容易分散。这种方法对设备表面的要求较高，容易产生腐蚀作用，因而生产过程中设备的维护费用很大。玻璃纤维纸通常采用斜网或短长网纸机抄造，为保证成形的匀度，上网浆浓较低，一般在 0.1% 以下。由于玻璃纤维的密度较大（为 2.6g/cm³），为减少沉降造成的匀度下降，通常成形区都较短。成形后的玻璃纤维之间没有结合力，无法满足最终产品对强度性能的要求，因而玻璃纤维纸都必须进行树脂增强处理，帘式施胶是最常用的上胶方式。考虑到环保的要求，目前增强树脂以水性树脂居多，根据产品最终用途的差异可灵活选择一些具有特殊功能的树脂，如氟碳树脂、抗菌树脂等。

玻璃纤维纸的一个重要应用就是半导体、医院、制药厂、精密机械、食品生产、基因研究等领域所需的高效空气过滤器。欧洲 EN 1822 标准根据过滤效率的大小对高效空气过滤器进行了系统的分级。目前主流的高效空气过滤器是由玻璃纤维组成的，通过混合不同直径的玻璃纤维，可以得到不同过滤性能的玻璃纤维纸。由于玻璃本身的特性，玻璃纤维纸具有阻燃性、耐热性和耐潮湿性，并且对许多化学品都有耐腐蚀性，这些性能都有利于玻璃纤维纸在环境中长期稳定使用。但是，玻璃纤维纸本身比较脆弱，即使添加了增强树脂，在过滤器生产过程中还是容易出现打折后纸张断裂的情况。在实际应用中，玻璃纤维纸也容易在外力作用下出现破损的情况。因此，针对这些问题，需要采取相应的一些措施来改善玻璃纤维纸的机械性能，例如改善纤维微观结构、增强树脂的优化以及使用合成纤维替代等。随着近年来技术的发展，玻璃纤维纸在高效空气过滤器中的主导地位逐渐受到了纳米纤维滤料、膜材料及静电驻极体材料等的挑战。

对于过滤用途的玻璃纤维纸，如液压油滤清器和高效空气过滤器用玻璃纤维纸，除了对抗张强度、耐破度等力学性能有一定要求外，最重要的性能就是过滤性能。常用的过滤性能指标包括过滤效率、过滤阻力和容尘量（或称之为纳污容量）。纤维原料的直径以及纸页纤维微观结构是影响这些指标的最重要因素，是在进行玻璃纤维纸产品设计时需要考虑的首要问题。在研究增强树脂时，除了增强后玻璃纤维纸的强度，还要考虑树脂在纤维结构中的分布，减少树脂堵孔的现象。图 6-52、图 6-53 是高精度液压油用玻璃纤维过滤纸的电镜照片。从照片中可以看出，为了保证材料的过滤精度，使用的粗玻纤含量很少，而绝大部分原料是直径更为纤细的玻璃棉。从电镜照片中还可以清晰地观察到增强树脂在材料中的分布，树脂在纤维的交叉点处起到了有效的黏结作用，但又没有过多地堵塞纤维间的孔隙，从而尽可能

图 6-52　玻璃纤维过滤纸的
SEM 照片（500 倍）

图 6-53　玻璃纤维过滤纸的
SEM 照片（1000 倍）

地降低了树脂对材料的不利影响。

五、茶 叶 滤 纸

茶叶滤纸是用于包装茶叶用的过滤袋用纸，通常根据分装入茶叶后的工艺分为非热封型和热封型两种，二者的区别主要在于热封型茶叶滤纸在使用过程中需要在加热条件使其中的热塑性树脂成分熔融以使不同纸面之间产生黏合，避免茶叶的散漏。中华人民共和国轻工行业执行标准 GB/T 28121—2011 和 GB/T 25436—2010 分别对两种茶叶滤纸的性能要求、实验方法、检测规则及标志、包装、运输、贮存进行了规定。表 6-13 和表 6-14 分别为标准中所规定的两种茶叶滤纸的主要技术指标。从表中可以看出与普通纸张相比，茶叶滤纸比较特殊的指标要求在于滤水时间、漏茶末和异味，而热封型滤纸则还对热封性有要求。此外，茶叶滤纸作为一种食品包装纸，其卫生性也是必须要求的一项指标。

表 6-13　　　　　　　　　　　　　非热封型茶叶滤纸的技术指标

指 标 名 称			单　位	规　定	
				Ⅰ 型	Ⅱ 型
定量			g/m²	12.5±1.0	14.5±1.0
厚度	≥		μm	20	30
抗张强度	≥	纵　向	kN/m	0.55	0.60
		横　向		0.20	0.20
湿抗张强度	≥	纵　向	kN/m	0.12	0.12
滤水时间	≤		s	1.0	1.0
透气度（1kPa）	≥		cm³/(min·cm²)	12000	10000
交货水分			%	4.0~10.0	
异味			—	合格	
漏茶末			—	合格	

注：在透气度和滤水时间中选择一项进行测定，有一项合格即视为合格。

图 6-54 为热封型茶叶滤纸的扫描电镜照片，从图中可以观察到茶叶滤纸的结构较疏松，有非常丰富的孔隙，由于纸张定量较低，基本上都只有一至两层纤维交织在一起，在原料方面可以清楚地观察到主要有呈扁平带状的植物纤维和圆形的合成纤维。

表 6-14　　　　　　　　　　　　　　**热封型茶叶滤纸的技术指标**

指标名称		单位	规定					
			16.5g	17.5g	18.5g	21.0g	22.0g	23.0g
定量		g/m²	16.5±0.8	17.5±0.9				
紧度	≥	g/cm³	0.20	0.20	0.21	0.21	0.21	0.21
抗张强度 ≥　纵向		kN/m	0.45	0.50	0.52	0.52	0.60	0.60
横向			0.10	0.11	0.12	0.12	0.12	0.12
纵向湿抗张强度	≥	kN/m	0.10	0.11	0.11	0.11	0.12	0.12
热封强度	≥	kN/m	0.080	0.080	0.080	0.090	0.10	0.10
透气度ᵃ	≥	CU	10000	6000	6000	5000	4000	3000
滤水时间	≤	s	2.0	2.0	2.0	3.0	3.0	3.0
交货水分	≤	%	8.0					
异味		—	合格					
漏茶末		—	合格					

注：a 选择透气度和滤水时间中的一项进行测定，有一项合格即为合格。

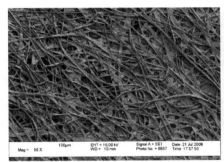

图 6-54　热封型茶叶滤纸的扫描电镜照片

　　茶叶滤纸的原料主要包括合成纤维和植物纤维，其中合成纤维最常采的是聚丙烯纤维或聚酯纤维，植物纤维则种类较多，木材纤维、麻类、桑皮纤维都有应用。在抄造茶叶滤纸时需要对植物纤维进行长纤维游离状打浆以提高原纸的强度。同时，为减小对食品卫生要求的影响，要尽可能避免使用湿部化学助剂。茶叶滤纸的抄造可采用长网、圆网或斜网纸机，由于纸张定量较低，通常车速都较慢，在100m/min以下，此外，应合理调整浆网速比以降低纤维的取向度，提高纸张的横向强度。低定量的茶叶滤纸，干燥负荷较少，主要采用烘缸进行干燥。为了提高茶叶滤纸使用时的力学性能，可以采用热熔型的合成纤维，在生产工艺的最后阶段升温加压以使合成纤维和植物纤维有效产生黏结提高强度，此外，也可对原纸进行树脂涂布处理来增加合成纤维和植物纤维的黏结强度。热封型和非热封型茶叶滤纸主要就是依靠于合成纤维种类的差异或涂布树脂各类的差异来实现的。

六、发动机过滤纸

　　发动机过滤纸通常用于乘用车、卡车、农用机械、建筑用机械、铁路、轮船和其他发动机驱动机器的过滤。发动机过滤包括三大领域：发动机进气过滤、机油过滤和燃油过滤。目前发动机过滤主要采用湿法成形方式制造的滤纸作为过滤介质，当然也有少部分采用干法成形的滤料。发动机过滤纸基材主要采用植物纤维作为原料，近年来合成纤维的使用量也越来越常见，纳米纤维的应用也在不断地增加。发动机过滤纸基材需要通过浸渍树脂来增加强度，保障使用过程中滤纸的稳定性。常用的增强树脂有两大类：丙烯酸树脂和酚醛树脂。当对滤纸的耐热性有要求时，需要使用酚醛树脂进行增强。使用滤纸生产过滤器时，需要对滤纸进行打折，增大有限空间内的过滤面积。图 6-55 展示了滤纸打折后的过滤器。

图 6-55　滤纸打折后的过滤器

① 发动机进气过滤是为了保障进入发动机空气的洁净度。如果空气过滤性能不足，进气系统将是污染物进入发动机的主要入口。污染物能够造成发动机的磨损，磨损的程度与污染物的量、化学成分及尺寸有关。进气过滤分为两大类：汽车空气过滤器和重载荷空气过滤器。汽车空气过滤器是指用于乘用车和小型卡车等的过滤器，性能要求是在保障足够过滤效率的情况下，增大过滤器的使用寿命。由于滤纸可能会接触到发动机释放的热量，滤纸的阻燃性也是一项重要的要求。重载荷空气过滤器是指用于大型卡车、工程机械、火车、农用机械及军用车辆等的过滤器。这类过滤器通常尺寸较大，所保护的发动机较为昂贵，过滤效率的要求高于汽车空气过滤器。

② 机油过滤是为了减少机油中累积颗粒物对于发动机部件的损害。机油中的颗粒物来源较多，包括穿透空气过滤器而进入发动机的大气颗粒物、发动机磨损产生的金属细颗粒和燃油燃烧产生的碳烟。此外，机油中还有燃烧产生的酸性物质和未燃尽的燃油。机油过滤器的工作条件非常恶劣，需要长期在酸性、高温条件下运行。机油滤纸需要使用酚醛树脂来增强，保证滤纸在恶劣环境下的耐久性。如果使用溶剂型酚醛树脂，滤纸在加工为过滤器的过程中会释放可挥发有机物（VOC）、甲醛等有害气体，不利于人体健康，因此对于水性酚醛树脂的需求越来越为迫切。传统机油滤纸是由植物纤维组成。为了应对更恶劣的运行环境，合成纤维的使用量逐渐增大，与无纺布结合的复合过滤材料也得到了更多的应用。

③ 燃油过滤是用于保障进入发动机燃油的洁净度。燃油系统包括两大类：汽油和柴油。柴油主要用于大型卡车和工程机械，但在乘用车中的使用比例也在提高。燃油过滤器的过滤效率通常比较高，具体的效率要求由实际应用来决定。燃油滤纸通常由植物纤维、合成纤维或玻璃纤维等组成，也可以与熔喷无纺布组成复合过滤材料。在燃油从炼油厂到加油站的输送过程中，燃油会受到固体颗粒物和水的污染。近年来热门的生物燃油具有较强的吸水性，水更容易混入燃油中。燃油中的表面活性剂能够让细小的水滴稳定存在。因此，燃油过滤器需要分离燃油中的游离水，减少水对于发动机燃油系统的影响。在水分离的过程中，滤纸的表面能是非常重要的。通常，酚醛树脂浸渍的滤纸具有较合适的表面性能来实现游离水的聚结和过滤。

④ 此外，在提及发动机过滤时，通常还会涉及另一类过滤：乘员舱过滤。上述三种过滤器是为了保护发动机的正常运行，而乘员舱过滤是为了保护驾驶者的人体健康。乘员舱过滤能为乘员舱内提供干净的空气，减少车辆周围环境对车内空气质量的影响。乘员舱过滤材料通常为复合材料，包括干法制造的驻极体材料、活性炭材料和杀菌剂等。驻极体材料用于

去除颗粒污染物，活性炭材料用于吸附有害气体，杀菌剂则用于减少进入乘员舱的微生物数量。

七、湿式纸基摩擦材料

摩擦材料是一种依靠摩擦作用来完成制动和传动功能的动力机械部件材料，主要包括制动器衬片（刹车片）和离合器面片（离合器片），刹车片用于制动，离合器片用于传动。按使用条件，摩擦材料主要分为干式和湿式两种。湿式摩擦材料是指在润滑介质中使用的摩擦材料，主要用于车辆的离合器和制动器中；按材料组成，摩擦材料可分为软木橡胶基、粉末冶金金属基、纸基和碳基复合摩擦材料等。

湿式纸基摩擦材料是 20 世纪 50 年代出现的一种在润滑油中工作的新型摩擦材料，具有摩擦系数高而稳定、动静摩擦系数接近、摩擦噪声小和使用寿命长等特点，主要用于汽车、船舶、工程机械等的湿式制动和传扭装置中。与树脂基和金属基摩擦材料相比，湿式纸基摩擦材料的优点在于，可通过调整组分配比和成形工艺，使材料获得良好的摩擦磨损性能、导热性能和足够的强度及弹性，并具有一定的多孔性。

1. 材料的组成及其作用

湿式纸基摩擦材料是以纤维为增强体，树脂为基体，通过添加不同种类的摩擦性能调节剂和填料而制备出的一种摩擦材料。其中，增强纤维在湿式纸基摩擦材料中一方面提供了摩擦材料的机械强度；另一方面对摩擦磨损性能也有重要的作用。作为湿式纸基摩擦材料的主体原材料，增强纤维不仅对材料的剪切强度、基体结构和结构稳定性等起着重要作用，而且对材料的气孔率、耐磨损性能、耐热性能和摩擦表面特性等皆有重要的影响。增强纤维的种类繁多，每种纤维都有自身的特点，一般包括纤维素纤维、芳纶纤维或浆粕、碳纤维和其他矿物纤维、合成纤维等。

填料和摩擦性能调节剂也是摩擦材料重要的组成部分，可以改善摩擦材料的物理和机械性能，如提高硬度、降低模量、稳定摩擦系数、降低磨损率等。填料的种类繁多、作用各异，通常分为增磨填料和减磨填料。增磨填料主要起到提高摩擦系数、增强耐磨性能的作用，如三氧化二铝、二氧化硅、大理石、粉煤灰、铁粒等。金属性的填料加入可以提高摩擦材料的导热率，迅速将摩擦热量通过油液传导出来，显著地降低了摩擦材料磨损，如铜粉。减磨填料主要用于降低摩擦系数和提高耐磨性能，主要包括石墨、滑石粉、云母等，其中石墨是最常用的摩擦性能调节剂。

树脂的主要作用是通过高温硫化将材料中各种组分黏结在一起，并提供一定的结合强度，使材料具有足够的机械强度，确保材料在高剪切摩擦作用下的稳定性。此外，树脂黏结剂对材料的摩擦磨损性能也有很大的影响，树脂会填充在纤维搭建的孔隙结构中，影响材料的气孔率、压缩回弹性能和导热性能，在摩擦过程中可能会导致局部过热而损坏样品；若摩擦接触表面的树脂含量过高，会直接影响材料的摩擦特性，降低摩擦系数。目前使用的树脂主要是具有较高耐热性和较高强度的热固型有机黏结剂，特别是酚醛树脂。由于具有良好的耐腐蚀性、机械性能和摩擦性能，酚醛树脂能够较为全面地满足湿式纸基摩擦材料黏结剂性能的要求，因此在纸基摩擦材料中得到了广泛的应用。

2. 制备方法

湿式纸基摩擦材料的制备方法类似于湿法造纸，其工艺流程如图 6-56 所示。近年来，湿式纸基摩擦材料的制备技术逐渐向多层复合成形发展。

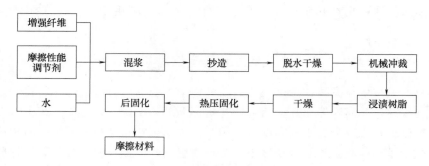

图 6-56　湿式纸基摩擦材料的制备流程

3. 影响纸基摩擦材料性能的主要因素

（1）孔隙

纸基摩擦材料是一种多孔性材料，工作时在压力作用下被压缩，润滑油被挤出，既带走了部分热量，又起到润滑作用而减少材料的磨损；当分离时，材料又发生回弹，将润滑油重新吸入孔隙中，因此被称为"会呼吸"的材料。另一方面，材料孔隙率及孔隙的大小直接影响接合时润滑油膜的厚度，从而影响摩擦系数及其稳定性。高的孔隙率能使接触面间的润滑油更多地进入纸基摩擦材料的孔隙而排走，能更有效抑制纸基摩擦材料表面厚油膜的形成，扩大了以边界润滑为主的滑动区域，因而摩擦系数高。同时，在不同压力下，孔隙率高的材料能够存储和交换更多的冷却油，从而提高了接合过程中滑动界面的油热交换率，工作温度低。但是，在较高压力下，高孔隙率材料的孔坍塌使得孔隙率降低。因此，不能一味追求纸基摩擦材料的高孔隙率，而应该根据材料的具体要求来设计合适的空隙率，以平衡摩擦系数和磨损性能之间的矛盾。

影响纸基摩擦材料孔隙率的因素有：纤维种类、含量及形态，固化压力，树脂种类及含量等。

（2）力学性能

纸基摩擦材料在工作时受到压力和剪切力作用，其力学性能对其摩擦性能具有重要影响。纸基摩擦材料是一种黏弹性材料，在载荷作用下具有明显的黏弹性形变行为，其结构变形性能是影响摩擦系数的关键因素。影响纸基摩擦材料变形性能的因素有：材料的组成（如纤维种类及形态、树脂的含量及种类、填料的种类及含量）、界面间的结合强度、热压压力、孔隙率及孔径大小和载荷等。纸基摩擦材料的压缩弹性模量越低，摩擦系数就越高；材料的压缩变形越大，压力卸载时残余形变也就越大。

（3）温度

微观摩擦学研究表明，纸基摩擦材料表面存在大量的微凸体。纸基摩擦材料与对偶盘接合时，微凸体先与对偶盘接触，有限的微凸体接触往往导致局部温度很高，如果热量来不及被带走，会使耐热性差的组分发生热分解或碳化，引起材料的热衰退。同时，温度对润滑油的黏度产生重要影响，进而对润滑状态产生影响。

八、碳纳米管纸

碳纳米管（Carbon Nanotube，缩写 CNT，又名巴基纸），是一种具有特殊结构的材料（图 6-57），主要由呈六边形排列的碳原子，构成数层到数十层的同轴圆管。层与层之间保

持固定的距离，约 0.34nm，直径一般为 2～
20nm。自 1991 年碳纳米管问世以来，其优异
的物理化学性质，已经成为国内外研究的
热点。

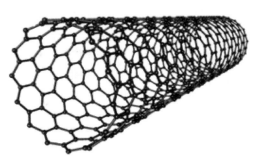

图 6-57　碳纳米管结构

　　碳纳米管通过管与管间的范德华力缠绕在
一起，构成纸状的碳纳米薄层，称为碳纳米管
纸又叫巴基纸，是一种具有导电特性的功能
纸，具有较低的界面电阻和较高的比电容，广
泛应用于防静电材料、传感器、电极、电容
器、电化学材料等领域。

　　巴基纸的制备过程，可以将巴基纸的制备方法分为两步法和一步法。所谓两步法，是指
先制备出碳纳米管，然后再通过适当的后处理过程将碳纳米管制备成巴基纸的方法；而一步
法指的是在生长碳纳米管的过程中，碳纳米管直接交缠在一起构成巴基纸的方法，如化学气
相沉积法。目前制备巴基纸的方法以两步法为主，两步法主要包括抽滤法、旋涂法和滚
压法。

　　碳纳米管纸作为碳纳米管宏观体的简单形式，无基底自支撑的碳纳米管纸不存在基底去
除的困扰，且保持了良好的导电、导热能力和多孔结构，使其有望得到大规模应用。表 6-
15 中列出了市面上常见巴基纸种类和型号。

表 6-15　　　　　　　　　　　　　　　　　巴基纸的种类与型号

型号	JCBP40	JCBP150	JCBP100×200	型号	JCBP40	JCBP150	JCBP100×200
形状	圆	圆	矩形	电导率/(S/m)	4.0×103	4.0×103	4.0×103
大小/mm	直径 40	直径 150	100×200	热导率/[W/(m·K)]	50	50	50
厚度/mm	0.15±0.05	0.15±0.05	0.15±0.05				

　　在造纸中，一般采用湿法成形的造纸工艺来制造碳纳米管纸，将碳纳米管分散液和纸浆
按一定比例均匀混合，真空抽滤成形、压榨、干燥后，制出了碳纳米导电纸。

　　在工业化生产抄纸成形上，与传统造纸工艺的区别：一是上网成形的浓度和设备不同，
造纸设备可以选用圆网造纸机或斜网造纸机。为保证碳纳米管悬浮分散均匀，浆料上网浓度
在 0.01% 左右，因浓度太低滤水太快，故选用斜网成形加大真空抽滤效果更好。二是采用
高目数的网，减少碳纳米管从网孔流失。碳纳米管从网孔流失是不可避免的，但一旦形成薄
滤层后就能有效地截留碳纳米管。三是碳纳米管从网孔流失较大，网下白水含碳纳米管变黑
水，注意在配比中适当加大碳纳米管用量及封闭循环使用白水，减少碳纳米管流失并且不污
染环境。

<h2 style="text-align:center">习题与思考题</h2>

1. 什么是非植物纤维基特种纸？非植物纤维基特种纸具有哪些特点？

2. 举例说明非植物纤维基特种纸的主要应用领域。

3. 非植物纤维原料分为哪几类？

4. 常用合成纤维可以分为哪几大类，其各具备的特点有哪些？

5. 试述差别化纤维的特点及其在特种纸方面的应用。

6. 举例说明金属纤维在特种纸中的用途。

7. 什么是合成浆粕？简述其特点和生产方法。

8. 具有何种结构特点的纤维可以通过造纸的打浆方法制备原纤化合成浆粕？

9. 简述高性能纤维在特种纸领域的应用。

10. 试述玻璃纤维的物理化学性质，其抄造适应性如何？

11. 试述碳纤维的特点及其在特种纸领域的应用。

12. 论述纤维在水中分散絮聚的机理及其影响因素。

13. 简述合成纤维湿法抄造时其流送过程中应注意的问题。

14. 试述湿法无纺布成形与传统造纸成形技术的差异。

15. 试比较斜网成形、圆网成形、长网成形技术及设备的不同及各自的适用范围。

16. 多层成形技术的优点有哪些？其一般应用于哪一类特种纸的成形？

17. 试述非植物纤维基特种纸强度的影响因素及增强方法。

18. 简述非植物纤维基特种纸增强树脂的主要种类及各自特点。

19. 论述热塑性酚醛及热固性酚醛的异同，以及在特种纸增强方面的应用。

20. 针对具体的特种纸及其应用领域，应如何对树脂体系进行设计和筛选？

21. 论述树脂在纸页中热迁移现象的产生原因及解决方法。

22. 论述剖析某种未知成分的特种纸纸样的原料组成、结构特点的方法。

23. 简述芳纶纸的主要制备方法及用途。

24. 简述电池隔膜纸的主要性能及结构特点。

25. 简述碳纤维纸的制备流程及用途。

26. 简述纸基摩擦材料的制备方法及影响其性能的主要因素。

参 考 文 献

［1］ 张运展. 加工纸与特种纸（第二版）［M］. 北京：中国轻工业出版社，2009.

［2］ 曹邦威 译. 纸张颜料涂布与表面施胶［M］. 北京：中国轻工业出版社，2005.

［3］ 曹邦威 译. 纸张涂布与特种纸［M］. 北京：中国轻工业出版社，2003.

［4］ WHITE C. Sythetic fibres in papermaking systems（Including wet laid nonwovens）［M］. Great Britain：Hobbs the printers Limited，1993.

［5］ 全国合成纤维科技信息中心，全国非织造布科技信息中心. 新型纤维及非织造新技术、新材料产业链论坛论文集［G］. 大连，2006.

［6］ J. P. 凯西. 制浆造纸化学工艺学［M］北京：中国轻工业出版社，1988.

［7］ 詹怀宇. 纤维化学与物理［M］. 北京：科学出版社，2005.

［8］ 西鹏，高晶，李文刚. 高技术纤维［M］. 北京：化学工业出版社，2004.

［9］ 刘海洋，刘慧英，王伟霞，等. 金属纤维的发展现状及前景展望［J］. 产业用纺织品，2005（10）：4-7.

［10］ 赵永霞，董奎勇. 再生纺织材料的发展及应用［J］. 纺织导报，2007（11）：50-62.

［11］ 李文清，王丽霞，孙颖，等. 动物纤维及人造纤维表面形态结构研究［J］. 电子显微学报，2000，19（3）：323-324.

［12］ BENJAMIN A A，JOSEPH K. Reconstituted leather product and process：US6264879 B1［P］. 2001-7-24.

［13］ LIU F，SONG S，XUE D，et al. Folded structured graphene paper for high performance electrode materials.［J］. Advanced Materials，2012，24（8）：1089-1094.

［14］ KOGA H，SAITO T，KITAOKA T，et al. Transparent，conductive，and printable composites consisting of TEMPO-oxidized nanocellulose and carbon nanotube［J］. Biomacromolecules，2013，14（4）：1160-1165.

[15] DANG L N, SEPP L J. Electrically conductive nanocellulose/graphene composites exhibiting improved mechanical properties in high-moisture condition [J]. Cellulose, 2015, 22 (3): 1799-1812.

[16] 刘珍红, 孙晓刚, 邱治文, 等. 多壁碳纳米管纸作正极集流体的锂硫电池性能 [J]. 复合材料学报, 2017, 34 (4): 645-652.

[17] 于天, 梁云, 胡健, 等. 两种纤维素纤维的原纤化及抄造特性 [J]. 纸和造纸, 2008, 27 (4): 21-25.

[18] 周娟, 肖于德. 金属纤维行业发展趋势 [J]. 湖南有色金属, 2008, 28 (2): 38-40.

[19] ESPERANZA P, JOHN R M, PAUL W M. Process for producing fibrids by precipitation and violent agitation: US2988782 [P]. 1961.

[20] PAUL W M. synthetic polymer fibrid paper: US299788 [P]. 1961.

[21] RAY B D. Precipitation apparatus: US3018091 [P]. 1962.

[22] DOBB M G, JOHNSON D J, SAVILLE B P. Supermolecular Structure of a High-Modulus Poly aromatic Fiber (Kevlar 49) [J]. Journal of Polymer Science Part B Polymer Physics Edition, 1977, 15 (12): 2201-2211.

[23] PANAR M, AVAKIAN P, BLUMER. C, et al. Morphorlogy of Poly (p-Phenylene Terephtalamide) Fibers [J]. Journal of Polymer Science: Polymer Physics Edition, 1983, 21 (10): 1955-1969.

[24] MORGAN R J, PRUNEDA C O, STEBLE W J. The relationship between the Physical Structure and the Microscopic Deformation and Failure Processes of Poly (p-Phenylene Terephthalamide) Fibers [J]. Journal of Polymer Science: Polymer Physics Edition, 1983, 21 (9): 1757-1783.

[25] 唐见茂. 高性能纤维及复合材料 [M]. 北京: 化学工业出版社, 2013.

[26] 李建利, 张新元, 贾哲昆, 等. 超高分子量聚乙烯纤维性能及生产现状 [J]. 针织工业, 2016 (6): 21-25.

[27] 董建东. 超高分子量聚乙烯纤维制造及应用探讨 [J]. 玻璃钢, 2014 (1): 1-6.

[28] 常晶菁, 牛鸿庆, 武德珍. 聚酰亚胺纤维的研究进展 [J]. 高分子通报, 2017 (3): 19-27.

[29] 严致远. 聚酰亚胺纤维纸的制备及其性能研究 [D]. 广州: 华南理工大学, 2015.

[30] 陈德茸. 连续玄武岩纤维的发展与应用 [J]. 高科技纤维与应用, 2014, 39 (6): 17-20.

[31] 向宇, 刘朝晖, 柳力. 偶联改性玄武岩纤维细观特性及性能研究 [J]. 公路与汽运, 2016, (1): 95-98.

[32] 江洪, 陈亚杨. 碳化硅纤维国内外研究进展 [J]. 新材料产业, 2017 (12): 18-21.

[33] 赵稼祥. 碳化硅纤维及其复合材料 [J]. 新型炭材料, 1996, 27 (1): 15-19.

[34] 刘克杰, 朱华兰, 彭涛, 等. 无机特种纤维介绍 (三) [J]. 合成纤维, 2013, 42 (7): 18-23.

[35] 林希宁, 张凤林, 周玉梅. 玄武岩纤维及其复合材料的研究进展 [J]. 玻璃纤维, 2013 (2): 39-44.

[36] 汪家铭. 氧化铝纤维发展现状及应用前景 [J]. 济南纺织服装, 2011, 35 (3): 49-54.

[37] 曹同玉, 刘庆普, 胡金生. 聚合物乳液合成原理性能及应用 (第二版) [M]. 北京: 化学工业出版社, 2007.

[38] 赵德仁, 张慰盛. 高聚物合成工艺学 [M]. 北京: 化学工业出版社, 2009.

[39] 汪长春, 包启宇. 丙烯酸酯涂料 [M]. 北京: 化学工业出版社, 2005.

[40] 冯圣玉, 张洁, 李美江, 等. 有机硅高分子及其应用 [M]. 北京: 化学工业出版社, 2004.

[41] 顾民, 吕静兰, 刘江丽. 造纸化学品 [M]. 北京: 中国石化出版社, 2006.

[42] LUNENSCHLOSS J, ALBRECHT W. Nonwoven bonded fabric [M] [S. l.]: Ellis Horwood Limited, 1985.

[43] http://www. dupont. com [DOI]

[44] WANG C Y, LI D, TOO C O, et al. Electrochemical Properties of Graphene Paper Electrodes Used in Lithium Batteries [J]. Chemistry of Materials. 2009, 21 (13): 2604-2606.

[45] RETULAINEN E, MOSS P A, NIEMINEN K. Effect of calendering and wetting on paper properties [J]. Journal of Pulp & Paper Science, 1997, 23 (1): J34-J39.

[46] POPIL R E. The calendaring creep equation-a physical model, in IXth Fundamental Research Symposium-Fundamentals of Papermaking [M]. London, Cambridge: Publications Limited, 1989: 1077-1101.

[47] ENDRES I, ENGSTR M G. Influence of calendering conditions on paper surface characteristics-A comparison between hard-nip, soft-nip, and extended soft-nip calendering [J]. Tappi Journal, 2005, 4 (9): 9-14.

[48] TURUNEN R. Improving paper properties by pigmentising and soft calendaring [J]. Paper Technology, 1994, 35 (2): 33-36.

[49] JOKIO M. Papermaking Science and Technology [M]. Helsinki: Fapet Oy, 1999.

［50］ 张晓磊. 现代的压光整饰技术正逐步替代传统方式［A］//2005 年涂布加工纸技术及造纸化学品应用国际技术交流会论文集. 山东造纸学会：山东省科学技术协会，2005：215-216.

［51］ 樊惠明. 近三年来世界压光机的新发展［J］. 造纸装备及材料，1999（4）：25-29.

［52］ CROTOGINO R H，GRATTON M F. Hard-nip and soft-nip calendering of uncoated groundwood papers［J］. Pulp & Paper Canada，1987，88（12）：208-216.

［53］ BACK E L，MATAKI Y. Potentials of hot calendaring for printing papers［J］. Svensk Paperstidning，1984，87（12）：R83-R93.

［54］ RATTO P. On the compression properties of paper-implication for calendaring［D］. Stockholm：Royal Institute of Technology，2001.

［55］ STEFFNER O. Precalendering and its interaction with other unit processes in the manufacturing of woodfree paper and board［D］. Stockholm：Doktorsavhandlingar Vid Chalmers Tekniska Hogskola，2005.

［56］ BAUMGARTEN H L. über die Satinage von Druckpapieren［D］. Darmstadt：Technischen Hochschule Darmstadt，1978.

［57］ LINNONMAA P，HEIKKINEN A，KYYTSNEN M，et al. Method and device for moisturization of a paper or board web in calendering［P］. United States：US6758135B2. 2004-4-6.

［58］ 曲玲玲，赵传山. 玻璃纤维纸现状及发展概况［J］. 西南造纸，2006，35（3）：21-22.

［59］ 辜信实，罗宜才. 覆铜板用 E 玻璃纤维纸［J］. 绝缘材料通讯，2000（2）：15-18.

［60］ 赵君，胡健，梁云，等. 碳纤维表面特性及其在水中的分散性［J］. 中国造纸，2008，27（5）：15-18.

［61］ 赵君，胡健，梁云，等. 碳纤维纸及其应用［J］. 纸和造纸，2007，26（5）：75-78.

［62］ 全国信息与文献标准化技术委员会. 非热封型茶叶滤纸：QB/T 1458—2005［S］. 北京：中国标准出版社，2005：3.

［63］ 全国信息与文献标准化技术委员会. 热封型茶叶滤纸：QB/T 2595—2003［S］. 北京：中国标准出版社，2003：10.